JN161614

イスラム過激派
二重スパイ

AGENT STORM: MY LIFE INSIDE AL QAEDA AND THE CIA

Morten Storm with Paul Cruickshank & Tim Lister

モーテン・ストーム

＋ポール・クルックシャンク、ティム・リスター

庭田よう子＝訳

亜紀書房

1 ストーム7歳

2 ストームとヴィベケ。1995年夏

3 1999年、母親との食事風景

4 デンマークで息子のウサマを抱くストーム。当時は過激思想に染まっていた（「ポリティケン」紙提供）

5 米国大使館前の抗議活動を率いるオマル・バクリ・ムハンマド

6 ルートンの友人タイムール・アブドゥルワハブ・アル＝アブダリ。2010年にストックホルムで自爆テロを起こした

7 ブリクストンで付き合いのあったザカリアス・ムサウィ。9.11の同時多発テロで「20人目のハイジャック犯」と呼ばれた

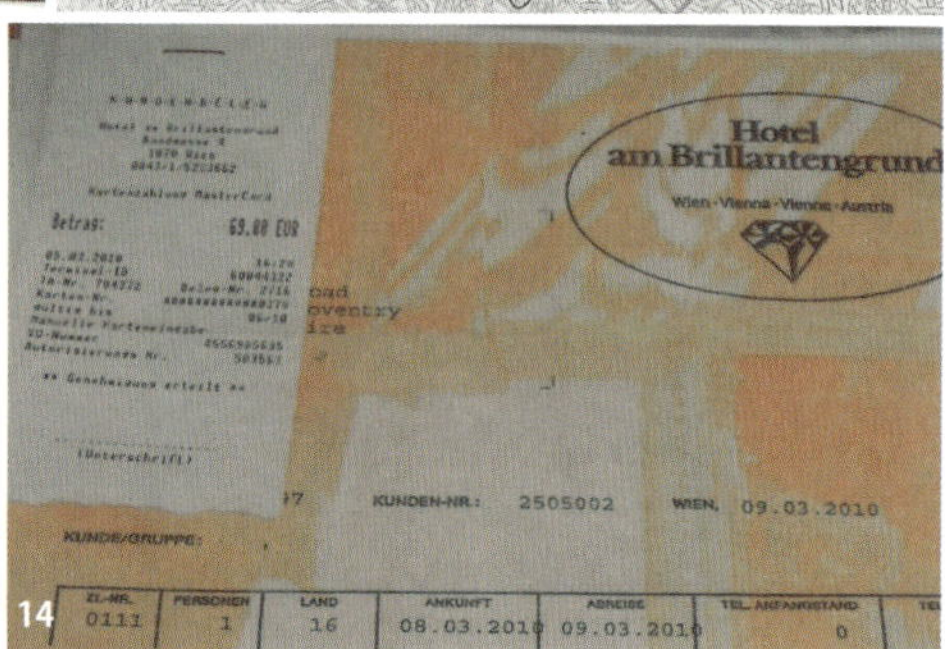

8　イエメンの首都サナア（CitySkylines.org より）
9　イエメンの町ダマジ（ウィキペディアより）
10　イエメン高地の町タイズ（Supportyemen.org より）
11　2001年、イエメンのビザ
12　イレーナ・ホラク。のちにアミナと名乗る（本人のソーシャルメディアのページより）
13　アウラキに宛てたビデオでベールを被るアミナ
14　2010年3月、アミナに会いにウィーンを訪れたときのホテルの領収書

SEEKING INFORMATION
Saleh Ali Saleh Nabhan

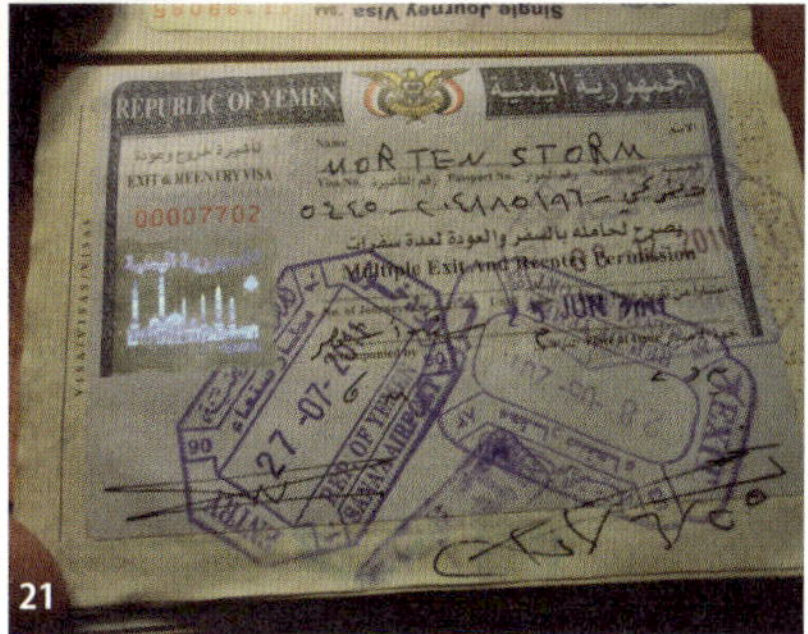

15 アミナ作戦の報酬としてＣＩＡから受け取った25万ドル。ブリーフケースの暗証番号は007

16 ＡＱＡＰの最高指導者で、国際テロ組織アルカイダのナンバー２だったナシル・アル＝ウハイシ。ストームにジャールの町を案内してくれたこともある。「インスパイア」に掲載された写真

17 アブドッラー・メフダル

18 2015年５月、ＣＩＡが細工した品物をサナアの駐車場で返した。その直後、クラングの携帯電話でソレンが転送したＣＩＡのメッセージ

19 動画で欧米の支持者に向けて説教をするアウラキ

20 ＦＢＩの最重要指名手配者サレフ・アリ・ナブハンのポスター。ナブハンは、1998年８月にナイロビで発生した米国大使館爆破事件の首謀者

21 2011年夏、アウラキを標的とする任務で、イエメンに赴いたときのスタンプ。ストームは、マラガでの報告会に出席するため６月28日に出国し、７月27日に再入国した

22

3 things: If you email me please write down the date on all your messages. Second, keep in mind that it takes a few days for emails to get to me so if you are setting an appointment then give me advance notice. Third: you do not need to write "to the sheikh" when you email inspire. Anything from your email will be delivered to me.
Please respond to this message with what you want to say and give it to the brother. We cannot have our brother travel with a laptop plus it is suspicious for you guys to type out a message in a public place.
This brother may be the messenger between us for now. One IMPORTANT note: The brother does not know that he is delivering messages for me and he doesn't know where I am so do not mention that this message is for me. Just give it to him and he will deliver it where it needs to be delivered and will get to me insha Allah.
For future correspondence I believe it would be better if your wife delivers the flash to the brother. It's up to you but I believe that you would definitely be watched and that might put you and the brother in jeopardy. Agree with the brother on the place of meeting. Also we need to keep the meetings to a minimum. The brother says it is not safe for him to enter sanaa frequently. So please mention all what you need to say in the message you send me. Please let me know what your program is and the latest news from the west. Also please send the emails of Ikrimah and this other brother with your message.
My wife needs some stuff from sanaa so can your wife buy it for her? We have sent other people before and nothing really suited her taste.

23

24

25

26

27

28

22　ＡＱＡＰによれば、アウラキの車が無人機攻撃を受けたあとの残骸の写真
23　アウラキからストームに宛てた、ＵＳＢによる最初のメッセージ
24　サナアのＫＦＣ。2011年夏、ここでアウラキの使者と会った（Panoramio.com より）
25　シリアの壁に貼られたストームたちの写真
26　アルカイダ系の戦闘員がストームたちの写真を撃つようす
27　スパイ活動を公表したストームのニュースは、世界中で取り上げられた
28　近年、コアセーに帰省したときのストーム

はじめに

正体を明かしたスパイが世間からあれこれ詮索されることは、どうしても避けられない。それが、9・11の同時多発テロ後、欧米三ヵ国の情報機関と、対テロ作戦に関わる仕事をした二重スパイだったらなおさらだ。

他に類を見ない本書の特徴としては、スパイ時代の音声や映像、電子通信の証拠が豊富に残されていることだ。これがストームの話を裏づけるとともに、彩りを豊かにしている。

本書執筆に際してストームから使用許可を得た証拠には、次のようなものがある。

・欧米のイスラム過激派に多大な影響を及ぼした聖職者アンワル・アル＝アウラキと交わした電子メール。

・アウラキと、イエメンに渡り彼の妻になったクロアチア人女性が、各自で撮影したビデオ。アメリカの暗殺者リストに指名されたにもかかわらず、アウラキはストームに結婚の仲介を依頼した。

・アラブおよびアフリカのテロ工作員とストームとの間に交わされた暗号化メール。今も彼のパソコンのハードドライブに保存されている。

・ソマリアのテロリストへの送金記録。

・デンマーク情報機関のハンドラーと交わしたショートメール。ストームの携帯電話に記録が残っている。
・デンマークおよびアメリカの情報機関と交わした会話の秘密録音記録。二〇一一年、テロリストを標的としたストームの任務についてデンマークで話し合った、CIA局員との三十分の会話を含む。
・任務について記した手書きメモ。
・二〇〇八年にアウラキと会ったあと、イエメンの部族地帯で撮影したストームの動画と写真。
・二〇一〇年にスウェーデン北部で、イギリスとデンマークの情報機関のハンドラーと一緒に撮影した動画。

注でとくに触れていないかぎり、本書で引用した電子メール、手紙、フェイスブックのメッセージ、ショートメール、会話記録は基本的に忠実に再現した。

デンマーク情報機関のハンドラーたちとアイスランドで一緒に撮った写真も、ストームから渡された。デンマーク新聞「ユランズ・ポステン」紙の記者は、情報筋から彼らの身元を確認した。

本書に登場する複数の人物により、ストームの話の要点の裏づけがとれている。一部の登場人物は安全上の理由から、身元がすべて明かされていない。欧米の情報機関職員は沈黙を守っている。

ストームが見せてくれたパスポートには、二〇〇〇年以降にヨーロッパ以外の地に赴いた際の出入国スタンプが押されている。「モーラ・コンサルタント」が支払ったホテルの領収書も見せてくれた。この会社はデンマーク情報機関のペーパーカンパニーで、中央登記所の記録では、ストームがマスコミに正体を明かす直前に解散している。さらに、デンマーク情報機関が支払ったウェスタン・ユニオンの領収書数十枚も見せてくれた。その際、ハンドラーは書類に、同機関の所在地であるセボーと記入した。

三名の人物については安全を守るために仮名を用いた。その旨は、本書に最初に登場した際に明記してある。ほかの数名に関しても、安全および法律上の理由から、下の名前しか紹介していない。巻末に「主要登場人物リスト」を設けた。アラビア語の挨拶やフレーズは、初出時に意味を紹介している。

二〇一四年四月

ポール・クルックシャンク、ティム・リスター

目次

第一章　砂漠の道

二〇〇九年九月中旬

　グレーのヒュンダイの運転席に座り、疲労と不安に襲われながら漆黒の闇に目を凝らした。ここから三百キロ北西に位置するイエメンの首都サナアを夜明け前に出発したのだから、疲労を感じるのも無理はない。不安を感じていたのは、いったい誰がいつ来るのか見当もつかないからだ。仲間として迎えられるだろうか、それとも裏切り者として捕らえられることになるのだろうか？

　砂漠の夜は、ヨーロッパでは見たことがないほどの濃い闇に包まれていた。海岸から無法地帯のシャブワ州にいたる道路には、電灯が一つもなかった。道路と言っても、大した道路ではない。さらさらした砂がアスファルトの上で吹き溜まっている。日没からずいぶんたったので、湿った風がアラビア海からそよそよと吹き渡っていた。

　罪悪感のせいで、さらに不安が募った。政府の力が衰えるに比例してアルカイダが存在感を増すこの危険地域に分け入ることができたのは、ひとえにイエメン人の若妻ファディア（仮名）が助手席にいたおかげだった。ファディアの兄弟を訪れるという表向きの口実で、南に向かう危険な道すがら、検問所を次々と通過してきた。

アンワル・アル＝アウラキに再び会いに行く途中、命の危険にさらされるかもしれないことは承知していた。アウラキは、イエメン人の両親を持つアメリカ生まれのイスラム聖職者で、アルカイダでも大きな影響力を持つカリスマだった。その頃、イエメンの軍部と情報機関はアラビア半島のアルカイダ（ＡＱＡＰ）に対する戦闘を強化していた。ＡＱＡＰは、ウサマ・ビン・ラディンが結成した国際テロ組織アルカイダの支部のなかでも、最も活発で危険な組織だった。検問所では、奇襲攻撃や銃撃はもちろん、単なる誤解から死にいたる危険もあった。

それに、アウラキ――西洋諸国の新聞から当時〝アルカイダのロックスター〟と書きたてられていた――が、わたしのことをもはや信頼していない可能性もあった。このとき、わたしはアウラキの要請に従ってイエメンに来た。二人で利用していた匿名のメールアドレスの下書きフォルダーに、彼は次のようなメッセージを残した。

「イエメンに来るように。話がある」

前回アウラキと会ってから一年近くがたっていた。彼はその頃、過酷な命がけの旅を続けているところだった。アルカイダに共感する急進主義的な聖職者のアウラキは、幹部のなかで大きな影響力を持つようになり、アルカイダの国外テロ計画についても関知していた。

わたしは一度、彼と会う機会を逃していた。マリブの人里離れた場所で開かれる、イエメンの代表的ジハード主義者の集まりで、アウラキと会うはずだった。マリブは、何世紀も前にシバの女王の国があったとされる砂漠地帯だ。アウラキの弟のオマルが、旅路の手配をしてくれることになっていた。検問所を通過するために、全身をベール（ニカブ）で覆い、女に身をやつすようにと、オマルからしつこく言われた。わたしは身の丈百八十六センチ、体重百十五キロもあるのだから、それはいくら何でも無理だろう。アウラキのもとに案内する車の運転手は警察官だと聞いた。こうした矛盾がイエメンでは日常茶飯事だ。結局この誘いを断った。アルカイダ上層部の重要な集まりに顔を出さなかったことを、わたしはひどく後悔した。そこで数日後、妻とともにこのシャブワへの長旅に乗り出したのだ。

数分後、遠くでくぐもったエンジン音が聞こえ、車のヘッドライトが目に入った。ＡＫ－47を手にした険しい顔の若者たちが乗った、トヨタのランドクルーザーが近づいてくるのが見えた。護衛の車が到着したのだ。わたしは妻の手を握りしめた。最悪の事態を迎えるのかどうか、もうすぐわかる。

その日は終日、アウラキからメールで送られる指示に従い車を走らせた。奇妙な宝探しゲームか何かの手がかりみたいだった。「この道を進んで左に曲がれ。警察に聞かれたら、沿岸のムカッラーに行くと言うこと」

地元住民に紛れることなど、とうてい無理な話だ。赤毛のもじゃもじゃ頭に長いあごひげをたくわえた、頑強なデンマーク人のわたしは、浅黒い肌をした痩身のアラブ人の国で、異星人も同然だった。拉致や部族間抗争、むやみに発砲する警官、武装したジハード戦士だらけのこの地域を旅することは、先の見えない冒険に等しかった。小柄なイエメン人女性を助手席に乗せ、反政府勢力の巣窟の南部に向かってレンタカーを走らせるわたしの姿は――控えめに言っても――尋常ではなかった。

夜明けからずいぶんたっていた。炎熱の昼間を迎える前の朝の冷気がすがすがしかった。サナアを出て、さっそく最初の検問所で止められた。いつもここが一番厄介だった。比較的安全な首都を離れて、なぜわざわざ荒れた南部に行きたがるのか？　検問所で尋問されたときにアラビア語で答えると、相手は必ず感心した。その間、黒いニカブで顔も髪の毛もすっぽり覆った妻は、助手席に座ったまま一言も発しない。コーランのCDを車内で流したままにしておくのも、決して偶然ではない。沿岸地域で催される妻の兄弟の婚礼パーティーに、アデンを経由して行く途中だと答えた。アデンは、アラビア海に面したイエメンの主要港湾都市で、通商の要衝である。

検問所の警官は、わたしのパスポートを読めなかった。アラビア語でさえ満足に読める者は少ないのに、アルファベットなど理解できるはずがない。どうやらトルコ人だと思われたらしい。ヨーロッパ人がイエメン国内を旅行するなど、思いもよらないのだろう。満面に笑みを湛え、こんな状況でも落ち着きはらっているというだけで、彼らには十分だった。酷暑の九月だっただけではなく、ラマダーン〔訳注：ヒジュラ暦の第九番目の月名。日の出から日没まで、一ヵ月間断食が課せられる〕の最中だったことも幸いしたのだろう。警官たちは断食で疲れていた。

最初の検問所を通過してからは、道路から逸（そ）れずに運転すること、まかりまちがってもハンドルを誤って道路から落ちないように運転することに腐心した。断崖絶壁の下に転がる、錆びついたトラックやバスの残骸が何度か目に入った。イエメンの道路は、ラクダでも犬でも牛でも子どもでも、命知らずを引きつけるようで、車が猛スピードで近づいてくるというのに、道路の真ん中にふらふらと現れるのだ。

朝の色調が白熱の昼下がりに取って代わった。わたしは道路と、この旅に潜む危険に意識を集中させようと必死だった。山岳地帯を抜けて、ようやく海岸の低地帯ティハーマまでやってきた。遠くにはアデン港がある。南北イエメンの統一後、北イエメン出身のアリー・アブドゥッラー・サーレハ大統領が、一九九〇年代に南イエメンの分離勢力を軍事行動で容赦なく制圧して以来、アデンは苦汁をなめてきた。イエメン南部の人々は、自分たちがないがしろにされていると感じていた。分離要求の動きが力を増してアルカイダと結びつき、イエメン政府に対する抵抗勢力が形成されていった。

バックミラーを見ると、山々が灼熱の太陽を飲み込みつつあった。雑然としたアデン周辺地域を走り、アウラキから指示された通り、海岸に沿って伸びる道路に出ようとした。

アンワル・アル＝アウラキは、イエメンの山岳地帯シャブワ州の有力部族の出身だ。高名な学者で、イエメン政府の大臣も務めた父親は、フルブライト奨学生としてアメリカに渡り、ネブラスカ大学で博士号を取得している。アンワルも、９・11の同時多発テロ後にＦＢＩに標的にされているとの懸念を抱きアメリカを離れたあと、サナアの大学で講師を務めていた。同時多発テロの数ヵ月前、彼はカリフォルニアでハイジャック犯のうちの二人と会っていた。もっとも、アウラキが事前にテロ計画を知っていたという証拠は何もなかった。

それから七年がたち、情勢もアウラキ自身も変化した。アメリカからの支援を呼び込みたいサーレハ大統領は、アルカイダ支持者に強硬な姿勢を取る必要に迫られていた。二〇〇八年九月、イエメンの米大使館で自爆テロ攻撃が発生し、十人が死亡した。万全のセキュリティとされた刑務所から、アルカイダ系受刑者が大量に脱走した。イエメンはアルカイダにとって格好の人材供給地だった。９・11の前は、イエメンの無学の若者たちがウサマ・ビン・ラディンの軍事訓練キャンプに送り込まれていた。なかにはビン・ラディンのボディガードになった者もいたが、アフガニスタンのトラボラ山岳地帯から逃げるところを捕らえられ、グアンタナモ収容所に送られた。

その頃のイエメンは、アルカイダの支部であるAQAPの拠点となり、ジハードを夢見る欧米の過激主義者が真っ先に目指す場所となっていた。アウラキはさらに好戦的になっていた。ユーチューブで世界中に届けられた彼の説教は、ジハード戦士志願者を導く役割を果たした。ペンシルヴェニアの小さな町で、イギリスの狭いアパートで、トロント郊外で、若者たちはアウラキの一言一句を吸収していた。

CIAとMI6〔訳注：MI5と並ぶイギリスの情報機関〕にとって、アウラキはアルカイダの未来を象徴する存在だった。彼の西洋社会の知識や流暢な英語、ソーシャルメディアを駆使する力は、ビン・ラディンの難解な声明や粗い画像よりも致命的な、新たな脅威だった。

二〇〇六年、アウラキは誘拐事件に関与した容疑で逮捕され、サナアの刑務所で一年半の獄中生活を送った。FBI捜査官が獄中のアウラキのもとを訪れ、9・11のハイジャック犯と会った件について事情聴取した。釈放後、彼はイエメンの茫洋たる厳しい内陸部に姿を消した。

そういうわけで、わたしはアデンからさらに東に向かっていた。謎に満ちたイエメン旅行の最終行程だ。またもや、簡素な検問所に到着した。ボロボロになった「止まれ」の看板が、トタン小屋の両脇に立てかけてあるほかは何もなかった。余計暑さを厳しくするだけのこの小屋は、ある意味、国家権力が及ぶ範囲を示す明確な境界だった。ここから先の道は、外国人が行くなら必ず兵士の護衛が必要となる、アルカイダ戦闘員と山賊の跋扈（ばっこ）する禁足地なのだった。

この検問所でも、妻の兄弟の婚礼に出席するという話を繰り返した。ムカッラーまでの沿岸道をよく知っていること、アラビア語を話せることも伝えた。ところが検問所の警官から、護衛をつけないのなら、アデンに戻り、当局がわたしたちの安全に関知しないことを認める文書にサインしてもらってこいと言われた。

一時間後、日没を迎えて空が残照で赤く染まる頃、文書を手に、トタン小屋の検問所まで戻ってきた。警官は、ラマダーン月の断食を終えて、イフタールと呼ばれる日没後の食事をとろうとしているところだった。いかれたヨーロッパ人の夫と寡黙なイエメン人の妻の身がどうなろうと、知ったことではなかった。

イエメンの南岸は、バカンスの地としては完璧かもしれない。柔らかな砂のビーチが果てしなく広がり、暖かな波が打ち寄せ、釣り場としても最高だ。手つかずの、というより悲しいことに手をつけることができない、見捨てられた土地には、ジンジバルのようなみすぼらしい町しかない。散乱したコンクリートブロックは、未完成のプロジェクトの名残だった。

最後の関門を突破して車を走らせるうちに、二人とも気分が高揚してきた。アドレナリンが体中を駆け巡った。

最後の指示がアウラキから届いた。車にガソリンを入れなくてはならないと警察に伝え、それから北上しろ、とのことだった。

シャクラの町は、漁村に毛が生えた程度のところだった。蒸し暑い夜の町には人気（ひとけ）がなく、たまに犬がメインストリートをよたよたと横切るくらいだった。一年前、アウラキを訪問する折に通り過ぎたときよりも荒廃が進んでいた。

町を出たところに、笑顔を見せる大統領の看板がいくつも掲げられた、ばかでかいジャンクションがあった。ここで、政府の手が及ばない内陸部へ向かう道と、そのまま海岸沿いを進む道に分かれる。内陸部に進むことは許されていない。だからアウラキは、海岸沿いの道を行く予定だが、数キロほど内陸にあるガソリンスタンドで給油したいと検問所で言うように指示を出したのだ。以前、この作戦でうまくいったことがあった。イフタールで眠たそうな警官は、手を振って進めと合図した。この警官たちが、わたしたちの姿を再び目にすることはないだろう。

車中のわたしとファディアの胸は早鐘を打ち、武装した男たちの車のヘッドライトに照らされて目がくらんだ。

ひげをたくわえ、赤いチェックのスカーフを頭に巻いた黒く鋭い目つきの三十代半ばの男が、ランドクルーザーのヘッドライトに浮かび上がる土ぼこりの中から姿を現した。ほかの男たちを背後に従えていることから、彼がリーダーだとわかった。その男はアブドッラー・メフダル、恐れを知らぬ好戦的人物として知られていた。近づいてくる彼の表情を注意深く観察した。

「アッサラーム・アライクム（あなたに平安あれ）」メフダルはようやくアラビア語で挨拶して、満面の笑みを浮かべた。緊張のせいで、発熱したみたいに体が火照った。メフダルが引き連れた男たち一人ひとりと抱き合い、胸に安堵が広がった。彼らはバナナやパンなどの食料を持参していたので、断食を破る食事を一緒にとった。その日初めて安全だと感じられた。シャブワの荒野を目指しながら、イエメン政府から最重要指名手配された、見ず知らずの武装した男たちとともにいる。でもわたしにとっては、紛れもない信念と揺るぎない忠誠心で結ばれた兄弟愛のおかげで、繭の中にいるも同然だった。

メフダルはアウラキの特使で、アウラキ一族の一員だった。イエメンでは、部族の忠誠が何にも勝る。わたしがアウラキの友人で彼の招待客だと知っていたので、メフダルは深い敬意を示し、丁重に扱ってくれた。

数分後、出発すると言われた。この地域は追いはぎがしょっちゅう出没し、兵士に劣らぬ武器を携えているという。目的地に着くのは午後九時過ぎになる。彼らのランドクルーザーは、わたしの運転する車の後ろについて走った――この小型のヒュンダイは、シャブワの人里離れた土地を走る最初のレンタカーにちがいない。車はもうもうと土ぼこりを上げて走り、明かりのない集落付近の道ではスピードを落とした。彼方に山々がぼんやりと見えたが、月のない闇夜なので、地上と天空の境目がはっきりしなかった。

そのときは知らなかったのだが、わたしたちはシャブワ州メイファァ地区にある、岩だらけの高地のすそに広がるアル＝ホタ集落の近くにいた――アルカイダの心臓部にあたる土地だった。

高い塀に囲まれた、二階建ての立派な建物に到着した。門が開いた。肩からＡＫ－47を下げた二人の男が、素早く門を閉めた。不安が高まる。アウラキに面会するためにここまでやってきた。だが、その計画をつかんでいたイエメンの治安当局が、わたしをここまで泳がせたのだとしたら？あるいは、アウラキがわたしのことをもう信用していなかったら？　それに、妻のファディアも一緒だ。妻はアウラキと面識があり、わたしと友人だということは知っていた。だが、今回の本当の目的についてはこれっぽっちも知らなかった。

入口に続く階段を登る前に、星空を仰いだ。足取りが重くなった。屋敷まではほんの数歩なのに、たまらなく長く感じられた。もはや逃げ道はない。アメリカ人のニック・バーグとダニエル・パールが、アルカイダに斬首されたむごたらしい映像が、頭をよぎった。

ファディアは、部族の女たちが集まる屋敷の奥に通された。イエメンのこの地方では、男女が社交の場で同席することはない。部族の女たちの禁欲主義的態度について、あとでファディアから話を聞いた。ジハードのために夫を亡くした女性が多く、そうした未亡人はたいていほかのジハード戦士と再婚するという――平穏な家庭を築けるとはとても思えない。

家具ひとつないがらんとした広間を通り過ぎ、さらにだだっ広い大広間に案内された。そこで最初に目に入ったのは、壁にきちんと立てかけられ、ずらりと並んだ武器だった。ＡＫ－47、古い年式のライフル銃、ロケット砲まであった。これで即座に臨戦態勢を取れる。戦う相手はおそらく敵対する部族であり、イエメンの治安当局なのだろう。

十人を超える男たちが、チキンとサフランライスがこんもりと盛りつけられた大きな銀製の深皿を囲んでいた。みんな若者だった。何人かは、数年前まで村で暮らしていた少年にちがいない。男たちの中心に、痩身で、品のあるアンワル・アル＝アウラキの姿があった。その知的な眼差しは、不満を抱く大勢の欧米人を魅了してきた。アウラキは温かな笑顔を見せて立ち上がり、わたしを抱きしめた。

「アッサラーム・アライクム」彼は親愛の情を込めて挨拶した。そして、自然な威厳を漂わせながら、この場所とここにいる人たちを支配しているのは自分なのだとでもいうように、身振りで部屋を示してみせた。

アウラキは、トレードマークの真っ白なローブをまとい、眼鏡をかけていた。この暑さとほこりっぽさにもかかわらずローブには染みひとつなく、眼鏡はその知性を裏づけているかのようだった。ここに集まる素朴で無学の田舎の少年たちと、哲学者からジハードの精神的導き手となったこのイスラム学者との対比に、強い印象を受けた。彼の挨拶がすんでから、その場にいた全員が立ち上がり、わたしを歓迎してくれた。みな、この〝シャイフ〟〔訳注：長老、年輩者の意で、徳の高い学者や宗教的権威者、指導者などに対して、呼びかけや尊称に用いられる〕に畏敬の念を抱いていた。アウラキが隠遁生活を送っているからといって、その念が揺らぐことはなかった。

「こっちに来て食べなさい」故郷のアラブ世界に戻り数年がたったせいか、彼のアメリカ英語のアクセントにかすかな影響が感じられた。

アウラキはわたしの来訪を喜んでいるようだった。知的な話ができる人が周りにいないのだろう。ともあれ彼は、まずはほかの客人たちの欲求を満たす必要があった。床に座る男たちにわたしを紹介したあと、彼らの間にわたしを座らせ、食事が始まった。男たちはチキンとライスを手で口に運んでいた。イエメン式の食事に慣れていたとはいえ、わたしはスプーンを頼まずにはいられなかった。男たちは面白がった。わたしの自嘲めいた言葉と、十年以上前にイエメンを初めて訪れてから居住や滞在を繰り返して磨きをかけたアラビア語のおかげで、座は和んだ。

アウラキを観察すると、孤独で物憂げな雰囲気がまとわりついていることに気づいた。シャブワでの隠遁生活とアメリカによる圧力が、じわじわと打撃を与えているようだった。有力な身内の口添えで刑務所から釈放されてから、ほぼ二年がたっていた。二〇〇八年初頭、アウラキは首都サナアを離れ、先祖の故郷に避難した。アウラキ一族のモットーは、「我々は地獄の火花。邪魔する者は誰でも焼き尽くす」だと言われている。

前回会ったとき以上に、アウラキは人目を忍んで活動していた。だから、彼に一目会うために、こんなに苦労する羽目になったのだ。アウラキは安全な場所を選んで転々と移り住み、ときおり

「空白の地」周辺の山岳部の隠れ家に潜伏した。「空白の地」とは、イエメンからサウジアラビア南部、オマーン、アラブ首長国連邦（ＵＡＥ）にまで広がるルブアルハリ砂漠のことだ。

そんな隠遁生活にもかかわらず、アウラキは依然としてインターネットで説教を配信し、信奉者と電子メールや携帯のショートメールでやりとりを続けていた。彼のメッセージは次第にエスカレートしていった。それは、数ヵ月間にもわたり独房に拘禁されたせいかもしれない。イスラム研究を重ねるうちに解釈が過激な思想に傾いていったせいかもしれない。それに、おそらくは山岳部の荒地に隠れ住む生活で、世界に対して敵意を募らせたせいもあるのだろう。

食事を終えたあと、アウラキは立ち上がり、わたしを小部屋に誘った。

わたしは彼の表情を読もうとした。

「いかがお過ごしですか？」ほかに何と言っていいかわからず、そう尋ねた。

「この通りだよ」アウラキは仕方がないとでもいうように答えた。「でも、妻たちや子どもたち、家族に会えないのはさびしい。サナアに行くことはできないし、家族を呼び寄せるのはあまりに危険だ。アメリカはわたしを亡き者にしたがっている。彼らは絶えずイエメン政府に圧力をかけている」

無人機が飛び回っているが、恐れてはいないという。「これは預言者たちや敬虔な信徒のたどる道だ。つまりジハードだ」

わたしが前回マリブに姿を現さなかったことに、〝ブラザーたち〟はがっかりしたとも言われた。彼らはわたしの噂をいろいろと聞いていたのだろう。話をするうちに、アウラキはイエメン政府に少しも脅威を感じていないことがわかった。政府は、アルカイダにつけ入るすきを与えた部族間抗争に取り組むより、アルカイダの問題をシャブワに押し込め、消え去ってくれることを望んでいた。

サーレハ政権を世俗的でアメリカの手先とみなすアウラキは、政権の終焉を見たいと息巻いた。少し前に政府軍を待ち伏せして、対戦車ロケットなどの重火器を入手したこと、敵に大打撃を与えたことを、面白そうに語った。手に入れた武器はソマリアに送られることになるかもしれない。ソマリアのイスラム主義者は、そうした武器を喉から手が出るほど欲しがっていた。

精神的指導者アウラキは、物資補給係将校になっていた。

アウラキは数ヵ月前、アル＝シャバーブという、シャリーア（イスラム法）遵守を掲げるソマリアのイスラム過激派組織に次のようなメッセージを送った。アウラキによれば、アル＝シャバーブはムスリムに反撃の手本を示しているという。

「投票（バロット）は我々を裏切ったことがあるが、銃弾（ブレット）は裏切らない。事情が許せば、わたしもきみたちに加わり、一兵士として戦うことも辞さなかっただろう」

アメリカ在住時、アウラキは9・11同時多発テロをイスラム的ではないとして非難した。ところが今やブログにこう綴っていた。「アッラーがアメリカと同盟諸国を破滅させせんことを……大衆が好むと好まざると、我々は剣によって地上にアッラーの支配を実現させせる」

彼はこうしたメッセージを、欧米諸国に暮らすムスリムにも伝えるようになった。彼らの境涯を、預言者ムハンマドとその信奉者がイスラム化以前のメッカで迫害され、北方のメディナに移った「ヒジュラ」になぞらえた。

わたしが訪れる数週間前にも、アウラキはシャブワの地から、アメリカ軍に協力するイスラム諸国を非難するメッセージを発した。「その責めは、進んで命令に従う兵士が……端金のために信仰を売り渡す兵士が、負うべきである」

彼のこのような主張が、米陸軍少佐ニダル・ハサンに深い影響を与えたのかもしれない。ハサンはそれ以前から、アウラキとメールのやりとりをしていた。

ジハードでは市民が傷つき死ぬことも許容されるとアウラキは言った。大義が手段を正当化するというわけだ。わたしはすかさず異を唱えた。率直に意見を述べるほうがアウラキの心に訴える。コーランとハディース——初期の信奉者が記録した、預言者ムハンマドの言行録——の彼なりの解釈を用いて、アウラキは議論を展開した。

その数ヵ月前に、メフダルを慕っていた一人の若者が、近隣地方で自爆攻撃を行い、韓国人観光客四人を殺害した。

「彼は今天国にいる」夕食のとき、その若者の友人が話しかけてきた。メフダルが若者の自爆攻撃に何らかの役割を果たしたのか、あるいは攻撃を容認したのかは、よくわからなかった。だが、この若者たちの態度から察するに、口先だけではすまないはずだ。

わたしはアウラキに、軍事目標の攻撃は支持するが、市民を対象にした攻撃に使う物資の調達に手を貸すことはできないし、するつもりもないときっぱり告げた。市民の命を奪う爆弾の材料を、ヨーロッパで探し回るようなことはしたくなかった。

「つまりおまえは、ムジャーヒディーン〔訳注：ジハードの遂行者。一般的にジハードに参加する戦士を指す〕を認めないのだな？」アウラキは問い質した。

「この点については、賛成しかねます」

アウラキがアメリカに強烈な恨みを抱いていることにも気づいた。かの地でムスリムとして迫害されたと感じているらしい。起訴こそされなかったが、彼はサンディエゴにいたとき買春容疑で逮捕されたことがある。そのとき味わった屈辱にまだ苛（さいな）まれていた。ＦＢＩ捜査官は、アウラキの品行がイマーム〔訳注：イスラムの宗教指導者。一般的には、集団礼拝で信徒を指導する役目を務める人物を意味する〕にふさわしいものではないと、うなずいたりウィンクしたりしてほのめかし、彼の人格をおとしめようとした。

夜更けまで話し込むうちに、アウラキの話題は女性のことが大半を占めるようになった。潜伏生活を続けているので、妻二人と接触する機会はなかった。一人目の妻は幼なじみで、二人は十代で結婚した。最近になって、まだ二十歳にもなっていない女性を二人目の妻に迎えた。だが、ジハード主義者として犠牲にしなければならないことを理解し分かち合う女性が、大義のために結婚してくれる女性が必要だと、アウラキは訴えた。

「おまえなら、欧米で誰か探し出せるかもしれない。イスラムに改宗した白人女性を」

ヨーロッパ人女性との結婚を持ち出したのは、これで二度目だった。今回は本気だとわかった。たやすいことではないしリスクもある。それでも、アウラキをアッラーからの贈り物とみなす女性は大勢いるだろう。

ほかにも要求があった。「大義のために働き、ヨーロッパから資金と物資を調達してくれるブラザーを探してもらえないだろうか」

さらに、イエメンに来て訓練を受け、「その後母国に戻り、欧米でジハードを遂行する」人員を、わたしに見つけてほしいというのだ。訓練内容や彼らに何を期待するのか、具体的に聞いたわけではない。だが、二時間にわたる会話から、アウラキが欧米でテロ活動を始めたがっているという印象を受けた。

翌朝、アウラキは屋敷を去った。身の安全を図るためなのか、何か会合があったのかはわからない。代わって、わたしはアブドゥラー・メフダルとしばらく一緒に過ごした。前の晩に会った部族のリーダーだ。見るからに高潔なこの人物と、彼のアウラキに対する嘘偽りのない忠誠心に、敬服せずにはいられなかった。メフダルは欧米を攻撃することにまったく関心がなく、イエメンをシャリーアに立脚したイスラム国家にすることを望んでいた。篤い信仰心を抱いていたメフダルは、若い兵士が先導していた祈りの言葉が約束された天国のくだりになると、涙を流した。

彼らの世界観は歪んでいるかもしれないが、偽善者ではなかった。彼らの忠誠心は素朴で強い。

わたしは帰りを急ぐことにした。翌日の夜、サナアからヨーロッパに発つ便に乗る予定だったが、サナアに到着するまでの時間が読めなかった。ファディアが女たちの部屋から姿を現し、帰路に就く支度を整えた。

外界を遮断していた門が開いたとき、車のタイヤがパンクしていることに気づいた。山岳地帯を猛スピードで走り抜けてきたのだから無理もない。

メフダルが駆け寄りタイヤの交換を手伝ってくれた。彼の目に涙が浮かんでいた。迫りくる危険を感じているらしかった。

「もしこの世で会えなくても、天国でまた会おう」そう言う彼の頬を涙がつたった。

幹線道路までわたしたちを案内して、メフダルは去っていった。わたしたちは安全な繭の外に出た。

アンワル・アル＝アウラキとの面会について細大漏らさず知りたいと、西洋の三都市で待ちわびている人たちがいた。まずサナアに戻らなくては——それから急いでイエメンを脱出しなくてはならない。

第二章　ギャング、女の子たち、そして神　一九七六年―一九七年

アンワル・アル＝アウラキとイエメンの山岳地帯で会うまでの人生は、控えめに言っても紆余曲折があった。一九七六年一月二日、わたしは風吹きすさぶデンマーク沿岸の町コアセーで生まれた。赤レンガの平屋が整然と立ち並ぶコアセーは、イエメンの辺境の町と大差なかった。起伏に富んだ農地が広がるシェラン島の西端に位置する町で、灰色の波が揺れる大ベルト海峡の向こうはフュン島だ。

コアセーは、寛容で先進的というスカンジナビアの従来のイメージとは一致しない。労働者階級が住むほこりっぽい町で、人口は二万五千人ほど。ユーゴスラビアやトルコ、アラブ圏からの移民がちらほら住んでいた。

わたしの家族は下位中産階級。もっとも、家族とは言えなかった。アルコール依存症の父親は、わたしが四歳のときに家を出た。消えた、と言ったほうが正しい。週末に訪ねてくることもなければ、釣りや日帰り旅行に連れて行ってくれたこともなかった。母のリスベトは、どうもダメな男に弱いようだった。母の再婚相手、つまりわたしの継父は陰気な男で、人を威嚇して従わせようと

し、急にキレて暴力をふるった。わたしはフォークを握りしめるか、口を閉じるかして耐えた。何の前触れもなく、急に拳が飛んできた。母も暴力を受けて、何度か家を出たことがある。だが結局、態度を改めるからという約束を受け入れて家に戻った。態度が変わることはなかったが、母は継父と二十年近く一緒に暮らした。

「おまえの子ども時代は自慢できるものではないね」その後何年かしてから、母は悲しそうに言った。「あんなことをしでかすようになったのは、わたしのせいじゃないかって思ってるのよ」

子どもの頃はよく、コアセーの海辺や森や野原をぶらぶらして過ごした。あの頃は自分の時間がたっぷりあったし、とにかく家にいたくなかったのだ。友達と基地を作ったり、ロープにつかまって叫び声を上げながら揺られ、冷たい川や池に飛び込んだりした。

その頃の写真のわたしは、不安で仕方がない顔をしている。警戒した目つきを見ると、思い出したくない記憶がたくさんよみがえる。でも、あり余るほどのエネルギーがあった。どうも、それがトラブルを呼び込んでいたようだ。

十三歳の誕生日を迎える頃、友達のベンニャミンとユニオールと一緒に、生まれて初めて強盗を働いた。完全な失敗に終わった。高齢の店主が安煙草を売るけちな店に狙いを定めた。目だし帽を被り、暗がりに身を潜めて店が閉まるのを待ち、店主が鍵をかけようとするときに押し入ろうとした。ベンニャミンは父親の二十二口径リボルバーをこれ見よがしに振り回した。

店主は年齢のわりに力が強く、ドアを強引に閉めようとした。こんなに抵抗したのは、店の売上金を失うのを恐れたからだろう。店主はわたしたちを何とか店から締め出した。

敗北感に打ちひしがれながら、近くのテイクアウト料理店に向かった。次は、わたしが一人で銃を持って押し入ることになった。

銃を取り出した瞬間、気持ちがしぼんだ。カウンターの向こうにいる若い女性は、家族ぐるみで付き合いのある友人だった。年長者に思われるように低く落としたわたしの声は、回転数を間違ったレコードみたいに聞こえたにちがいない。

「強盗だ」

あまり強盗らしく聞こえなかった。

カウンター越しにこちらを見た女性は、怖がるというより戸惑った表情を見せた。

「モーテンなの?」

わたしはくるりと背を向けて逃げだした。わたしたちは道端の年配女性のバッグをひったくり、欲求不満を晴らそうとした。女性は転倒して腰の骨を折り、すぐに警察が我が家に押しかけた。

これが悪循環の始まりだった。学校では歴史や音楽の授業、宗教や文化についてのディスカッションは好きだったが、教室での勉強は退屈だった。心を通わせた教師は一人もいなかった。それどころかわたしがいることに気づいてもいないようだった。そこでわたしは教師たちに罵りの言葉を浴びせた。教師は黒板消しをこちらに投げつけるか、泣き崩れるかだ。教室はカオスと化した。

わたしは、言うことをきかない、多動性障害の少年のための「特別支援学校」に送られた。その学校はスポーツや課外活動が中心で、生徒が教室に閉じ込められる時間は、一日に二時間しかなかった。森でチェーンソーを使い、外でへとへとになるまでサッカーができた。冒険にはこと欠かなかった。生徒をいっぱしの市民に仕立てようと、学校が海外旅行を企画したことがあった。善意で実施された旅行だったが、実りある成果は生まれなかった。そのときのチュニジア旅行がきっかけで、わたしは旅好き、冒険好きになった。しかし、生徒のしでかした不始末のせいで、教師のほうは精神的に参ってしまった。わたしたちは教師の服を盗んで、現地の人に売りさばいたりもした。

十四歳を迎える頃には、もう歯止めが利かなくなっていた。旧ユーゴスラビアからの移民のジャラルと一緒に、学校の廊下にホースを引っ張り込み、何百リットルも放水した。生徒を退学処分にできないはずの学校も、もう我慢の限度を超えた。

それでも、最後にもう一度だけチャンスがあった。コアセー近くの高校のある数学教師が、わたしの運動の才能を見込んで面倒を見てくれたのだ。わたしはすぐにユースのサッカー選手として頭角を現した。プロチームのスカウトが、わたしの上達ぶりをチェックしているともささやかれた。しかし、学校の成績と大量の懲罰通知が問題となった。とくにある教師がわたしを退学させたがっていた。全国チームの代表に選抜され、ドイツのトーナメントに出場することになったとき、その教師に呼び出された。意地悪そうに目を細め、ぞっとするほど満足げな表情を浮かべて、学業成績不良のためにドイツには行けないと告げた。わたしが試合に出場したくてたまらないことを、その教師は知っていた。彼女が手に持っていたコーヒーカップを、蹴り飛ばしてやった。

それが、学校でした最後のことになった。卒業試験のわずか数週間前、十六歳でわたしの正規学校教育は終わった。だが、路上での教育は始まったばかりだった。地元警察から「レイダーズ」と呼ばれていたグループに加わったのだ。そのあだ名がついたのは、彼らがＮＦＬのオークランド・レイダーズのロゴ入り帽子とだぶだぶのズボンという格好で町をうろついていたからだ。

レイダーズのメンバーは、主にパレスチナ人、トルコ人、イラン人などのムスリムだった。赤毛で二の腕たくましい（バイキングみたいな）デンマーク人と、ムスリムの仲間たち――一見ありえない組み合わせだった。レイダーズに惹かれたのは、移民の子どもたちと同じように、わたしも自分のことをコアセーではアウトサイダーで負け犬だと思っていたからだ。将来の見通しはほとんどないが、時間だけはあり余るほどあった。持てるエネルギーのほとんどを、手当たり次第安ビールを飲むことと、手当たり次第女の子をモノにすることに注いだ。ムスリムの友人たちの信仰心はそれほど篤くなかった。普通のデンマーク人と同じように酒を飲み、浮かれ騒いだ。高まりを見せつつあった反イスラムの風潮に直面すればイスラムを擁護したが、戒律には縛られていなかった。

彼らの一家は、祖国の暴力や貧困から逃れてデンマークにやってきた。一九九〇年代になると、ほかのスカンジナビア諸国と同様に、デンマークの人口にも移民がかなりの数を占めるようになっていた。デンマークは、トルコやユーゴスラビア、イラン、パキスタンから、何千世帯もの難民または外国人労働者を受け入れていた。わたしが生まれてから十二歳になるまでの間に、デンマークの〝非西洋〟諸国からの移民人口は倍以上に増えた。このような移民の流入により、リベラルで進歩的な社会というデンマークの評判は、試練にさらされるようになった。スキンヘッドのギャングが棒やバットを手にコアセーを襲撃したが、レイダーズは立ち向かう準備ができていた。わたしはいつも襲撃に備えていたし、すぐに病みつきになった。

ボクシングの才能があり、ジムでかなり鍛えていたことが役立った。コアセーの数少ない自慢の一つに、千年前、バイキングがこの地からイギリス侵攻に向けて出発したことが挙げられる。デンマークで一番有名なボクサーのブライアン・ニールセンがこの町の出身というのも、うなずける話かもしれない。彼はその後、イベンダー・ホリフィールドやマイク・タイソンとも対戦した。

ニールセンは、コアセーで人気のアマチュア・ボクシングクラブの運営に携わっていた。そのクラブのユース・プログラムは、マーク・ハルストロムという二十代後半のライトヘビー級の現役ボクサーが指導していた。ハルストロムは強靱な体とやや薄い髪とあごひげという風貌で、めったに感情をあらわにしなかった。しかし、若手ウェルター級選手としてのわたしの可能性に強い期待を示した。わたしは足さばきが軽やかで、素早いジャブを繰り出し、強烈な右フックと強いあごを持っていた。それに体を動かすことが大好きだった。ボクシング——と柔術——で、暴力的な継父と、わたしを従わせようとするあらゆるものへの怒りを発散していた。

ジムはコアセーの町はずれにある、ありふれた灰色の建物だった。わたしはそこに三年間通った。十六歳になったばかりのある日、ハルストロムに呼び出された。

「おまえには光るものがある」こげ茶色の瞳を輝かせながら、彼は切り出した。「オリンピック選手になれるかもしれないし、プロにだってなれるかもしれない」

ハルストロムはわたしの母を訪ねて、ボクシングのトレーニングに集中させるべきだと説得した。彼はティーンエージャーの混沌とした生活が理解できるほどには若く、信頼に足る威厳を身に着けるほどには年齢を重ねていた。当時のわたしにとって、父親代わりに近い存在だった。

ボクシングの素質のおかげで、チェコスロヴァキアとオランダで行われたトーナメント試合に出場できた。デンマークの代表監督がわたしの試合を観にきて、高校スポーツ全国代表選手に選ばれたのだ。コアセーのクラブは、ボクシングのオリンピック代表選手を何人か輩出してきた。わたしにも一流ボクサーの仲間入りの期待がかけられた。

しばらくの間、ボクサーとしての成功を夢見ていた。ところが、わたしはハルストロムを失望させた。一流ボクサーになるための練習に耐えられなかったのだ。ボクシングで鍛えた腕を、リングで過ごす時間と同じくらい、ケンカに費やした。

デンマーク下位中産階級の見本のような母は、とうの昔にわたしのことをあきらめていた。十六歳になる頃には、家にほとんど寄りつかなくなっていた。母のとがめるような顔を見るより、レイダーズの仲間の家で寝泊まりするほうがよかった。明日はどこで寝るのか、自分でもよくわからなかった。コアセーのうらぶれたパブやクラブに入り浸るようになっていたので、寝るのはもっぱら深夜を回っていた。

平日には、ハルストロムのボクシング・クラブに通った。週末も同じようなことをして過ごした。ただしグローブなしで。素早い身のこなしと、攻撃を事前に察知する感覚が備わっていたおかげで、めったに怪我をしなかった。パーティーと酒とケンカの組み合わせは、リングの九分間よりも断然面白かった。それに、クラブで友人が人種差別されたときに守ってやれた。「パキ」〔訳注：パキスタン人への蔑称〕、「黒い豚め」……などの、侮蔑的な言葉が飛んでくることもあった。そんなときはいつも、つと前に進み出て、そんな差別的発言をした奴を一、二発で叩きのめした。

ハルストロムにはいろいろな顔があった。ボクシング・クラブのほかに、コアセーで〈アンダーグラウンド〉というディスコも経営していた。わたしは週に何度かそこに通っていた。もっとも、音楽はアバよりも、メタリカやデスメタルのほうが好みだ。最初に本気で好きになった子とは、〈アンダーグラウンド〉で出会った。ヴィベケという、赤毛のスリムな女の子だ。

ヴィベケは郵便局に勤めながら、ダンスを志し、コペンハーゲンまでバレエのレッスンに通っていた。わたしにはそんな熱意はなかった。彼女といると、わたしの心も穏やかになった。家具工房の見習い職人の仕事も見つけた。ヴィベケのおかげで、荒っぽさを抑えられるようになった。

しかし、わたしはどうもトラブルを呼び込んでしまう質らしい。ある晩、ビールをがぶ飲みして、コアセーのユースクラブで女の子といちゃついていた。あいにく彼女の男の耳に入った。その男はデンマーク軍の突撃銃でわたしを脅し、警察に捕まった。信じられないことに、警察は起訴もせず、その男を数時間で釈放した。もしかすると警察は、相手がモーテン・ストームなら、銃を使った脅しもやむなしと判断したのかもしれない。

わたしは自分でけりをつけることにした。コアセー郊外の陰気なアパートで開かれるパーティーにその男が来るという話を聞きつけた。三人の友人と一緒にアパートに行くと、その男は来ていないとパーティーのホストは言い張った。嘘だと思ったわたしたちは、台所の鍋やフライパンで、ホストをボコボコにした。

その男を捕まえることはできなかったが、わたしは警察に捕まった。加重暴行の罪で、少年院に四ヵ月間収容すると言い渡された。

将来の見通しはとても明るいとは言えなかった。五つの学校を退学になり、母親はとっくに匙を投げていた。おまけに前科まである。まっとうな道を歩めるチャンスはもう少なくなっていた。更生どころか、少年院送りのせいで事態はさらに悪化した。

十八歳の誕生日を少年院の中で迎えたが、祝うことなど何もなかった。出所後、運転免許が取得できる年齢になっていた。免許があれば楽に金を稼げる。マーク・ハルストロムは、ジムの経営を煙草の密輸ビジネスの儲けで補っていた。ポーランドからドイツを経てデンマークに煙草を密輸する――わたしたちはこれを「ニコチン・トライアングル」と呼んでいた。

一九九〇年代の半ば頃、煙草の密輸はドラッグやギャンブルに次いで、ドイツで三番目に大きな違法ビジネスとなっていた。このビジネスモデルは単純だ。ポーランドでは煙草の税率が低く関税もかからなかったので、煙草一カートンをドイツやデンマークの三分の一の値段で買えたのだ。

表向きには、ドイツで安く車のスペアパーツを購入して、デンマークに持ち込むということになっていた。ハルストロムはわたしを忠実で怖いもの知らずの運び屋と見ていた。ドイツ語を少し話せるので、通貨の両替も任された。車を押収された場合に被害を最小限に食い止めるため、いつもレンタカーを使った。車が数ヵ所へこんでも、十分に採算のとれる旅だった。

取引は、ポーランドとの国境に近い、ドイツの人里離れた農家で行われた。農場の入口で、ザワークラウトのにおいをさせただらしない格好の門番役が、入れと手を振って合図する。テーブルにドイツマルク紙幣を山積みすると、数分後、トイレが丸ごと片側に寄せられ、大量の煙草が詰まった貯蔵室が現れた。

週に二、三度ドイツと行き来することもあった。そのつど千ドル相当の収入を得られた。実入りがいいだけではなかった。警察の動きに目を光らせたり、密輸品を隠したり、国境を越えるときに平静を装ったり、新札の分厚い束を扱ったりと、まるでギャング見習いのようで楽しかった。

少年院から出たときは文無しで宿無しだったのに、その数ヵ月後には、札束も洒落た服も手に入れ、贅沢な暮らしを送れるようになった。ハルストロムからは〈アンダーグラウンド〉の鍵の管理を任された。金のにおいを嗅ぎつけた人たちがコペンハーゲンから頻繁にこの店に来るようになっていた。自分が重要な存在であり大きな存在の一部だと、人生で初めて感じられた。

実の父は、大ベルト海峡を渡ったフュン島のニュボーに移り住んでいた。十年以上も会っていなかったが、もう大人なのだから、関係を築き直す努力をしなくてはならない気がした。とはいえ、それほど気乗りしなかったたし、ぎこちない再会に終わるのが関の山だと思われた。いとこのラースが同行してくれることになり、ある曇天の朝、コアセーからフェリーに乗ってニュボーに渡った。

不安は的中した。父はつっけんどんな態度を見せた。母とわたしを捨てたことに、少しも自責の念を抱いてなかった。真っ昼間だというのに、息は酒臭かった。会って一時間もしないうちに、わたしたちは席を立った。ひどく落ち込み、怒りを感じた。

ラースとわたしはニュボーのバーに立ち寄り、気を取り直そうとした。これが間違いだった。ビリヤードをしていると、酔っ払いが絡んできた。わたしは必死に無視しようとしたが、相手が殴りかかってきたので、反射的にアッパーカットをお見舞いした。バーテンダーが警察に通報し、店を閉めると言うので、わたしたちは店を出た。ラースと別行動を取ったが、彼はその直後に逮捕され、わたしもコアセーに戻ってすぐに逮捕された。

わたしは暴行で有罪の判決を受けて、再び服役することになった。今度はヘルシンゲルの刑務所に半年間だった。相手が挑発したというのに、まったく考慮されなかった。この暴力行為で前科が増えた。気持ちを打ち明ける手紙を、刑務所からヴィベケに送った。自分はこんな人間で、どうしてもトラブルを呼んでしまうと綴った。それでも一緒に人生を過ごせるはずだ、とも。アメリカのギャングに当てはめるならヴィベケは〝ボニー〟だろうと思い、手紙の最後に「クライドより」とサインした。

犯罪に手を染めて一生を送るほかに道はないのかもしれないと思った。懲役刑を受けたのだから、危険や暴力と隣り合わせの仕事しかないだろう。でも、人を殴って快感を得ることなどめったになかった。友人の誰一人として、わたしのことを残忍な人間だとは思っていないはずだ。間違ったことは赦せないし、脅かされたら他人や自分の身を守る。わたしは向き合うべきことに背を向けるタイプの人間ではない。

一つ片をつけなくてはならないことがあった。長い間放っておいたことだ。

一九九五年四月、釈放直後に開かれた家族の誕生パーティーで、母と継父の間に緊張が走った。継父はひどい毒舌家で、母を傷つけるツボを心得ていた。母は目に涙をいっぱいためていた。やめろと言ったが、彼は聞かなかった。体が勝手に一歩前に出て、継父の顔面を激しく殴りつけた。眼鏡が粉々に砕け、後ろのテーブルに背中から倒れ込んだ。継父は愕然とした。長年いじめてきた少年が、もう大人の男だと、しかも自分よりはるかに屈強な男だと、にわかに気づいたようだ。わたしは彼が立ち去るのを見守った。テーブルクロスがまるで継父の経帷子のように見えた。

その場は驚きでしんとなった。母は恐れと感謝の入り混じった表情で、わたしを見つめた。見たこともないほど奇妙な表情を見せていた気がする。わたしはその場から歩み去った。手の指はズキズキしたが、目は誇らしげに輝かせて。

出所後の仕事探しは難儀した。前科二犯で、資格も技術もない。けれども、使えるコネはあった。服役中に、バンディドスという暴走族の幹部ミケル・ローゼンヴォルドと知り合いになった。気に入られたのは、わたしが彼を恐れなかった唯一の受刑者だったからだろう。

デンマークでは暴走族が幅を利かせていて、バンディドスはヘルズ・エンジェルズというグループと激しい抗争を繰り広げていた。バンディドスのモットーは、「親からも危ない奴らと指差される」だ。わたしは完璧に当てはまった。

熾烈な〝グレート・ノルディック暴走族抗争〟がスカンジナビア諸国で一年以上も続いていた。少なくとも十人が殺され、大勢が重傷を負った。スウェーデンでは、ヘルズ・エンジェルズが根城とするクラブに、対戦車ロケット弾が撃ち込まれた。南欧とのドラッグ取引が絡んで、抗争はさらに激化した。

ローゼンヴォルドはわたしを「デンマーク最年少のサイコパス」とメンバーに紹介した。もちろん冗談だったが、背が高く、肩幅が広く丸太のような二の腕のわたしは、手ごわそうだと人目を引いたことは確かだった。彼らの仲間意識と、ドラッグや女の子に不自由しないところが、たちまち気に入った。その頃、右腕に「ストーム」と、生まれて初めてタトゥーを入れた。グループに受け入れられるまで、大して時間はかからなかった。何しろケンカが強くて、パーティー好きだ。バンディドスは、レイダーズに輪をかけたような集団だった。

服役したというのに、ヴィベケはわたしと別れなかった。スリルがほとんど味わえない町にいたせいか、彼女は裏社会とのつながりを刺激的だと感じ、わたしの浪費家まがいの生活を面白がっていた。そんな彼女でも面食らうこともあった。コアセーで開かれたパーティーに、ヴィベケはひっつめ髪に黒のタートルネック姿でやってきた。バンディドスの女たちは、ブロンドで巨乳（本物ではないかもしれないが）で、トラやヒョウ柄の露出度の高い服を着ていた。

あるとき、ヴィベケのベッドの下に隠しておいた銃や爆薬、大麻や覚醒剤の詰まったスポーツバッグが、彼女に見つかった。ヴィベケは怒りを爆発させた。バッグを窓から投げ捨てて、「出て行け。二度と戻ってくるな」と叫んだ。

一九九六年三月、コペンハーゲン空港の外で、ヘルズ・エンジェルズがバンディドスのメンバーをマシンガンなどで襲撃し、一人が死亡した。

わたしはローゼンヴォルドから呼び出された。

「コアセーでグループを編成してくれ。信頼できる人間を集めて、縄張りを守りたい。今後、おまえにはおれの近くについてもらう。おれは狙われてるんだ」

弱冠二十歳で、わたしはデンマークのバンディドスの支部リーダーになった。まるで家族ができたみたいだった。グループでは、大義に忠誠を誓うことが何より大切だった。

それから数ヵ月間、わたしはローゼンヴォルドのボディガードを務め、コアセーとその周辺を守った。路上やナイトクラブで乱闘が起きた。ケンカの起こらない晩はなかった。ヘルズ・エンジェルズが通りにいようといまいと、わたしたちはケンカを仕掛けた。

当初は、アドレナリンが体内を駆け巡る感じと、重要人物とみなされることに快感を覚えていた。しかし一九九六年の末頃、この生活スタイルには中毒性があるのではないかと悩み始めた。ドラッグと無意味な暴力とパーティーの繰り返しだ。人間同士の結びつきや心の平安などなかった。

ある二つの出来事から、わたしの不安は決定的なものになった。年末も押し迫った凍てつく夜、コアセーのバーで、二人の大男とバンディドスのメンバー何人かがケンカを始めた。よくあることだった。しかしこのときは、バーの用心棒が仲裁に入り、バンディドスの一人をバーの外の道路に引きずり出して、何発も殴った。これを見逃すわけにはいかなかった。

翌朝、ほかのメンバーとともにその用心棒のところに行った。到着したとき、灰色の寒空はさらに薄暗く陰鬱さを増していた。わたしはジャケットの下にバットを隠し持っていた。目だし帽を被り、男の家のドアをノックし、出てきた用心棒を床に押し倒した。その男の腰と膝をめがけて、バットを振り下ろした。

それから何日もの間、用心棒のうめき声が頭から離れなかった。膝の骨が砕ける音が頭の中で響き、折れてだらりとした腕がまぶたに浮かんだ。次第に、自分のしたことが恥ずかしくてたまらなくなった。ローゼンヴォルドの言う通り、わたしはサイコパスなのかもしれない。

ほかの若者が二十一歳を迎えて、学位を取得し、定職につき、車を買い、恋人を作るところを、折に触れて目にした。わたしには型にはまった生き方はできないとわかっていた。だがその一方で、暴力やドラッグのスリルにおぼれて命を失うのではという不安も芽生えてきた。こうした不安から、人生の目的は何か、人生に何を求めるのか、自問するようになった。心の底では、今の自分が好きではなかった。継父に輪をかけて凶暴な人物になりつつあるのではないかと不安だった。

二つ目のきっかけは、サマルという二十一歳の女性とコアセーのクラブで会ったことだ。ヴィベケに追い出されてからずっと、恋人が欲しくてたまらなかった。すぐにサマルと付き合いたいと思った。強い光を放つ黒い瞳、ふっくらした唇、漆黒の髪の毛といった、ジプシーのようにエキゾチックな容貌だけではない。その存在感に否応なしに引きつけられた。

サマルはパレスチナ出身のキリスト教徒で、移民としてデンマークにやってきた大家族の一員だった。サマルの母親はすぐにわたしを実の息子のように扱ってくれた。ケンカに強いという理由以外でも、自分が必要とされていると感じた。

ほどなくして、彼女にプロポーズした。彼女の家族は婚約披露パーティーを大々的に開いた。地元のホールで開かれたきちんとしたパーティーだったが、バンディドスのメンバーが姿を現して一変した。革ジャンを着た男たちは、サマルの祖母の目の前で、アラビア語のポップスに合わせて飛び回り、クスクスやバクラバを食べるかたわら、コカインを鼻から吸った。

サマルの家族はそれでもわたしを好きでいてくれた。彼女と結婚するつもりなら、バンディドスについて考え直さなくてはいけない。疲労感が蓄積していた。それまでさんざん高揚感を味わってきたが、ギャングの生活はわたしにとって無意味になりつつあった。

二十一歳の誕生日の晩をサマルと一緒に過ごした。とても幸せだった。そんな気持ちになったことはめったになかったので、ショックを受けたくらいだ。その幸せを失うのが怖くなった。それから数週間、夜一人で過ごすとき、ベッドに横たわってまんじりともせずに考えた。ケンカをして捕まり、また刑務所行きになるかもしれない。ドラッグの過剰摂取に陥ったり、刺されたりするかもしれない。まともな生活ができなくなる可能性は高かった。そうなれば、サマルはわたしのもとを去るだろう。

誕生日から数週間後、めったにないほど明るく晴れた日に、朝から町の図書館に行った。虚しさを感じていたわたしには安らぎの場が必要だった。

図書館は、波状鋼板とコンクリートでできた二階建ての建物で、海峡の近くにあった。中に入れば、その朝コアセーを吹き抜けていた肌寒い風を避けることができた。しばらくの間、海峡の荒波や大ベルト橋を眺めていた。それから、児童書コーナーのおしゃべりを何とはなしに聞きながら、ぶらぶらと書架を見て回ったが、歴史と宗教のコーナーに自然と引きつけられた。無為に過ごした学校生活でも、この二科目には興味を抱いていた。

わたしは決して信心深い人間ではなかった。堅信礼の授業からも追い出されたくらいだ。わたしのことをひどいトラブルメーカーだと、司祭は母に告げた。神にとってもトラブルメーカーだったのだ。けれども、あの世というものは存在するはずだとわたしは思っていた。パレスチナやイランやトルコから来た移民の友人を通して、イスラム教には少し触れたことがあった。彼らの家族の持つ強さや、いつも家族そろって夕飯をとること、貧困や差別に直面しながらも強い絆で結ばれていることを、かねてうらやましく思っていた。

だから、預言者ムハンマドの生涯について書かれた本を手に取ったのかもしれない。小部屋（アルコーブ）で腰を下ろして読み始めた途端に引き込まれ、外の世界はすっかりどこかに行ってしまった。

その本には、イスラムの教義とその創始者の生涯が簡潔に記されていた。ムハンマドの父親は、彼が生まれる前に亡くなった。母のアミナが息子をじっと見つめていると、声が聞こえたという。

「最高の人間が誕生した。ムハンマドと名づけよ」

自立心を身に着けさせ、ベドウィン〔訳注：アラブ系遊牧民〕の話すアラビア語を習得させるために、母はムハンマドを砂漠のベドウィンのもとに預けた。だが母のアミナも、ムハンマドがわずか七歳のときに亡くなった。ムハンマドはまず祖父、その後はおじの庇護のもとに育てられた。

ムハンマドの高潔さと誠実さに、たちまち引きつけられた。若い時分、彼は「アル＝サーディク」（正直者）または「アル＝アミーン」（信頼できる者）と呼ばれていた。贈られた奴隷に自由を与えて、その奴隷を自分の息子だと宣言した。

ムハンマドが商人として成功を収め、アラビア半島やはるかシリアまで隊商貿易で赴いたこともわかった。一方で、深い霊性を備えた人物でもあった。三十代にメッカにほど近いヒラー山の洞窟で瞑想にふけった。そこに大天使ガブリエルが訪れ、ムハンマドは神の使徒であると告げた。

「誦め、創造主である主の御名において！（主は）凝血から人間を創りたもうた」

太陽がスカンジナビアの上空を移動するにつれて、わたしはますます七世紀の出来事に没頭していった。ムハンマドを亡き者にしようとするメッカのクライシュ族の手を逃れ、彼が洞窟に逃れたときのことを頭に思い描いた。伝えられるところによると、神の御業により、クモが洞窟の入口を覆うように巣を張り、その近くに鳥が卵を産んだため、中に人が立ち入った形跡がないように見えた。そのおかげで、追っ手は洞窟の中を探さなかったという。この逸話はコーランで紹介されている。「不信心者が預言者を追い立てたとき、彼にはもう一人の仲間がいた。二人で洞窟に潜んでいたとき、預言者は仲間に言った。『恐れることはない。アッラーは我々とともにおられる（のだから）』」

わたしは夕闇が迫っていることにも気づかなかった。迫害に遭いながらもイスラムを広めようとして、ムハンマドは不利な戦いに挑んだ。信念のためには――わずかな信徒とともに――戦いをも辞さない人物だった。コーランにはこうある。

「戦いを仕掛けられた者たちに、戦闘は認められる。彼らは不当に扱われたからだ。まことに神は彼らをお助けになられる。主は神のほかにおいていないと認めたばかりに、彼らは家から不当に追われた」

大義のために戦うというところに引かれた。大義は連帯感や忠誠心を生み出す。

メッカからメディナへの移住、ムハンマドと数百人の信徒たちの砂漠での戦い、メッカへの凱旋のさまを脳裏に思い描いてみた。メッカ帰還後、数々の迫害を受けたにもかかわらず、ムハンマドはクライシュ族に寛容な姿勢を示した。

ひげを生やした漠然とした神よりも、ムハンマドの人間としての苦闘のほうに、はるかに共感できる気がした。アッラーの使徒であるムハンマドは、歴史に実在した人物として、キリストよりも信憑性があるように思えた。神に息子がいるなどという話は、わたしには滑稽に思えたのだ。さらに、結婚から争い、義務にいたるまで、生活のあらゆる面について述べたムハンマドの言葉にも感銘を受けた。善意は認められ、報われる。その本に、ムハンマドの言葉が引用されていた。「無論、アッラーは汝の姿形や富を見るのではない。汝の心と行いを見るのである」

これは慈悲と情けにあふれ、罪の赦しを与えてくれる処方箋だ。満ち足りた生活にいたる道だ。イスラム教はわたしの衝動を抑え、自己修養の助けになるかもしれないと思った。

図書館員からもうすぐ閉館だと告げられたとき、わたしはまだ読みふけっていた。小部屋で六時間も座ったまま、預言者ムハンマドの生涯について書かれた三百ページほどの本を読み続けていたのだ。

図書館を出て、身を切るような風に吹かれながら、石畳の道を歩いた。近くの灯台の明かりが回転しながら辺りを照らしていた。アラビアの砂漠に没入し、神聖な啓示に心奪われていたのに、いきなりスカンジナビアの冬に戻り戸惑いを覚えた。わたしの心と魂はまだはるか彼方を漂っていた。

第三章　改宗　一九九七年初頭―夏

二十世紀末、異なる生き方や行動規範に意味を見出し、それまでにない信仰心と連帯感を見つけた欧米の若者は、わたしだけではなかったはずだ。

ムハンマドの本を読んでからの数週間、ムスリムの友達何人かとイスラム教について議論した。イスラムとその草創期に関する本も読んだ。イスラムに関する数少ない蔵書からまた別の本を借り、コーランを買った。当初、コーランは難しく感じられた。それに、イスラム文化の数々の要求に圧倒された。しかし、トルコ人の友人ユミトに励まされた。デンマーク人が自分の宗教を鼻であしらわず受け入れたがっていることに、彼は感激していた。

ユミトはレイダーズ時代の仲間だった。わたしが刑事事件を起こして服役し、バンディドスに加わってからも、友達付き合いは続いていた。ユミトは機転が利き、頭が良く、コアセーの外の世界に興味を抱いていた。イスラムについても豊富な知識を持ち、真摯にとらえていた。一方で、酒とコカインにもはまっていた。ユミトによれば、ムハンマドが読み書きできなかったことは恩寵であり、信仰をさらに純粋にしたということだ。

「つまり、預言者の言葉はすべて神の啓示であり、人間により汚されていないということだ。コーランは奇跡なんだ」

「でも、ユミト、おまえが真のムスリムなら、何でおれたちと同じように酒やドラッグをやるんだ？」

「金曜日の礼拝に行き、赦しを求めれば、改悛できるからだよ」

一方で、思いとどまらせようとする者もいた。図書館の向かいで小さな食料品店を営む、レバノン出身でキリスト教徒の友人ミラドは愕然とした。

暴走族で大酒飲みでボクサーのストームが宗教に帰依した。しかも誤った信仰ときている。

「どうしてあの無知な邪教に走る？　ムハンマドは馬鹿だ、読み書きもできないベドウィンだ」

「少なくともムハンマドは人間だった。実在の人物で、神から託宣があった。ムハンマドが神の子だなんて、誰も言わなかった」わたしは反論した。

イスラムこそ自分が求めていたものだと、コアセーの図書館でひらめいてから半月ほどたったときのことだ。近郊の町にあるモスクの金曜礼拝に来ないかと、ユミトから誘われた。そのモスクは期待していたような建物ではなかった。金色に輝くドームも、ムアッズィン〔訳注：礼拝の呼びかけ係〕が信徒に呼びかける尖塔もなかった。脇道に建つ、どこにでもあるような平屋の建物だった。だが、そこに集まる人々の熱意と、見ず知らずのヨーロッパ人のわたしに対する温かい歓迎に心を打たれた。

イマーム〔宗教指導者〕は潤んだ目に、粉雪のように真っ白でふさふさしたあごひげの高齢の男性だった。ほとんどささやくような静かな低い声で、預言者と五行〔訳注：ムスリムに課せられた義務としての五つの信仰行為〕について、わたしに問いかけた。イマームはデンマーク語をほとんど話せなかったので、ユミトが通訳してくれた。イスラムの五行、つまり、アッラー以外に神はなく、ムハンマドはアッラーの使徒であるという信仰告白、礼拝、貧者への喜捨（ザカート）、ラマダーン月の断食、メッカ巡礼（ハッジ）を受け入れるか？

　イエスは神の子ではないと受け入れるか？

「はい」と答えた。とはいえ、教義の細部はわたしの理解を超えていた。

　一連の質問の最後に、シャハーダという信仰告白を唱える必要があった。

「アッラーのほかに神はなし。ムハンマドはアッラーの使徒である」

　一瞬の沈黙があった。そしてイマームがおもむろに口を開いた。「これであなたはムスリムになった。あなたの罪は赦される」

　ユミトがその言葉を通訳して、わたしを抱きしめた。

「これでおまえは本当におれのブラザーだ」ユミトは瞳を輝かせて言った。「でも、おまえは改宗したというより、元の宗教に立ち戻ったんだ。イスラムでは、誰もがムスリムとして生まれると考えられている。人はみな神によって創造されるわけだし、アッラーが唯一の神だからだ」

　彼はにやりと笑った。「割礼を受けないとね。でも、強制じゃない。ムスリムの名前をつけるほうが重要だ」

　わたしの人生は重大な変化を遂げた。気分が高揚した。わたしは清められたのだ。罪は消え去り、新たなスタートが切られたのだ。

「〝ムラド〟がいいんじゃないか。『目標』とか『達成』という意味がある」と、ユミトは提案した。

ふさわしい名前に思えた。

さっそく戒律厳守のムスリムになったわけではなかった。それどころか、友人たちは型破りなやり方で祝ってくれた。アパートに集まって、何十本ものビールを空にしたのだ。それが、わたしの最初の――コアセー流の――宗教的交わりだった。いつだってあとから悔い改められると言うと、みんなは笑った。

そもそも、罪の赦し、つまり祈りによる赦免が、イスラムに引きつけられた大きな理由だった。わたしはすぐにムハンマドの言葉を覚えて、引き合いに出すようになった。

「家の前に川が流れており、一日に五回、その川で体を洗うとする。すると、そのあと体にほこりや汚れがついているだろうか？　日々、一日五回礼拝することは、これと同じように、罪を洗い流す」

コーランと、ハディース（ムハンマドの言行録）は、〝信仰に立ち戻り〟、宗教を真摯に受け止める熱心な信者に対しては、ひときわ寛大だった。ハディースにこのような一節がある。「もし僕(しもべ)がイスラムを受け入れ、イスラムをまっとうすれば、アッラーが（イスラムに改宗する）前のすべての善行を記録し、（改宗）前のすべての悪行を消し去る」

すぐにはバンディドスを脱退しなかった。それどころか、メンバーを何人かモスクに連れて行った。これはバンディドスの幹部連中の不興を買った。会合に呼び出されて、信仰は自分の胸にしまっておけと言われた。

一族全員がキリスト教を信仰しているというのに、サマルは理解を示してくれた。改宗は成熟した証であり、わたしがギャングの生活からようやく足を洗えると思ったのだ。反イスラム感情は抱いていないようだった。わたしたちは引き続き、一緒に将来の計画をあれこれと立てた。

新たな信仰との結びつきを期せずして強めたのは、こともあろうにコアセーの警察だった。

六月の美しい晩のこと、夏至から数日しかたっていなかったので、太陽はまだ天高く昇っていた。コアセーにあるクルド料理のレストランで、友人たち数人と世界ヘビー級タイトルマッチを見る予定だった。ラスベガスで行われた、マイク・タイソンとイベンダー・ホリフィールドのあのとんでもない一戦だ。

レストランの前をいったん通り過ぎたパトカーが戻ってきて、二人の警官が降り立った。

「モーテン・ストーム」一人が尊大な表情を浮かべて言い放った。「銀行強盗未遂の容疑で逮捕する」

まったく身に覚えがなかったので、単なる嫌がらせかと思った。すぐに戻れるだろうと思い、友人に向かって大声で言った。「ビールを冷やしといてくれ」

当てが外れた。冷えたビールは飲めなかったし、タイソンがホリフィールドの耳を噛みちぎるところも見られなかった。

それどころか、その晩は警察の留置所でむき出しの壁を見つめながら、自分の置かれた状況についてあれこれ考える羽目になった。前に進もうとするとき、進歩を遂げたと、まっとうになれると感じたときに、またもや自らの過去と評判に足を引っ張られることになった。

これではいつまでも終わらない。いつまでも自分について回る。コアセーにいるかぎり、わたしは要注意人物だ。塀の外でのギャングとしての生活と、さらに堕ちて塀の中でのギャングとしての生活とを、行ったり来たりするにちがいない。人生の半分を刑務所で過ごすなんてごめんだ。翌朝、出廷を待ちながら、自分自身に言い聞かせた。「もうおしまいにする」

出廷し判決を言い渡され、社会復帰するといったことを際限なく繰り返す生活に引きずり込まれる前に、今こそ人生を変えるときだ。わたしは十日間拘留された。その銀行強盗に関与したバンディドスのメンバーを数名知っていたが、決して口を割らなかった。仁義を通すことはやはり大切だ。しかし、このキューゲでの拘留が大きな転機となった。新米ムスリムとして学び始めた価値観と自制心が強められたからだ。

最初の行為は象徴的だった。自分がムスリムであると表明して、豚肉を食べることを拒否したのだ。すると、拘置所内でもう一人のイスラム教改宗者と知り合いになった。スレイマンという男で、彼からたちまち大きな影響を受けた。スキンヘッドのスレイマンは、ブルース・ウィリスに似ていた。武器の不法所持で捕まったというのに、イスラムと、バンディドスの一員であることは相容れないと、わたしにとうとうと説いた。

「選ばなくちゃならない」二人で運動場を歩いているときに、スレイマンは切り出した。「アルコールを飲んだり、ドラッグをやったり、善意を持たずに人生を送るようならば、アッラーはおまえを真のムスリムとは認めてくださらない。心はアッラーのおられる聖域だ。だから、アッラー以外の何者も己の心に住まわせてはいけない」

スレイマンの言葉には真実の響きがあった。バンディドスと決別すべきときだった。イスラムはすでに、毎週または毎日の宗教儀式としてではなく信念体系として、わたしに変化を与え始めていた。わたしのあらゆる行為に影響を与え、やがて行為を決定するようになった。

パレスチナ出身の友人からもらった、「アッラー」と彫られたキーホルダーは、宝物になった。敬意を表して、コーランを部屋の中で一番高い場所に置くことにした。

キューゲの拘置所で、パレスチナ系デンマーク人のムスタファ・ダーウィッシュ・ラマダンとも知り合いになった。彼はジハードのために強盗をしていた。独房で祈る彼の声が、わたしのところまで聞こえてきた。こっそり彼にフルーツを差し入れたときに、少しだけ話ができた。のちに、イラクで撮影されたきわめて残忍なビデオで、彼の姿を再び目にすることになる。

銀行強盗での告発は見送られ、わたしは晴れてキューゲの拘置所から出られた。できるだけ早くデンマークを離れよう、バンディドスとの付き合いをやめようと心に決めた。ギャング生活から足を洗うことを認めない者もいた。ヘルズ・エンジェルズに鞍替えするのではないかと疑う者までいた。まるで逃亡者みたいに、わたしは弾を装填した銃を身に着け、転々と居場所を変えた。

その後すぐにスレイマンが釈放された。彼の妻はパキスタン出身で、実家の家族がイギリス中部に定住しているという。スレイマンもそこに移り住む計画を立てていた。彼の古ぼけたバンに乗って、わたしも新しい生活を見つけるためにデンマークを離れることにした。

どんよりした空の初夏の日に、わたしたちはフランスのカレーに向けて出発し、そこからイギリス海峡を渡った。ドーバーの白い断崖――どちらかというと汚れた卵の殻みたいだった――が、わたしを新たな冒険に誘った。激怒する暴走族のメンバーと、ぐちゃぐちゃになった恋愛生活をあとにした。拘置所にいるとき、サマルは性欲が強く、天使のように清らかとは言えないことに気づいた。実はヴィベケとよりを戻してみたのだが、すぐにサマルと会いたくなった。サマルはキューゲの拘置所まで訪ねてきた。二人でイスラムの話をした。彼女はイスラムに改宗してもいいとまで言った。

仕事や住まいを見つけ、新たな展望を抱けるようになったら、サマルに連絡するつもりだった。彼女もわたしのもとに来ると約束してくれた。

わたしはイギリスのミルトン・キーンズで暮らすことになった。建築家のマスタープランに基づいて開発された町で、個性のない住宅が立ち並び、周囲は田園地帯に囲まれていた。スレイマンの妻の家族が、住まいと倉庫の仕事を世話してくれた。生まれて初めて――イスラムに導かれて――少しばかりの金を蓄えた。危機を乗り越えたとサマルに思ってほしかった。一緒に暮らせたらと願っていた。

真面目なムスリムになるようにと、スレイマンから日々励まされた。わたしは彼の布教の対象だった。一日五回礼拝し、イスラム帽を被るように勧められた。

「預言者ムハンマドの仲間は、頭をむき出しにすることがなかった」イギリス中部に建てられたモスクの一つに車で向かう途中、そう教えてくれた。

やがて、言われなくても一日五回、礼拝するようになった。熱心な改宗者として、イスラムの慣習や規定にどっぷり浸かった。かつて味わったことのない安心感に包まれた。

渡英して数週間がたった頃、勇気を振り絞ってサマルに電話をかけ、イギリスに来てほしいと頼んだ。新たな環境や再出発を、彼女が喜んでくれるといいと思った。

普段は緊張などしないのに、公衆電話に硬貨を投入しながら、手にじっとりと汗がにじみ、胃がむかむかしてきた。

呼び出し音が数回鳴ってから、サマルが電話に出た。

「もしもし、ムラド、えーっとモーテンだ。元気か」

彼女の声はいつになく沈んでいた。わたしは話を続けた。

「いい仕事が見つかった。貯金もしている。きちんとした住まいもある。ミルトン・キーンズはそんなに面白いところじゃないが、ロンドンからそう遠くない」

これではまるでセールスの電話だ。電話の向こうで彼女は押し黙っていた。わたしはさらにたたみかけた。

「結婚式とハネムーンについてもいろいろ考えてるんだ。こちらには、正統なイスラム式の婚礼を取り仕切ってくれる人たちもいる」

サマルはわたしの話をさえぎり、電話口で激しく毒づいた。

「あんたもイスラムもくそ食らえよ。イギリスなんかに住みたくないし、あんたと暮らしたくもない」

わたしはたじろいだ。

「サマル……」

「二度とかけてこないで」電話はガチャリと切れた。

わたしは薄汚れたガラス窓をじっと見つめた。何の説明もないまま、婚約は解消された——二度ともとには戻らない。よろめきながら足を踏み出した。初めて他人とともに何かを築こうとしたのに、粉々に砕け散った。独りぼっちになった。

通りの向こうから、声をかけられた。

「アッサラーム・アライクム（あなたに平安あれ）」

中年のパキスタン人の男性が、帽子を被ったわたしを見てムスリムだと気づいたのだ。彼の名はG・M・ブット。ザ・ポイントというシネコンの近くで売店を営んでいた。たまにその小さな売店に立ち寄ったとき、挨拶を交わしたことがあった。善良な人物で、アッラーを喜ばせることがこの世の務めだとみなしていた。

今しがたの電話のことを少しだけ明かすと、同情を示してくれた。

「ブラザー！　わたしの仕事を手伝ってくれないか。わたしもあんたに手を貸そう。もう若くないので、店の商品や荷物のことで手を貸してもらいたいんだ」

こうして、婚約者は信仰のせいでわたしを拒んだが、わたしのことをほとんど知らない男は、信仰のためにわたしを受け入れた。

ブットは親切な人物だった。やがて、サマルが恋しくて夜に部屋で一人泣くこともあると彼に打ち明けるまでになった。ある日、ロンドンに礼拝に行くために仕事を一日休ませてもらった。

ロンドンで一番有名なモスクは、リージェント・パークの端、バラ園と優雅なエドワード朝時代のテラスハウスの間に鎮座する。一九七〇年代に、主にサウード家の資金で建設されたこのモスクは、どういうわけか緑の多いロンドンの一角に溶け込んでいた。金色のドームがプラタナスの木々の間できらめき、礼拝を呼びかける声が車道にまで聞こえてきた。

わたしはモスクの中の本屋に行った。イスラムに関する本をサマルに送れば、理解が深まるかもしれないと思ったのだ。係員に案内されたダワ（オフィス）で、背が高く、白髪交じりの長いあごひげを生やした、威厳のあるサウジアラビア人がわたしを出迎えた。

「マー・シャー・アッラー（アッラーが望みたもうたこと）」〔訳注：素晴らしいものを見たときなどに感嘆を

表す常套句」。その男は、ヨーロッパ人の改宗者がモスクを訪れたことに、喜びの声を上げた。

彼はマフムド・アル＝タイーブと名乗った。

穏やかな口調ながら、彼の言葉には説得力があった。スレイマン同様に、信仰を伝えたいという情熱があった。そして深い学識の持ち主だった。

「イスラムを学びたいなら、イスラムの国に行ってみてはどうかね？」

優しい口調で、熱心に勧められた。

「イエメンに行かせてあげよう。イスラム諸国でも、学生ビザが一番取得しやすい国だ。パスポートは？」

パスポートはあるが、イエメンなど聞いたこともなかった。それに、タイーブの言う正統なイスラムとは何なのか、まったく知らなかった。タイーブは、裕福なサウード家から潤沢な資金を与えられ、世界中に派遣された大勢の使者の一人だった。ムスリムをワッハーブ派――スンナ派の原理主義者――に引き入れることがその狙いだ。イランでイスラム革命が起きてからというもの、アーヤットラー・ホメイニーに突きつけられた難題に対処するため、〝正統な〟イスラムを奨励しようと、サウード家はふんだんに資金を投入していた。厳格なワッハーブ派にとって、シーア派はイスラムを汚す異端なのだ。

世界中のモスクで繰り広げられていたこの闘いについて、わたしは無知だった。にもかかわらず、まさにその歩兵の一人になろうとしていた。

「イエメンに神学校がある。ヨーロッパの基準からはかけ離れているし、素朴ではある」タイーブは続けた。「だが、純粋だ。イスラムの真理を探し求める大勢の外国人が行く。ダマジというところだ。航空券と、到着後に面倒を見てくれる人を手配しよう」

タイーブの目は輝いていた。

「ダマジのイマームは、シャイフ・ムクビルという大学者だ。彼はイエメンを真のスンナの道に戻そうとされている。ただし、学ぶことは多いし、アラビア語の理解が必要になる」

胸が躍った。旅行は大好きだ。アラビアに行けるなんて思ってもみなかった。それが今、往復航空券と宿泊場所、新たな信仰にどっぷり浸れる機会が目の前にあるのだ。

わたしはタイーブの申し出を受けることにした。イギリスでの身辺整理に半月ほどかかると伝えた。タイーブは大喜びした。

「だが、スーフィーやシーア派にはならぬように」彼は苦笑しながら言った。「それから、ひげはそれ以上剃らぬように」

第四章　アラビア

一九九七年晩夏―九八年夏

サナアの焼けつく暑さは、二十一歳のデンマーク人の感覚器官を攻撃した。一九九七年の夏の終わりに首都サナアに行くまで、イエメンがどんなところなのかまるで知らなかった。サナアはオマーンの都市だと、漠然と思い描いていた。オマーンは西側の石油会社がいくつも進出し、穏健な国王（スルターン）が王国を平和に支配する国だ。完全に勘違いしていた。

まず、イエメンの空の玄関口があまりにおんぼろだったことにショックを受けた。到着ロビーにハエが飛び回り、か細いイエメン人たちが入国審査の順番をめぐって押し合いへし合いしていた。

空港に迎えに来る人物をタイーブが手配しておいてくれた。わたしを出迎えたのは、ソマリア出身の二人の青年だった（アデン湾を渡りイエメンに住みついているソマリア人は数多い）。騒音、無秩序、都市を見下ろすようにそびえ立つ山々に圧倒された。

次に、サナアがわたしの五感を満たした。旧市街に建つ、大きなマジパン〔訳注：砂糖とアーモンドを挽いて練り合わせた餡〕菓子みたいな装飾の施された日干し煉瓦造りの中世の建物。ほこりっぽく、ハーブやスパイスの香り漂う空気。男たちのみすぼらしい身なり。黒衣で全身を包んだ女たち。礼拝を呼びかけるムアッズィン（礼拝の呼びかけ係）の声と、喉の奥からしぼり出すようなアラビア語。男同士が手をつないでいる姿には驚いた。何より仰天したのは、カラシニコフだ。スーパーマーケットに行くときでも、イエメン人はカラシニコフを携帯していた。

到着してから半月ほど、サナアの貧困地区に滞在した。家具のない部屋で、床にあぐらをかいて座り、ソマリア料理を食べる生活を送った。その家は旅の途上（ハーフウェイ）であり、建設の途上（ハーフビルト）でもあった。ダマジ入りには時間がかかるかもしれないと、タイーブから事前に聞いていた。ダマジはサナアから百六十キロ離れた谷あいにある。その地が過激派を引きつけることを懸念して、イエメン政府は政治情勢に応じて道路を封鎖し、外国人の立ち入りを禁止することがよくあった。

イエメンは西洋人のイスラム教改宗者が好む行き先だということが、ほどなくわかってきた。自分の求めるものは、正統（で厳格な）サラフィー主義だと思ってやってくるアメリカ人もいた。サナアで出会ったそうしたアメリカ人の一人に、扇動的なイスラム指導者ルイス・ファラカンと親しいという、ベトナム戦争の退役軍人がいた。イギリス人、フランス人、カナダ人の改宗者もいた。

サラフィー主義は、ある世代のムスリムや改宗者の心をとらえていた。この名称は、敬虔な父祖、つまりイスラム初期の三世代を意味するアラビア語の「アル＝サラフ・アル＝サーリフ」に由来する。そのため、解釈や修正がいっさいない、純然たる原初のイスラムへの回帰を説いていた。だが、サラフィー主義に首尾一貫性があるとはとうてい言えなかった。信奉者は、初期の三世代から好き勝手なメッセージを引き出していた。アッラーが唯一の立法者であり、政治活動を避けるべきだと考えて、ムスリム同胞団の積極的な政治活動を嫌う者たちもいた。〝不信心者（カーフィル）〟やサラフィー主義以外のムスリム（とくにシーア派）を罵り、唾棄すべき欧米諸国と手を組んだ支配者を認めない者たちもいた。

このようなムスリム間の混乱と向き合う準備が、わたしにはまだできていなかった。何ともおめでたいことに、イスラムの信奉者はアッラーに従う一枚岩なのかと思っていた。イスラムに断層線のように走る分裂と憎悪について、デンマークで読んだ本は一言も言及していなかった。しかも、その後の十年にわたって人生を支配することになったある概念に、わたしはまったくなじみがなかった──ジハードのことだ。

ダマジにたどり着くことが、信仰にとって最初の試練であり献身となると、わたしは考えた。知り合いになったアメリカ人──ラシード・バルビという、ノースカロライナから来たアフリカ系アメリカ人の改宗者──とチュニジア人とともに、ダマジを目指すことにした。

おんぼろのプジョーで一時間ほど運転したあと、わたしたち三人とイエメン人のガイドは、軍の検問所を避けるために車を乗り捨てざるをえなくなった。その辺りは、部族間抗争やスンナ派とシーア派の戦闘が頻繁に起きる地域だった。

炎天下、きちんとした装備もなく山の中を歩き始めた。水もなければ、暑さや夜間の寒さから体を保護するものもない。安物のサンダル履きの足に、たちまち水ぶくれができた。

日暮れどき、足を止めて崖の縁で祈りを捧げた。辺りは真っ暗になり、それ以上先に進むのは無理だった。モンスーンの雨が突然降り出して、さらに気持ちが沈んだ。体が熱っぽくなってきた。いったい自分は何をやっているのかと、心の中で何度も自問した。ミルトン・キーンズを離れてからまだ二週間しかたっていなかったが、あのぬるま湯の環境が急に魅力的に思えてきた。

一晩と半日かけて、泥壁の家が建ちナツメヤシの木が生える谷間に、ようやくたどり着いた。巨大な断崖が谷を見下ろしていた。煉瓦造りで白漆喰塗のダマジ神学校が、オアシスの緑樹に寄り添うように建っていた。周囲の野原に設置された、ディーゼルを動力とする給水ポンプの音だけが、気だるい午後の陽射しの中で響いた。

シャイフ・ムクビルは、わたしたちが逮捕されたと思っていたらしく、無事に到着したと聞いて胸をなでおろした。鶏を一羽携えてやってきて、「ベニマーク」のお人がやっと着いたと、声を張り上げた。ヨーロッパの地理には暗いようだ。ラシードとわたしは出された料理をむさぼるように食べた。日に焼けて薄汚れたわたしたちの姿を見て、シャイフと護衛の者たちは笑った。

シャイフの風貌には驚いた。ヘナ染めした長いもじゃもじゃのあごひげを生やした人を見たのは初めてだった。これは、イエメンの高名な説教師や部族の有力者に見られる風習だ＊[1]。

わたしの世話は、アブ・ビラルという生徒が見てくれることになった。二十代半ばで読書家のガーナ系スウェーデン人だ。英語もアラビア語も流暢（りゅうちょう）なビラルは、ダマジの施設を案内してくれた。ダマジに来て最初の数週間は、ビラルかラシードがいつも側にいて通訳してくれた。

ここに充満する熱気になかなか慣れなかった。大きな学校に転校してきた少年のように、ダマジが共有する興奮とその大きさに怖気づいた。ビラルによると、この教育機関は日干し煉瓦造りの数軒の建物から始まり、評判が広まるにつれて規模も拡大したそうだ。わたしが訪ねた頃には、図書館と、数百人の礼拝者を収容できるモスクもあった。スピーカーから、講義の開始を知らせる声が鳴り響いた。施設の敷地の外は、集約栽培地と灌漑地区になっていた。

ビラルは規則についても説明してくれた。独身男性は施設の妻帯者専用エリアへの立ち入りは厳禁。一日五回の礼拝は必ず行うこと。学生は時間厳守、私語厳禁。コーランならびにハディース

（ムハンマドの言行録）に関する講義に出席すること。ここのモスクは、イスラム世界で唯一、靴を脱いではいけないモスクだった。シャイフ・ムクビルが権威あるとみなすハディースによれば、預言者は靴を履いたまま礼拝をした。真の道をたどるこの学校の学生たちは、何世紀にもわたり踏襲されてきた、靴を脱いでモスクに入るという慣習にわずらわされる必要はないとされた。

ダマジは宗教的興奮に満ちた場所だった。わたしが行った頃は、おそらく三百人の青年がいたはずだ。ほぼ全員がひげを生やしていた。そして、正しいことを見つけたと思い込んだ者特有の熱狂的な表情を浮かべていた。出身地はさまざまだが、現代世界を拒否するという点で結びついていた。

アラビア語が理解できなくても、大半が三十歳未満のこの若者たちを駆り立てているものが何か、すぐにわかった。ムスリム——とりわけアラブのムスリム——が自国の指導者から欺かれ、西洋から搾取されていると、彼らは思っていた。腐敗にまみれた独裁者は人民から不当に奪うのに、パレスチナを助けようともしない。信仰の本来の姿は、西洋式の考え方のせいで堕落した。今こそ最も純粋で正統なイスラムに立ち戻るときだ。そう考えていたのだ。

生活を快適にする設備はダマジにほとんどなかった。ベッドも何もないコンクリートブロックの部屋を居室としてあてがわれた。わたしはアブ・ビラルと同室で、二人ともコンクリートの床に毛布を敷いて寝た。ほとんどの生徒が泥の床の上に寝ていることを考えれば、まだ贅沢なほうだった。食事はもっぱら米と豆とジンジャーティー。卵がつけばごちそうだった。トイレは、洗面所の地面に掘られた穴だ。紙で拭くのではなく、水を使って左手で洗い流さなくてはならなかった。排水システムは、学院が拡大するペースに追いついていなかった。下水のにおいが漂ってきて、勉強を中断せざるをえないことも多かった。不便な点は多々あったが、暴走族上がりのわたしにとっては、心穏やかに過ごせて、自己鍛錬と信仰に捧げられる安息の地だった。

信仰のために、いつ、どのようにジハードに乗り出すべきかが、当時の最大の問題だった。シャイフ・ムクビルは、支配者に対する暴力の行使を支持しなかった。サラフィー主義者の大半は、教育こそがイスラムを復活させる手段だと考えていた。だがシャイフの教え子のなかには、米軍のサウジアラビア駐留に異を唱えなかったとして、のちにシャイフを批判した者もいた。サラフィー主義者にとって、米軍駐留はとんでもない出来事だった。イスラム最大の聖地を守る王国に異教徒が足を踏み入れるなど言語道断だった。

ある秋の日の午後、ナツメヤシの木の下で、イスラムが立ち向かうべき悪について議論していたとき、エジプト人の学生が大多数の気持ちを代弁した。

＊1　シャイフ・ムクビル・ビン・ハーディィは、ワディア族出身の地元の説教師だ。サウジアラビアで二十年間学んだあと、投獄され国外追放された。一九七九年にメッカのマスジド・ハラームを武力により短期間占拠した武装集団との関係を疑われていた。彼は、比較的世俗色の濃いイエメンのアリー・アブドッラー・サーレハ大統領を執拗に批判していたにもかかわらず、ムクビルはとくに妨害されることなく説教を続けることができた。その理由の一つは、支配者が不信心者としての行動を取ったときのみ、彼らに反旗を翻すことができると説いていたからだ。イエメンの貧しい無学の若者はジハードに勧誘されやすく、大勢がアルカイダに歩兵として雇われていたが、ビン・ラディンが隠れ家と戦闘用の銃の提供を求めたとき、ムクビルは拒否した。ビン・ラディンとの接近は好ましからざる結果を招くと警戒したのだ。ムクビルは、テレビなどの大衆文化や、イスラムのほかの宗派に反駁（はんばく）した。男女平等や民主主義をイスラム的でないともみなしていた。さらに、イスラムの敵には共産主義者やアメリカも含まれるとした。

「二つの聖地を管理する国が、どうしてアメリカ軍にわたしたちの土地を汚すことを許すのでしょうか？　わたしたちの政府はどうしてアメリカの飛行機や戦車に何十億ドルも支払うのでしょうか？　政府はイスラムに背を向け、飲酒を認め、女性が売春婦みたいに装うことを認めています。ムスリムは道に迷っているのです。アッラーの御意思に添った方法でムスリムを再教育することが、わたしたちの手にかかっています」

すでに多くの生徒がダマジから故郷に戻り、似たような組織や学校をイスラム世界のあちこちに設立していた。このような過激思想の魅力の一つは、宗教支配者層を迂回して、イスラムの源泉に直接たどり着けることだ。過激思想はこうして貧しい人や迫害された人に力を授け、何十年もかけて専門的に学んでいない者でも、教えを広められるようになった。

シャイフ・ムクビルは、ハディースを中心に教えていた。この原典に立ち戻り、〝革新者〟――「アッラーのほかに神はなく、ムハンマドはアッラーの使徒なり」の教えを忘れ、厚かましくも神の言葉を解釈しようとする人間――を拒むことによってしか、イスラムの危機に対処することはできないと、シャイフ・ムクビルは考えていた。ダマジの精神は次のハディースの一節にまとめられるかもしれない。「最も邪悪なことは新奇なことである。新奇はどれも革新であり、革新は誤謬である。誤謬は地獄の業火にいたる」。議論の余地はほとんどなかった。

これは、あけすけながら心が解放されるメッセージだった。エリートや支配層を嫌うわたしのような人間を恍惚とさせるところがあった。イスラム内部の複合的な対立をわたしはちょうど目の当たりにしていた。サラフィー主義とほかの主義の間に争いがあり、サラフィー主義者の間にも争いがあった。やがて、そうした争いに参加するようになり、学術的な言い回しを学び、ほかの生徒との議論に飛び込んでいった。

スンナ派とシーア派の対立を初めて肌で感じたのは、ダマジに来てからだった。ダマジに到着した日、学院の壁にずらりと立てかけられたＡＫ－47を見た。大勢の生徒が武器を肩にかけて警護にあたっていた。学院のあるダマジの地は、シーア派の一派であるフーシ派*[2]に支配されていた。シャイフ・ムクビルはシーア派に対する嫌悪感を隠そうとせず、シャイフの出身部族とフーシ派の間には戦闘が絶えなかった。

勉強も食事も礼拝も、学生たちは何もかも一緒に行った。生活はモスクを中心に回っていた。夜明け前の最初の礼拝で始まり、ヤシの木陰で何時間もコーランの授業を受けた。わたしたちは長い時間をかけてコーランを暗記した。

準軍事的な訓練はまったく受けなかったが、イエメンの若者と同じように、山中でその場にあるものを標的にし、ＡＫ－47Ｓなどの銃の使い方を学んだ。軍隊経験のある何人かのアメリカ人が、指導的役割を果たした。そのうちの一人のラシード・バルビは、アメリカ陸軍に在籍中、クウェートに派遣された経験があった。

＊2　イエメン北部のフーシ派のなかには、イランのシーア派の教義を支持する者たちもいれば、やはりシーア派の一派であるザイド派の復古運動を支持する者たちもいる。後者はサーダ周辺で勢力を誇っている。一九六二年に革命で倒されるまで、ザイド派のイマーム――預言者ムハンマドの直系の子孫であると主張する者たち――が、イエメン北部を支配していた。ザイド派の教義は、シーア派諸派のどの教義よりもスンナ派に近いのに、イエメンの強硬なスンナ派はザイド派を背教者とみなした。

シャイフ・ムクビルによれば、そうした訓練は、強い信徒は弱い信徒より大きな価値がある、すべてのムスリムはジハードに備えなくてはならないとしたハディースによって裏づけられるという。チェチェンやソマリアの戦闘に参加してもよいかと、何人かの学生がシャイフに相談を持ちかけた。シャイフは勉学に打ち込めない者にだけ、その許可を与えた。こうして、思考重視型と実践型の学生を選り分けた。

　携帯電話も音楽もドラッグも酒もない、清らかな生活を送った。仲間にボクシングを教え、ランニングに連れ出すようになると、仲間から尊敬の念を集めるようになった。コアセーの路上でケンカして相手を倒したときより、はるかに大きな満足感を覚えた。夜、星空を見上げながら、ここが自分の居場所だと感じた。

　ときおりサマルに手紙を書いたが、一通も投函しなかった。ダマジのやり方に染まるにつれて、無意味に思えるようになったからだ。ある日、わずかばかりの私物を整理していると、婚約パーティーの写真が出てきて驚いた。さしたる感傷も抱かずに、一枚一枚破り捨てた。妻を娶（めと）るなら、敬虔なムスリムでなくてはならない。

　シャイフ・ムクビルは、深い学識の持ち主でありながら、茶目っ気とユーモアのセンスも兼ね備えていた。しかもどういうわけか、わたしはシャイフお気に入りの生徒の一人になった。わたしの手を取ってオアシスを歩きながら、シャイフはアラビア語で話した。十のうち一つしか言葉を理解できなかったが、シャイフは構わずどんどん話した。

　講義でわたしを指すこともあった。

「ベニマーキ」と、満面の笑みを湛えながら大声で指名し、立ってハディースを暗誦するように命じるのだ。アラビア語のイエメン方言のフレーズを、やっといくつか覚えたばかりで、とてもハディースを諳んじることなどできず、わたしはもごもごと謝罪の言葉を口にするばかりだった。気の毒に思ったリビア人の生徒が、ハディースの一つをアラビア語で教えてくれた。わたしが立ち上がりハディースを暗誦したとき、シャイフ・ムクビルは大喜びして、机をバンバンと叩いた。その場に集まった数百人の生徒に向かって、わたしの勤勉な姿勢は、イスラムがやがて世界中に広まることを裏づけるものだと語った。

「これは、アッラーがわたしたちに約束してくださった証である。新たにムスリムになったブラザーたちの面倒をよく見、彼らにイスラムを教えなくてはならない。そして辛抱強く接しなくてはならない」

イエメン政府の努力にもかかわらず、バーミンガムやマンチェスターから来たパキスタン系イギリス人、チュニジア人、マレーシア人、インドネシア人など、ダマジには多くの外国人学生がいた。ハリード・グリーンというアフリカ系アメリカ人もいた。一九九〇年代半ばのボスニアで、モスレム人とともに、セルビア人やクロアチア人と戦ったという者も数人いた。母国に帰ってから、過激派として知られるようになった者もいた。

そもそも、わたしはダマジでただ一人の白人だったので、生徒や地元部族民から好奇の目で見られた。けれども、そのせいで疎外されたり排斥されたりしたことはなかった。

しばらくして、やはり白人の改宗者で、穏やかな語り口のアメリカ人がやってきた。オハイオ州出身で名をクリフォード・アレン・ニューマンといい、四歳の息子アブドッラーを連れていた。ニューマンはアミンという名で通っており、アラビア語を流暢（りゅうちょう）に話し、イエメンに来る前はしばらくパキスタンに滞在していた。その外見や話しぶりから、彼はいわゆる〝レッドネック〟と呼ばれる白人の労働者階級に属するようだった。わたしたちは親しくなった。わたしと同じように、破綻した関係から逃げてきたのだという。ニューマンは子どもを国外に誘拐した罪で、アメリカ当局から逮捕状が出ていた。その前年の離婚訴訟で、子どもの養育権は前妻に与えられたのに、ニューマンがイエメンに連れ出したからだ。彼は息子にムスリムとしての厳格な教育を施したいと考えていた。

わたしはダマジで四ヵ月間過ごした。一九九八年を迎えた頃、一般社会から隔絶されたこの神学校を離れて首都サナアに戻り、普通のアパートを見つけて暮らすことにした。ニューマン親子の住まいが見つかるまでの間、二人と同居することになった。

わたしは信仰と真摯に向き合っていた。信仰こそわたしの指針であり、またダマジを訪れるつもりでいた。ダマジに滞在する間に強硬なサラフィー主義者になり、憎むべき「革新者」に論陣を張ることもできた。

サナアでは、過激な説教師を何人か紹介された。三年後、その一人のムハンマド・アル゠ハズミは説教壇で、9・11の同時多発テロをアメリカに対する「正当な復讐」だと讃えた。別の説教師シャイフ・アブドゥル・マジド・アル゠ジンダニは、イエメンでも有力な聖職者の一人で、野党第一党の共同設立者としても知られていた。アル゠ジンダニは五十代後半で、すでに何千人もの信奉者がいた。サナアのアル゠イマン大学を運営し、毎週金曜日になると付設のモスクは数千人の信徒でいっぱいになった[*3]。

敬虔なムスリムとしてラマダーンを初めて体験したとき、アル゠ジンダニから断食後の食事に招かれた。そのとき、アル＝イマン大学に入学しないかと熱心に誘われた。

莫大な資産を持つアル＝ジンダニの自宅には、立派な図書館があった。

「何かわたしにできることはあるかな？」アル＝ジンダニから聞かれた。

彼は答えが聞きたいわけではなかった。

「ムスリム同胞団にいたというのは本当ですか？」とわたしは質問した。「もしそうなら、あなたはわたしを地獄の業火に送ることになります」

わたしたちはダマジでこう教わった。アラブ諸国において異議を唱える源泉の一つである政治運動たるムスリム同胞団は、いくつかの国で民主的選挙の概念を支持することによって、真のシャリーア（イスラム法）を捨て去ってしまい、自分たちの政治目的に都合のよい場所で、革新者（つまり異端的逸脱者）となってしまったのだ、と。人間ごときに法が作れると申し立てているのだから、この考えはサラフィー主義者にとって異端にほかならなかった。

敵意をあらわに質問したわけではないが、アル＝ジンダニは衝撃を受けたようだった。彼は過激主義者とみなされていたが、わたし好みの闘志あふれる人物ではなかった。厳格なサラフィー主義

＊3　イエメンではのちに、アル＝ジンダニをアルカイダの精神的指導者とみなす向きもあった。ウサマ・ビン・ラディンと長期にわたり関係があることから、二〇〇四年、アル＝ジンダニはアメリカから「グローバル・テロリスト」に指名された。ビン・ラディンの世界観に共感を示したが、彼は独自の道を歩み、その実ビン・ラディンの地位と自由を妬んでいた。たとえば一九九〇年代初め、サーレハ政権打倒を目論むビン・ラディンの計画を支持しなかった。

者で、社会的地位を重視しないわたしは、彼と臆せず対等に話した。

アル＝ジンダニは新参者に楯突かれることに慣れていなかったが、平静さを取り戻した。

「アル＝イマンに入学すれば、きみとは面白い議論ができそうだ。だが、言われたことをすべてうのみにしてはいけない。善良なムスリムでさえ、混乱したり道を誤ったりするときもある」笑みを浮かべて言った。

こちらの無礼な態度に気分を害していないことを示そうと、アル＝ジンダニは非常に貴重な蔵書を見せてくれた。その後、二人でイスラムの初期について話をした。わたしは素早く吸収した。

ダマジ時代の友人が、サナア在住のサラフィー主義者のネットワークを紹介してくれた。一九八〇年代のアフガニスタンでソ連を相手に戦った者や、最近バルカン諸国で戦った者もいた。イエメンでは過激派が勢力を増しつつあり、西洋諸国、とくにアメリカをイスラムの敵とみなすようになっていた。サウジアラビアに進出した米大企業に対する爆弾攻撃が発生し、新たな攻撃の計画もあった。サラフィー主義者のネットワークに、フセイン・アル＝マスリというエジプト人がいた。本人は認めなかったが、エジプト・イスラム・ジハード団の一員らしい。アル＝マスリはエジプト政府から指名手配されていた。自信のなさそう態度と静かな声とは裏腹に、三十代半ばのアル＝マスリは、幅広い人脈を持つ過激派だった。わたしはこのとき、初めてウサマ・ビン・ラディンの名前を聞いた。

当時、つまり一九九八年初め頃、ビン・ラディンはアフガニスタンの南部（カンダハール）と東部（ジャララバード周辺）で、アルカイダの存在感を確立しつつあった。タリバンに迎え入れられたアルカイダは、さっそく西側を標的に攻撃を企てた。たとえば、その数ヵ月後、ケニアの首都ナイロビと、タンザニアの旧都ダルエスサラームの米大使館爆破事件が、アルカイダの下部組織により実行に移された＊4。アルカイダがアフガニスタンに設立した軍事キャンプや、パキスタン経由でその軍事キャンプに行く方法について、アル＝マスリは教えてくれた。もし行く気があるなら、渡航を手配できるとも言われた。

わたしは迷った。冒険心がそそられたが、そのようなジハードはサラフィー主義者としてとうてい認められない。真のサラフィー主義者はタリバンのような勢力を軽蔑しており、彼らの活動は正統でないとみなしていた。

西洋人の目には、こうした違いは単なる意味論にすぎないと映るかもしれない。だが、ダマジやリヤドの教師にとって、タリバンの理念は異端に近かった。預言者が礼拝を一日五回と定めたのに、彼らは五回以上の「過度な」礼拝を奨励していた。そんな者たちと席すら同じくすべきではない、彼らはムスリムかもしれないが、わたしたちを地獄に引きずり込む――シャイフ・ムクビルから、そう教えられた。

この点を明確にするため、シャイフはハディースに出てくるムハンマドの有名な言葉をよく引き合いに出した。「我々の共同体（ウンマ）が七十三に分裂したとする――ただ一つだけが天国にあり、残りはすべて地獄にある」

差し当たり、わたしのなかではサラフィー主義が勝利した。

＊4　ナイロビとダルエスサラームの爆破事件は、一九九八年八月七日、ほぼ同時に発生し、犠牲者は二百人を超えた。そのなかには十二人のアメリカ人も含まれていた。

サナアで知り合った仲間の一人に、アブドゥルというイエメン人青年がいた。まだ十七歳で、浅黒い肌に屈託のない笑顔を湛え、控えめで礼儀正しい若者だ。巻き毛を短く刈り上げて、あごひげを伸ばし始めたばかりだった。体重は四十五キロもないにちがいない。足は棒みたいに細かった。まだ若いのに、サナアの過激派を大勢知っていた。アブドゥルとわたしは、砂糖をたっぷり入れたミントティーを飲みながら、彼の自宅で夜遅くまで話し込んだ。アブドゥルの持ち前の熱意と好奇心が好ましかった。ヨーロッパに興味津々で、北欧の異教徒の地にもイスラムが足がかりを得たと聞いて、驚くとともに喜んでいた。彼は旅に憧れていた。たどたどしい英語で、わたしとの会話を楽しんだ。その深い信仰心には感銘を受けた。コーランを暗誦できる者は珍しくないが、彼は朗々たる声で歌うように誦（じゅ）するので、モスクで祈りの言葉を唱えてほしいと依頼されることも多かった。

イエメンで過ごした時間は、わたしの信仰を深めた。初めてモスクに立ち入り、信仰告白をしてから、ちょうど一年余りが過ぎた頃だった。コーランを理解し、ハディースを暗誦し、イスラム法について論じるまでになっていた。わたしを送り込んだロンドンのマフムド・アル＝タイーブは、アラブ世界で最貧国のイエメンで味わう数々の苦労にわたしが耐えきれず、数週間もしないうちに帰国すると思っていたことだろう。

イエメンで丸一年を過ごしたので、そろそろ環境を変える気になった。二度も赤痢にかかり、手持ちの金も尽きた。サナアの街角でじろじろ見られることにもうんざりしてきたところだった。わたしはロンドン行きの航空券を荷物から引っ張り出した。

第五章　ロンドニスタン

一九九八年夏―二〇〇〇年初頭

一九九八年のある蒸し暑い晩夏の日、ヒースロー空港に到着した。サナアの暑さとほこりっぽさから逃れられてほっとした。ロンドン郊外の整然とした街並みが、どことなく面白く感じられた。さっそくリージェント・パークのモスクに足を運んで、マフムド・アル＝タイーブにダマジやサナアの話をして喜ばせた。

わたしは、リージェント・パークに来るムスリムの教育を手伝うことにした。また、イラク出身の高齢の説教師や改宗者に同行して、ハイド・パークのスピーカーズ・コーナーに行くようになった。そこでイスラムの教えを広めようとしたのだ。トーブと呼ばれる、足首まで丈があるイスラムの民族衣装を着たわたしたちは、さぞかし奇妙に見えたにちがいない。福音主義のキリスト教徒と激論を交わすこともあった。

「コーランはアッラーから下された言葉なのだ」コーランの有名なくだりを思い出して、わたしは声を張り上げた。「神以外からもたらされたものであるならば、数多くの矛盾が見られたはずである」

わたしたちは無関心と疑念の入り混じった反応で迎えられた。それが、布教活動を続ける意志を一層固めた。

過激な思想を抱くムスリムにとって、ロンドンは熾烈な討論と競争のるつぼと化していた。ダマジの陽射しのもと、ナツメヤシの木陰で戦わせた議論を彷彿とさせる丁々発止のやりとりが、あちこちで再現された。テムズ川南側のブリクストンというほこりっぽい地域が、イスラムの精神をめぐる闘争の中心地となっていた。

一九八〇年代初め、アフリカ系カリブ人の若者たちが、ブリクストンでロンドン警視庁に対して暴動を起こしたことがあった。この騒ぎは多くの都市に飛び火した。それ以降、ブリクストン地区の治安はいくらか改善されたが、住宅は荒廃し、貧困の解消には遠く及ばなかった。一九九八年の燦々と陽の照りつける夏の日も、この地区の目抜き通りには気が滅入るような光景が広がっていた。みすぼらしい店が立ち並び、通りにはビニール袋が散乱していた。ところが、ブリクストン・モスクはにぎわっていた。サラフィー主義を信奉することで名高いこのモスクに、ヨーロッパ中から熱心な信者が集まってきた。このモスクのことは、イエメンにいた頃、イギリス人の改宗者から聞いていた。

友人やルームメイトの多くは、わたしと同じ考えだった。イエメンでの経験、とくにダマジの日々について、彼らは熱心に耳を傾けた。ミュージシャンのキャット・スティーヴンスにも何度か会った。彼はイスラムに改宗してユスフ・イスラムと名を改め、スーフィズム（イスラム神秘主義）を信奉していた。彼とは、イスラムの真の道について活発に意見を交換した。聖人を崇拝し、信仰の解釈を歪曲しているとして、サラフィー主義者はスーフィズムを軽蔑していた。

いくつかアルバイトをしたが、主に運転の仕事が多かった。おかげで、ハウンズローやシェパーズ・ブッシュ、フィンチリーなどロンドンの急進的なモスクを探し出すのに役立った。どのモスクも、リージェント・パークほど立派ではなかった。むさ苦しい地下室にすぎないところもあった。それでも、どこも強烈な熱気で活気づいていた。これが、穏健な説教師にとっても、英国治安当局にとっても悩みの種になっていた。

新たに知り合った仲間には、ムスリムを迫害する欧米に恨みを晴らしたいと、怒りに燃えた若者たちが大勢いた。明らかに情緒的、精神的な問題を抱え、気分に大きなムラがあり、被害妄想の気(け)がある者もいた。だが大多数は、アッラーに従う真の道を見つけた、それにはジハードの遂行が必要だという、揺るぎない信念に駆り立てられていた。驚くほど多くのフランス人改宗者がブリクストンにやってきた。ムフタールもその一人だった。わたしたちはいろいろなことを話し合い、武術への情熱を分かち合い、一緒にモスクに通った。

ムフタールは三十代のフランス人改宗者で、痩身で寄り目がちの黒い瞳をしていた。フランスのサッカー選手ジネディーヌ・ジダンをどこか彷彿とさせた。彼とはブリクストンのモスクで知り合った。さびれたパリ郊外で暮らしていたが、横暴な警察から逃れてロンドンに来たという。ほどなくして、彼のルームメイトのモロッコ系フランス人、ザカリアス・ムサウィとも知り合った。一九六〇年代に建てられた、老朽化し腐食臭の漂う公営高層住宅で、二人は暮らしていた。部屋はがらんとして、ソファもベッドもなく、マットレス二枚と目の粗い麻布の敷物だけが床に敷かれていた。いかにもサラフィー主義者らしい部屋だった。

ムサウィは三十歳になったばかりで、がっちりした体格に贅肉(ぜいにく)がつき始めていた。黒く細い毛がもみあげからあごにかけて生えていたが、あごの先に近づくにつれてまばらになり、生え際が薄くなった髪は後ろになでつけてあった。彼はよく、タジンやクスクスを作ってみんなにふるまってくれた。

　ムサウィは確かに頭が良かった。ブリクストンからほど近いところにある、ロンドン・サウスバンク大学で修士号を取得したばかりだった。寡黙で控えめだが、いつも浮かない顔をしていた。自分のことはめったに話さず、家族の話は決してしなかった。ただ、武術に、とくにナイフを用いたフィリピン武術に情熱を傾けていた。

　ムサウィはたまに、アフガニスタンやチェチェンのジハードについて、とりとめのない話をすることがあった。当時チェチェンはジハード主義者の注目を集めていた。イスラム反乱軍がロシア軍と戦っている最中だったのだ。祈りを捧げるか、資金提供するか、自分たちもジハードを実行するかなどして反乱軍を支援すべきだと、仲間内では意見が一致していた。

「せめて資金集めをしなくては罰当たりになる」みんなであぐらをかいて床に座っているとき、ムサウィがフランス語訛りの英語でぽつりと言った。

　当時はちょうどネット動画時代の幕開けにあたり、チェチェンの闘争を擁護する途切れがちのぼやけた映像をみんなで見た。たとえばロシア軍部隊の奇襲攻撃や、ロシアがチェチェンの首都グロズヌイで民間人に対して行った、人権を踏みにじる残虐行為などだ。ムサウィは目を輝かせ、頭を横に振りながら画面にじっと見入っていた。

「不信心者（カーフィル）のロシア人め」ある日ムサウィはぼそりとつぶやいた。「グロズヌイでロシア軍一個小隊を道連れにできるなら、喜んで死ぬよ」

わたしたちには明かさなかったが、ムサウィはチェチェンに赴いて反乱軍に協力した経験があった。ＩＴスキルを用いて、彼らの大義を世界中に知らしめる仕事に関わり、外国人戦闘員の勧誘も手伝っていた。一九九八年の春に、アフガニスタンに赴いてアルカイダ軍事キャンプで過ごしたことも、明かさなかった。わたしたちがジハードについて論じているとき、ムサウィはすでにジハードを実行していたのだ。

一九九九年十月、ロシアはグロズヌイで地上戦を開始した。テレビ報道やネットに投稿された動画から、焦土作戦がもたらす真の恐ろしさが明らかになった。何万人もの市民が家を捨てて逃げることを余儀なくされた。

グロズヌイから何千キロも離れたブリクストンにいる、わたしとサラフィー主義者の仲間は怒りを抑えられなかった。ある晴れた秋の日、わたしたちは憤慨してブリクストンのモスクを出た。説教師がチェチェンの抵抗に対する支援活動はおろか、彼らのために祈ろうと呼びかけることさえしなかったからだ。圧倒的に不利な状況で戦うチェチェン反乱軍は、わたしたちの英雄になった。ダマジ神学校の卒業生を含む何百人もの外国人義勇兵が、ロシアのコーカサス地方に向かったという話も聞いた。

「ほら見ろ」わたしはムサウィやほかの仲間に言った。「権力者はまたしてもおれたちを見捨てた。おれたちと同じムスリムが声を上げるまもなく不信心者どもになぶり殺しにされるのを、見て見ぬふりした。説教師どもは警察ににらまれたらとびくびくしてるんだ。ロンドンでぬくぬくと生活してるからだ」

わたしたちはモスクにピケを張り、チェチェンの抵抗勢力への資金と支援を求めて訴えた。

十月二十一日、ロシア軍はグロズヌイの市場にロケット弾の雨を降らせ、何十人もの女子どもを殺した。一九九五年にボスニアで、セルビア人がサラエボの市場を砲撃し、何十人ものムスリムが殺されたことを、すぐさま思い出した。テレビ報道を見て胸が痛み、激しい怒りが湧きあがった。そこで、モスク上層部を恥じ入らせてチェチェンの苦境を認識させようと、活動に一段と力を入れた。チェチェンのジハードを公然と支持していたナイジェリア人が運営する近くのモスクに礼拝に行くという形で、怒りを表したこともあった。

一九九九年の秋になると、ムサウィの態度は変わった。思い悩むのではなく、怒りをあらわにし、ブリクストンのモスクに戦闘服を着て現れ、さらに過激な北ロンドンのフィンズベリー・パークのモスクに通うようになった。彼と同じ軌跡をたどった者のなかに、長身のジャマイカ系イギリス人、リチャード・リードがいた。リードは頰のこけた細長い顔にぼさぼさのあごひげを生やし、もじゃもじゃの巻き毛をポニーテールにまとめていた。時代が違えば、ヒッピーになっていたかもしれない。リードには軽犯罪の前科があり、イスラム改宗者だった。まるでろくに食事をとっていない人みたいに見えた。

リードはムサウィに畏敬の念を抱いていた。わたしたちのグループに所属していたものの、ほとんど誰とも話さず、いつもさびしげだった。一九九九年の末頃、二人と連絡が途絶えた。だが、彼らのことはそれ以上気に留めなかった。とくに、気弱で感じやすいリードのことは思い出しもしなかった。二人がアフガニスタンに行ったという噂が流れたので、アルカイダの軍事キャンプで訓練を受けているのかもしれないと思った。それでも、二年後に二人の名前と顔がテレビや新聞で大々的に報じられたときは、衝撃を受けた。

ムサウィは、9・11の同時多発テロの少し前にミネソタで逮捕された。彼は飛行機の操縦訓練を受けるためにアメリカに入国し、やがて「二十人目の実行犯」として知られるようになった。二〇〇一年十二月二十二日、リードは靴に爆薬を仕込んでパリ発マイアミ行きの便に搭乗した。靴に隠した導火線に火をつけようとしたとき、客室乗務員と乗客に取り押さえられ、その後「シュー・ボマー」と呼ばれるようになった。

イスラム過激派との交流が広がるにつれ、誰が口先だけでなく本当にテロを実行したかを知って、驚かされることが多々あった。いかにも、という人物ではないほうが多かったからだ。とはいえ、一九九九年当時、ロンドン、とくにフィンズベリー・パークのモスクが、テロを目論む過激派の情報センターになりつつあることは、誰の目にも明らかだった。彼らの多くに、似たような事情があった。暴力に苦しむつらい子ども時代を送り、無学で、将来の見通しを持てないでいた。無職で、未婚で、心中に恨みが渦巻いていた。

イギリス治安当局は、フィンズベリー・パークのモスクなどで過激思想が活発化していることに気づき、以前にも増してロンドンのジハード主義者に注意を向け始めた。だが、欧米各国の当局と同様に巻き返しを図ろうとして、問題の程度を把握し、指導者、移動、資金調達、過激派間の対立などを突き止めることのほうに力を傾けていた。ブリクストンとフィンズベリー・パークのモスクは、ロンドニスタンの戦場と化した。あのタイーブのような親サウード家の姿勢を取るサラフィー主義者と、サウード家を打倒し、チェチェンでロシア軍と戦い、イスラム世界から西洋の影響を一掃したいとする、怒れるジハード戦士世代との間に、闘いが勃発していた。

わたしとはというと、本や講義、深夜に及ぶ対話などから、武器を取って信仰を守るジハード支持の姿勢に傾いていた。ロンドンのほとんどのイマーム〔宗教指導者〕が、ブリクストンのアブドゥル・バケルまでもが、ジハードを呼びかけるファトワー〔訳注：イスラム法学者が発する勧告〕を出すことはおろか、なぜジハードについて言及することを避けるのか、わたしには理解できなかった。信仰の一環としてのジハードの義務について、ダマジでは日常的に話題にのぼっていたのに。

一九九九年も押し迫った頃、ロンドン北部のルートンまで、ダマジの講師の一人シャイフ・ヤヒヤ・アル＝ハジュリの講演を聞きに行った。シャイフはわたしを見て驚いた。

「ここで何をしているのかね？」講演後に挨拶しに行くと、問い質された。「イエメンに戻っているはずではないのか」

その口調にたじろいだ。わたしは真理にいたる道を踏み外したのだろうか？　わたしの信仰はヨーロッパで不純になってしまったのだろうか？　帰宅してから、導きを求めて祈った。信仰心を育んだ地に戻るべきかどうか、アッラーからしるしを得たいと願った。

数週間後の金曜日の朝、そのしるしが現れた。リージェント・パークのモスクに立ち寄り、地下の簡易食堂で安く食事をとろうと思っていたときだった。不安げな顔をした、浅黒い肌の女性が話しかけてきた。

「ブラザー、主人に手を貸してくださいませんか。礼拝したいのですが、車から降りて歩けないのです」

女性について階段を上がった。二人はモーリシャス出身の夫婦だった。高齢の夫はとても弱っていた。無理に動かしたりしたら、余計悪くなってしまうのではないかと思った。夫は旧式のベンツの助手席に座っていた。

「大丈夫だ、ブラザー」その男は言った。「少し休んで、呼吸を整えればいいだけだ」

わたしは車内の床から吸入器を拾い上げた。しかし彼の顔は蒼白になる一方だった。今にも目の前で消えてしまいそうだった。どんどん呼吸が困難になり、激しい往来のなかで、静かなあえぎがほとんど聞こえなくなった。喉の奥でかすかにごぼっと音がした。彼は再び目を見開き、フロントガラスを虚ろな目で見つめた。

一瞬、発作が治まり回復したのかと思った。だがわたしはすぐに、アラビア語で「アッラーのほかに神はなし」とつぶやいて、天国への旅立ちを助けた。彼は力なくこほんと咳をすると、この世を去った。

妻がヒステリックに叫ぶかたわら、彼の遺体を車から運び出した。同時に、この光景がどれほど現実離れして見えるかに気づいて、しばし愕然とした。巨漢のバイキングが、痩身のアフリカ人を運んで、往来の激しいロンドンの道路を渡っている。公園の管理人が駆け寄ってきて、無線で救急車を呼んだと言われたが、もう遅かった。

わたしは衝撃を受けた。命とはこんなにも儚いものなのか。男性の亡骸をイスラムの慣習に従い、ウェンブリーのモスクに埋葬する手はずを整えた。彼の灰色の肌を洗いながら、どんなふうに彼を見送ったか、そしてこの世から旅立つときに同じムスリムが側にいて、彼のために祈ってくれたことがどれほど幸運だったたか、思いを巡らせた。

これはしるしだ。ここで不信心者どもに囲まれて死ぬわけにはいかない。信仰を同じくする人たちと一緒にいるべきだ。アッラーは示しておられた。不信心者に囲まれて死ねば、罪になる。ハディース（ムハンマドの言行録）にこうある。「不信心者の間に住みつき、彼らの祝祭を祝い、そのばか騒ぎに参加し、彼らに囲まれて死んだ者は、最後の審判の日に、彼らと同じように、彼らとともに立たされるであろう」

世界は信じる者と信じない者に分かれていた。最悪のイスラム教徒は最高のキリスト教徒よりもましだった。

だが、ムスリムの世界に戻るには、パスポートが必要だった。旅行中にパスポートを破損してしまい、再発行するには、ロンドンのデンマーク大使館に行かなくてはならない。ところが、先方はわたしに別の用事がある――未処理となっている有罪判決だ。一九九六年、バーでドリンクをこぼしてケンカに巻き込まれたことがあった。飛びかかってきた奴を頭突きし、もう一人にパンチをお見舞いした。家に帰る途中で逮捕され、その後、懲役六ヵ月の判決を言い渡された。デンマークでは、刑務所の監房があいた時点で服役することになっている。空きが出ないうちに、わたしはデンマークを離れた。ダマジのナツメヤシの木陰で過ごすうち、わたしはこの一件をすっかり忘れてしまった。服役は延び延びになっていた――つまり、新たにパスポートを取得するには、デンマークに帰国して報いを受けるしかなかった。

こうしてわたしは、新世紀の最初の数ヵ月を刑務所で過ごす羽目になった。

第六章　アメリカに死を

二〇〇〇年初頭―〇二年春

デンマーク当局と交渉し、二〇〇〇年初めに帰国して、延期されていた刑に服することになった。一つだけ条件を出した。バンディドスのメンバーが一人でもいる刑務所には入れないでくれと要求したのだ。刑務所側はこの約束を反故（ほご）にした。自分の命は自分で守らねばと覚悟した。ところが、ニュボーの刑務所のムスリムは、互いの身を守るためにギャングもどきのグループを結成していた。

わたしは刑に服し、所内でウェイトリフティングやランニングをしたりして過ごした。しかし、欲求不満が募った。イエメンに戻りたくて仕方がないのに資金がない。金を稼ぐには、何か資格を得なくてはならなかった。出所後の社会復帰を助けるカウンセラーの助言により、オーデンセにあるカレッジでビジネスの勉強をすることになった（生活費として毎月デンマークから給付金も支給された）。さらに、ワクフ・モスクで礼拝を始めた。活気のあるモスクで、ソマリア人、パレスチナ人、シリア人であふれていた。神学上の議論をめぐり暴力に発展することもあった。ある金曜礼拝の最中に、わたしは説教師からマイクをひったくった。信徒を誤った方向に導いていると思ったからだ。そのうえ、彼はこともあろうに、くるぶしの下まで裾のあるズボンをはいていた——サラフィー主義者にとって蔑むべきことだ。

「この説教師の話に耳を傾けてはいけない。この男は、地獄の業火に焼かれる定めの七十二派の一つに属する、革新主義者だ！」わたしは叫んだ。

オーデンセは、童話作家アンデルセンの生まれ故郷だ。古い通りや古風な切り妻の家並みは、まさに童話の世界そのもの。自転車と歩行者それぞれの専用道路、緑地などが整備され、デンマークの先進性の手本となる都市だ。だが、オーデンセ郊外はそうはいかなかった。多くのムスリム——移民の第一世代と第二世代——が、あまり快適とは言えない、フォルスモーセの公営住宅に入居していた。ロンドンと同じように、そこではジハードが絶え間なく叫ばれていた。

釈放後、わたしのメンターであるシャイフ・ムクビルが、インドネシアのモルッカ諸島のキリスト教徒とユダヤ教徒に対するジハードを呼びかけるファトワー（勧告）を出していたことを知った。この地では宗派間抗争が激化していた。シャイフはインドネシア人以外のムスリムに、かの地にイスラム法の支配を打ち立てるよう促した。

その戦闘の中心は、ラスカル・ジハードというアルカイダ系の組織で、組織の指導者ジャファル・ウマル・タリブは、ダマジの同窓生だった。ダマジの友人のなかには、元米軍兵士のラシード・バルビをはじめとして、インドネシアに赴き戦闘に参加した者もいた＊1。

わたしはパキスタン人の友人、シーラーズ・タリクと一緒にイギリスに渡った＊2。モルッカ諸島のムジャーヒディーンのために、モスクで資金集めをしようとしたのだ。わたしたちの信仰がこんなひどい攻撃にさらされているというのに、サラフィー主義のイマーム（宗教指導者）たちの弱腰ぶりに、またしても憤りを覚えた。

わたしにとってジハードは、不信心者(カーフィル)を攻撃する権利というより、防衛の義務だった。コーランの言葉がその指針となった。「アッラーのために、汝らに戦いを挑む者と戦え。だが逸脱してはならない。アッラーはそのような者を好ましくお思いにならない。アッラーの道において、汝らと戦う者と戦え。だが不義を仕掛けてはいけない。まことに、アッラーは不義なす者も好ましくお思いにならない」

この一節は、戦いの義務、または戦いの支持を示している――これはバルカン半島にも、チェチェン共和国にも、インドネシアのモルッカ諸島にも当てはまる。だが、そうした根拠のないジハードは認められない。

防衛的ジハードと攻撃的ジハードの境界は、必ずしも明確ではないうえに、アルカイダがグローバル・ジハード運動を始めてさらに曖昧になった。この問題について、オーデンセの友人と活発に議論を交わした。そのなかに、ムハンマド・ザヘルという、デンマークに移住したシリア系パレスチナ人がいた。中東系独特の高い鼻に、あごひげを短く刈り込み、窪んだ目は真剣な光を湛えてい

＊1　バルビは最終的にノースカロライナ州に戻った。最後に彼の消息を聞いたのは二〇〇九年頃だ。ソマリア出身の女性と結婚し、工場で働いているという話だった。

＊2　パキスタンのテロ組織ラシュカレトイバとつながりがあると、タリクは話していた。若者をパキスタンの訓練キャンプに送り込んだこともあるという。二〇一三年後半、彼はアルカイダ系ジハード戦士とともに戦いシリアで命を落とした。

た。

　ザヘルもわたしも無職で暇を持て余していたので、よく一緒に釣りに行った。ダマジの学校やシャイフ・ムクビルについて、ザヘルから次々と質問を浴びせられた。インドネシアのジハードが合法だとするシャイフ・ムクビルやほかのイマームが出したファトワーについて、彼に説明したこともあった。一方で、不信心者を無差別にテロの恐怖に陥れることは許されないとも強調した。それを裏づける論拠として、サウジアラビアの著名な聖職者の言葉を引き合いに出した。ジハードの義務は「さまざまなレベルのムスリムが、各自の能力に従って果たさなくてはならない。自らの肉体を用いる者、財産を用いる者、頭脳を用いる者と、それぞれがあってしかるべきである」

　ザヘルは平凡な若者に見えた。ジハードの考え方に共感を示したが、ほかの知り合いほど過激な思想を抱いていなかった。だがまたしても、一見普通の人物の意外性に唖然とさせられることになった。二〇〇六年九月、デンマーク史上「最も危険な」陰謀を企てたとして、ザヘルは当局に逮捕された。

　わたしはムスリムの世界に戻るという目標をあきらめてはいなかった。しかし、例によって資金が不足していたので、ささやかな給付金をもらいながら学業を修めようとしていた。そのとき、用心棒としての能力がまたもや身を助けることになった。

　オーデンセには、入れ替りの激しい大規模なソマリア人のコミュニティがあった。ある日、ソマリア人の友人から電話がかかってきて、地域の結婚式の騒ぎを仲裁してほしいと頼まれた。

　会場に着くと、よくある口論が繰り広げられていた。結婚式を執り行うイマームの意に反して、男女が会場で同席し、スピーカーから音楽が大音量で鳴り響いていたのだ。サラフィー主義者にとって、このような西洋式のやり方は受け入れがたい。

　仲裁に入ったときに口論が激しくなり、婚礼客の一人がイマームに向かってナイフを振りかざした。幸い、コアセーのクラブで鍛えた反射神経は健在で、男の手からナイフを叩き落とした。ところが、もう一人の男が視界に入らず、後頭部を瓶で殴られた。血が首筋をつたった。男は会場から引きずり出された。

　コミュニティの指導者はこの騒ぎを警察沙汰にしたくなかったので、わたしを殴った者をイスラム法で裁くと約束した。その男の頭を瓶で殴って男を許すか、賠償金としておよそ三千ドルを受け取るか、二つの選択肢が与えられた。男を許す気にはなれなかったし、瓶で殴って刑務所に逆戻りしたくなかった。でも、賠償金をもらえば、またすぐに旅立てる。

　その頃、ネットでムスリムの〝婚活〟サイトをよく閲覧していた。信仰心が篤くて魅力的なパートナーを見つけたいと思ったのだ。出会い系サイトではないし、アメリカのデートサイトよりはるかに真面目なサイトだ。プロフィール欄に、個人的な好みを書き込む女性はほとんどいない。敬虔で従順な良き妻になると約束する女性が多かった。全員ヒジャブを着用しており、かしこまった表情をしていた。それでも、モロッコの首都ラバトに住む、カリーマ（仮名）という女性に目を引かれた。カリーマは英語を話し、教養があり、戒律を重んじる女性だった。オンラインで一言、単純な質問を投げかけてきた――「わたしと結婚するつもりはありますか？」

　殴打事件のおかげで懐は暖かかった。新たなパスポートを手に入れ、社会への借りもすっかり返したので、わたしはすぐモロッコに飛んだ。

　まず、ラバトでカリーマの兄弟と会った――事前審査というわけだ。彼女と会う前に、ラバト近郊の貧困地区サラトにある、過激なモスクを一、二軒訪ねた。そこでもサラフィー主義がもてはやされていた。イエメンに行ったことがあり、シャイフ・ムクビルを知っていると言うと、一目置かれた。これはカリーマの家族にも好印象を与えた。

カリーマは小柄で、オリーブ色の肌にアーモンド形の目をしていた。慎み深い態度から、彼女が深い信仰心を持っていることがわかった。魅力的で知的な女性だと思った。純粋な信仰を求めるために、わたしとともにイエメンかアフガニスタンに移住することも考えているという。数日後、わたしたちはカリーマの家で結婚した。会ってから数日で結婚なんてとんでもないと思われるかもしれないが、教義できちんと定められたやり方だ。デートして、何度も慎重にレストランで食事して、お互いの考えや気持ちを探る必要はない。アッラーがすべて取り計らってくださる。

そのうえ、デンマーク国家がイエメンへの引っ越しの面倒を見てくれることになった。デンマークの包括的社会福祉制度の一環に、青少年教育助成金があった。アラビア語学習という名目で、わたしはサナアのCALES語学学校に申し込み、デンマークから助成金を獲得した。動機などいっさい聞かれなかった。カリーマがまだモロッコにいるうちに、イエメンで新生活の準備に取りかかることにした。

二〇〇一年四月、わたしはサナアに飛んだ。奇妙なことに、サナアがまるで自分の居場所のように感じられた。最初に訪れたとき、あれほど強烈に五感を苛まれたのに、今回は心地よい懐かしさに包まれた。雑然とした往来も、圧倒される代わりに快適に感じられた。知人との再会に興奮し、屋上で夜な夜な、信仰や世界情勢について長いこと話し合った。それに、アラビア半島のこの貧しい国に、心から親近感を抱いた。この地こそ、わたしが信仰の本質を求めて闘うべきところだ。

サナアの家の近所は、整然とした没個性のデンマーク郊外より、はるかに伸び伸びしていた。野菜や果物を積んだボロボロのカートを引っ張るか細い青年、ガムや煙草を商う小さな売店、数珠を手に街角にたむろする老人たちを見ると、わたしの口元に自然と笑みが浮かんだ。

イエメンの役人の仕事ぶりでは、カリーマがサナアに来て一緒に暮らせるようになるまで、数ヵ月はかかるだろう。イエメン政府は、サラフィー主義者の仲間たちの動向の把握にも手間取っていた。わたしがいない間、仲間たちの活動は一段と活発かつ急進的になっていた。その頃になると、アルカイダがイエメンを西側を攻撃するための「場」とみなしていることに、疑問の余地はなかった。わたしがイエメンに舞い戻る数ヵ月前、アデン港に停泊中の米艦コールにテロリストが小型ボートで接近し、何百キロものC４火薬でコールの船体を爆破した。十七人のアメリカ人海兵が死亡し、コールはもう少しで沈没するところだった。

前回会ったとき、まだやせっぽちのティーンエージャーだったアブドゥルは、自信にあふれた若者に成長していた。ジハード主義者の人脈を広げ、英語も上達していた。ちょくちょく家にやってきて、昔のように宗教について長いこと話し込んだ。ジハードを支持しないサラフィー主義者の書いた本を読んではいけないと、アブドゥルは言った。インドネシアとチェチェンの情勢について伝えるウェブサイトを、二人でむさぼるように見た。

ある晩、アブドゥルの自宅を訪ねた。舗装されていない通りに建つ、質素なコンクリートブロックの家だった。ガリガリにやせた猫がゴミの山をあさり、子どもたちがサッカーをしたり、フラフープで遊んだりしていた。アブドゥルの家には先客がいた。以前ビン・ラディンの訓練キャンプに行かないかと誘ってきた、エジプト人のジハード主義者フセイン・アル＝マスリだ。

三人で床に座ってお茶を飲みながら話すうちに、わたしがロンドンにいる間、アブドゥルは豊富な経験を積んでいたことがわかった。アフガニスタンに行き、アルカイダの訓練キャンプで過ごし、そこでウサマ・ビン・ラディンと会ったことなどを、声を潜めながらも誇らしげに話した。「あの方はアッラーの仕事をされています。米艦と大使館への攻撃は始まりにすぎません」と、一九九八年にアルカイダが起こした、ナイロビとダルエスサラームの米大使館爆破事件も持ち出した。「世界中から善良なムスリムがカンダハールやジャララバードに集まっています」約束の地を築く手伝いにアフガニスタンに行くのなら、渡航に手を貸せると、アブドゥルとアル＝マスリから言われた。本当にそんな大物と会ったのか、そんな大それたことをしたのか、アブドゥルの話の真偽を勘繰ったりもした。だが間違いなく、自らの体験から得た知識を披露しているようだし、その後知り合ったアルカイダのメンバーの話と矛盾するところもなかった。

わたしはその気になった。確かに、自らの宗教的見解はもう障害にはならない。イエメンに戻ってから、アブドゥルに勧められて、親ジハード主義のイスラム学者による書物を読み漁った。何冊かをデンマーク語に翻訳したりもした。わたしもジハードの準備が必要だと考えるようになり、すでにサラフィー主義を見限っていたのだ。

アフガニスタンに行く気になったのは、宗教的情熱からだけではなかった。ロンドンの仲間の一人――バルバドス人とイギリス人の両親を持つ――から聞いたアフガニスタンの訓練キャンプの話が、わたしの中にくすぶる冒険心を刺激したのだ。彼は壮大な山岳地帯を歩き回ったこと、武器の訓練や兵士同士の強い絆について話した。

「ぼくはすぐにでも戻るかもしれません」アブドゥルは続けた。「あなたみたいな人は来るべきだとシャイフはおっしゃいました」と、ビン・ラディンの発言を引き合いに出した。アルカイダの兵士が雲梯で訓練したり、ロケット弾を発射したりするところをアフガニスタンで撮影したビデオも見せてくれた。のちに、アルカイダと言えばこの映像がよく流れるようになった。

「おれも行きたい」アフガニスタンの山岳地帯でムジャーヒディーンに同行することを考えて、興奮を抑えられなかった。新妻がまもなくサナアに来るというのに、ジハードのために訓練を積むことしか考えられなくなった。

「カラチまでの航空券を手配します。カラチで車に乗り、アフガニスタンまで連れて行ってもらえます」とアブドゥルが答えた。

夏の盛りを迎えた頃、カリーマがイエメンにやってきた。わたしは板挟みになり悩んだ。ジハードに備えることが義務だとカリーマが認めてくれても、彼女をサナアに置き去りにしたまま、ヒンドゥークシュ山脈に姿をくらますわけにはいかない。カリーマはサナアに一人も知り合いがいないのだ。

以前サナアで会った、急進派の聖職者ムハンマド・アル＝ハズミに面会を求めた。

「アフガニスタンで、ムジャーヒディーンと一緒に訓練を受けたいのです」

「マー・シャー・アッラー（アッラーが望みたもうたこと）。それは良いことだ。シャリーア（イスラム法）では、責任を負うべき家族、つまり父親や兄弟、おじと一緒にいられる場合を除いて、妻を置き去りにできないとされている。だがジハードのためなら、例外が設けられる。そのほうの妻はサナアの家に滞在してよい。家主が家族として彼女の面倒を見る」

聖戦に適用される規則には、ずいぶんと柔軟性があるようだ。

アフガニスタンから帰国したばかりのアブドゥルのアドバイスは違った。アフガニスタンに行くのなら、ヒジュラ――ムスリムの地への移住――となるように、妻も連れて行くべきだと言うのだ。ウサマ・ビン・ラディンはジハード戦士に、家族を連れて来るようにと呼びかけた。このビン・ラディンの呼びかけを、アブドゥルはそのままわたしに伝えていたのだ。実際に多くの者がそれに応えた。その年の後半、トラボラのアルカイダ最後の砦が一掃されたとき、死亡者と逃亡者には女も子どももいた。

わたしはカリーマを連れて行かないことにした。八月に彼女の妊娠がわかり、なおさら現実的な決断に思えた。それでも、わたしが近々アフガニスタンに出発することをカリーマは承諾した。ある日の朝、礼拝から帰宅したとき、やっとの思いで階段を下りてくる彼女の姿が目に入った。カリーマはこの暑さの中、つわりと背中の痛みで弱っていた。顔色が悪く、疲れきったようすだった。彼女を――そしてまだ生まれない赤ん坊を――守らねばという、本能的な思いがこみ上げてきた。アッラーのために訓練を受けて兵士になるという夢は、ひとまず抑えることにした。

わたしが正真正銘のジハード主義者に転向したのは、二〇〇一年九月十一日の出来事がきっかけだった。その日の夕方近く、サナアの床屋に出かけた。店の片隅に置かれたテレビから、アラビア語のニュース専門局アルジャジーラがニュースを大々的に報じていた。店に着いてすぐ、ニューヨークから実況中継が始まった。ワールドトレードセンターの上層部から煙が上がっていた。張りつめた声で、テロリストの攻撃によるものだとコメントが流れた。

大急ぎで帰宅し、詳細を知ろうとラジオのスイッチを入れた。その日まで、平均的なサラフィー主義者にとって、ウサマ・ビン・ラディンは取るに足らない人物だった。富という虚飾を振り切り、イスラム国家の樹立を目指しアフガニスタンで戦っているという点では、尊敬を集めていた。だが、アルカイダの能力と野心の高まりについては、ほとんど知られていなかった。アルカイダはそれまで、東アフリカの米国大使館や米艦コール襲撃事件を起こしていたが、米国本土に攻撃を仕掛けるなどと、わたしの周りで予想していた者は誰一人としていなかった。これは誤った行為であるとか、市民を対象にするなんて不法な行為であるとかと言う者もいた。しかしサナアの知人の大半――とりわけ、その晩シャイフ・ムハンマド・アル＝ハズミのモスクに集まった人々――の間では、高揚感が攻撃に対する慎重な見方を圧倒していた。

アル＝ハズミは、サナアの若手ムスリム過激派の間で人気があった。その暑苦しい夜、あふれ返る信徒に向かってはっきりと述べた。

「このたびのことは、アメリカのムスリムに対する抑圧、およびムスリムの土地をアメリカが占有したことに対する報いである」アメリカ軍がサウジアラビアや湾岸にずっと駐留していることも引き合いに出した。

信徒たちは平伏して、アッラーに感謝を捧げた。誰が攻撃を仕掛けたのか、わたしはそのとき知らなかった。それに、二万人もの命が失われたかもしれないと聞いていた。テロ攻撃の映像もほとんど見ていなかった。ムスリムの手でジハードとして実行に移されたとはいえ、どんな反応をすべきか決めかねていた。数々の疑問が湧いてきた。イスラムは自爆攻撃を認めるのか？　遠い異国の市民を標的にすることは正当化されるのか？

サナアでさえ、サラフィー主義者の多くは9・11のテロ攻撃に批判的で、イスラムでは正当化されないとみなした。だが、わたしは納得がいかなかった。その数日後、ようやく神学的見地から納得できる答えが示され、ジハード実行の義務が確かなものになった。サウジアラビアの聖職者シャイフ・フムド・ビン・ウクラが、9・11を支持する長文のファトワーを出した。そのなかで、市民の殺害は、市民が戦士と「一緒にいる」場合は認められるという見解を示したのだ。一九九八年、スーダンの首都ハルトゥームで、アルカイダに関連があるとされた施設を米軍が攻撃したときとの類似点を示した。

「アメリカがスーダンの製薬工場を爆撃し、工場を破壊してスタッフから労働者までも皆殺しにしたとき、それは何と呼ばれたか？　スーダンの工場に対してアメリカが行ったことは、テロ行為とみなされるべきではないのか？」と、シャイフは問いかけた。

わたしはファトワーを一言一句熱心に読んだ。シャイフ・フムド・ビン・ウクラがほかの聖職者たちから激しく非難されていても関係なかった。シャイフは9・11の前からタリバンを支持していることで知られており、サウジアラビアの宗教指導者層から絶えず非難を浴びていた。だがこれは、9・11直後の熱に浮かされたような時期に、まさにわたしが聞きたかった言葉だ。

この文明の衝突において自分がムスリムであるという事実を、わたしは結局受け入れた。数週間後、アメリカがアフガニスタン侵攻に乗り出そうとしているとき、ジョージ・W・ブッシュ大統領はこう述べた。「我々につくか、テロリストにつくかのいずれかだ」もう選択の余地はなかった。不信心者につくことはできない。ウサマ・ビン・ラディンは潔白だし英雄だ。ブッシュ大統領はアッラーを信じず、ムハンマドを神の使徒と認めない。ブッシュの戦争はイスラムに対する十字軍だ。それに、ブッシュは実際に「十字軍」という言葉を使った——アメリカのこうした姿勢が、懐疑的だった大勢の人々をムジャーヒディーンの軍事キャンプに駆り立てた。

ムスリムの取るべき対応について議論を戦わすうちに、サラフィー主義者の友人をずいぶんとなくした。わたしに言わせれば、彼らは臆病だ。仲間のムスリムに背を向けたのだ。その一方で、ジハード主義者の友人が大勢できた。その多くがアフガニスタンに渡った。知り合いの過激主義者のなかには、米軍が今にもイエメンに侵攻すると予測する者もいた。身の安全のためにきみはモロッコに戻ったほうがいいと、わたしはカリーマに伝えた。

アブドゥルとわたしは、今後進むべき道について議論を重ねた。

「ムラド、話があるんです」ある晩、アブドゥルは打ち明けた。「ぼくはずっとシャイフ・ウサマのためにあちこち飛び回っています。シャイフのためにメッセージを伝えてるんです。この間見せた訓練のビデオがあるでしょう。あれはぼくがアフガニスタンからこっそり持ち出したものです」

「マー・シャー・アッラー！（アッラーが望みたもうたこと）」わたしは声を上げた。誰かを直接讃えることは嫌われる。何もかも神によってもたらされるべきなのだ。

「ハイジャック犯の一人がビデオに出ていました。高射砲を発射させる姿が背後から映されています。向こうにいる間、彼と知り合いになりました。でも、何を計画しているのか誰も教えてくれなかったんです」

わたしは感心した。二十歳になるかならないかのアブドゥルが、選り抜きのジハード戦士の仲間入りをしようとしているのだ。

十月七日、アメリカは巡航ミサイルでアフガニスタンに攻撃を開始した。その日、友人たちと一緒にサナアの自宅にいた。わたしたちはこの戦いをはっきり色分けした。片や、数々の欠点はあれどイスラムを代表するタリバン。片や、アメリカと共産主義者と北部同盟とシーア派の、不信心者の同盟。

アメリカとの戦いを、防衛的ジハードのための聖戦だと言わないサラフィー主義の学者を嫌悪した。当時、次のようなハディース（ムハンマドの言行録）の一節が仲間内で人気を博した。「ホラーサーン（アフガニスタン）から黒い旗が現れるのを見たら、彼らに加わるべし」。まるで、預言者ムハンマドが、未来のイスラムの戦いとして「不朽の自由作戦」〔訳注：9・11に対する報復として米英連合軍がアフガニスタンのタリバン政権を攻撃した一連の作戦のこと〕を予言したような一節だったからだ。

友人でアメリカ人のサラフィー主義者、クリフォード・ニューマンも思いは同じだった。十二月初旬、興奮してわたしの家にやってきた。

「ムラド、ニュースを見たか?」と、会うなり問いかけた。「アフガニスタンで捕まったアメリカ人が、テレビで大きく取り上げられている。あいつを送り込んだのは、わたしなんだ」

あいつとは、ジョン・ウォーカー・リンドのことだった。彼はいわゆる「アメリカ人タリバン兵」で、捕らえられたあと、アフガニスタンでCNNのインタビューを受けたのだ。リンドはその前年、サナアのCALES語学学校で学び、その後パキスタン経由でアフガニスタンに入国した。ニューマンがリンドの渡航を手助けしたのだという。

同じムスリムが攻撃されているのだから、ジハードは今やすべてのムスリムにとって義務である。そう考えたわたしは、自らの役目を果たそうとして、タリバンやタリバン兵志願者のために資金集めを開始した。これが、イエメン情報機関の注意を引くことになった。普段通っているモスクを運営する委員会から、呼び出された。

「ムラド」よぼよぼの高齢の男性が口火を切った。「このモスクはすべてのムスリムを歓迎しており、我々はすべての信徒に対して責務がある。この神聖な場所が良からぬ注目を集めていると、当委員会からはもちろん、ほかからも心配の声が上がっている。通りの向こうからこちらを見張っている者たちがいるのに、気づいておるだろう。おまえを見張っている。外国の戦争のために金を集める場としてこのモスクを利用する者を、通わせるわけにはいかない」

老人は言葉を切り、委員会のほかの出席者を一瞥（いちべつ）した。

「お互いのためにも、もうここに来ないほうがいいだろうということになった。わかってもらいたい」

それからというもの、通りを歩くときは肩越しに後ろをちらりと見るようになった。男が急に立ち止まって店のショーウィンドウをのぞき込んだり、あさっての方向を向いたりしたことが何度かあった。ブレーキに細工がされていないか、装置が取りつけられていないかと、自分の車を調べるようにもなった。通話中、カチカチという奇妙な音が聞こえたり、混線しているような気がした。日ごとに状況は悪化した。もうサナアを離れるしかない。そこで、二〇〇一年も押し迫った頃、わたしはカリーマを連れて南に向かった。

タイズというところは、イエメンでも歴史的に重要な都市だ。サナアとアデンのほぼ中間地点に位置し、そびえ立つ山並みに囲まれている。雨季になると、稲妻が山頂を照らす。タイズの住民はサナアを活気のない遅れた町だとみなしている。確かに、サナアより工業は発達しているかもしれない。ただ、どれも絵になるような風景ではない。郊外には醜悪なセメントプラントやおんぼろ工場が建設され、欧米ならたちまち非難を浴びそうな光景だ。しかし、タイズのモスクは見事だった。サナアと同様に、好戦的な若者が少なくなかった。ボスニアやチェチェンで戦闘経験のある者や、ビン・ラディンのキャンプで訓練を受けた者を歓迎するモスクを選んで通った。イエメンの治安当局に見張られていると聞いて、彼らはわたしを即座に受け入れてくれた。やがてタイズでも、意欲あふれる過激志向の若者の家を、あちこち訪ねるようになった。彼らの多くが、この新たな戦闘に加わる方法を模索していた。

タイズで知り合った若者のうち数人は、二〇〇二年十月、アデン湾で航行中のフランス船籍タンカー、ランブール号に対する自爆テロに加わった。

タイズに移ってから数ヵ月後、二〇〇二年五月最初の週に、カリーマは男児を出産した。わたしは息子をウサマと名づけた。名前を知らせると、母は電話の向こうで叫んだ。

「ダメよ、そんな名前。気は確かなの？」

「母さん、それなら、西洋人は息子にジョージとかトニーとかの名前をつけられなくなるよ。それはイスラムに宣戦布告した奴らの名前だよ」

母とわたしは話がまるで噛み合わなくなっていた。

第七章　家庭不和

二〇〇二年夏—〇五年春

たとえ孫の名前がウサマだとしても、祖母には孫に会う権利がある。それに、しばらくイエメンを離れるには良い機会だった。アメリカ政府の圧力もあってか、イエメン治安当局は外国人〝活動家〟の監視に力を注いでいるようだった。

二〇〇二年、夏の終わりの爽やかな日のこと、故郷のコアセー郊外にあるこぎれいな家に、モロッコとデンマークという、あまり目にしない組み合わせの国旗が掲げられていた。デンマーク人のジハード戦士とモロッコ人の花嫁という、ほとんど例のないカップルのために、わたしの家族が飾ってくれたのだ。おじ、おば、曾祖父母——みんな、初めて誕生した次の世代の命を歓迎しようと、くしゃくしゃした黒髪をした、ウサマという名前の生後三ヵ月の男の子のために集まっていた。

継父は裏庭で何やら考え込んでいた。わたしに病院送りにされたことを忘れていなかったのだ。母は、ウサマと命名したことに怒りを見せまいとしていた。ちょうど、母がムスリムではないことに、わたしが軽蔑を抑えようとしているように。イスラムに改宗するように母を説得した（わたしの義務だ）が、当然うまくいかなかった。それに、母はわたしを決してムラドと呼ぼうとしなかった。ただ、わたしの入信に、母はいくらか慰めを見出していた。これまでと違って、わたしが犯罪に手を染めることだけはなかろうと思われたからだ。サナアとタイズで友達になった面々を知ったら、母もそうは思えなかっただろう。わたしがどれほど過激化したか、母は少しも知らなかった。それは一つに、母が現実から目を背けていたせいだ。母は単に知りたくなかったのだ。

9・11以降、デンマークでもムスリムを取り巻く状況は厳しくなった。カリーマは外出時にニカブを着用するので、目以外に顔を見せない。夏でも手袋をする。わたしは、トーブというゆったりした伝統的な長衣を着る。二人ともずいぶんと疑いの目で見られた。

数ヵ月もすると、母の歓迎ぶりも徐々に影をひそめていった。わたしは堅苦しい環境に耐えられなくなってきた。ランブール号襲撃事件の直後、まだイエメンに戻らないほうがいいと、タイズの知人から忠告された。大勢の〝ブラザーたち〟が一斉検挙されているというのだ。デンマークに滞在せざるをえないなら、むしろ〝内輪〟で過ごしたいと思った。生粋のデンマーク人よりムスリム住民のほうが多い、オーデンセ郊外のヴォルスモーセの灰色のアパートで暮らすほうがいい。そこの住民の大半は、ソマリアやボスニア、パレスチナからの移民だった。その頃、ヴォルスモーセの犯罪率について、デンマークのマスコミも取り上げるようになっていた。極右政党にとって何よりおいしい話題だった。

わたしたち夫婦は、家具もついていない３ＬＤＫのアパートに引っ越した。通りでアラビア語が飛び交い、ベールを被った女性たちが行き交う環境は、カリーマには居心地が良かった。だが、このささやかな生活環境や、単純労働よりジハード論議を好むわたしの気持ちをカリーマは快く思わなかった。ヴォルスモーセではギャングが関わるトラブルが多発しており、夜中に銃声で目が覚めることもあった。

わたしはまもなく昔なじみと会うようになった。数年前によく一緒に釣りに行ったムハンマド・ザヘルもその一人だ。ザヘルは過激思想に拍車がかかっており、最近イスラムに改宗したばかりの者を助手として引き連れていた。

ザヘルの助手のアブダッラー・アナスンは、黒髪をきれいに剃った、肉付きのいい丸顔の男だった。いつもびくびくしていて、人に影響されやすく、ザヘルを尊敬していた。

二人とも、デンマークの街角でテロを起こそうとする人物には見えなかった。

二〇〇六年九月、ザヘルとアナスンら数名は、通報に基づいてデンマーク情報機関（PET）が実施したおとり捜査により、ヴォルスモーセで逮捕された。デンマークの新聞に掲載された預言者ムハンマドの風刺画に激怒し、国会やコペンハーゲン市役所広場、新聞社「ユランズ・ポステン」を攻撃する計画を立てていたのだ。警察はザヘルの部屋のバスルームで、ガラスのフラスコに入った五十グラムの爆薬を発見した。ザヘルは十一年、アナスンは四年の刑を言い渡された。

ヴォルスモーセの過激派の間で、わたしはちょっとした有名人になった。イラクの子どもたちの早死にの原因である制裁措置を西洋人が糾弾しないというならば、わたしも9・11のテロ攻撃を糾弾しない――デンマークの新聞のインタビューで、そう答えたからだ。とっさに出たコメントだったが、おかげで過激なモスクに大勢の友人ができた*[1]。

わたしは無職だったが、イエメンの語学学校の授業料として、デンマーク政府からまだ手当が支給されていた――二十代半ばで、デンマークに住み、イエメンの学校に通ってもいなかったというのに。その金のおかげで、仕事もせず日々を礼拝に捧げることができた。イスラム主義者のチャットフォーラムに投稿し、日増しに増えるジハード主義者の動画を見た。そのうち、〝タクフィール〟という考え方を受け入れるようになった。タクフィールとは、考えや行為が逸脱したムスリムを不信心者（カーフィル）と宣告することだ。そうした不信心者の一人が、ナサ・カダーだった。カダーはシリア生まれの移民で、デンマーク初のムスリム国会議員となり、イスラムと民主主義は共存可能だとテレビで主張した。そのうえシャリーア（イスラム法）を批判した。はらわたが煮えくり返る思いで、イスラムのオンライン・フォーラムに書き込んだ。「カダーは棄教者（ムルタッド）だ。あいつを殺すのにファトワー（勧告）は必要ない」

大義に生きたいという気持ちは、言葉だけでなくこんな行動にも表れていた。ザヘルやパキスタン人の友人シーラーズ・タリクなど、ほかのジハード戦士志望者たちと一緒に、ペイントボール〔訳注：塗料入りの弾丸と特殊な銃を用いるサバイバルゲーム〕の訓練に参加した。わたしたちにとっては、単なるゲームではなかった。ペイント弾で撃たれたとき痛みを感じるようにと、わたしたちは防護服を装着しなかった。ほかのチームから攻撃を引き出すために、自爆攻撃形式で突撃したこともあった。当時は気づかなかったが、ネットをはじめとするわたしの活動は、デンマークの情報機関に監視されていた。その頃、わたしの置かれた状況はいささか滑稽だった。デンマークの一官庁から手当を受け、別の官庁から住宅を提供され、もう一つの官庁から監視されていたのだ。

行く先々で過激派集団が大きくなり、一つにまとまっていった。口先だけでなく一線を越えて実際にテロ行為を起こすことになる人物を、情報機関はなかなか特定できなかった。

オーデンセもデンマークも気に入らなかったカリーマだが、二〇〇三年初め、第二子を妊娠していることがわかった。もしかすると、彼女にはイギリスのほうが住みやすいかもしれない。そう考えたわたしは、またしても、運命の女性のために仕事と住居を探してイギリスに渡った。そしてまたしても、その女性には二心があった。イギリスから毎日デンマークのアパートに電話をかけたが、誰も出なかった。警察や病院、わたしの実家にもかけたが、誰もカリーマの居所を知らなかった。その後、ラバトにいるカリーマの兄弟に電話したところ、彼女がウサマを連れてモロッコに帰国していたことがわかった。

夫婦関係はうまくいっていなかった。カリーマは確かに敬虔だった。しかし、ヨーロッパでの快適な生活に憧れていたらしく、みすぼらしいアパートは彼女の意に染まなかった。十分な生活を送れないことで、カリーマはわたしをなじるようになった。わたしのほうも、かつてラバトで見せた控えめで従順な態度は、巧みな演技だったのではないかと思い始めた。

怒りと不満を胸に抱いて、モロッコに向かった。息子のウサマと会うのに、ひと月とかなりの金額がかかった。しかも、カリーマは私立病院で出産したいと言い出した。友人の助けを借りて、わ

＊1　モスクで知り合った仲間の一人に、デンマークの女性を妻に持つ、サイード・マンスールというモロッコ人がいた。彼はよくわたしの家にやってきて、アルカイダの大物の説教や演説のCDやDVDを作った。マンスールは、一九九三年のワールドトレードセンター爆破事件の首謀者として有罪になった、オマル・アブドル・ラフマンという盲目のエジプト人聖職者とも接触があると言われていた。マンスールの自宅に警官三人が踏み込み、テロ行為の扇動を犯罪とする新法に基づき起訴された。デンマークでこの新法が適用されて有罪となった最初の人物となった。だが、二〇〇九年までに釈放され地下に潜った。二〇一四年二月、扇動罪で再逮捕された。

たしは何とか金をかき集めた。その年の八月初旬、娘のサラが生まれた。

ちょうど激変の時期だった。二〇〇三年三月、アメリカはイラクに侵攻――まるでハリウッド映画の脚本みたいな「衝撃と畏怖」作戦――を開始した。ムスリムをからかうかのように、米軍兵士が聖書を携えてイラクに乗り込む姿をビデオで見た。わたしも知人も、サダム・フセインみたいな独裁者にまったく共感を抱いていなかった。わたしたちに言わせれば、彼は無神論者だ。だが、フセイン政権がアルカイダに協力しているとか、大量破壊兵器を隠しているというブッシュ大統領の主張を、わたしたちの誰も信じてはいなかった。このイラク侵攻はムスリムに対する新たな宣戦布告であり、ジハードを採用する新たな根拠だとみなしていた。

また一つのムスリム国家が屈辱を受けたと思った。米軍の戦車は、数日でバグダッドまで進んだ。イラク軍はすでに崩壊しており、軍司令官は降伏するか逃げ去った。星条旗がイラク中にはためいていた。アメリカの戦争目的には傲慢な点があった。イラクを民主主義の手本にすれば、ほかのアラブ諸国もありがたくそれに倣い、イスラム諸国の民主化に弾みがつくだろうと考えたのだ。

わたしのほうは差し当たり、急を要する個人的な問題を抱えていた。結婚を修復するために、仕事を見つけ、生活水準を向上させなくてはならない。前科がついて回るせいで、デンマークでは仕事が見つからなかった。イギリスなら、仕事も同居人も見つかる可能性が高い。刑務所で知り合い、六年前、一緒にフェリーで渡英したスレイマンを当てにしていた。もしイギリスで仕事が見つかれば、子どもたちを連れて渡英するとカリーマは約束した。

スレイマンはミルトン・キーンズからロンドンの北方ルートンに引っ越し、小さなアパートの一階に住んでいた。わたしはモロッコからイギリスに渡った。ヘメル・ヘンプステッド近郊の倉庫で、フォークリフトを運転する仕事を見つけた。ジハード戦士になるという目標とはかけ離れているが、子どもたちに会うためには働かざるをえなかった。

ヴォルスモーセが闘志で煮えたぎっているとしたら、ルートンは今にも吹きこぼれそうだった。ルートンには、パキスタンが管理するカシミール地方からの移民が集中し、失業と差別が蔓延していた。移民の子ども世代はイギリス社会に不満を抱き、社会に融合しようとした親世代の努力を否定するようになっていた。彼らはイスラム過激主義に走り、イラクの戦争は火に油を注ぐ結果となった。

ようやく、よくあるテラスハウスを借りられるほどの金が貯まった。二〇〇三年の末、かつてないほど自制心を働かせた努力が報われた。カリーマとウサマ、サラがイギリスにやってきたのだ。わたしたち一家は、ルートンの裏通りにあるコンノート・ロードで、平凡な生活を始めた。戦後建てられた住宅が立ち並ぶ界隈で、家の前の道路には自家用車やバンがずらりと停まっていた。どの家にも前庭などなかった。家の前に舗装用タイルが何枚かはめ込まれ、その上にゴミ箱が置かれているだけだった。カリーマは満足していた。ルートンに住む、全身をベールで覆った何百人もいる女性の一人になった。だが、イスラム系移民が多いせいでルートンは極右グループの注意を引き、人種差別攻撃を受けることも珍しくなかった。

ルートンで、同じ志を持つブラザーたちとたちまち知り合いになった。一緒に出歩いたり、チキンやフライドポテトを食べたり、ジハードについて話したりした。アラブで名高い過激主義者と会ったことがあるということで、わたしを支持してくれる人も増えた。わたしたちはイラクの武装勢力の抵抗に勇気づけられた。それが、オマル・バクリ・ムハンマドという、過激な説教師が飛躍する下地を生み出した。バクリは大衆の感情を煽り立てることに長けた人物だった。

わたしが初めて彼の話を聞いたのは、二〇〇四年春、ウッドランド・アベニューの小さなコミュニティ・センターだった。ルートンでもとくに過激な人々が集まるところだ。

タリバン風のサルワール・カミーズを着て、あごひげを生やした若者たちで会場はあふれていた。全身を黒いベールで覆った女性たちは、ホールの奥の女性専用エリアに立っていた。

大柄で恰幅のいい聖職者が、体を杖で支えながら壇上に登ったとき、会場はしんとなった。彼はやたら大きな眼鏡をかけ、濃いあごひげを生やしていた。

「ブラザーたちよ、重大なニュースがある。イラクのムジャーヒディーンが反撃し、戦いを優勢に進めている。アメリカに脅威を与えている」と、故郷のシリアのアラビア語とイースト・ロンドンのアクセントが混じった英語で、轟くような声で話した。

一都市の反乱が、ジハード主義者に希望の光を授けた。バグダッドの八十キロ西方に位置するファルージャは、スンナ派の牙城で、住民はアメリカを受け入れなかった。米軍が学校を占拠してから数日もしないうちに、住民の間から抗議の声が上がり、米軍が暴徒化した住民に発砲して死者が出た。米軍がファルージャで大々的な攻撃に転じたのは、警備会社のアメリカ人警備員四人が殺され、その黒焦げの遺体が反対勢力により橋から吊されたのがきっかけだった。だが、米軍は住民の激しい抵抗に遭っていた。世界中のジハード主義者が、ファルージャはイラクを背教者から救う重要な戦いの場だと考えていた。米軍のファルージャ制圧失敗に勢いづき、ジハード戦士たちはイスラム首長国を宣言し、シャリーアに基づく支配を開始した。

「スブハーナッラー、アッラーフ・アクバル！（アッラーの栄光に讃えあれ、アッラーは偉大なり）」オマル・バクリが声を張り上げた。「イラクのファルージャにいるブラザーたちから、戦局は有利に進んでいるという一報を受けた。こちらも引き続き信仰（ディーン）に励むようにとのことだ。シャイフ・アブ・ムサブ・アル＝ザルカーウィーが、じきじきにご挨拶の言葉をくださった」と、バクリは大声で語った。

ザルカーウィーはヨルダン生まれで、アルカイダの新支部を立ち上げた人物だ。アメリカの占領に抵抗する旗手として、イスラム過激派の間で名を上げつつあった。

聴衆はバクリの演説に熱心に耳を傾けた。彼は自己不信に悩むタイプではなかった。コーランのアラビア語の解釈にいささか物足りないところもあったが、彼にはカリスマ性があり、現代の問題に関する答えがあり、豊富な人脈があった。わたしがとくに心惹かれたのは、コーランやハディース（ムハンマドの言行録）、何世紀も前のイスラム法を取りまとめて、ビン・ラディンの戦いを正当化した点だった。

オマル・バクリは、アルカイダを支援するイギリスの過激派組織、アル＝ムハージルーンの指導者で、言論の自由とテロの扇動との間の危ない橋を渡っていた。バクリは９・11のハイジャック犯を「素晴らしき十九人」と呼び、何百人もの過激派の若者が傾聴するオンラインの説教で、イラクとアフガニスタンの――彼の言によれば――「十字軍兵士」に対するジハードを正当化した。

その後何度か聞きに行った講演でも、彼は聴衆を煽るような演説を行った。アメリカはムスリムを虐殺しており、反撃に転じるのはムスリムの義務であると主張したのだ。コーランの次の一節を、バクリは好んで引き合いに出した。

「アッラーと預言者ムハンマドに戦いを挑み、地上で悪事をなして回る者に対する報いは、殺されるか、磔にされるか、四肢を互い違いに切断されるか、追放されるよりほかにない」

バクリの信奉者が会場にプロジェクターを用意して、米軍に殺されたとされるイラク人の姿を映し出すこともあった。その頃発表されたばかりの、バグダッド近郊のアブグレイブ刑務所で虐待された捕虜の写真などもあった。ムスリムが受けたこうした屈辱を知るにつけ、はらわたが煮えくり返った。

オマル・バクリはまた、この戦いには、民間人と非民間人、無辜の民とそうでない者との間に区別はないとも述べた。ムスリムであるか、不信心者であるかだけで区別すべきであり、不信心者の命に価値はないとした。一九九六年にアル＝ムハージルーンを結成した彼の思想はその後着々と過激化し、9・11以降はとくにその傾向に拍車がかかった。ほら吹きだと片付けられることも多かったが、イスラムについて浅薄な知識しかない信奉者たちは、バクリの一言一句を傾聴し、暴力に傾いていった。実際にテロ計画に関わった信奉者もいた。

イギリス人二人がテルアビブのバーで自爆テロを実行したとき、自爆犯の一人は自分のイスラム法講義を受けていたとバクリは自慢した。だが、テロ計画については知らなかったと言い張った。

彼はまた、「安全の契約」についても言及した。イギリス在住のムスリムは、イギリス国内でジハードを行うべきではないが、イギリス国外ではジハードを遂行できるという考え方だ。預言者ムハンマドの仲間が、キリスト教が支配するアビシニア（エチオピア）で保護され、手厚いもてなしを受けたという話から、安全保障の概念がもたらされた。だから、ムスリムは避難先の国の住民を攻撃してはいけない。これは、イギリスの厳格なテロ関連法に抵触しない、ずる賢いやり方だった。

オマル・バクリの講演では、アブドゥル・ワヒード・マジドという物静かなパキスタン系イギリス人が、会場の奥のほうに座り、講義の正式な記録を取っていた。彼はロンドンの南にあるクローリーという活気のない町に住んでいたが、講義のためにわざわざやってきた。マジドは、オマル・バクリに指導を仰ぐ、クローリーの若者グループの一員だった。このグループの数人が、ロンドンの人気クラブ〈ミニストリー・オブ・サウンド〉の爆破を企てた。マジドはこれには関与していなかったが、その後、アルカイダに身を投じて、自爆テロを行った。

ほどなくして、わたしはオマル・バクリの〝ＶＩＰ〟講義に出席するようになった。マジドのようにバクリに近い数人の信奉者にだけ許された講義のことだ。わたしのイエメン滞在と息子に授けた名前に、バクリは感銘を受けたのだ。わたしのことをよく、ウサマの父（アブ・ウサマ）と呼んだ。

この講義は、ルートンの信奉者の自宅で週に一度開かれ、六人から十人が出席した。終了後、会場を提供した信奉者が、チキンかラムのごちそうをふるまった。オマル・バクリはこれを楽しみにしていた。

密室で彼が伝えるメッセージは、普段とはまったく違っていた。あるときバクリは、イギリスで不信心者の殺害を認めるファトワーを出した。バクリの考えによると、より大きな枠組で見れば、彼らも闘争に一枚噛んでいるからだという。信奉者の一人――バーミンガムから来た、パキスタン出身で赤毛のひげを生やした眼鏡屋――が、街頭で不信心者を刺すことは許されるかと質問すると、バクリは許されると認めた。

オマル・バクリがイギリスに移り住んだのは、サウジアラビアでの訴追を逃れるためだった。それなのに、今や自分の故郷とみなす国の街頭で人を殺してもいいと、密かに信奉者に承認を与えていた。

わたしは、彼の信奉者の小グループの一員になった。そのグループのメンバーと一緒に、肌をあらわにした女性の広告ポスターを破ったり、ルートンの中心街の一角に陣取ってチラシを配ったり、拡声器で布教活動をしたりした。またギャングの一員になったみたいだった。ムスリム女性に狼藉を働く輩が増えるなど不穏な空気を肌で感じていたので、自分たちのコミュニティを守らねばという強い目的意識が生まれた。そこはファルージャではなかったが、ファルージャと同じ苦しみをほんのわずかにせよ味わっていた。

ベールを被った女性に嫌がらせをする酔っ払いを、よく叩きのめした。あるとき、アル＝ムハージルーンの一員とともに、ムスリム女性を侮辱した男二人をアーデール・ショッピングセンターで追いかけた。一人を薬局の店内で捕まえて、化粧品の陳列棚が並ぶ通路で地面に引き倒した。相手をボコボコに殴り、警官が来る前にその場から逃げた。ルートンタウン・フットボールクラブのホームゲームがあるときは、スキンヘッドのネオナチのグループがやってくるので、野球のバットかハンマーを持ち歩いていた。わたしたちの小さなグループは、イギリスでムスリムが政治に関わろうとすることは、無駄でありイスラムに反するとして拒否した。

わたし自身、とくに空港で毎度のように〝追加検査〟を受けるときなど、世間のイスラム恐怖症を肌で感じた。デンマークから渡英したとき、ルートン空港の税関で荷物を調べられ、ありきたりの質問をされて、二時間も足止めを食らった。

「こんなことをするのはムスリムが嫌いだからか？　そうなんだろ？」とわたしが詰問すると、職員は気分を害したようだった。そして、ヒジャブをつけたパキスタン系イギリス人の女性職員を連れてきた。

と言った。

「わたしもムスリムです。これはもちろん、わたしたちの宗教とはまったく関係がありません」

「あなたはムスリムではない。ふりをしているだけだ。実は偽善者にすぎない」わたしはぴしゃり

サラフィー・ジハード主義の教義はそこまで寛容とは言えなかった。

オマル・バクリからボクシングの経験を買われたわたしは、アル＝ムハージルーンの〝訓練指揮官〟に指名された。少数のメンバーにジムでボクシングの指導をしていたが、やがて組織の若手過激派たちを引き連れて、ルートンの北にある自然保護区バートン・ヒルズに行くようになった。そこで、武器を用いずに準軍事演習を行った。

そのうち、ネットで見たアルカイダの訓練を参考にして、演習を考案するようになった。冷たい小川を匍匐前進し、急勾配の土手を駆け上がる訓練は必ず行った。わたしも訓練生も野外で過ごすことを大いに楽しんだ。彼らは、ムジャーヒディーンになったつもりで演習に取り組んだ。「アッラーフ・アクバル！」の叫び声が、森林丘陵地帯に響いた。

この訓練はすぐに人気を博し、十数名の訓練生を週に二度、バートン・ヒルズに連れて行くようになった。はるばるバーミンガムから参加する者もいた。

ルートンで知り合った人物のなかに、タイムール・アブドゥルワハブ・アル＝アブダリというイラク系の青年がいた。タイムールは少年時代をスウェーデンで過ごしたという。わたしたちは、彼の勤め先だった大型店の紳士服売り場で知り合った。こげ茶色の瞳に豊かな黒髪のタイムールは、二枚目俳優を目指せるほどの容姿だった。だが、ルートンという、あまりチャンスに恵まれない場所にいた。わたしたちは一緒にサッカーをしたり、ジムに行ったり、金曜礼拝のときに会ったりし

た。

タイムールはときおり、確固たる信念というより単に好奇心から、アル＝ムハージルーンの公開集会にやってきた。彼は物静かで、めったに自分の考えを口にしなかった。ときどき二人で神学論を交わすこともあった。逸脱したムスリムを不信心者と宣告する「タクフィール」を断固として擁護する立場を取るわたしに、彼はやんわりと異議を唱えた。ヴォルスモーセのデンマーク人の友人たちと同じように、タイムールもテロなど起こしそうにない人間に見えた。彼の妻もニカブ〔訳注：目以外の顔と髪をすっぽり覆うベール〕ではなく、現代的でルーズなヒジャブ〔訳注：髪だけを隠すスカーフで、顔は出す〕を着用していた。その後何年かして、タイムールもわたしの予想を裏切る人物の一人になった。

二〇〇四年五月七日、アメリカ市民のニック・バーグが、ヨルダン出身のジハード主義者アブ・ムサブ・アル＝ザルカーウィーによりイラクで処刑された。ザルカーウィーの暴力や残虐性は比類がないように思われた。バーグの斬首刑の撮影を命じたのも彼だ。

当時、ザルカーウィーは、わたしたちにとってちょっとしたヒーローだった。彼は前線にいて、圧倒的に優位な軍隊にもひるまなかった。自ら武器を取ることも厭わず、ルートンではウサマ・ビン・ラディンより多くのファンを集めていた。

バーグ殺害やイラクの米軍を攻撃する動画は、ルートンをはじめとするイギリス中のジハード主義者の間で評判を呼び、アル＝ムハージルーンが配るＤＶＤにも収められた。

わたしもバーグが殺された動画を見た。しかし、ザルカーウィーがバーグの命を奪おうとしているとき、彼の右腕を押さえている人物がムスタファ・ダーウィッシュ・ラマダンだと気づいたのは後のことだ。一九九七年にデンマークの刑務所で話をしたあのラマダンは、釈放後さらに厄介事を起こして、まずレバノンに、その後イラクに逃亡した。イラクでアブ・ムハンマド・ルブナーニという偽名を使って、イスラム過激派組織アンサール・アル＝イスラムに加わった。ルブナーニ（ラマダン）と十六歳の息子は、ファルージャでアルカイダとともに米軍と戦い、命を落とした。

イラクで撮影されたそうした残忍な動画を見ても、イスラムへの思いが冷めることはなかった。ムスリムの土地を侵したことに対する正当な報復だからだ。敵に恐怖を植えつけることにもなる。アッラーは預言者ムハンマドに、戦争では大量殺人のほうが多くの者を捕虜にするよりもましであると言われた。コーランにこうある。「預言者たる者は、地上で大勢を殺したあとでなければ、敵を捕虜にしてはならない。汝らはこの世の魅力を切望するが、アッラーは（汝らが）あの世の魅力を受け取ることを望む。アッラーは全能であり、明敏であられる」

こうした遠い地での戦争行為を、わたしは普段の状況と切り離せるが、オマル・バクリの信奉者たちにはできなかった。少人数の特別講義に参加していた眼鏡屋のような青年たちにとって、敵はいたるところにいた。軍人も民間人も関係なく、バグダッドにもバーミンガムにもいた。彼らの区別はきわめて単純だった。つまり、アッラーを信じる者と信じない者だ。

わたしは、そんな単純な区別を受け入れられなかった。わたしに元来備わる人間らしい気持ちが、世界を善悪の闘いとみなすことを思いとどまらせたのかもしれない。悪には家族を養い、きちんと仕事をしている普通の人々も含まれる。９・11のテロ攻撃を正当化するファトワーが出されたとはいえ、市民を標的にすることについては、疑念を抱くようになっていた。わたしにとってジハードは、やはり信仰を守るための防衛行為だった。それに個人的にも、他人から好かれたほうがいいに決まっている。ムスリムからも非ムスリムからも好かれたかった。スーパーのレジ係やバスの運転手と短い言葉を交わすときも、倉庫で同僚とサッカーの話をするときも、買い物で困っている人を助けるときも、彼らは単に誤った方向に導かれているだけの同じ人間だとみなした。

そのうち、大義——それにアル＝ムハージルーン——と、普通の人々との関係を保つこととの線引きが、うまくできるようになった。

けれども、結婚生活を長続きさせることはできなかった。フォークリフトの運転手を辞めて、ときどきナイトクラブの用心棒として働くことにした。体格的にも向いていたし、定職に就いていた頃よりも稼げた。ルートンや近郊のクラブやパブで、現金で報酬を受け取った。現金報酬には、あるメリットがあった。海外でムスリムと戦争をしているイギリスの国庫に、所得税を払わなくてすむことだ。

しかし、カリーマは不満だった。感情の起伏が激しくなりがちで、〝ムスリムであり用心棒〟というわたしのスタイルを受け入れなかった。彼女は孤独を感じ、子どもの世話にも手を焼いていた。ウサマは騒がしく乱暴な子どもに育っていた。あるときなど、長い間自宅に帰らなかったことで口げんかをしている最中に、カリーマはわたしの顔につばを吐きかけた。

二〇〇四年の秋、霧雨が降る気味の悪い夜だった。カリーマは言った。

「出ていってもらえない？　家にいてほしくないの」

カリーマは〝イスラム式の離婚〟を求めた。しかも、新しい夫探しも手伝ってほしいと言うのだ。見ず知らずの男を子どもたちの住む家に入れるよりはましだと思い、トルコ人の友人を妻に紹介した。彼は——イギリスの法律に則ったわけではなく、あくまでもイスラム式の——新しい夫としてカリーマのもとに移り住んだ。しかし三日後、友人は家を出た。

「彼女には我慢ならなかった」と彼はため息をつき、二人で笑った。

住むところがなく、挫折感に打ちひしがれたわたしは、デンマークで服役が決まったときのようにひどく落ち込んだ。あのときは、出所後に態度を改めて善きムスリムになることで、犯罪に走らず、自制心と自尊心を身に着けた。だが、二〇〇五年が明けたばかりのこのとき、前回とは反対の方向に走った。まるでバンディドス時代に逆戻りしたみたいな日々だった。コーランには、ナイトクラブの用心棒を導く記述などない。クラブ客がコカインを所持しているとわかったとき、用心棒のわたしはそれをこちらに渡すか、それとも警察に渡すかの選択を迫った。やがて、大量のコカインが集まり、七年間も断ってきたのに、再び手を出してしまった。また、シンディ（仮名）という名の、ブロンドで奔放な恋人ができた。カーディーラーで勤務する以外の時間は、パーティーやクラブで浮かれ騒いでいるような女だった。

シンディと知り合ったのは、用心棒の仕事でクラブの外に立っているときだ。会って三分もしないうちに、シンディは流し目で誘ってきた。

「わたし、ぶたれるのが好きなの」と、シンディ。

「何でぶってほしい？」わたしはすぐに言い返した。

彼女はＳＭの世界でよく知られているらしい鞭の名前を挙げて、わたしに電話番号を渡した。

カリーマとまだ正式に婚姻関係にあるかどうかはともかくとして、コーランでは婚外セックスに厳しい罰が科されている。

「姦淫を犯した男女に対しては、鞭で百回打つべし。神の信仰に関して、汝が神と最後の日を信じるならば、彼らに情けは無用」

シンディならこの罰を喜ぶかもしれない。わたしはそれから数ヵ月間、矛盾に満ちた生活を送った。ありとあらゆる誘惑に屈して、そのあと祈りで悔い改めようとした。セックスとドラッグとケンカの渦に巻き込まれて、なすすべもなくさまよい、その合間、ごくたまに信仰とつながるというありさまだった。

働いていたクラブの一つに、レイトン・バザードという町の〈シェイズ〉という店があった。けちな店で、かつて美しかった田舎町の通りにできた傷跡みたいなところだった。しょっちゅうケンカが起こり、おかげでわたしは生活費を稼げた。そのクラブのドアマンのリーダーに、トニーという人物がいた。四十代初めの愛想の良い男で、普通の用心棒よりも賢かった。思慮深く探究心があり、わたしたちが毎晩のように店から放り出しているゴロツキどもとは違った。イスラム改宗者と一緒に働くのは初めてだと言い、わたしが改宗した理由に興味を抱いた。

二〇〇五年二月の身を切るように寒い夜、トニーは古めかしいホンダのアコードで、レイトン・バザードの駅まで迎えに来てくれた。いつもなら、ボクシングや仕事や天気の話くらいしかしない。だが、その夜、信号待ちをしている間に、トニーは単刀直入に尋ねてきた。

「どうしてアッラーは人間に殺し合いをさせたがるんだ？　なあムラド、アッラーは、人々を学びへと導くことをおまえに期待するんじゃないのか？」

わたしは一瞬言葉に詰まったが、欧米からの抑圧にさらされたとき、自分の信仰を守るにはジハードが必要だと、お決まりの回答をした。しかし、トニーの率直な質問に戸惑った。七年前にムスリムになってからというもの、わたしは常に敵を想定してきた――たとえば、シーア派、ムスリム同胞団、ルートンの人種差別主義者、最近ではアメリカ政府などだ。どういうわけか、自分が忌み嫌う者や事柄により、自らの存在を確認するようになっていた。つまり、敵はわたしに怒りの捌け口を与えていたのだ。一方、敵の存在によって、わたしが心に憎悪を抱く本当の理由が隠されていた。子どもの頃からずっと怒りと欲求不満を抱えてきた。和解するより憎むほうがはるかに簡単だった。

つらい問題に直面したとき、悪魔がわたしの信仰心を堕落させようとしていると、反射的に考えるようになっていた。ムスリムになって以来、悪魔は人の心に絶えず疑念を植えつけようとしていると、イマーム（宗教指導者）や学者から繰り返し聞かされた。コーランにも次のようにある。「悪魔は言った。『主よ！　あなたがわたしを惑わせたお返しに、地上の人間どもの道を誤りで飾り立て、すべての人間を惑わしてやりましょう。選ばれたあなたの僕（しもべ）以外は』」

シンディとの享楽的生活におぼれるうちに、気力が萎えていった。まるで、コアセーのクラブ三昧の時代に退行しているみたいだった。泥沼にはまり込む前に、この生活から脱け出さなくてはいけない。一時的にせよ、わたしに助け船を出したのが、別居中の妻だった。

「戻ってきてもらえない？」電話に出るなりカリーマは切り出した。二〇〇五年の早春のことだった。疲れ果ててしまったらしい。それでも、子どもたちとまた一緒に暮らせると思うと胸が躍った。シンディとのセックスは恋しくなるだろうが、このタガの外れた生活や、何の目標もない生活が恋しくなることはないだろう。

強い悔恨の思いが、いっときの荒れた生活と決別するのに役立った。ルートンの裏通りを歩きながら、コーランの一節を心の中で唱えた。

「真実の信仰を抱く者とは、悪事を行ったとき、または自らの魂を傷つけたとき、アッラーを思い出し、罪の赦しを請う者である――アッラーのほかに罪を赦す者がおられるだろうか？」

第八章　ＭＩ５、ルートンに来る

二〇〇五年春―秋

二〇〇五年四月三十日発売の「ニューズウィーク」誌の記事が、人々の怒りを煽った。グアンタナモ湾の収容所で、アメリカ軍兵士がコーランを冒瀆し、囚人を侮辱したというのだ。

その記事の内容は次の通りだ。「取調官が容疑者を自白させようとして、コーランをトイレに流したり、首輪と犬の鎖を収容者につけて連れ回すなどした。軍のスポークスマンによれば、グアンタナモの取調官十名はすでに、捕虜虐待で懲戒処分されたということだ。うち一人の女性取調官は、上半身裸になり、収容者の髪に指を滑らせて、その膝の上に乗ったとされる」

のちに同誌は記事の一部を撤回するが、すでに世界中のムスリムが激怒していた。アフガニスタンでは暴動が発生し、死者も出た。パキスタンでは、この記事をもとに、野党党首イムラン・ハーンが、軍人出身のペルヴェーズ・ムシャラフ大統領を失脚させようとした。いたるところで、ジハード主義者のコミュニティが報復を強く求めた。もちろん、ルートンの仲間たちも同じだった。

オマル・バクリの呼びかけにより、五月中旬にロンドンのグロブナー広場にある米国大使館の前で抗議することになった。わたしも彼の支持者と連れ立って、ルートンから移動した＊[1]。

この抗議活動を撮影した動画は、今でもネットで見ることができる。大声で罵詈雑言を浴びせるパキスタン人やアラブ人に混じり、長身で肩幅のがっしりとしたデンマーク人が、煙を上げる星条旗を歩道に踏みつけて、笑顔でスローガンを唱えている。

「アメリカに爆弾を」、「9・11を忘れるな」シュプレヒコールはとびきり挑発的だった。それから、わたしたちはひざまずいて祈った。ところが驚いたことに、祈りを捧げたあと、二百人もの参加者たちは三々五々去っていった。スローガンをちょっと唱えただけで、イスラム教徒としての自尊心が回復し、大使館の防弾ガラスの向こう側にいる、〝大悪魔の外交官ども〟を震え上がらせたとでも思ったのだろうか。

無性に腹が立った。ちょうどアドレナリンが駆け巡り始めたところだというのに、抗議活動はあっけなく終わった。武闘派などと言いながら、実は腰抜けばかりだ。警察のバリケードを突き破ってでも、大使館に押し入るべきだ。怪我を負い、逮捕されるかもしれない。だが、わたしたちの信仰が受けたむごい仕打ちに比べれば、そんなものは大したことではない。オマル・バクリにはひどく失望した。舌鋒鋭く演説してから、居心地のいい車の中にさっさと戻ったのだ。口先だけだ。バクリがイラクやその他戦場のジハード戦士と本当に連絡を取り合っているのか、疑わしく思えてきた。

その夜、ジハードを宣言しながら快適な生活を手放さない、舌先三寸のほら吹きを白日の下にさらすことを決意して、ルートンに戻った。荒れた生活に迷い込み、やっと抜け出したばかりのわたしは、あふれる情熱を傾けて、サラフィー主義とジハードの研究に打ち込んだ。一般信徒なので、ファトワー（勧告）を作成しようなどとは思わなかったが、「いんちきサラフィー主義者を暴露する」

という小冊子を発行しようと思った。

翌数週間、昼も夜も小冊子の執筆に取り組んだ。やがてそれはレポートになり、ついには百四十ページを超える論文になった。綿密に練られた論法で構成され、コーランや過去の学者の説からの引用がちりばめられていた。いんちきサラフィー主義者たちはおしゃべり好きだが、ムスリムの土地に侵入した不信心者(カーフィル)と密かにぐるになっている。

「現代のいんちきサラフィー主義者は、イラクやムスリムのその他の土地における、ジハードの個人の義務(ファード・アイン)を否定するために、無数の言い訳を用いる。彼らはまた、イスラムに対する十字軍に加わる不信心者を支援する者が背教者であることも否定する」

最後に参戦を呼びかけた。

「真のムスリムとしての義務は、今このときも、新十字軍やユダヤ教徒に命を脅かされているムスリムのブラザーやシスターを支援することである。どうか、彼らのためにせめて祈り(ドゥアー)を捧げ、資金を集めてもらいたい。ブラザーたちが戦っている前線に行くか、人を送り込むかしてもらいたい」

脳内で、すでにわたしは戦場にいた。

＊1　オマル・バクリは、二〇〇四年十月にアル＝ムハージルーンの解散を発表した。ムスリムは、「十字軍兵士とムスリムの土地の占領者に対抗する、グローバルな一派に融合する」必要があると、その理由を述べた。だが実際には、バクリの活動に関する捜査を攪乱するためだった。アル＝ムハージルーンの活動はその後も続き、活動禁止を免れるために、定期的に団体名を変更している。たとえば最近は、「シャリーア4UK」の名称で活動を行っていた。

二〇〇五年六月のある朝、二軒一棟の我が家のドアをノックする音で、研究は中断された（その頃には、やはりこれといって特徴のない、ルートンのポンフレット・アベニューの家に越していた）。寝室の窓からうかがうと、警官の姿が見えた。再びノックの音がした。留守だと言ってくれと、カリーマに小声で伝えた。

階段の踊り場で、わたしは耳をそばだてた。

「何かご用ですか？」カリーマが応対した。

「警察です。ご主人と話がしたいんだが」

「留守です」

「いや、いるはずです。わかってますよ」

わたしは服を着て、ドアまで行った。

穏やかな口調だったが、警官は自らの名を明かさなかった。

「ストームさん、ご同行願えませんか？　聞きたいことがあります」

これまで何百回と繰り返してきた、お決まりの手順のようだ。

「いや」わたしは答えた。「一緒には行かない。でも、よかったら家の中にどうぞ」

警官は断った。どんな問題があって来たのかと尋ねた。

「おたくの車が、ガソリンスタンドで給油しているところが目撃されました。運転していたのは誰かわかりませんが、ガソリン代三十ポンドを支払わずに走り去ったのです」

作り話だとわかった。もっとましな話だって用意できるはずだ。

「ほら、車の鍵だ。ガソリンメーターを見に行こう。三十ポンド分も入っていないはずだ」

警官と一緒に外に出て、車の鍵を開けた。エンジンをかけると、その警官はたちまち姿を消した。代わりに助手席のドアを開けたのは、スーツ姿のきりりとした若い男だった。

「ストームさん、ロバートといいます。イギリス情報機関の者です」

その言葉で合点がいった。

「わかった」力なく答えて、車を降りた。「何を聞きたいんだ？」

「これは危険なことです」と、ロバートが言った。「とても、とても危険です。二人きりで話すことがとても重要です」

何が危険なのか、さっぱりわからなかった。ひとまず家に上がるように誘った。ただし、彼に話すことは何もないとも伝えた。

ロバートが断ったので、わたしたちは車の側で立ったまま話をした。次第に落ち着きを取り戻したわたしは、彼があまりに若いことに気づいて衝撃を受けた。大学を出たばかりにちがいない。これが現場で最初の仕事なのかもしれない。

もしかすると、治安当局はわたしが再びドラッグに手を染めたことに気づいて、攻撃しやすいと考えたのかもしれない。

「いくつかお尋ねしたいのですが？」彼は再び話を始めた。通りの向こうで、出勤途中の近所の人たちが、こちらをちらちらと見ているのに気づいた。

「モーテン」と名前を呼び、親しげな、打ち解けた雰囲気を醸しだそうとした。「イギリスはテロにより、大きな脅威にさらされています」

「まず、わたしの名はムラドだ。次に、ムスリムを怖がることなどまったくない。カトリック過激派のＩＲＡによる攻撃だって発生しているんだから、カトリック教徒かスペインのＥＴＡを捜索したらどうなんだ？　なぜムスリムをつけ回す？　イギリスでムスリムによるテロ攻撃は発生していない」

話に熱が入ったわたしは、イラクの話題を取り上げた。「いったい何十万人の子どもたちを殺してきた？　ムスリムの怒りを買うとは思わないのか？　他人を攻撃してもいいが、相手から報復されないとでも？　おれは怖くない。何なら、荷物を詰めるから、刑務所に送ってくれ」

ロバートは笑みを浮かべて、首を横に振った。

「逮捕したいわけじゃないんです。いくつか頼みごとがあるだけです」

漠然とした話はここまでだった。

「アブ・ハムザについてどう思います？」ロバートは尋ねた。

アブ・ハムザ・アル＝マスリは、過激派のエジプト人聖職者だ。義手をつけていることから、イギリスの下品なタブロイド紙では、「キャプテン・フック」と呼ばれていた。本人は、アフガニスタンで地雷撤去中に怪我を負ったと言っている。ロンドン北部のフィンズベリー・パークのモスクでイマーム（宗教指導者）を務めていた*2。

「よく知らない」それは本当のことだった。彼と会ったことはないし、彼の講義録に目を通したこともなかった。「それに、あんたを喜ばすために彼の悪口を言うつもりはない。あんたはイスラムを信仰していないが、彼はわたしと同じムスリムだ」

家の外の車の脇で二時間ほど話をした。その間、すでに手を染めた数多くのテロ容疑のうち、どれで告発されることになるのか、頭の中でずっと考えていた。もしかすると、ＭＩ５（訳注：ＭＩ

6と並ぶイギリスの情報機関〕はジハードを正当化するために書いたあの論文の存在に気づいたのかもしれない。あるいは、米国大使館への抗議活動でわたしを突き止めたのかもしれない。ことによると、わたしたちを危険な過激派とみなす、ルートンのイスラムセンターが密告したのかもしれない。

ロバートは暇（いとま）を告げた。わたしがゲームの参加者の一人になったことを二人とも承知しながら、握手を交わした。わたしが知らなかったのは、デンマーク情報機関の二人が、近くに停めた車の中から一部始終を見ていたことだ。MI5とデンマーク情報機関は、間違いなくわたしに時間を割く価値があると考え、何とかしてわたしの人間関係を探ろうとしていた。

その会話からちょうど三週間後の二〇〇五年七月六日、世界主要国の首脳がG8に参加するため、スコットランドのゴルフリゾートに集まった。開催国首脳のトニー・ブレアは、すでに八年近く首相の座にあり、揺るぎない地位を固めているように見えた。ブレアはアフガニスタンとイラクでの戦争を支援して、イギリスとブッシュ大統領を密接に結びつけた。当時、アフガニスタンとイラクには多数の英国軍部隊が配備されていた。だが、イギリスの世論は圧倒的に反戦に傾いていた。サダム・フセインの大量破壊兵器保有の証拠は脚色されていたという証言により、侵攻の根拠は崩されていた。

＊2　二〇〇四年、アブ・ハムザは非ムスリムの殺害を奨励し、人種的憎悪を煽ったとして告発された。わたしがロバートと会った数日後に、ハムザの公判が控えていた。有罪判決を受けて服役していたが、二〇一二年、テロに関与した罪で出廷命令を受けアメリカに引き渡された。

この二つの戦争は、イギリスの多くのムスリムの怒りを買った。アルカイダやタリバンに参加しようと、パキスタンに渡った者も少数ながらいた。そのまま滞在する者もいれば、殺された者もいた。部族が支配する地帯で消息を絶ち、行方不明になった者もいた。帰国した者はごくわずかだった。

七月七日の朝、ブレアと閣僚がサミットで意欲的な計画を発表しているときのことだった。側近がブレアにメモを渡した。三人の自爆犯がロンドンの地下鉄を襲撃したのだ。犠牲者が出ており、首都機能が麻痺していた。その直後、四人目の自爆テロ犯がロンドンのバスを爆破した。

サミット会議場から姿を現したブレアは、動揺したようすだった。

「ロンドンで連続テロ攻撃が発生したことは間違いない」そう言い残し、急いでヘリコプターに乗り込んだ。

その日の朝、五十キロ南でそんな殺戮が起きたなんて思いもよらなかった。まして、爆破犯がルートンから電車に乗ってロンドン中心部に向かったことなど、まったく知らなかった。だが、その数週間前にＭＩ５のロバートに言った、「イギリスはムスリムを怖がることなどまったくない」という言葉は、たちまち無効になってしまった。爆破事件のニュースが広まり憶測が飛び交うなか、ムスリムの服装でルートンを歩いていたわたしに敵意のこもった視線が向けられた。だが、わたしはロンドンで起きた事件のことをまだ知らなかった。

友人からの電話でテロ攻撃のことを知り、ウッドランド・アベニューのコミュニティ・センターにみな大急ぎで集まった。誰もがイギリス社会の反感を危惧していた。何しろ、五十人以上が爆破で死亡し、数百人の負傷者が出たのだ。

死傷者が出て、しかも全員民間人だったというのに、わたしはこの攻撃を正当化する方法を見つけた。イスラムのブラザーたちは、不信心者の心に恐怖を与え、ムスリムとの戦いに力を注ぐ国家の金融センターに一撃を加えた。今回の攻撃は、間違いなくイギリスに何千万ポンドもの経済的損害を与えるのだから、その金額が戦争に費やされることはないはずだ、と考えたのだ。

体内でアドレナリンがどっと出た。これまで仲間とジハードについて話し合い、イラクのブラザーに声援を送ってきた。今度は自分たちの番だ。イギリスがこの宗教戦争の次の前線になるのだろうか？　どんなことだって起こりうる。

翌日、ムスリムの婚礼に出席するためロンドンに出かけた。明らかに緊張した空気が漂っていた。歩道の白人青年が、わたしたちを見ると、手で銃を撃つ真似をした。わたしは車を停めて、その男を呼び寄せた。わたしが白人だとわかり、自分の挑発行為に荷担してくれるとでも思ったのかもしれない。

わたしは男につばを吐きかけた。すると男は自分の車に駆け寄り、バールを取り出した。わたしも車から飛び降り、応戦しようと身構えたが、ほかの者に制止された。婚礼パーティーに行くのに、ロンドンの街角で乱闘騒ぎを起こすなどもってのほかだった。

ルートンでもムスリムに対する暴行が多発した。カリーマも嫌がらせを受けた。コミュニティで会議が開かれ、普段は互いを避けているムスリムの派閥が一堂に会して、共通の脅威について話し合った。

七月七日のロンドン同時爆破事件で、オマル・バクリは自分も分け前にあずかることができると気づいたようだ。事件から何日かたってから、ロンドン東部のレイトンで親しい支持者を集めて会合を持った。状況は変わったとオマルは切り出した。「安全の契約」——イギリス在住のジハード戦士は、イギリス人を攻撃対象とみなすべきではないという考え方——は無効になった。

「ジハードはイギリスにやってきた。何でも望み通りのことをしてよい」と、バクリは言った。

おそらく、自分は安全な立場にいると承知していたのだろう。門下の者たちの大半は、七月七日の爆弾テロに続く覚悟はできていなかった。だが、ジハードが許されたわけだ。

デンマークの昔なじみとの再会と携帯電話の置き忘れ事件が起きなければ、わたしは依然としてオマル・バクリの大言壮語を傾聴し、いつの日かジハードが呼びかけられるのを待ち、イギリスの田園地帯で訓練を続けていたことだろう。

ナギブと知り合ったのは、二〇〇〇年のことだった。ナギブはアフガニスタン系デンマーク人で、学校でジャーナリズムを専攻した。わたしがイエメンでイスラムを学んだことを知っており、イエメンのムジャーヒディーンについての映画を制作したいと考えていた。そこで、一緒にイエメンに行きわたしに案内してもらいたいと考えたのだ。

その話を聞いて興奮した。再び精神が高揚した。そのときもまだ、アッラーが真のムスリムの土地と定めたイエメンに戻りたいと思っていたからだ。イギリスのほら吹きの過激派より、イエメンの友人たちに共感を抱いていた。ロンドン爆破事件直後の感情の高ぶりは、すっかり治まっていた。それに、ロンドン爆破事件を受けて、イギリスを拠点にするジハード主義者の下部組織を掘り起こそうと、ＭＩ５がまた来るのではないかと懸念していた。

わたしは三歳になる息子のウサマにも、いろいろと教え込んでいた。二人で質問ゲームをした。

「将来何になりたい？」

「ムジャーヒディーンになりたい」

「何をしたい？」

「不信心者を殺したい」

欧米の子どもがコンピューター・ゲームでターバンを巻いた浅黒い肌の人物を殺せるなら、息子に報復について教えてもいいのではないかと、自分を納得させた。憎悪の連鎖だ。

カリーマとの関係は、結局、修復できなかった。カリーマに戻ってきてほしいと言われてから、彼女が在宅中とは知らないシンディが、ルートンの自宅に訪ねてきたことがあった。カリーマは激高した。彼女のこれほどの怒りを目の当たりにしたのは、これで二度目だった。彼女は声を張り上げて罵詈雑言を浴びせかけた。わたしとシンディの関係に対する怒りというより、シンディが西洋人女性の頽廃と奔放の象徴だと感じたからだ。

わたしがイエメン行きの計画を打ち明けると、カリーマは肩をすくめて顔を背けた。まったく話し合う余地はなく、ただあきらめだけが見て取れた。自分は見捨てられた、もう必要とされていないと、彼女は感じたのだった。

だから、こんなことが起きても驚くにはあたらなかったかもしれない。ある日の午後、カリーマの外出中に、メール通知のバイブレーションに反応して、思わず彼女の携帯電話を手に取った。すると、メッセージが目に飛び込んできた。「ホテルで会おう。愛してる」

彼女がほかに相手を見つけたから、頭に来たわけではなかった。二人の間はもう長い間冷え切っていた。子どもたちのために一緒にいることにしただけだ。頭に来たのは、わたしが家賃を払っている家でいまだに暮らし、わたしの名前を使っていまだにヨーロッパで暮らしていることだった。

しかも、イスラム法上ほかの男を引き入れることが許されながら、民法上はわたしと離婚するつもりがないということだ。

帰宅したカリーマは気が気ではなかった。携帯をどこかで見なかったかと聞かれた。わたしは嘘をついた。携帯はわたしのポケットの中に隠してあった。

「探している間、家の外に出ていて」

カリーマは動揺を隠せなかった。

わたしは、ショートメールが送られてきた番号に電話をかけた。男が電話に出た。その男はルートンに住むパレスチナ人で、カリーマの親友のモロッコ人女性の夫であることが、あとからわかった。カリーマはその男と、密かにイスラム式の結婚式を挙げていた。

わたしは家の中に入り、カリーマと対峙した。

「おまえの魂胆はわかっている」と、抑えた声で言った。「どこに行っているのか、何もかもお見通しだ。おれはただ、子どもたちを渡してほしいだけだ」

カリーマは憎しみのこもった目でこちらを見た。

「子どもたちにはもう絶対に会わせない。絶対に」

カリーマはそう言うと、ウサマとサラの手をつかみ、ドアに向かった。彼女を押しとどめようとすると、くるりと振り返り、わたしの顔を殴った。彼女がウサマのジャケットのフードを無理に引っ張るので、あやうく窒息させるところだった。ウサマは泣き出した。

「ウサマは渡さないぞ」床にうずくまるカリーマに向かって、言い放った。

そのあとすぐ、わたしは三歳のウサマを連れて家を出たが、翌日、警察がわたしを探していることがわかった。わたしが息子を誘拐したと、カリーマが警察に通報したのだ。まるで無実の罪で逃亡している気分だった。

調停を申し立てる前に、カリーマはサラを連れてモロッコに帰国した——わたしに一言も告げずに、ウサマに会いもせずに。

わたしはルートンの友人宅に身を寄せた。外出中、友人の母親がウサマの面倒をみてくれた。やがて、警察がわたしを探し当てた。帰宅すると、その母親が目を赤く腫らしていた。

「ウサマが連れて行かれたの」彼女はすすり泣いた。「警察署に連れて行くって言われたわ」

過激派仲間に声をかけると、十人ほどが警察署に集まった。待合室はひげ面に長衣の男たちであふれた。

わたしは怒りで我を忘れていた。

「息子はどこだ？」大声で問い質（ただ）した。「息子を返せ」

ウサマは社会福祉課で保護されているので、隣接した建物に行くよう指示された。その間、ひげ面の一団は、警察署の待合室に陣取り待っていた。

社会福祉課の殺風景な待合室の窓の外に、灰色の街並みが見えた。イギリスの冬が間近に迫るルートンの光景は、あまり気分が引き立つものではない。ノックの音がしたあと、女性がウサマを連れて入ってきた。

幸いにも、「ブッシュと不信心者を殺せ、ムジャーヒディーンに勝利を」などと、ウサマは叫ばなかった。そんなことがあったら、その場ですぐに養育権を剝奪されてしまったにちがいない。ウサマは駆け寄ってきて、わたしの首に腕をぎゅっと巻きつけた。

「どうして息子を連れて行ったんですか?」その女性に尋ねた。

「あなたが息子さんを誘拐したと聞きました」

「この子の母親はどこに?」

「知りません」

「そうだろうとも」わたしは勝ち誇った顔を隠せなかった。「それは、母親がモロッコにいるからです。娘も一緒です。母親を誘拐で告発します」

息子の手をしっかりと握り、建物をあとにした。あごひげを生やし顔に怒りを湛えたサラフィー主義者の一団があとに続いた。彼らは、ウサマという名の男の子を、ベッドフォードシャーの社会福祉課から救出するために来てくれた。

霧雨がわたしたちの服をじっとりと濡らした。

第九章　シャイフとの出会い

二〇〇五年後半ー〇六年晩夏

アラブ世界で有名なジョークがある。細部が多少異なる場合もあるが、大筋は同じだ。神がこの世界を創造してから数千年後、どんな変化を遂げたか見に来られた。まずエジプトを見下ろす。「ふむ、産業が興り、都市が栄え、美しい建築物がある。これは見違えた」と神は驚嘆された。次にシリアを調べる。「建築の見事なことよ、社会の洗練されていることよ」南に移ると、今度はなじみ深い光景が目に入る。「ああ、イエメンか――相変わらずだ」

二〇〇五年が押し詰まった頃、サナアの空港に到着したわたしは、これとまさに同じ感想を抱いた。貧しくても、女性の待遇が前近代的でも、わたしに関する治安当局の調査書類が増える一方であっても、イエメンという国はわたしを引きつけてやまなかった。

わたしにはイエメンに戻る十分な理由があった。ナギブの映画制作を手伝うため、それに旧友たち、つまりイエメン国家の意のままにならない人たちと、再びコンタクトを取るためだ。前回来たときとは、まったく違う人間になった気がした。もうすぐ三十歳を迎えるし、今回は息子のウサマも一緒だ。ウサマは成長したら敬虔なムスリムになることだろう。

わたしはまだ真摯な態度でイスラムに取り組んでいた。そこで、サナアのアル＝イマン大学に入学することにした。同大学の学長は、相変わらずシャイフ・アブドゥル・マジド・アル＝ジンダニが務めていた。七年前に初めて会ったとき、無礼にも彼のサラフィー主義者としての資質を問い質したことがあった。その後、ジンダニはアメリカ政府の注意を引くようになり、アルカイダのために資金集めをしているとして、「グローバル・テロリスト」に指名された。こんなありがたくない名誉に浴していながら、彼はアル＝イマン大学で公職に就いていた。ジンダニはわたしを喜んで迎え入れ、研究に使っていいと、大学に専用の部屋を用意してくれた。わたしのあとをついて回るウサマを、ジンダニはことのほか可愛がった。

また、ウサマ・ビン・ラディンとのつながりを誇りにする、運び屋を務めるイエメン人青年アブドゥルとも旧交を温めた。以前より英語も上達し、結婚したばかりだった。サナアに立派な邸宅を構え、新車が駐車してあった。アルカイダの運び屋をしながら、ほかにも実入りのいい事業に手を出しているようだった。

わたしは生き返った気分になった。イギリスの偽ジハードの堂々巡りのおしゃべりから離れて、投獄や死の危険に日々さらされる場所に、東はパキスタンやインドネシア、南はソマリアまで広がるネットワークの中心に身を置いているのだ。治安当局の監視が強化されたというのに、わたしのいない間、ジハード主義者の存在感はイエメンで一段と増していた。

赤毛で、タトゥーを入れた、あの巨漢のヨーロッパ人がサナアに戻ってきたという噂はすぐに広まった。このとき、一人の男がわたしに興味を示し、会いたいと考えた。わたしが二〇〇二年にタイズに滞在したことも、ダマジの学校に通ったことも、彼の耳に入っていた。

その男の名前は、アンワル・アル＝アウラキ。彼も最近イエメンに戻ったばかりで、アル＝イマン大学で教鞭を執っていた。

アウラキの父親は、イエメンの支配階級の一人として名高い人物で、アウラキ族でも高い地位にあった。アメリカに留学――そのときアンワルがアメリカで誕生――したのち、母国イエメンで農務大臣になった。二〇〇六年初め、わたしはアウラキの自宅の夕食会に招かれた。

サナア在住の若い外国人ムスリムたちを夕食に招こうと考えたアウラキは、サナアの語学学校で学ぶ、アブドゥル・マリクというポーランド系オーストラリア人の改宗者に、参加者を集めるよう頼んでいたのだ。マリクの本名は、マレク・サムルスキ。三十代半ばの、長身でがっしりした体格の男だ。西洋のサラフィー主義者のご多分に漏れず、９・11後の一連の出来事により、過激な思想を抱くようになった。南アフリカ人の妻の勧めで、息子たちを善きムスリムに育てるためイエメンに来たということだった。

欧米の過激思想の持ち主の間で、アウラキはすでに説教師として高い評判を築いていた。わたしはアラビア語の説教のほうが好きだったが、彼が英語で行った説教をどこかで聞いた覚えがあった。アウラキがサラフィー主義者の間で期待の新星であることは承知していた。

アウラキ一家の自宅は、灰色の石壁でできた三階建ての立派な建物で、サナア大学の旧キャンパスからほど近いところにあった。イエメンの伝統的な建築様式の家で、窓が大きかった。アウラキは第一夫人とともに二階に住んでいた。彼女はサナアの有力な家柄の出身で、アウラキと一緒に渡米した。

息子のウサマも夕食会に連れて行った。一月の涼しい晩だった。サナアの一月は、北欧と似たような気候になる。ウサマがきちんと見えるように、この日のためにトーブを新調した。

わたしたちが通された部屋には、非の打ちどころのない、それでいてこれ見よがしではない、センスのいい家具が備えつけられていた。壁一面にずらりと並んだ本は、ほとんどがイスラムに関するものだった。サムルスキがわたしをアウラキに紹介した。たちまちアウラキに好感を抱いた。洗練された物腰で、博識で学者然としており、圧倒的な存在感があった。自信にあふれていたが、傲慢ではなかった。一方で、茶目っ気たっぷりのユーモア感覚も備えていた。身だしなみもきちんとしており、あごひげはきれいに手入れされ、細いメタルフレームの眼鏡の奥に優しげな茶色の瞳がのぞいていた。多くのイエメン人と同様に華奢だったが、イエメン人には珍しく身長は百八十センチもあった。英語とアラビア語を自由自在に切り替えて、寛大な態度で客をもてなした。

「ダマジはどうだったかね？」アウラキが質問した。

「目が覚めました。シャイフ・ムクビルは深い知識を備え、物事を深く理解されている方でした。あのときアラビア語がもっとできたらと思わずにいられません」

「今では？」

「だいぶましになりました。けれど、宗教に関するアラビア語のほうが口語よりも得意です」

サナアやタイズで築いたわたしの人脈について、アウラキは知りたがった。外国人仲間や、アブドゥルのようなイエメン人の知り合いについて聞かれた。どうやら彼は、サナアをはじめとするほかの土地でも、過激派要員を幅広く集めようとしているらしかった。

イエメンに帰国してどのくらいになるのか、アウラキに尋ねた。

「出たり戻ったりしながら、かれこれ三年になる。イエメンの生活は退屈に感じるときもあるが、

9・11のあと、欧米の生活は楽ではなかった」

「ここもあまり楽ではないですよ」わたしはそう応じて笑った。

このときの会話は儀礼的なやりとりにすぎなかった。しかし、あとから振り返れば、アウラキはさりげなくわたしを見定めようとしていたことがわかる。わたしがイスラムにどれほど傾倒しているのか、仲間がどれほど過激なのか、突き止めようとしていたのだ。

アウラキの息子のアブドゥルラフマンが、宿題を見てもらいに部屋に入ってきた。十歳のアブドゥルラフマンは、年のわりに背が高く、父親そっくりの目をしていた。親子が強い絆で結ばれていることがはっきりわかった。息子は父親に畏怖の念を抱き、父親のほうは、イエメンの一般的な父親よりも、愛情深く思いやりにあふれているように見えた。アブドゥルラフマンは優しく礼儀正しい少年で、年が離れた幼いウサマの相手をしてくれた。

アンワルと事前に打ち合わせていたらしく、イスラムについて学ぶ研究グループを結成してはどうかと、サムルスキが提案した。毎週、とくに選ばれた生徒が集まって、時事問題およびそれがイスラムに及ぼす影響について議論するのだ。アウラキが賛同の意を示し、わたしはその研究会をときどき自宅で主催すると申し出た。

英語を話す闘志あふれる少数メンバーに講義をするため、アウラキがわたしの家を訪れるようになった。我が家は古いが白塗りの壁の美しい家で、濃紺のアラビア風家具を部屋に配し、生地の厚いイエメン製のカーペットを敷いていた。わたしにとっては名誉なことだったが、アウラキは確かにこの研究会を楽しんでいた。彼の教え子と比べれば世俗的なわたしたちが、自分の一言一句を吸収するようすを見て、指導者として喜んでいた。カーペットにあぐらをかいて座り、目の前にノートを広げ、泰然と構えて雄弁をふるうアウラキは、引きも切らずに自分の知性と知識を誇示し、ときおり眼鏡の奥からわたしたちをじっと見つめた。

彼はジハードに関連するイスラム法学に重点を置いていた。自説を証明するために、コーランやハディース（ムハンマドの言行録）の文章をまとめていた。彼がオンラインで発表した論文でも一番人気の「ジハードを支援する四十四の方法」は、我が家で行われた講義から生まれた。

イエメン政府がアメリカと協力していることに、アウラキは激しく憤っていた。「玄関に入る前に泥を落とさねばならない」というフレーズをよく口にした。

研究会のあと、アウラキがわたしたちと一緒に昼食や夕食をとることはなかった。おそらく、わたしたちとは改まった関係のままでいたいと考えたのだろう。礼儀正しくビスケットを一枚だけ食べて、暇（いとま）を告げた。オマル・バクリが食道楽なら、アウラキは苦行者だった。

だが、彼のことをよく知るにつれて、わたしたちは次第に打ち解けていった。アウラキには素晴らしいユーモア感覚があり、率直な議論を好んだ。出席者のなかには、こびへつらうかのように恭順な態度をとる者もいた。わたしなら、そんな心配はいらなかった。もしかすると、彼に気に入られたのは、わたしが彼の知性の引き立て役となっていたからかもしれない。

アウラキには他人にはない能力があった。世界を広い視野で理解し、自らの知識を発信してコミュニケーションを図る力を持ち合わせていた。わたしの知るかぎり、コーランの微妙な違いについて延々と話せはしても、幅広い聴衆、とくに若い世代に訴えることのできるイスラム学者は、ほかにいなかった。

わたしはやがてアウラキの経歴について書かれたものを読み、海外時代について本人に質問するようになった。流布する評判以上のことや、彼を動かすものは何なのか、知りたかったのだ。彼はわたしより五歳上だった。一九七一年、アメリカのニューメキシコ州に留学中の父のもとに生まれ、七歳のときにアメリカからイエメンに帰国した。全教科で優秀な成績を収め、全額給付の奨学金を獲得してアメリカに留学した。

アメリカでは、フォート・コリンズにあるコロラド州立大学に入学し、土木工学を学んだ。学生時代には近くのロッキー山脈で釣りを楽しんだという。結婚のために一時帰国したが、すぐにアメリカに戻った。デンバー地区のモスクで説教師として人気を博し、イスラムの教育と普及が自らの使命だと感じるようになった。のちにアウラキから聞いた話によると、そう感じた理由の一つが、サダム・フセインの一九九一年のクウェート侵攻に対する、アメリカ主導の軍事行動だったという。これが、信仰を「もっと真剣に」とらえるきっかけになった*[1]。

一九九六年、アウラキは弱冠二十五歳で、サンディエゴのラバト・モスクのイマーム（宗教指導者）に任命された。ランチ様式家屋の立ち並ぶラメサの住宅街の一角にある、平屋のモスクだ。南

＊1　ジハード実行のためこの時期にアフガニスタンを訪れたと、アウラキはのちに主張した。しかし、ムジャーヒディーンがカブールを〝解放〟したので、計画を断念したという。一九九〇年代半ばにアウラキが過激思想を抱いていた証拠はないが、当時も、普通ではない、正体のわからない人々との交流があった。一九九一年、FBIは捜査を開始したが、オマル・アブドル・ラフマンの側近との関係については調査を進めなかった。「盲目のシャイフ」と呼ばれるラフマンは、一九九三年のワールドトレードセンター爆破事件を企てたとして有罪判決を受けた。

カリフォルニアの気候が気に入り、五年近く住んだという。アウラキは当然、アメリカでの学歴を誇りに思っていた。西海岸を離れてからは、ヴァージニア北部のアル＝ヒジュラ・イスラム・センターで教えを説き、ジョージ・ワシントン大学の大学院に入学して、人材育成に関する博士号取得を目指した。最初の学期のＧＰＡ（成績評価平均値）は三・八五だった。

この若き聖職者には、輝かしい未来が待ち構えていると思われた。何しろ、頭脳明晰で、広い人脈を持ち、高学歴を誇っていた。サナアの大学は、是非ともイエメンに戻り、新設予定の教育学部の学部長として、貧しく識字率の低い母国の教育水準向上に寄与してもらいたいと期待を寄せた。

その後９・11が起こり、事態は一変した。

アウラキに関する膨大な記事のなかで、９・11の翌日に掲載されたある記事に目が吸い寄せられた。「ワシントン・ポスト」紙のカメラマン、アンドレア・ブルース・ウッドールが、異教徒間の祈禱会を呼びかけたアル＝ヒジュラ・イスラム・センターを訪れたときの記事だ。アウラキを上方から撮影した一枚の写真には、帽子と、指を固く組み合わせた手が写っていた。「ムスリムが抱く悲しみと、この悲劇の責任はムスリムにあると世間の人々に思われるのではないかという恐れがうかがえる」と、ウッドールはコメントした。

同時多発テロ後ほどなくして、アウラキは「ナショナル・ジオグラフィック」誌のインタビューに答えた。

「こんなことをした人たちがムスリムであるわけがありません。自分たちはムスリムだと言い張るのならば、彼らは教えを曲解しているのです。申し上げたいのですが、今回の事件で、世間の関心が否応なしにムスリムに集まっています。メディアで大きな注目を集めているうえに、ＦＢＩからも詮索されています」

しかし、一方でこんな警告もしている。

「ウサマ・ビン・ラディンは、過激主義者で極端な思想を抱く人物だとされていますが、今後、主流派に躍り出るおそれがあります。これは非常に恐ろしいことです。ですから、アメリカはことさら慎重を期して、イスラムの敵とみなされないよう気をつける必要があります」

甚大なリソース──資金、諜報員、専門的調査──が、9・11の捜査につぎ込まれ、何千もの手がかりが発見された。このような非道な出来事の直後、市民の自由は、事実を追求する必要性の二の次にされる。ハイジャック犯に協力したのは誰か？　ハイジャック犯と会っていた人物は？　ほかにも攻撃計画があったのか？

アウラキもこうした調査に引っかかった一人で、同時多発テロ後の数週間で四回尋問された*[2]。二〇〇二年初め頃、アウラキは恐怖を覚え、懊悩するまでになった。何も隠し立てしていないと、アウラキは一貫して主張した。サナアで彼と話したとき、アメリカのムスリムのコミュニティは当時ひどく強引な調査を受けたと、憤懣やるかたないようすだった。

彼は博士課程を中退して、イエメンに帰国することにした。二〇〇二年三月、彼だけ一足先に帰国し、一ヵ月後に妻子が帰国した。十月、アウラキは諸事を片付けるために短期滞在の予定でアメリカに渡った。ニューヨークのJFK空港でアウラキは拘束された。パスポート偽造の容疑で、デンバーの判事がサインした逮捕状が出されていたのだ。だが、アウラキの到着前日、デンバーの連邦検事は逮捕状を取り消していた。

その四年後に知り合ったとき、アメリカ出国の事情、博士課程の中断、自らに向けられた疑惑の目などが、まだアウラキを苦しめていた。その恨みの念は、二〇〇四年に9・11調査委員会の報告書が出されたときに、さらに深まった。

ネットで委員会の報告書を見つけたわたしは夢中で読んだ。かなりの分量だったので、読み終えるのに深夜までかかった。

ハイジャック犯のアメリカ国内の足取りを追ったところ、犯人のうち二人は、サンディエゴ滞在中にアウラキと知り合いになったこと、そのうち一人は、アウラキが二〇〇一年にヴァージニア州に引っ越したあとに彼のいたモスクを訪れたことが、報告書に記載されていた。「これは偶然ではない可能性がある」と委員会は指摘した。

ある委員会スタッフの報告によると、「(アウラキが)過激派と結びつきがあるという報告がある。彼とハイジャック犯との関係をめぐる状況は、依然として疑わしい。だが、ハイジャック犯たちがテロリストだと知りながら、彼が交際していたという証拠は発見されていない」

アウラキにとって、これは疑惑をほのめかした非難だった。また、アウラキが逃亡中で直接インタビューできなかったと、報告書の何ヵ所かで指摘されていた。

脚注には、さらに詳細が綴られていた。「ウサマ・ビン・ラディンに物資調達を斡旋していると見られる人物が、彼に接触した可能性があったことから、FBIは一九九九年から二〇〇〇年にかけて、アウラキを調査した。調査中、ホーリーランド財団の数名およびパレスチナのテロ組織ハマスの資金調達担当者が、アウラキと知り合いであることが判明した」

追い打ちをかけるように、一九九六年と九七年にアウラキが買春容疑で逮捕されたこと、ワシントンDC地区に移ってからも同様の容疑をかけられたことが、マスコミに漏れた。調査委員会の報

告書発表とほぼ同時期に、次のような記事が書かれた。「ＦＢＩによれば、捜査官は、イマームが

＊2　特別捜査官の手書きのメモから、アウラキは二〇〇一年十一月から二〇〇二年一月にかけて、たびたび監視されていたことがわかる。このメモは、情報公開法に基づき二〇〇三年に公開され、行政監視団体「ジュディシャル・ウォッチ」が公表した。フォールズ・チャーチ郊外の自宅の出入り、自家用車である白いダッジ・キャラバンでの移動、携帯電話の通話記録、メリーランド州ウッドローンのモスクとイスラムセンターの訪問などが記録されていた。
二〇〇一年十一月十五日、ラジオ番組「トーク・オブ・ザ・ネイション」の公開討論会に参加するため、ワシントンＤＣのナショナル・パブリック・ラジオに行くときも、後をつけられていた。

監視の結果、アメリカの安全に影響を与えるような人物との接触はなかったことが判明したが、彼の飽くことのない性欲が暴かれた。アウラキがたびたび地元ホテルに一時間だけ滞在することがわかり、捜査官はそうしたホテルを仕事場とする売春婦と接触を始めた。

十一月九日、一人の売春婦がワシントンのロウズ・ホテルで捜査官に話をした。その四日前、オーラルセックスの料金として四百ドルを現金で支払った客について、彼女はメモを見せた。その客の名前はアンワル・アウラキで、住所はフォールズ・チャーチと記されていた。ワシントン・スーツ・ホテルを仕事場にする別の売春婦に話を聞いた捜査官の記録によると、彼女は十一月二十三日に、「ひげを生やして、背が高くてやせた、行儀のいい」客を相手にし、男は「インド出身のコンピューター・エンジニアだと名乗った」という。彼女に写真を見せたところ、その客がアウラキだと認めた。彼は一時間のサービスに四百ドル支払ったという。

その記録文書から、二〇〇一年の冬、アウラキはワシントンＤＣ地区のさまざまなホテルで、何人もの売春婦と会っていたことがわかる。彼は二百二十ドルから四百ドルを、サービスに応じて相手に払った。メルローズ・ホテルでアウラキと会ったある売春婦は、ウサマ・ビン・ラディンとよく似ていたと、捜査官に話した。ＦＢＩは、アウラキにサービスを提供したという女性七人に話を聞いたが、アウラキは告訴されなかった。

ワシントン地区の売春婦をヴァージニアに連れて行ったことを確認した。斡旋業者が州境を越えて売春婦を移動させた場合に適用される連邦法規の利用を、今回検討したという」

アウラキの見解では、これは完全に悪意ある誹謗中傷にあたった。

「わたしを辱めるためなら、ムスリムの間で物笑いの種にするためなら、彼らは何でもやった」と、アウラキはわたしに漏らした。

わたしは彼のオンラインでの説教も見るようになった。彼の説教はユーチューブですでに何万回も視聴されていた。アウラキが英語による説教の動画制作を始めたのは、アメリカを出国してからで、欧米はイスラムを敵視していると断じる語り口に、磨きがかかった。アウラキはコーランの複雑な内容を、英語を話す若いムスリムに向けて、わかりやすい言葉で、かみくだいて説明する才に長けていた。説得力と威厳のある口調は完璧で、彼にかかると、過激な内容でも妥当性があるように聞こえた。

アウラキは二〇〇二年から〇四年にかけて何度かイギリスを訪れ、たいていロンドン東部に滞在した。高名な彼が説教をするとなれば、会場は聴衆で満杯になった。彼の説教を収めたCDセットやDVDセットは、飛ぶように売れた。熱心に買い求めた者のなかに、二〇〇五年七月に発生したロンドン爆破事件の自爆テロ犯がいた。

抑圧されたムスリムの怒りを煽り立てつつも、イギリス治安当局の注意を引くことを警戒して、アウラキはあまり具体的に語らないよう留意していた。とはいえ、ムスリムのコミュニティの指導者らは、アウラキが一部の聴衆を、いわゆる「拒否主義」に誘い込んでいるとの懸念を強めた。ロンドン東部のあるイマームは、のちにこう語った。「彼は信徒を行き場のないところに駆り立てて、そのままにした」

オマル・バクリと同様、密室の中ではまた話が違った。少人数の研究会などで、アウラキは欧米での自爆テロをはっきりと支持した。こうした会に送り込んだＭＩ５の潜入捜査官の情報をもとに、イギリス当局はアウラキの入国を禁止することにした。

二〇〇五年、アウラキは「ジハードの道において不変なるもの」という、六時間にわたるオンライン講座シリーズを制作した。サウジアラビアのアルカイダの論客の説に立脚しながら、ムスリムは最後の審判の日まで絶えず敵と戦わなくてはならないと説いた。コーランやハディース、歴史や時事を引き合いに出した、複雑ながら説得力のある解説だった。決して高圧的になることなく、丁寧に、欧米のムスリムが立たされている苦境について、預言者ムハンマドと彼の信徒の状況を重ね合わせて、じっくり解説した。

「(預言者ムハンマドは)状況に合わせてイスラムをお創りになられたのではない……イスラムに合わせて状況を作り変えたのだ」とアウラキは述べた。

ジハードを非暴力的闘争だと解釈しようとする西洋のイスラム穏健派の取り組みは、イスラムを破壊せんとする要素の一つにすぎない。ムスリムは非ムスリムのやり方を退け、不信心者（カーフィル）との関係を避けるべきだ、とした。

この講座は力作だった。インターネットで世界中に広まり、西側の過激派の間にアウラキの支持者を増やした。

わたしがアウラキと知り合ったのは、このオンライン講座が注目を集めるようになった直後のことだった。サラフィー主義やアルカイダ、ジハードの正当性、ジハードによる市民の犠牲者など、わたしたちは多岐にわたる話題について長時間かけて話し合った。ビン・ラディンについても話した。

二〇〇六年の晩春、アウラキが何度目かの研究会を終えた夜、ほかの者たちが帰ったあともそのまま残っていた。

黒い瞳でわたしをじっと見つめて、一言、こう言った。「9・11には正当性があった」

彼の考えでは、ムスリムと不信心者の間で世界規模の闘争が繰り広げられている。9・11のテロ攻撃は——市民が犠牲になったというのに——その戦いにおける合法的な出来事であるというのだ。この話をした直後、アウラキは「アッラーは我々に勝利を用意する」という講義の動画を制作した。その講義で彼は、アメリカはムスリムに宣戦布告したと述べた。

こうしたアウラキの態度は、アメリカで受けた扱いに起因し、買春行為を暴露されて復讐心を募らせたせいなのだろうか。それともわたしと同じように、ムスリムの置かれた苦境にはジハードの遂行が当然の義務だとみなしたからなのだろうか。それはわからない。おそらく両方なのだろう。彼の説教が過激になるにつれ、アメリカ批判を激化させるにつれ、ネットの支持者が世界中で増えていったことも、その一因かもしれない。

アウラキはアルカイダを公然と支持していたが、アルカイダに加わろうとしている節はなかった。イエメンで急増するアルカイダ戦闘員に対し、影響力を行使している兆候もなかった。アウラキと出会ってから時を置かずして、アルカイダはあっという間に勢力を拡大させていった。

二月初旬の涼しい日のことだった。朝の礼拝に集まった信徒たちの間では、サナアの刑務所で発生した大脱走のニュースでもちきりだった。アルカイダの要注意人物二十人以上が、政治犯収容所の地下室から、隣接するモスクまで掘ったトンネルを抜けて脱獄したのだ。そのなかには、アデン湾のランブール号攻撃事件に関わった者も多数含まれていた。華奢な体格をした、二十代後半のナシル・アル＝ウハイシという男もいた。ウハイシは、アフガニスタンでビン・ラディンの側近を務めていた人物だ。

この脱獄は、イエメンのアルカイダ支部に新たな活力を吹き込んだ。９・11後に行われた、アメリカとイエメン政府の対テロ作戦により、多数の工作員が逮捕、殺害されたため、支部は崩壊寸前だった。脱走後、ウハイシは数年かけて、イエメンに優秀で活発なアルカイダ支部を再建した。

やがてアウラキの研究会は、毎週定期的に開かれるようになった。アンワルの研究会と名づけられたこの会は、英語を話し多様な背景を持つ十人余りの集まりで、遠いところではメキシコやモーリシャス出身の者もいた。わたしは山盛りの料理を用意した。研究会のあと、家に泊まっていく者もいた。参加者の大半はサナアでアラビア語かイスラムを学んでいたが、ほかに思惑のある者もいたようだ。同じモスクに通う、近所のイエメン人の将軍から、うちに出入りする何人かには気をつけたほうがいいと忠告された。わたしは監視されているというのだ。

訪問客の一人に、ジェハド・サーワン・モスタファがいた。やせ気味で、あごひげを生やし、青い瞳のぼんやりとした目つきの青年で、サンディエゴ出身だった。いつも口元をゆがめ、人を見下すような不愉快な表情を浮かべていたが、アウラキが話をするときだけは、うっとりした顔で聞いていた。父親はクルド人で、母親はアメリカ人のイスラム改宗者だった。ムスタファはかつて、サンディエゴのエルカホン通りの自動車修理店で働いていた。わたしと会ったときはアル＝イマン大学の学生で、ソマリアにビザの申請をしようとしているところだった。驚いたことに、アメリカ大使館はいっさいの質問なしに、ソマリア大使館から指示された必要書類を彼に渡したそうだ。それから三年もしないうちに、ソマリアのテロ組織アル＝シャバーブに荷担したとして、サーワンはFBIの最重要指名手配犯となった。

研究会の常連の一人に、とび色の髪をしたデンマーク人の改宗者がいた。コペンハーゲンの過激派のメンバーで、裕福な家の出身だった。あまりに過激な思想の持ち主なので、わたしでさえぎょっとした。アリと名乗っていた*[3]。

研究会の仲間を通して、サナアの大勢の過激派分子と知り合いになった*[4]。その一人アブドゥッラー・ミスリ――マリブの部族出身で、肌は浅黒く、きちんと手入れされたあごひげをたくわえていた――は、すでにイエメンのアルカイダで古参の金庫番だった。ミスリは、ドバイで購入した自動車をイエメンに密輸し、その利益をこの将来有望な組織に融資していた。この頃になると、わたし自身もすでに西側の対テロ機関の監視下に置かれているだろうと気づいた。何しろ、わたしの知り合いは、要注意人物ばかりだった。

サナアでは、ケネス・ソレンセンというデンマーク人の改宗者とも再会した。ソレンセンがサナアに来たきっかけの一つは、二〇〇二年にオーデンセでわたしと会い、イエメンの話を聞いたことだった。わたしを取り上げた記事をデンマークの新聞で読んで、居場所を探し出したのだ。

ソレンセンはわたしより若く、肩幅が広いがっしりとした体格で、過酷な家庭環境で生まれ育った。母親が薬物依存症だったので、ほとんど教育を受けていないという。デンマークでは、パートタイムでゴミ収集の仕事をして何とか暮らしを立てていたらしい。

表向きはアラビア語を学ぶためにサナアにやってきたのだが、ソレンセンは前線で活動したいと思っていた。アウラキは、ソレンセンを研究会に呼ばなかった。ほら吹きで何をしでかすかわからないという評判が立っていたからだ。ジハード戦士のような服を着て、サナアの街角で銃を振りかざすような人物だった。

しかし、わたしは彼と一緒にいると楽しかった。二〇〇六年早々、ソレンセンたち数人と一緒にサナア中心部のタフリル広場に集まり、デンマークやその他ヨーロッパ諸国の新聞に掲載された、預言者ムハンマドを侮辱する風刺画に抗議した。もともとは、その前年にデンマークの新聞に掲載され、イスラム圏に猛烈な批判を巻き起こした風刺画だった。預言者の姿を描くことはイスラムでは禁忌とされる。デンマークの漫画家クルト・ベスタゴーは、預言者ムハンマドのターバンを爆弾に模して描いた。ノルウェーの新聞がそれを再掲載したせいで、火に油を注ぐことになった。「デンマークに死を！」と、ほかの者と一緒に声が嗄れるまで叫んだ。その前年にロンドンのグロブナー広場で抗議したやわな連中と違い、信念に従って行動する仲間だと思えて、気分が高揚した。

＊３　アリの名字は、法律上の理由から本書に記載していない。

＊４　研究会のほかのメンバーに、アブドゥッラー・ムスタファ・アユブという、オーストラリア人の過激主義者がいた。彼の父親は、テロ組織イスラム団の主要人物と言われていた。母親はイスラム改宗者のラディア・ハッチンソンで―もともとはサーファー好きの若者だったが、オーストラリアで「イスラム過激派の女家長」と呼ばれるまでになった―さらに悪名高かった。噂によると、ウサマ・ビン・ラディンは、アフガニスタンで彼女を口説いたことがあったという。

映画制作者のナギブもわたしも、ムジャーヒディーンのドキュメンタリーを作る企画をまだあきらめていなかった。するとアブドゥルが、サナアの刑務所から脱獄したアルカイダ要人を紹介してもらえるか、頼んでみると申し出てくれた。その人物の名はシャイフ・アディル・アル＝アバブ。アブドゥルは、アフガニスタンで彼と一緒に過ごしたという。アル＝アバブはその後、アラビア半島のアルカイダの宗教指導者となり、組織のトップ六番手に挙げられるまでになった。

ある日、アブドゥルの車で治安の悪い地域に行った。車を停めてもエンジンはかけっぱなしだった。すぐにアル＝アバブが車に飛び乗ってきた。まだ若いが、カイゼルひげを生やし、恰幅がよかった。

わたしはアル＝アバブと親しくなった。彼のコーランを駆使する能力とジハード観には感服した。彼と知り合いになったおかげで、その先何年も大きな分け前にあずかることになった。イエメン治安当局が、どうしてアル＝アバブを捕まえられなかったのか理解に苦しむ。わたしたちはとくに人目も避けずに、サナアで何度か会った。アル＝アバブは明らかにアウラキと同じ道を進んでいた。アメリカに宣戦布告し、対米従属姿勢を取るイエメン政府を手厳しく非難した。

知り合いのイスラム過激派の忠誠心や道義心について、わたしはみじんの疑いも抱かなかった。だから二〇〇六年の春、サナアで一番親しかったアブドゥルについてアウラキから指摘されたとき、ひどく動揺した。

「アブドゥルはジブチでブラザーの任務を遂行中に、二万五千ドルを失った」アンワルは「失った」という言葉に、不信の念を隠そうとしなかった。「半年間も完全に消息を絶ち、金も戻らなかった。ところが、アブドゥルは今こうして分不相応に思える新居に暮らしている。気をつけたほうがいい。アブドゥルは信用できない」

わたしは面食らった。同時に、アウラキが「ブラザー」について触れたことに興味をそそられた。アルカイダを指しているとしか考えられなかった。もしかすると、わたしが思っていた以上に、彼はアルカイダと密接な関係があるのかもしれない。

話の出所は明かさずに、わたしはアブドゥルにこの件を切り出した。

「アッラーに誓って、ぼくはその金を盗んでいません。濡れ衣です」彼によれば、ジブチで逮捕され、情報機関にその金を押収されたのだという。見せてくれたパスポートには、日付が半年間あいた出入国スタンプが押されていた。

「ぼくが拘留されていた期間です」

「何の任務にあたってたんだ?」

「運び屋だったんです。アブ・タルハ・アル＝スダニのもとで働いていました」

彼はわたしの反応をじっと観察した。

これには面食らった。それが本当だとしたら、アブドゥルは間違いなく、きわめて危険なグループで活動している。アブ・タルハは、東アフリカにおけるアルカイダ有数の工作員で、米国政府の「最重要指名手配者」のリストのトップに近い人物だった*5。

*5　アブ・タルハ・アル＝スダニは、一九九八年のナイロビとダルエスサラームで起きた、アルカイダによる米大使館爆破事件の関与が疑われていた。二〇〇三年、彼はジブチの米軍基地の偵察を部下に命じた。二〇〇七年、ソマリアで空爆により死亡。

「マー・シャー・アッラー（アッラーが望みたもうたこと）。それはすごい」思わず感嘆の言葉が口から漏れた。アウラキはこのことを知っているのだろうか？ それとも、彼の話を信じていないのだろうか？

その頃、息子のウサマは地元の学校に通い、アラビア語を習い始めたところだった。息子もわたしも、家庭に女性がいなくてさびしい思いをしていた。ウサマの面倒を見る、新しい妻を見つけるべきだとアウラキからも言われた。皮肉っぽい笑みを浮かべて、誰か紹介してもいいとまで言われた。だが、その必要はなかった。ある日の午後、ウサマを学校に迎えに行った帰りに、好きなところに行って、お父さんのために素敵な女の人を見つけておくれと、ウサマに頼んだ。人見知りしないウサマは、女性専用の自動車学校のオフィスに駆け込んだ。わたしが追いついたときには、若いイエメン人女性と話しているところだった。小柄で、とても美しく、笑顔が魅力的で、明るい笑い声の女性だった。たちまち心を奪われた。

どこの学校を卒業したのか、どんな仕事をしているのかなど彼女に尋ねた。まあ、本題に入る前のお決まりの儀式だ。数分もたたないうちに、自分は離婚して息子と一緒にサナアで暮らしていることを話した。もうお手上げで、途方に暮れているとでもいうような口ぶりで。見え透いた策略だったにちがいない。

一週間後、彼女に会いたくて再び自動車学校のオフィスを訪ねた。ウサマを代わりに送り込んだ。

「父さんが話をしたいって」と、ウサマはアラビア語で彼女に伝えた。

彼女の同僚たちは、事態を面白がる気持ちと好奇心とが入り混じった表情で見守っていた。これは、イエメンの男女が交際前に踏む通常の手順ではなかった。わたしたちは、外国人のたまり場になっているリビア・センターで会う約束をした。

わたしはウサマと一緒に約束の場所に出かけた。彼女はファディアと名乗った。そして、離婚のこと、なぜイエメンに滞在しているのか、妻となる女性に望むことなどについて、次々と質問を浴びせかけた。

「本当の自分を偽らない女性と一緒になりたい」わたしは答えた。「前の妻は敬虔なムスリムを装っていたが、実は違った」

そのあとわたしは、イエメン式の最初のデートにしては異例の質問を投げかけた。

「シャイフ・ウサマ・ビン・ラディンについてどう思う？」

ファディアは不意を突かれてうろたえたように見えた。ところが、彼女の答えはわたしを驚かせた。

「彼はムスリムに自尊心を授けたと思うわ。でも、無辜（むこ）の市民を殺したことは、賛成できない。軍隊を攻撃したほうが良かったと思う」

この返答を聞いて、喜ぶと同時に非常に感心した。彼女は魅力的なうえに、英語が話せて、思慮深い女性だった。しかし、骨の髄までサラフィー主義者のわたしは、傲慢にも彼女をもっと善きムスリムに仕立て上げようと思った。ハート模様の入ったＣＤを彼女にプレゼントした。たぶんロマンチックな音楽のＣＤだと思っただろう。ところが、そこにはジハード戦士の詠唱しか入っていなかった。

ほかにも尋ねたいことがあった。そのほとんどが宗教に関することだ。真のサラフィー主義者としては、彼女の音楽の趣味とか家庭環境などより重要なことだった。たとえば、彼女はコーランをどのくらい暗誦できるだろうか？（前妻のカリーマは、二つのアラビア語方言でコーランを最初から最後まで暗誦できた）

ファディアの両親はすでに他界していた。そこで、彼女はさっそく、わたしが本物か、危ない橋を渡る冒険家なのか、面会して見定めてほしいと親しいおじに頼んだ。サナアで一軒しかないピザハットで、彼女のおじと会った。アメリカのピザハットとまるきり同じで、アリゾナの一店舗をイエメンの首都にそっくりそのまま移したと言ってもおかしくないほどだった。どうやらわたしは適切にふるまったようだ。とても感じがよくユーモア感覚もあるが、いささか危険な思想を抱いている男だと、おじは彼女に報告した。

「怒りっぽいところもあるが、妻は夫を変えることができる」とも伝えたらしい。

サナアで名のあるほかの親族は、この結婚に乗り気ではなかった。情報機関に問い合わせた親族もいた。イスラム過激派と関係があるので、結婚を認めるべきではないと言われたそうだ。

これを受けて、おじの態度も変わった。

「あの男と結婚してもいいが、居住権やら健康面やら、あらゆる書類を確認したい」

イエメンの複雑なお役所を相手に、すべての書類を探し回るなんてまず無理だろう。しかしそうなれば彼女は、親族が気に入った別の求婚者になびくかもしれない。その男は裕福な外科医で、わたしと違って離婚歴もなく、子連れでもなく、悪い友達もいなかった。

わたしは何とかしてすべての書類を集めた。内務省からも、居住権を証明する書類を得た。役人の態度から敵意を感じることもあった。わたしは招かれざる客というわけだ。

結局、新たな運命の女性は、裕福な外科医ではなくわたしを選んだ。二〇〇六年晩春のとある金曜日に、彼女のおじの家で婚姻契約を交わした。おじは結婚をしぶしぶ認めたが、認めない親族もいた。彼女の兄弟は結婚式に参列しないと言った。

書類上カリーマとの離婚が成立していないことは、誰にも言わなかった。わたしにとっては、人間が作ったイギリスの法律など、こうした問題に何の権限もなかった。

婚礼用に贅を尽くしたトーブを仕立屋で誂(あつら)えた。また、新婦の家族に払う婚資に充てるため、米ドルにして二千ドルほど貸してほしいと、イエメン人の友人に頼んだ。一つだけ困ったのは、友人が現金を持参し忘れたことだった。そこで、ファディアのおじが立て替えることになった――つまり、おじは自分の金を自分に払ったのだ。

ファディアの親族は、わたしが招待した仲間を訝(いぶか)しげな目で見た。結婚式には、アブドゥル、ジェハド・サーワン・モスタファ、サムルスキ、赤毛のデンマーク人改宗者のアリ、それに、ラシード・ラスカーというエールズベリー出身のイギリス人改宗者が参列した。ラスカーは、アブ・ムアーズという名で通っており、長くて濃いあごひげを生やし眼鏡をかけていた。よくわたしの家に泊まりに来た。

イエメンをはじめとするほとんどのイスラム世界の慣例として、挙式後の祝宴で男女は同席しない。一緒に写真に写りたいので同席してほしいと、ファディアは訴えた。わたしからすると、それはまったく反イスラム的で、偶像崇拝の一種にあたることだった。彼女はパーティーで音楽を流したいとも言った。オーデンセのケンカの一件が念頭にあったので、ジハード主義者の友人たちには、その前に引き取ってもらうことにした。

長い一日の終わりに、花嫁は親族の女性によって、わたしが自宅用に借りた広い家まで送り届けられた。黒いニカブで全身を覆った女性たちが大勢やってきたので、誰が花嫁なのかさっぱりわからなかった。

親族の女性が帰ったあと、ファディアは不安のあまりパニックに陥りそうになった。自分の荷物を詰め込んだスーツケースを持って、呆然と立ちすくんでいた。見知らぬ広い家に、図体の大きな、サラフィー・ジハード主義者の北欧人と――今や夫となった男と二人きりなのだ。ダマジの道中のわたしのように、自分は何をしているのだろうと思ったにちがいない。

わたしはコーランからいくつかの言葉を暗誦して、祈りを捧げ、それからおもむろにファディアの顔を覆うベールを持ち上げた。イエメンの伝統に従い、花嫁はアラビア風の濃い化粧をして、婚礼用のヘナタトゥーを入れていた。

「ねえおまえ、顔を洗ってきたらどうだい?」

彼女はしょんぼりした。何時間もかけて美しく仕上げた化粧やヘナを、わたしが喜ぶものだと思っていたのだ。けれども、淡褐色の肌とアーモンド形の目にきらめく黒い瞳を持つ彼女は、化粧しなくても十分に美しかった。

凝った花嫁衣装を脱ぐのを手伝ったとき、その重さに驚いた。

「信じられないよ。一日中これを着ていたなんて。よく熱中症で命を落とさなかったものだ」

彼女が思いもよらなかったことは、ヨーロッパ風のロマンチックな演出だった。浴室にキャンドルを飾り、浴槽にバラの花びらを浮かべ、ハーブを入れた。筋金入りのジハード主義者でも、こんな魅惑的な演出ができるのだ。

ところが、ファディアは入浴後にイエメンの甘ったるい香水をたっぷり吹きつけた。わたしはその香りに耐えられず、彼女にもう一度シャワーを浴びてくれと頼んだ。

結婚した相手は絶えずイスラムとともにあり、コーランを厳格に解釈する男性だということに、ファディアはすぐに気づいた。家にはテレビが一台もなく、パソコンにはジハード主義者の動画があふれ、イスラムに関する講義がラジカセから常に流れていた。結婚式の翌日、彼女は午前四時に起こされ驚いていた。わたしは毎日決まって、一日の最初の礼拝（ファジュル）のためにこの時間に起床する。起きてすぐに顔を洗い、夜明け前の冷気の中をモスクまで歩いた。一方寝ぼけ眼の新妻は、寝床から起きて自宅で礼拝を行った。

その日の朝食のあと、コーランをアラビア語で読みたいので教えてくれないかと、ファディアに頼んだ。カリーマにはいつもそうしてもらっていた。さらに、ジハード戦士の残虐な動画をパソコンで何本か見せた。この聖なる戦争にのめり込んでいたわたしにとっては、まったく自然なことだった。彼女はたじろいだが、結婚生活の初日なのだから、ハネムーン期間として一緒にくつろいだほうがいいと、穏やかにわたしをたしなめた。そこで、ファンシティというサナア版ディズニーランドに、ウサマを連れて行った。城の小塔を象（かたど）ったカラフルな門を入ると、黒いニカブを着用した女の子たちがメリーゴーランドに乗る姿が目に入った。まるで、魔女が空を飛んでいるみたいだった。

ファディアはさほど厳格に教えを守っているわけではなかった。真のムスリムに教育するには数週間かかるだろうと思った。彼女にも彼女なりの考えがあったが、ニカブの着用をしぶしぶ受け入れる一方で、わたしが宗教にがんじがらめになっているとみなし、束縛を緩めようと考えていた。

結婚して一週間前もたたないある日のこと、重大な話があるとファディアに切り出した。彼女は不安げな顔になった。わたしにＨＩＶか何かの病気があるとでも思ったのかもしれない。

「ジハードを実行するために、ソマリアに行かなくてはならない。だからおまえにも心の準備をしておいてほしい」

大勢のジハード戦士志願者が――欧米でもアラブ世界でも――ソマリア情勢に興奮していた。イスラム法廷会議という武装勢力が、この未開の国に長年はびこっていた軍閥主義と無政府状態に終止符を打ったのだ。国連の平和維持活動も手を焼き泥沼と化した首都モガディシオに、イスラム法廷会議は平穏をもたらした。わたしのようなイスラム過激派にとって、ソマリアの勝利は稀に見る祝福すべき出来事だった。何しろ、本物のイスラム原理主義者が、国家に安定をもたらしたのだ。

「おれのことを誇りに思ってほしいし、支えてほしい」と、ファディアに告げた。

彼女は戸惑いを見せたが、何も言わなかった。イエメンでは、こうした問題について若妻が夫に異を唱えたりしないものだ。

「このご時世、ジハードは果たすべき義務だ。イスラムは平和について説くだけではない。学校でそう習ったなら、それは誤りだ」

ソマリア行きの決意は、二〇〇六年七月、イスラム法廷会議に打倒されかねない弱い暫定政権にテコ入れするため――アメリカのブッシュ政権の後押しにより――エチオピアがソマリアに部隊を送り込んだとき、さらに強まった。自尊心の強いジハード戦士にとって、イスラム国家がキリスト教兵士に侵攻されるなど、挑発以外のなにものでもなかった。本当にジハード戦士になるつもりなら、デンマークに帰国して、エチオピア軍を駆逐するために何千ドルもの軍資金を工面する必要があるだろう。

わたしがイエメン出国を準備している最中に、アンワル・アル＝アウラキが姿を消した。蒸し暑い夏の日、わたしの自宅で開かれる講義に姿を見せなかった。わたしはいら立った。彼の講義は、一週間で一番楽しみにしているイベントだった。

数日後、イエメンのアルカイダの金庫番アブドゥッラー・ミスリから、アウラキが逮捕されたと聞いた。シーア派とアメリカの役人の誘拐計画に関与した疑いがあるという。不確かで、ほとんどでっち上げと思われる容疑だった。アンワルは裁判にかけられなかった。逮捕はイエメン当局がアメリカから圧力をかけられたせいだと、アンワルの支持者は確信した＊6。

ＦＢＩは狙い通りに、サナアで収監中のアウラキと接触した。アウラキは独房に入れられていた。有力な一族の出身なので、過酷な扱いを受けることはなく、ほかの囚人のように悲惨な状況に置かれることもなかった。ただし、外部との接触をいっさい禁じられていた。アンワルの研究会も自然消滅した。師に再び会えるのか、会えるとしたらいつなのか、誰にもわからなかった。

イエメンをしばらく離れてもいい頃だと思った。アウラキとアル＝アバブの言葉がまだ記憶に鮮明に残っていたわたしは、グローバル・ジハードに貢献する準備を整えたいと考えた。心はソマリアに向けられていた。

第十章　崩壊

二〇〇六年晩夏―〇七年春

まずデンマークに帰国して、ムスリムの友人が経営する建設会社で働き、ソマリア行きの資金を貯めようと思った。当初は、イスラム法廷会議を支援するために、ソマリア南部で酪農場を立ち上げたいと考えていた。デンマークの農業大学で数ヵ月間勉強したので、その知識を活かせると思ったのだ。だが、エチオピアが首都モガディシュに向かって進軍すれば、わたしはソマリアの未来のための戦いに参加するつもりだった。たとえ殉教しようとも、信仰のために戦う以外、選択肢はない。息子が成長したら、きっと父親のことを誇りに思ってくれるだろう。

ところが、あとからファディアもウサマと一緒にデンマークに来ることになった。到着後、彼女はEUのビザを申請しなくてはならない。わたしの配偶者として入国するわけではないからだ。法律上、わたしはまだカリーマと離婚していなかった。

ファディアは海外に出た経験がないので、不安で仕方がなかった。フランクフルト空港では、警備員に長い上着を脱ぐように言われたが、民族衣装だからと拒んで拘束されそうになった。それでも、コペンハーゲンに到着した彼女の姿を見て、わたしは大いに不満だった。サナアで買った二カブではなくはるかに露出度の高いスカーフしか頭にかぶっていなかった。「ヨーロッパだからって関係ない。イスラム教徒の女性らしい服装をしなくてはダメだ。それとも、ヨーロッパのパスポートを手に入れるためにおれと結婚したのか？」こんなふうになじったのは、前妻との間にいろいろあったせいかもしれない。数日中に、ファディアはきちんと見える衣類一式をイエメン人女性から入手した。

＊6　ジュディシャル・ウォッチが情報公開法により入手し、二〇一三年七月に公開した文書から、アウラキが米国を出国して以来、彼に対するＦＢＩの関心が間違いなく高まったことがわかる。ＦＢＩサンディエゴ支局が二〇〇六年十二月一日にまとめた「極秘」メモには、収監中のアウラキとの面会を要請すると記されていた。「アウラキは二〇〇二年の早い時期にアメリカを離れた。このとき以来あるいは二〇〇一年九月に彼にインタビューして以来、アウラキに関する重要情報が増える一方だ。インタビューに一日かかるのか二日かかるのか、手に入ったポリグラフが使用されるのかどうかは不明である。イエメン当局からアウラキとの接触の許可が下りてから、サンディエゴ支局は事情聴取の要請をする」

同文書では、9・11のハイジャック犯にヴァージニア州の宿泊場所と不正な自動車免許証を斡旋した、イヤド・アル＝ララバという人物に対するＦＢＩの事情聴取についても取り上げている。アル＝ララバは、「（9・11のハイジャック犯の）ハーニー・ハンジュールとナワフ・アル＝ハズミに、アンワル・アウラキと一緒にダール・アル＝ヒジュラ・モスクで会ったと、後日供述した」

ＦＢＩがアウラキから聴取しようとした内容は多岐にわたっていた。たとえば、「二〇〇〇年および二〇〇一年の海外渡航について、国際テロに関与したとされるサンディエゴ在住の人物との関係について、テロ組織として知られる団体への米国内での資金調達について、テロ組織支援を目的とする犯罪の関与について」など。

わたしたちは、移民世帯が多く暮らす都市オーフス近郊にアパートを借りた。過激派の知り合いは増える一方だった。急進的な意見と海外経験のおかげで、デンマークのイスラム主義者の社会で、わたしはちょっとした有名人だった。

ファディアには満足していた。優しく知的で、ウサマによくしてくれた。ウサマも彼女になついていた。しかし、いつかはウサマを実の母親のもとに戻す必要がある。そこで、モロッコを離れて、イギリスのバーミンガムで暮らしていたカリーマとある取り決めを交わした。ウサマを彼女のもとに戻すなら、ウサマにもサラにも定期的に面会してもいいことになったのだ。

デンマークとイギリスを行き来しなくてはならなくなるが、娘と再び会えると思うと天にも昇る気持ちになった。それに、もうカリーマと争わずにすむ。ジハードに向かう人生の新たな一幕が始まる前に、できるだけ子どもたちと会っておきたかった。

オーフスとバーミンガムを往復するうちに、バーミンガムに住むイスラム法廷会議の支持者と接する機会も増えた。イギリス中部地方には驚くほど多くの支持者がいた。バーミンガムのスモール・ヒースという荒廃した地区にある大きなモスクで、彼らは存在感を示していた。エチオピア軍の侵攻は、ソマリア人のコミュニティを激怒させ、イスラム法廷会議の人気を急騰させ、そして、大義とソマリア人としてのナショナリズムを結びつけたのだ。

バーミンガムのモスクで開かれた行事に、オーフスのソマリア系デンマーク人の友人と一緒に参加した。その友人には、アフメド・アブドゥルカディル・ワルサメという名の、バーミンガムに住むいとこがいた。

ワルサメは細くしなやかな体をした、出っ歯の十代の青年だった。まぶたが垂れ下がっているせいで、半分眠っているように見えた。

「ぼくは行く。絶対に行く」

「マー・シャー・アッラー（アッラーが望みたもうたこと）。二人で行こう」と、わたしは答えた。これが、長く大切な付き合いの始まりとなった。わたしはますますソマリア行きに乗り気になった。

その頃、不信心者（カーフィル）――主にエチオピア軍部隊――を殺害したと知らせるメールを楽しみにしていた。サナアの研究会の仲間だったデンマーク人改宗者のアリと、アメリカ人のジェハド・サーワン・モスタファが、すでにソマリアに渡っていた。早く戦いに参加しろと、モスタファはメールで急き（せ）立てた。「おれたちは勝ち進んでいるぞ！」と、歓喜の声を上げていた。

行事に出席していたイスラム法廷会議の代表者を招いて、ソマリア風イエメン料理のレストランで夕食会が開かれた。ワルサメはその席にわたしを呼んでくれた。三年前、ワルサメはイギリスに難民としてやってきた。母国に戻りエチオピア軍と戦いたがっていたが、渡航費を捻出できないでいた。

わたしはたちまちワルサメと仲良くなった。大義を求める彼の情熱に感銘を受けた。スモール・ヒースのモスクに近い、ワルサメの小さなアパートによく立ち寄った。古びた革張りのソファと、山と積まれた講義ノートで部屋は占領されていた。彼は電子工学の勉強をしていたが、話題はエチオピア軍と対峙し、祖国を解放することに終始した。二〇〇六年十月、エチオピア軍は、ソマリア暫定政府を守っていた町から東方に進軍を開始した。ニュースや友人からのメッセージを追ううちに、エチオピア軍が首都を攻撃するつもりだとわかった。

同じ頃、アデン湾を挟んでソマリアの対岸にあるイエメンでは、イスラム法廷会議を支援する武装勢力がイエメン当局の攻撃を受けた。

十月十七日早朝、サナアの研究会仲間ケネス・ソレンセンの妻が取り乱して電話をかけてきた。彼とサムルスキ、オーストラリア人の若者二人、友人であるイギリス人ラシード・ラスカーが逮捕されたのだという。イエメン東部の無法地帯からイスラム法廷会議に武器を密輸する計画に関与したと疑われたのだ。この取引をイエメン側でまとめていたのは、自動車ディーラーでアルカイダの金庫番でもある、アブドゥッラー・ミスリだった。

イエメン保安当局の評判は聞いていたので、ソレンセンたちが拷問されるのではないかと心配した。デンマークでこの件を公表するよう働きかけるつもりだと、ソレンセンの妻に伝えた。友人のナギブにテレビ局との仲介を頼み、翌日デンマークのテレビ局TV2でインタビューを収録することになった。

テレビ局のスタッフとオーフスのアーケード商店街で会った。インタビューは大幅に編集されるとわかっていたので、自分の主張をできるだけ簡潔に伝えようと努めた。ソレンセンは無実だ。彼は友人で、アラビア語を学んでいるだけだ。武装勢力とは何の関係もない。デンマーク政府は解放を働きかけるか、せめて領事館に彼と接触させるように取り計らうべきだと訴えた。

実を言うと、ソレンセンは密輸計画に関わっているのではないかと思っていた。ただ、どれほど関係しているのか、見当がつかなかった。やはりわたしの友人で、デンマークの過激派組織出身のアブ・ムサブ・アル＝ソマリがイエメンで逮捕されたと知ったとき、その疑念は深まった。アル＝ソマリは幼少時に難民としてデンマークに来たが、ソマリアに戻り、イスラム法廷会議傘下の外国人戦闘員になり、モガディシュとイエメンを行き来していた。武器密輸計画に関与したとして、彼は二年の実刑判決を言い渡された。

ソレンセンたちはアル＝ソマリより運が良かった。十二月に釈放され、国外追放となったのだ。だが、テレビのインタビューのせいで、わたしはデンマーク当局にとってますます〝興味を引く人物〟となった。


霧雨がけぶる気が滅入るようなある日のこと、オーフスの自宅に一本の電話がかかってきた。「マーティン・イェンセンといいます。ＰＥＴの者です」声の主は、電話の向こうで素っ気なく名乗った。

ＰＥＴは、デンマークの保安対策および情報機関だ。国家組織としては警察の一部門である。

「話があります。会えませんか？」

「いやだね」とわたしは答えた。「話すことは何もない。あんたたちはイスラムと戦ってる。おれたちは自分を守っている。とにかく、あんたたちはモサドやＣＩＡみたいなもんだ。おれはどこかに〝差し出される〟かもしれない。よく聞く話だ」

余裕たっぷりのふりをしたが、頭の中ではさまざまな憶測が駆け巡っていた。ソマリア行きがばれたのか？　電話が盗聴され、インターネットも監視されているのでは？　サナアの仲間の誰かが、わたしを何かの計画の首謀者だとでも言ったのか？　イエメン当局はＭＩ６かＣＩＡに、政治犯の接触を認めていただろうか？

結局、わたしは地元の警察署に出向くことを承諾した。ただ、その前に母に電話をかけることにした。誰かにこの件を伝えておいたほうがいいと思ったが、妻を怖がらせたくはなかった。

「母さん、電話では詳しく話せないんだ。ＰＥＴが会いたいと言ってきた。おれの身に何かあったときのために、知らせておいたほうがいいと思って」

母はため息を漏らした。電話の向こうで、眉をつり上げて力なく首を横に振っている姿が目に浮かんだ。手に負えない息子の人生に、また予想もしないことが起きたと観念しているにちがいない。「わかった。気をつけてね」母はそう答えた。

ＰＥＴ職員二人が会議室で待っていた。一人は長身で体格のいい男で、イェンセンと名乗った。もう一人は腹が出て髪が薄くなった男で、窓の外を見ながら煙草をふかしていた。四十歳そこそこだろうか、体を動かすのも大儀そうだった。

イェンセンから、開栓された瓶のコーラを差し出された。

「あんたが栓を抜いたものは飲まない。何か入れられてるかもしれないからな」わざと芝居がかった発言をした。

イェンセンは肩をすくめ、未開栓のコーラを取ってきた。

ソレンセンと、サナアで拘留されているほかの者たちについて何か知らないか。そう聞かれたので、テレビで話したことを繰り返した。

すると、彼らはさらに圧力をかけてきた。イェンセンはテーブルに身を乗り出した。彼は二枚目だった。三十代後半くらいで、日焼けした手入れのいい肌に、髪型もばっちり決まっている。デンマークのジョージ・クルーニーと言ってもいいくらいだ。しかも、そんな印象を与えることを自覚していると見えて、自信にあふれていた。

「奥さんのビザの期限が切れていますね。でも、それは構いません。我々としてはただ、あなたも、あなたの友人たちも、デンマークの安全に危害を加える意図をお持ちでないことを確認したいのです。できたら、ご協力いただけませんかね」

「協力などするものか」わたしは言い返した。「ムスリムのブラザーに敵対する不信心者に協力するなんて、背教者のすることだ」

「そう言えば」と、帰ろうと立ち上がったときに付け加えた。「ソマリアに行きたいと思っている。デンマークの法律に違反しないかどうか、調べてもらえないか？」

わたしの図太さに彼らは面食らったようだった。実際のところ、ソマリアに渡ることは完全に合法だった。イスラム法廷会議は、デンマークやほかの西側政府から、テロ組織と指定されていなかったからだ。

イエメンでの交流関係のせいで疑いをかけられたのは間違いなかった。逮捕されたサナアの仲間からのちに聞いたところによると、拘留中に西側情報機関から尋問を受けたという。

「どちらかというとおまえのことを聞き出そうとしていた。『ストームが背後にいることはわかってる』と言われたよ」

警察署を出てから、自分が目をつけられていることをひしひしと感じた。近いうちに選択を迫られることになるだろう――ソマリアへ行き、さらに監視が強化されるか、主義主張を率直に唱えることをやめるか。だがむしろ、ＰＥＴ職員との対面は、ソマリア行きの決心をますます固めることになった。何も進展がなかったことを彼らもわかっていた。イェンセンから、もし何かあればかけてほしいと、電話番号を渡された。わたしもどういうわけか、名刺をその場で破いたりせず、帰り際ポケットに押し込んだ。

まもなく、わたしの任務のボスが決まった――デンマークにいる頃からの友人のアブデルガニというソマリア人だ。すでにソマリアに渡り、イスラム法廷会議の軍に参加していた。十二月十九日、〝外務省〟から正式な入国許可が下りたと、アブデルガニからメールが届いた。

アドレナリンが出るのを感じた。これはまぎれもない宗教上の務めだ――デンマークの哀れな説教師や、戯言をぬかすオマル・バクリ・ムハンマドらが、いつも口先だけで決して踏み出そうとしなかった、断固たる行動だ。

わたしはモガディシオ行きの片道航空券を買った。ソマリアには一人で行くことになる。バーミンガムに住む親友ワルサメは、まだ渡航費が貯まっていなかった。早く向こうで合流できるといいなと、ワルサメにメールを出した。

人生の新しい一幕が、新たな仲間とともに、世界紛争の最前線で始まろうとしていた。ところが、この話を持ち出すたびに妻は泣き出した。

「わたしはどうなるの？　見知らぬ国にたった一人残されて、何の権利もお金もないのに」

「アッラーが授けてくださるし、面倒をみてくださるよ。それに、エチオピア軍を追い出したら、おまえもおれのもとに来られるようになる」励ましにならなかったし、自分でも説得力があるとは思えなかった。だが、こう答えるしかなかった。

わたしの不在が長くなるなら、自分はイエメンに帰国するとファディマは告げた。

冬の嵐が訪れ、初雪が舞い降りた日、アブデルガニから依頼された品物を、コペンハーゲンの軍用品払い下げ店に買いに行った。迷彩服、水筒、スイス・アーミーナイフなどだ。凶器ではないので、疑われずに持ち込めるものばかりだ。

ソマリアの前線に一刻も早く赴く必要がある。エチオピア軍がモガディシュに迫りつつあった。友人のなかには、戦闘員とともにモガディシュの南の港湾都市キスマヨに撤退した者もいた。わたしは数日以内にデンマークを発つはずだった。

店内を歩き回っていたとき、ソマリアから電話がかかってきた。サナアの研究会仲間のデンマーク人アリからだった。キスマヨの近くで捕まえたソマリア人スパイを斬首したところだと、アリは興奮した口調で報告した。

携帯電話でかけてくる世間知らずはさておき、わたしはアラビア語で彼を褒め讃えた。店員が疑いの眼差しでこちらを見た。

店からの帰り道、アブデルガニから電話がかかってきた。購入品について話そうとすると、話をさえぎられた。

「今来てはダメだ。危なすぎる。エチオピア軍が空港を包囲している。イスラム法廷会議とともに戦おうと飛んできた聖戦士たちが、かたっぱしから逮捕されている。こっちには来るな！」

わたしは衝撃を受けると同時に、アブデルガニの弱腰ぶりに腹が立った。

一つの疑問が頭の中を駆け巡り始めた。アッラーに問いかけた。「なぜわたしを行かせてくださらないのですか？　お仕えしたいのになぜ阻まれるのですか？」

それは――とどのつまり――アッラーの決められたことなのだ。アッラーは全知であられ、人間は自らの運命に何の影響力も持たない。

すると、別の疑問が湧きあがった。「なぜムジャーヒディーンの敗北をお許しになるのですか――またしても？」

自宅で妻が帰宅を待っていた。

「負けたよ」彼女から目を逸らして、ぼそりと言った。「彼らは戦いに敗れた」

購入品を引きずりながら階段を上り、寝室にどさりと放り投げた。黙りこくったまま、物思いに沈み、打ちひしがれた——そして、デンマークの刑務所に向かう警察の護送車の中で、どうにかして人生を変えようと心に誓ったときのことを思い出した。わたしには答えが必要だった。失意はやがて怒りに変わり、怒りが難しい質問を繰り出した。いたるところで阻まれ、あらゆる計画が頓挫した。人間関係やボクサーとしての可能性を犠牲にして、人生で最高の時期となるはずだった十年を、大義のために捧げてきた。その大義が、今となってはすっかりよそよそしく思われた。

わたしは暗い寝室で身じろぎもせずに座っていた。雪の中を走る車のエンジン音だけが、部屋の静寂を破った。もうすぐ三十一歳の誕生日を迎えるというのに、自分の行く末には何も待ち受けていないように思えた。子どもたちは外国にいる。サナアの友人たちは散り散りになった。妻は気分にむらのあるわたしに戸惑っている。建設現場の仕事で得た金も、ソマリアに持って行く品物の購入に残らず使ってしまった。その品々は袋に入ったまま傍らにあり、まるでわたしの挫折をあざ笑っているかのようだった。

弱い者のために戦いたいという思いに、これまで突き動かされてきた。コアセーの街角でムスリムの友人が絡まれていれば、助けに向かった。預言者ムハンマドがメッカではるかに強大な勢力と戦った話を、図書館で身じろぎもせず読みふけった。アフガニスタンへ行き、ムジャーヒディーンに加わることを夢見た。ソマリアで真のイスラムの導き手を築くことを夢見た。すべては無に帰した。

オマル・バクリの大言壮語のことを、当たり障りのないことしか言わないブリクストンの説教師たちのことを、米大使館への抗議活動で不甲斐なかった者たちのことを、無知でだまされやすい人々たちを死に追いやる臆病なシャイフたちのことを考えた。もしかすると、大義に尽くそうとするあまり、未解決の問題を自分の中に押し込めてしまったのかもしれない。ことによると、わたしがイスラムを奉じたのは、世間に刃向かう唯一の手段だったからなのかもしれない。自分では気づいていなくても、わたしの真の原動力は厳格なサラフィー主義ではなく、不正と戦うことだったのかもしれない。

すると、思いもよらない考えが頭の中に浮かび上がった。わたしのイスラムの理解は誤りだったのだろうか？　イスラムはアウラキのような者たちによって歪められているのではないだろうか？　それとも、イスラムそのものが矛盾だらけで、それにわたしが気づかなかっただけなのだろうか？

神の決定という考え方——定命（カダル）。六信〔訳注：ムスリムが信じるべき六つの信仰箇条〕の一つ——に、わたしはかねがね疑問を抱いていた。アッラーが過去も未来もすべてお定めになると教わった。コーランに次のようにある。「アッラーは万物の創造主であり、あらゆるものの守護者である……アッラーがあらゆるものをお創りになられた。あらゆるものをそれぞれにふさわしく定められた」

では、自由意志の余地はないのだろうか？　変化をもたらす力はどこにあるのだろうか？　これまで会った学者たちは、カダルがジハードの義務にどのように当てはまるのか、アッラーがなぜ地獄の業火に追いやられる運命の人間を創られたのか、説明できなかったように思える。アウラキでさえ、この話題は避けていた。

ハディース（ムハンマドの言行録）のある一節からは、人間が無力な操り人形であるかのような印象を受けた。「アッラーという、気高く輝かしいお方が、創造物であるすべての僕（しもべ）のために、死、行為、住居、行動範囲、生業（なりわい）の五つをお定めになった」

しばらくしてから、気持ちを奮い立たせて階下のキッチンに行った。ファディアが心配そうな顔で見つめた。

「いったいどうしたの？」

「わからない。ただ、もう何もかも無意味に思えるだけだ」

自分でコーヒーを淹れてから、キッチンテーブルに座りノートパソコンを開いた。思わず、「コーランの矛盾」と、キーボードで入力していた。

百万件以上ヒットした。その多くは単に反イスラム的な非難に終始したものだった。キリスト教福音主義のウェブサイトが多く、とても筋が通っているとは言えない代物だ。しかし、ほかのウェブサイトを読んで、長年心の中に抑え込んでいた疑問がよみがえってきた。かつてハイド・パークで叫んだ言葉を思い出した。「神以外からもたらされたものであるならば、多くの矛盾が見られたはずである」

わたしの信仰体系は、一段一段積み重ねたトランプの家と同じだった。一枚抜けば、すべて崩れ去る。これまでは勢いに任せてきた感があった。イスラムと出会い、サラフィー主義者になり、その後は精神面でも行動面でもジハードを支持した。聖なる書物について、わたしの解釈は明らかに妥当だった。信仰を守るためのジハード遂行は定められている。だが、どういうわけか、ほかのムスリムは信仰の義務を回避したり拒んだりしているのに、わたしがその義務を実行しようとすると、いつも阻まれてきた。

一般人の殺傷を正当化する理由についても再び検討した。サラフィー主義者の教義に従い、そうした指示を受け入れてきた。聖典に9・11を正当化する根拠を見つけたという学者の言葉を、一言一句、熱心に受け入れた。だが、ツインタワーの爆破について、バリ島の爆破事件について、二〇〇四年のマドリード列車爆破事件について、二〇〇五年のロンドン同時爆破事件について、今一度じっくりと考えてみた。これは、普通の人々を標的にした暴力行為だ。もしこれが、アッラーがあらかじめ定めた計画の一環だというならば、わたしはもうその計画の一翼を担いたくなかった。

クラブの用心棒仲間のトニーの言葉が、脳裏によみがえった。「どうしてアッラーは人間に殺し合いをさせたがるんだ？　なあムラド、アッラーは、人々を学びへと導くことをおまえに期待するんじゃないのか」

信仰の喪失は、恐ろしいほど唐突に訪れた。その空隙をのぞき込んでいるうちに気づいた。信仰を捨てたら、わたしはたちまち、多くの〝ブラザー〟の標的になるだろう。彼らのことも、その目論みも、知りすぎるほど知っていた。サナアの仲間の半分以上が、テロ組織に加わっていた。わたしは彼らにとって一番質（たち）が悪い存在になるはずだ。何しろ、改宗者なのに信仰を捨てて、不信心者になった、最悪の偽善者だ。改宗者が天国で倍の褒美が約束されるように、信仰を取り消した改宗者には、倍の罰が与えられるにちがいない。

次々と湧きあがる疑問のせいで、家に引きこもりがちになり、怒りに駆られることが多くなった。わたしがこっそり出ていくのではないかと、ファディアは心配しているようだった。彼女のEU入国ビザはもう切れていた。デンマークに不法滞在しているので、置き去りにされるのを恐れていたのだ。家庭の雰囲気は険悪だった。

外に出て、ゆっくり考える時間と場所が必要だった。三月のある冷え込みの厳しい朝、オーフスの外れにあるブラーブラン湖に釣りに出かけた。まだ冬の厳しさが残っていた。湖畔の葦は茶色く、風に吹かれてカサカサと音を立て、入江はまだところどころ氷が張っていた。湖周辺の小道に人影はなかった。

腰かけて釣り糸を垂らしたものの、まったく上の空だった。三ヵ月近く、信念もないままに礼拝を行っていた。コーランを読み返したが、不整合や矛盾が新たに目につくばかりだった。オーフスのモスクで説教師の話に耳を傾けたが、情熱は一向によみがえらなかった。その間にも、ジハード主義はどんどん高まりを見せ、ムスリムの土地の防衛から、弱者と強者とを問わず、すべての不信心者に対する宣戦布告へとエスカレートしていった。

わたしの中で煮えたぎっていた思いがいきなり爆発した。釣竿を水中に投げ入れ、湖に向かって叫んだ。

「アッラーなんかくそくらえ、預言者ムハンマドもくそくらえ。ムスリムでないってだけで、どうしておれの家族が地獄に行かなくちゃならないんだ？」

母や祖父母のことを思い起こした。問題はあるが、悪意などまったくないまともな人たちだ。

「もしザヘルやアナスンの計画がばれないで、母さんやヴィベケが爆発に巻き込まれてたら？」

アナスンらと同じ考え方をする輩はデンマークにもっといる。おそらく自宅から二百キロ圏内に数十人はくだらないだろう。そのなかには、国内でテロを引き起こすおそれのある者もいる。でも、彼らの手から罪のない人々の命を救うために、自分に何ができるだろう？

わたしは車に戻った。

「十年も人生を無駄にしてしまった」車のハンドルを握り、霧雨にけぶる松の木に目を凝らしながらつぶやいた。「アッラーに身も心も捧げた。闘争に正義があると信じた。でも、思い違いだった。他人もおれに思い違いをさせた。スポーツ選手にだってなれたかもしれないのに。人生を謳歌し、子どもたちを手放したりせず、ひとかどの人間になれたかもしれないのに」

わたしの中の反抗心が再び自由意志を奮い立たせたが、それがどんなに危険かもわかっていた。一転して、風刺画家のクルト・ベスタゴーと同じ危険にさらされることになるのだ。彼は預言者ムハンマドの風刺画を描いたために、何度も命を狙われた。少し前までは、わたしも彼の死を望んでいた。

ところが今や、自分も友人たちの敵なのだと、ある晩ベッドの中でまんじりともせずに考えた。妻が傍らで何も知らずにすやすやと眠っている。〝ブラザー〟たちを見捨てたら、妻の身にどんな危険が及ぶかしれない。差し当たり、妻は知らないほうがいい。

翌朝、皿洗いや洗濯などの家事をこなしていた。洗濯機にシャツを投げ入れようとしたとき、一枚の紙がこぼれ落ちた。拾い上げると、しわくちゃだったが何とか読むことができた。ＰＥＴのマーティン・イェンセンの名刺だった。

電話番号が書かれていた。名刺をポケットに押し込み、家を出てオーフスの町をあてどなく歩き回った。イェンセンに電話したら、もう後戻りはできないし、中途半端な立場ではいられない。二重生活を余儀なくされて、たった一つの過ちが命取りになるかもしれない。だが、もう一つの選択はもっとまずいだろう。止められるかもしれないのに、知り合いが母国やヨーロッパ諸国で殺戮を引き起こすのを黙って見ていられるだろうか？

その晩、名刺の番号に電話をかけた。

彼の本名がマーティン・イェンセンだとは一瞬たりとも思わなかったし、電話に出るのかどうかも疑わしいと思っていた。ところが、彼は電話に出た。

「ムラド・ストームだ。すぐに会いたい。話がある」

相手が平静を保とうとしている気配が電話越しに感じられた。

「わかりました。オーフスのラディソン・ホテルでどうですか？」

第十一章　寝返り

二〇〇七年春

ラディソン・ホテルは氷の厚い板みたいな外観だった。八階建てのガラス張りの外壁に、垂れこめた雲が映っていた。プレジデンシャル・スイートは、運河とオーフスの昔ながらの石畳の道が一望できる広々とした部屋で、革のソファや、樺とトネリコでできた調度品がしつらえられていた。

前年末に警察署で会ったPET職員が、室内で待ち構えていた。ジョージ・クルーニー似のマーティン・イェンセンは、デザイナーズ・ブランドのファッションがお好きらしい。その日はヒューゴ・ボスのシャツに高価なローファー、高級時計を身につけていた。

「ムラド、またお会いできてうれしいです」と握手しながら言った。歯切れのいいコペンハーゲンのアクセントで話し、自信をみなぎらせていた。そう装っていた。

「わたしの同僚を覚えてますか?」と、煙草を吸っていた髪の薄い恰幅のいい人物を紹介した。

「彼はブッダと呼ばれています」イェンセンは笑みを浮かべて続けた。「わたしのことはクラングと呼んでください」コードネームの説明はいっさいなかった。

わたしは革張りのソファに二人と向かい合って座った。話に耳を傾けようと、二人ともソファに浅く腰かけていた。彼らにとっては、キャリアを決める瞬間になるかもしれないのだ。わたしがジハード戦士についての情報の宝庫だと、二人は心得ていた。ブッダはルームサービスのメニューをこちらにぐいと押しつけた。「やはりハラルじゃないといけませんか？　チキンにしますか、魚にしますか？　ベジタリアンフードですか？」クラングはムスリムの食習慣に配慮して聞いてきた。「水がいいですか、それともコーヒー？」

礼儀正しい態度がおかしかった。そろそろはっきり伝えたほうがいいだろう。

「いや、ベーコン・サンドイッチとビールをもらおう。カールスバーグ・クラシックだ」

二人は驚きのあまり言葉を失った。

「そういうわけだ、お二人さん」わたしなりに「自分は味方だ」と伝えたのだ。

肩の荷が下りた気がした。

「もうムスリムはやめることにした。テロとの戦いに協力するよ。人生そのものだったあの信仰は、もう無意味になった」

「これはとんでもないことになりそうだ」クラングは気持ちを抑えられずに言った。わたしのジハード主義者の人脈に、彼らは大きな期待を寄せていた。

ルームサービスが届いた。

「乾杯（スコール）」グラスを掲げて、わたしは何年かぶりのアルコールを味わった。それから、ボリュームたっぷりのベーコン・サンドイッチにかぶりついた。もう普通のデンマーク人だ。

「じゃあ、始めようか」わたしは話を始めた。

わたしは改宗していない改宗者だった。目から鱗が落ちた。柔軟性に欠けるあまり、振り子が極端に反対側に振れていたのだ。9・11を容認したこと、ジハードについての思い違い、アウラキを称賛したことなどの過去は変えられないが、その償いはできるかもしれない。アルカイダの残忍な世界観も知っていた。彼らを阻む役割を担いたいと思った。

PETの二人がメモを取る手が、わたしの話に追いつかなかった。しょっちゅう話を止めて、あちこちでそんなに多くの過激派と知り合いだなんて信じられないと言いたげな目で、わたしを見た。ミーティングは三時間に及んだが、これはまだ序章にすぎなかった。

いっさいを打ち明けたことで、胸のつかえが下りた。話せば話すほど、かつての生活が遠い世界の出来事に感じられた。ホテルから出て午後の遅い陽射しの中を歩き出したとき、わたしの気持ちは安らかだった。正しいことをしたという自負があった。

クラングとブッダから、数日中にもう一度会いたいと言われた。

「この仕事にはかなりの時間を要するはずなので、月に一万クローネお支払いします」フォローアップの打ち合わせで挨拶を交わしたあと、クラングはそう告げた。

千八百ドルにあたる金額だ。興奮するほどの額ではなかったが、報酬はまったく期待していなかった。ひどく金に困っていたので、ありがたかった。「それで構わない」クラングはノキアの携帯電話を差し出した。

「連絡にはこれを使ってください。電話代はこちらで持ちます」

「それに、監視しやすいしな」わたしは冗談のつもりで言った。

「いやいや、そんなことはしませんよ。信用しています」ブッダが大げさに反論した。

彼らは最初の課題を用意していた。ブッダはフォルダーから、オーフスのイスラム主義者二人それぞれの写真と、略歴が書かれた紙を取り出した。

「この二人が警戒すべき人物かどうか知りたいんです」クラングは説明を始めた。

一人はアブ・ハムザというモロッコ出身の肥満体の聖職者だ。よく説教で声を大にしてジハードの利点を述べ立てていたが、わたしはかねてハムザをほら吹きだと思っていた。

彼のモスクに出かけ、お茶を飲みながら話を聞いた。ハムザはビスケットを次々と口に詰め込みながら、海外のムスリムが被る弾圧についてまくしたてた。わたしはある疑念を抱いた。もしかすると、ハムザはPETに雇われた情報提供者なのかもしれない。わたしが彼を試しているのか、それとも彼がわたしを試しているのか？

ハムザの立場は定かではなかったが、自分の下した決断は正しいという気持ちは強くなった。とても奇妙な感覚なのだが、力を授けられた気がした。彼の大言壮語に、ときおりうなずきながら耳を傾けた。しかし、それまでとは異なる脳部位で聞いている感じがした。もう決して、アッラーに宗教的真理も導きも求めたりはしない。代わりに、聞いたことを細大漏らさずハンドラー〔訳注：情報提供者の管理者〕に持ち帰るつもりだった。

二人目は、オーフスのモスクで知り合った、イブラヒムというアルジェリア人だった。彼とは金曜礼拝でいつも顔を合わせる。礼拝を終えたあとお茶に誘われて、モスクの近くのおんぼろアパートまで一緒に歩いた。

「ムラド、実はクルト・ベスタゴーの住まいを探し当てた。武器も手に入る」アパートの部屋に入った途端、イブラヒムは打ち明けた。

興奮する彼の目をじっとのぞき込んだ。そんなことをなぜ今打ち明けるのだろう？　彼もＰＥＴのために働いているのか？　これもまたテストなのか？　それとも、彼は本気なのか？

「一緒にやるか？」イブラヒムは尋ねた。

「考えさせてくれ」

アパートを出るとすぐに、渡された携帯電話でクラングにかけた。

「できるだけ早く会いたい」

その日の晩、市の中心部に建つホテルの一室でクラングとブッダに会い、聞いた話をすべて報告した。二人ともさほど驚いた表情を見せなかったので、直感は当たっていたと思った。ハムザとイブラヒムの件は、テストだったのだ。ＰＥＴはわたしを信用できるかどうか知りたかったのだ。念のため、再びイブラヒムに会いに行った。モスクの外で話をした。

「それで、どうなった？」と尋ねると、ぎょっとした表情を見せた。

「もう興味がなくなった」イブラヒムはそう言って会話を打ち切り、そそくさと立ち去った。

その後数週間にわたり、クラングとブッダと打ち合わせを重ねた。オーフスのすべてのホテルを利用したかもしれない。電話でもよく話した。一日に数回通話することもあった。わたしは本格的な情報提供者に仕立てられていった。

クラングに好感を抱き、もっぱら彼に連絡するようになった。洒落男を気取ってはいるが、クラングもわたしと同様に裕福な家庭の出身ではなかった。以前は麻薬捜査班にいたが、９・11発生後にテロ対策部門に配属されたという。クラングは裏社会の仕組みを知っていた。だが、ジハード主義の宗教的側面や過激派を生む土壌に興味はなかった。わたしはデンマークの人脈を書き出して、色分けする方法を思いついた。緑は無害な人物、オレンジは暴力行為を引き起こすおそれのある人物、赤は危険人物。こうして百五十人ほどリストアップした。

わたしの仕事は、目を見開き耳を澄まして、どんなことであれ、潜在的脅威をハンドラーに知らせることだった。

「怪しいにおいのするところを追ってください。ただし、逐一こちらに報告してください」と、クラングから言われた。

PETのレーダーに引っかかった過激派を、折に触れて訪ねてもらうとも言われた。コンピューターに差し込めば、ハードディスクのデータを瞬く間に吸い出せる特別仕様のUSBも渡された。

金回りは着実によくなった。PETからさらに一万五千クローネが支給されたので、転居先のアパートの敷金に充てることができた。彼らからの支払いだということは隠された。ウェスタン・ユニオン国際送金サービスで支払われるか、「モーラ・コンサルト」という彼らのペーパーカンパニーを通して、わたしの銀行口座に振り込まれた。PETはこの会社を使い、ホテル代などの必要経費も支払った。請求書の処理で必要となる登記簿上の会社所在地は、PET本部からほんの数キロのところにある、コペンハーゲン郊外のルングビューとなっていた。

新たな収入源についてもPETとの接触についても、ファディアはまったく知らなかった。建設会社からボーナスが支給されたと、彼女には伝えてあった。外国住まいの若いムスリム女性ならそうだろうが、夫が何をしているか、ほとんど尋ねたりしなかった。一方で、わたしは必死に信仰心を取り戻したふりをした。わたしたち二人の身を守るためにはそうするしかなかった。もしファディアがこの仕事のことを知り、うっかり口を滑らせでもしたら、彼女の命もイエメンの親族の命も、危険にさらされるおそれがある。そこで、十二月に突如、虚脱状態に陥ったのは、鬱病のせいだと信じ込ませようとした。

毎週金曜日には以前と同じように金曜礼拝(ジュマ)に行った。モスクに足しげく通っていたが、祈るためではなかった。礼拝後に、ファストフード店やカフェで〝同じ志〟の若者たちと集まると、必ず情報が豊富に手に入ったからだ。

妻は何も知らないほうが安全だが、人生のこの大激変について誰かに知らせておく必要があった。わたしの身に起きたことをいずれ理解し、決して口外しないはずの人が世界で一人だけいた。

「母さん、絶対に誰にも言わないでくれ。これは母さんにしか話さない。おれはもうムスリムじゃない。デンマークの情報機関のために働いてる」

しばし沈黙があった。

「おまえには退屈しないよ」母はようやく答えた。

母が本当に信じたかどうかはわからないが、告白して胸のつかえが下りた。PETの諜報員の仕事が、初めて現実だと感じられた。それから数年間、数えるほどしか会わなかったが、母がこの話を持ち出すことはなかった。

二〇〇七年に入ってから数ヵ月の間、ファディアは精神的につらかったはずだ。わたしの行動はまったく予測がつかなかった。いつ海外の戦地に赴くと言われてもおかしくないと覚悟していたようだ。彼女はイエメンの家族に会いたがっていたし、滞在ビザの期限も切れていた。ファディアがイエメンに帰国した場合、デンマークの大学に入学を許可したことにして学生ビザを用意し、すぐにヨーロッパに戻れるようにPETが手配してくれることになった。

デンマークを出国するときも、ファディアは試練を味わった。コペンハーゲン空港の出入国審査官がビザの期限切れに気づき、激しくとがめたのだ。逮捕されるのではと怯えた彼女は、電話をかけてきた。そこで、わたしはPETに電話をかけた。数分もしないうちに、審査官の態度はころりと変わった。慇懃な態度で、行ってらっしゃい（ボン・ヴォヤージュ）とファディアを見送った。彼女にはわけがわからなかっただろう。

クラングとブッダから立て続けに仕事の依頼があった。赤に色分けしたイスラム主義者の一人に、デンマーク人改宗者のアリがいた。ソマリアから電話をかけてきて、ソマリア人スパイの首を切り落としたと自慢した奴だ。進軍してきたエチオピア軍から逃げたが、やがてキスマヨで捕らえられ、二ヵ月間拘束されたのちデンマークに強制送還された。

PETはアリの件を刑事事件として扱いたいと考え、わたしにおとり捜査の協力を求めた。

「アリを自宅に招いて、話をするように仕向けてほしい」と、クラングから指示された。

ポケベルに似せた、電池式の黒くて小さな電子録音機器を渡された。クラングが使い方を実演した。二日後、わたしはアリに電話した。何と言って誘うか、前もって入念に練習した。

「アリ、ムラドだ。まだデンマークにいる。おまえが帰国したと聞いた。何があったんだ？　オーフスのおれの家に来ないか？　ソマリアでの一部始終を聞きたい。今でも向こうに行きたいと思っている。インシャー・アッラー（アッラーがお望みであったら）」

アリはコペンハーゲンから数人の友人と連れ立って、わたしのアパートにやってきた。ノックの音が聞こえたとき、録音機器をオンにしてポケットに忍び込ませた。

わたしはイスラム式の挨拶をした。まるで映画か舞台で芝居をしているみたいだった。造作なくムラド・ストームに戻った。電気のスイッチを入れるくらい簡単に切り替えられた。

前にサナアで会ったときよりやせたようだが、アリの目には相変わらず強く鋭い光が宿っていた。彼らと一緒に祈りを捧げてから、わたしは紅茶を用意して、全員でカーペットの上にあぐらをかいて座った。

「ソマリアで戦ったときのことを話してくれないか。そんな経験をしたとはすごいな」

そう言ったのは、純然たる情報収集のためだった。

アリが話し始めたとき、わたしは部屋にいる面々を見回した。アリの友人たちは夢中になって耳を傾けていた。わたしも、彼らとは異なる理由から熱心に耳を傾けた。アリはみなの関心を集めてご満悦だった。こちらからけしかけなくても、ソマリアでスパイを斬首した話を詳しく披露した。

「そいつはムジャーヒディーンのふりをしていた。でも、どことなく怪しいところがあったんだ。尋問すると、こっちの計画を突き止めるためにエチオピアから送り込まれたことを白状した」

「そのスパイは命乞いをして、こちらに寝返って戦闘員になると言うんだ。でも、イスラム法廷会議は死刑を宣告した。おれは死刑執行人を買って出た。役目を果たすことを認めてくださったアッラーに讃えあれ」

「アルハムドゥリッラー（アッラーに讃えあれ）」と、わたしも応じた。アリはわたしが必要とすることを残さず話した。紅茶を注いだコップは洗わないことにした。アリがわたしの家にいたという証拠が法廷で必要になった場合、コップについた指紋を照合できる。

次にクラングと会ったとき、残念なニュースを聞かされた。

「録音されていませんでした」

「何もかも言われた通りにやったぞ」

「ご心配なく。機器の故障です。別の方法を考えましょう」

デンマーク当局は、結局アリを起訴しなかった。会話は録音されていたのではないだろうか、ただ、それを検察に渡せば、情報源としてのわたしの立場が危うくなると、ＰＥＴは判断したのではないだろうか。後日そう思い当たった。アリの事件を立件する準備が整ったか、クラングに尋ねたところ、殺されたスパイの身元が特定できなかったので、法律上は犠牲者が存在しないことになると言われた。アリは現在にいたるまで自由の身で、今もデンマークに住んでいる。

同じくらい危険な人物は大勢いた。誰を探るべきか、わたしにはかなりの自由裁量が与えられていた。二〇〇七年、そよ風が吹く春の日に、昔の仲間と出くわせたらと思いながら、コペンハーゲン近郊の移民地区をぶらついていた。期待通りになった。アフガニスタンの出身でデンマークに住んでいた、アブデルガニ・トヒに会った。その姿を見て不審に思った。長いあごひげがきれいに剃られていた。それは紛れもない兆候だった。西洋社会にいるジハード戦士は、実行準備が整うと、目立たないように、ひげをきれいに剃り落とすことが多い。

トヒを詳しく調べたほうがいいと、ＰＥＴに伝えた。するとトヒは、ハマド・クルシドという名のデンマーク生まれのパキスタン系の男と交流があることが判明した。クルシドはパキスタンの山岳地帯から戻ったばかりだった。無人機攻撃がパキスタンのジハード戦士を痛めつけるようになる前、山岳の部族地帯は国際的なジハードを育む温床となっていた。クルシドは、アルカイダのエジプト人上級工作員から、爆弾製造の訓練を受けていた。その工作員は、二〇〇五年のロンドン同時爆破事件の実行犯の爆破訓練を指揮した人物だった。

コペンハーゲン空港の警備員が密かに調べたところ、爆弾の作り方を記したメモがクルシドの荷物から発見された。その後、ＰＥＴはペーパーカンパニーを利用して、クルシドの自宅近くに安い賃貸アパートの部屋を用意し、隠しカメラと盗聴器を仕掛けた。ＰＥＴがアパートの入居希望者を数人断ったのち、ようやくクルシドとトヒがやってきた。しばらくして、クルシドが威力の強い爆薬類ＴＡＴＰ〔訳注：過酸化アトセン〕十グラムをアパートで製造しているようすが、映像に収められた。二〇〇七年九月、デンマーク警察はクルシドとトヒを逮捕した。二人はテロ行為で有罪となり、現在も服役中である。

わたしの信用と情報提供者としての価値は、密告するごとに高まった。やがて、ＰＥＴはわたしの存在を、同盟国の情報機関に見せびらかそうと考えた。

第十二章　ロンドンからの招集

二〇〇七年春

ルートン時代の師オマル・バクリ・ムハンマドは、二〇〇五年にイギリスを出国した。ロンドン同時爆破事件の数週間後、マスコミから敵意の目を向けられ、治安当局の監視の目が強まるさなかのことだった。「バク（リ）を送り返せ！」と、タブロイド紙「サン」の一面に見出しが躍った。休暇でレバノンの母親に会いに行くだけで、いずれイギリスに戻る予定だとバクリは表明した。英国副首相はこんなコメントを出した。「良い休暇を――できるだけ長くどうぞ」

レバノン北部の沿岸都市トリポリに逃げ込んだバクリは、まもなくサラフィー主義の武装勢力と結びついた。わたしのかつての仲間でデンマーク市民のケネス・ソレンセンもレバノンにいることに、ＰＥＴは関心を示した。

「レバノンに行ってみてはどうだろう？」と、クラングから頼まれた。「オマル・バクリが何を目論んでいるのか、誰と付き合っているのか調べてほしい」

レバノン行きが待ちきれなかった。

二〇〇七年四月二十五日、ベイルートの空港に向かって降下態勢に入った機内で、山に瞬く光を窓から眺めながら、わたしの気持ちは高揚した。ベイルートは少し前まで宗教紛争で引き裂かれていた。宗派が対立するこの地は、新たな任務の最初の目的地としていかにもふさわしかった。

デンマークのＰＥＴは、わたしの発見した情報を、イギリスの情報機関ＭＩ５およびＭＩ６と共有する計画を立てていた。世界中の情報機関の活動に必要不可欠な、取引の応酬の一環である。ＰＥＴは、リソースではアメリカやイギリスの情報機関に及ばなくても、実力では負けないところを示したがっていた。また、オマル・バクリと再びつながれば、イギリスの過激派の間でわたしの評判がさらに高まり、イギリス情報機関に対していつか役立つと踏んだのだ。

オマル・バクリと、用心棒とおぼしき長いあごひげを生やした男二人が、空港の到着ロビーで待ち構えていた。バクリはわたしを強く抱きしめた。

「元気だったたか？　ムラド、ブラザーよ――会えてうれしいぞ」と声を張り上げた。彼の胴回りが以前より太くなっていることに、否応なく気づかされた。

わたしたちは穏やかな四月の晩の外気の中に踏み出し、黒くてピカピカのＧＭＣの四輪駆動車に乗り込んだ。バクリが座席に身を沈めると、車が揺れた。彼は明らかにどこからか資金を得ている。おそらく、ルートンでバクリの大言壮語を熱心に聞いていた過激派の若者たちからだろう。ベイルート北部のキリスト教徒居住地を抜け、二時間後にトリポリに到着した。

トリポリの初日、オマル・バクリに連れられ、古い市場の近くにある信徒であふれたモスクに行った。礼拝後、彼はがなり立てた。「こちらは、アブ・ウサマ・アル＝デンマルキだ。イエメンで学び、現地のブラザー全員と知り合いだ。簡単なスピーチをしてもらおう」

不意を突かれた。どうやら彼は、わたしが持つジハード主義者の人脈の威光にあやかりたいらしい。ジハードの宗教的責務について、かつて語った言葉をかき集めて、何とかその場をしのいだ。うまくいったようだ。スピーチのあと、情熱的な目をした青年たちがやってきて、わたしを抱擁していった。わたしがまだ彼らの側にいたのなら、喜ばしい瞬間だっただろう。

一週間もたつと、オマル・バクリのとっぴな要求に嫌気がさしてきた。彼はイギリスの若きムスリム世代を過激思想に染めたかもしれないが、トリポリの百戦錬磨のつわものの間では、どう見ても力不足だった。彼らは身近で起きた本物の戦闘を生き抜いてきた。それに引き換え、オマル・バクリは机上の空論をまくしたてているだけだった。

PETを感心させたかったので、もっと大きな獲物を狙うことにした。さして時間はかからなかった。ある日、オマル・バクリと連れ立ち、トリポリの古い市場の仕立屋を訪ねたとき、見事なひげを生やした一人の青年と出会った。北欧人のわたしを見て、彼は驚いた表情を見せた。

「マー・シャー・アッラー（アッラーが望みたもうたこと）！　ブラザー、ご出身は？」アラビア語で尋ねてきた。

「デンマークだ」

「わたしもです」と、青年はデンマーク語で答えて笑い、アブ・アラブと名乗った。パレスチナ出身で、子どもの頃に難民としてデンマークに移り住んだのだという。本名は、アリ・アル＝ハジディブといった。

数日後、ハジディブから自宅に招かれた。家を訪ねるとすぐに、彼のもとに電話がかかってきた。「一緒に来て！」アブ・アラブはわたしを誘った。

彼に裏通りに連れて行かれると、エンジンのかかった黒いBMWが待ち構えていた。

「乗って！」彼の目がきらりと光った。

わたしたちは車の後部座席に乗り込んだ。前の席に、軍服を着て頭にスカーフを巻いた男二人がいた。カラシニコフのアサルトライフルを押しつけられ、拳銃を差し出された。わたしが辞退すると、助手席の男が手榴弾を持ち上げて言った。

「ひょっとしてこれがお好みか？」その男は司令官のようだった。

「それとも、こっちか？」そう言って迷彩服の前をはだけ、腰に巻いた爆弾ベルトを見せた。治安部隊や対立する武装勢力に車を停められたら、残酷な尋問を受けて苦しむより死んだほうがましだと、狭い道を猛スピードで走行中、司令官の男が言った。

車が道路の窪みでガタンと揺れても、びくびくした態度を見せまいとした。爆弾ベルトは振動に弱く、爆発しやすい。

すぐには気づかなかったが、わたしはそのとき、ファタハ・アル＝イスラムの舞台裏への通行証を与えられたのだ。ファタハ・アル＝イスラムとは、アルカイダとも結びつきのあるスンナ派過激組織で、ちょうどその頃、レバノン北部のパレスチナ難民キャンプで勢力を伸ばしていた。

車中の司令官は、アブ・アラブの弟でサッダーム・アル＝ハジディブだった。組織の古参メンバーで、テロリストを多く輩出したアル＝ハジディブ家の兄弟の一人である。二十代後半で、アルカイダとともにイラクで戦い、その上層部と懇意だった*[1]。もう一人の兄弟のユーセフは、二〇〇六年、二十一歳のときにドイツで逮捕された。ケルン付近で爆発物の詰まったスーツケース二つを列車内に置き去りにし、爆破未遂事件を起こしたのだ*[2]。

その後数週間にわたり、トリポリの難民キャンプを案内された。そこでは、レバノンの〝次の戦い〟に向けて着々と準備が進められているように思えた。アブ・アラブは、シャリーア（イスラム法）を難民キャンプに、次にレバノン北部に、いずれ国中にもたらすためなら、自分たちは手段を選ばないと話していた。敵対するシーア派武装組織ヒズボラのリソースや、レバノンの宗派間のあからさまな分裂を考えると、それは夢物語に聞こえた。だが、彼らの野心は抑えがたかった。ファタハをヒズボラの対抗勢力として役立つと考える、有力な協力者もいた。それに、彼らが国際テロとの提携を望んでいることは、疑う余地がなかった。

五月初旬にレバノンを発ってロンドンに行き、クラングとブッダに任務を報告した。今回は、二人の直属の上司ソレンも同席していた。三十代後半で、鍛えた体つきをしていたが、そのアスリートと見紛う容姿に、いつも煙草をもぞもぞと探す仕草は似つかわしくなかった。クラングと同様にソレンも、テロ対策グループに異動する前は麻薬捜査班だった。バンディドス時代、麻薬捜査班は大嫌いだった。ところが今では、ソレンもクラングもテロに対する戦いの同志だった。彼らは報告会のためにビールを頼んだ。わたしにできるだけくつろいでもらいたいと考えたらしい。

五年前、わたしを監視するチームの一員だったと、ソレンが笑みを浮かべながら打ち明けた。オーデンセや、遠くインドネシアの過激派仲間とのやりとりを監視していたという。実は、MI5のロバートとイギリスの歩道で話すわたしを、ソレンとクラングは陰で密かに観察していた。「何とかしてきみを脅かそうとする学生みたいに見えたよ」と、ソレンはロバートを形容して笑った。話を交わすうちに、クラングとブッダは、かつてヴォルスモーセのテロ事件の捜査にあたっていたことがわかった。そのときの捜査が、前年、爆破を企てたとされる、ムハンマド・ザヘルとアブダッラー・アナスンの逮捕と有罪判決につながった。二人とも、わたしのかつての友人だった。

「PETの雇った情報提供者が公判で証言した。その後、身元を変えてデンマークを離れる手配をした——子どもたちとはめったに会えなくなって、彼は相当つらい思いをしている」

その言葉は重くのしかかった。わたしもいずれそうなるのでは？

ソレンたちは、トリポリの暴力行為の背後にある、複雑な結びつきと謎に包まれた指導者について、わたしが集めた情報に感心したようだった。イギリスの情報部員と会ってみないかと勧められた。

ハイド・パークの近くにあるチャーチル・ホテルは、ロンドンの高級ホテルの一つだ。見事なファサードをくぐると、大理石の床と柱、年季の入ったウォールナット材の調度品が置かれたロビーが目に入る。情報機関がいつもこんな場所で任務報告するというのなら、わたしはこの仕事が気に入った。サラフィー主義の厳格な教義から離れれば離れるほど、わたしはスパイの仕事を象徴するものに魅せられていった。

あるうららかな春の日の晩、PET職員と一緒にチャーチル・ホテルに足を踏み入れたとき、わ

＊1　サッダーム・アル＝ハジディブは、イラクのアルカイダで最高指導者として就任したばかりのエジプト人、アブ・ハムザ・アル＝ムハージルと知り合いだった。アル＝ムハージルは、二〇〇六年六月にアメリカの空爆で死亡したアブ・ムサブ・アル＝ザルカーウィーの後継者だった。サッダーム・アル＝ハジディブはその頃、イラクからレバノンに資金を引き揚げ、レバノンに入国する際にシリア人兵士一人を殺害した。

＊2　ユーセフ・アル＝ハジディブは、デンマークに逃亡しようとしたところを逮捕され、仮釈放なしの終身刑を言い渡された。彼はこれに対して、法廷で両手の中指を立て反抗的な態度を示した。

たしは高ぶる気持ちを抑えなくてはならなかった。ともすると、頭の中に007のテーマ曲が流れ始めた。スイートルームで待ち構えていたＭＩ６オフィサーに会ったとき、その衝動はさらに抑えがたくなった。

相手はマットと名乗った。スーツを完璧に着こなし、上流階級の発音で話し、身のこなしは非の打ちどころがなく、しかも男前だった。絵に描いたようなイギリス情報部員だ。ただ、肉付きのいい大きな耳だけが、釣り合わない気がした。

クラングたちとは冗談や馬鹿なことを言い合ったりしたが、マットは完全にビジネスライクで洗練されていた。粗削りなところがあるデンマーク人スパイや注文の多いアメリカ人スパイとは対照的に、わたしの知るイギリス人スパイは礼儀正しく、ほとんど申し訳なさそうに見えるくらい、改まった態度で接してくれた。

とはいえ、わたしがルームサービスで豚の皮を揚げたポークスクラッチングを頼むと、マットは大声で笑った。元ジハード戦士がそんなものを頼むとは思いもよらなかったのだろう。

ファタハ・アル＝イスラムがレバノン国内で戦争を仕掛けようとしていることを、マットに話した。だが彼は、オマル・バクリに関する情報のほうに興味があるらしかった。バクリはイギリスで支持者のネットワークを広げ、おそらく自らの財源として利用していた。

二〇〇五年七月のロンドン同時爆破事件以来、ＭＩ５はルートンやバーミンガムなどのジハード主義者のネットワークを暴くことに重点を置いていた。そのネットワークも地域もわたしはよく知っていた。カリーマが引っ越してからというもの、子どもたちにいつでも会えるようにバーミンガムに仮住まいを見つけて、足しげく通っていたからだ。

ＭＩ６のオフィサーと会ってからほどなくして、レバノンについて警告したことが現実のものとなった。レバノンで会ったファタハ・アル＝イスラムの司令官サッダーム・アル＝ハジディブが、トリポリ近郊の銀行を襲い十二万五千ドルを強奪した。レバノン治安部隊は、トリポリのアパートまで彼を追跡した。アル＝ハジディブは前言を守った。治安部隊がアパートに突入したときに自爆したのだ。だがこの襲撃が引き金となり、ナハル・アル＝バーリド難民キャンプ周辺で、ファタハと治安部隊の間に数日にわたる衝突が起こった。レバノン兵とファタハの戦闘員に、それぞれ二十人以上の死者が出た。

その直後、イギリスが再び会いたがっていると、ＰＥＴから告げられた。「彼らはレバノンの件に感服した。現実になるとは予測していなかったようだ」

イギリスとの二度目の打ち合わせで、マットはアンディというＭＩ５オフィサーを連れてきた。イギリス中部の出身で五十代後半、スーツ姿ではなかった。つまり指令を出す側というより、作戦に加わり現場で活動することに慣れた人物という印象を受けた。実務家肌、かつて警察官として麻薬密売人の取り締まりにあたっていたと、あとから知った。高貴なマットとは奇妙なコンビだったが、アンディには具体的な任務が託されていた――バーミンガムの過激派の監視だ。

「わたしたちのために目を光らせてもらえないか？」アンディからそう頼まれた。

当初の取り決めでは、わたしがまずＰＥＴに報告し、ＰＥＴがその情報をイギリス情報機関に伝えることになっていた。また、必要とあれば、わたしはいつでもデンマークに戻ることが認められた。イギリス側に対して優位な立場に立てるとして、ＰＥＴはその取り決めに満足していた。だがそのうち、わたしがＭＩ５にじかに報告することも認められた。

MI5の要請により、わたしはバーミンガムのアラムロック地区の月並みなテラスハウスに引っ越した。家賃として月四百ポンドが支給された。バーミンガムも、ルートンと同じくイギリス産業の衰退を反映する典型的な町だった。荒れたテラスハウスやさえない高層アパートに暮らす、南アジアからの移民が大きなコミュニティを形成する貧しい地域で、過激なイスラム主義者が集中する場所となっていた。気候を別にすれば、アラムロックは物騒で無秩序なカラチの通りかと見紛うほどだった。

二〇〇七年の初夏、バーミンガムの公園でクリケットの新シーズンが始まる頃、わたしは過激派のコミュニティに入り浸っていた。ほぼ毎朝、夜明け前に起床し、一日の最初の礼拝に地元のモスクへと出かけた。慣れていたとはいえ、見せかけのムスリムだったわたしは、朝早く礼拝に通うことが以前よりつらくなっていた。礼拝後、〝同好〟の士たちとよく連れ立って、ハラルレストランで朝食をとった。そのあと、誰かの家に行ってコーランを一緒に読んだり、パキスタンやイラクの最新ニュースについて話し合ったりした。それからはお決まりの展開が続いた。カフェの樹脂製のテーブルについてプラスチック皿に盛られた安い食事をとり、その後は相も変わらず過激な説教師の話を聞いた。最も人気があったのは、アンジェム・チョーダリーだった。パキスタン系イギリス人の弁護士で、かつてアル＝ムハージルーンでオマル・バクリの代理人を務め、イギリスで最も物議を醸す過激主義者の称号をバクリから引き継いでいた。大した人物には思えなかったが、多くの若者が彼の一言一句に熱心に耳を傾けていた。

いつもバーミンガムで過ごしていたわけではなかった。ファディアはイエメンに帰国していたし、子どもたちとはたまにしか会えなかったので、わたしは時間を持て余していた。定期的にルートンを訪れて、その二年前まではしょっちゅう行動をともにしていた過激派仲間の動向に目を光らせた。

〝仲間の〟過激主義者たちから話を聞き出すことは、難しくはなかった。ほとんどは進んで話してくれた。ときには、会話の糸口として、アウラキの説教を撮影した新しい動画の話を持ち出すこともあった。デンマークでやっていたように、イギリスを拠点とする過激派を潜在的危険度に応じて色分けし、MI5に報告した。バーミンガムのスモール・ヒース・モスクでは、ソマリア人青年のアフメド・アブドゥルカディル・ワルサメと旧交を温めた。祖国に戻りエチオピアと戦いたいと切に願っていたが、渡航費はまだ集まっていなかった。

ワルサメをソマリアに送り込むことができたら、ほとんど情報が手に入らない地域から、貴重な情報が得られるようになるかもしれない。その案を気に入ったアンディの承認を得て、わたしはモスクで寄付を呼びかけワルサメの渡航費を集めることにした。英国情報機関の官僚的体質から、MI6ではなくMI5が、この作戦の指揮を執ることになった。これに関する情報は、わたしのメールから収集されるからだ。

イギリス情報機関の国内部門と海外部門の対抗意識は、広く知られるところだ。だが、わたしが一緒に仕事をしたMI5とMI6のオフィサーたちは協力しあい、互いの要求を尊重していた。彼らは同じ戦いを異なる現場で繰り広げていた。MI6はソマリアやイエメンやパキスタンで、MI5はルートンやアラムロックで。ロンドンの同時爆破事件は、この協力関係をさらに緊密にした。

ほどなくして、モスクでの募金やバーミンガムの知り合いの過激派からの寄付により、ワルサメに必要な渡航費が集まった。現金で六百ポンドを手渡すと、ワルサメは感極まった。「アッラーのお恵みがありますように」そう言ってわたしを抱きしめた。

わたしたちは、共有するメールアカウントの下書きにメッセージを残す方法で、今後も連絡を取り合うことにした。ワルサメはソマリアの戦線に加わるためにイギリスを発った。まもなく、購入希望品のリストと資金調達を依頼するメッセージが届いた。

わたしの募金活動――とアンワル・アル＝アウラキとの親交――に感銘を受けたという人物のなかに、三十代半ばのシリア人、ハッサン・タッバフがいた。わたしのアル＝ムハージルーンでの評判も聞き及んでいた。共通の知り合いも何人かいた。そのなかの一人、モロッコ系イギリス人のハミド・エラスマールは、バーミンガムでムスリムのイギリス軍兵士の斬首を企てたとして、有罪判決を受けた。どうやらわたしは、イギリス中の過激派とのつながりにこと欠かないようだ。

タッバフは三十代半ばで、化学の学位を持ち、頭髪が薄く、あごひげには白いものが混じっていた。唇に貼りついたせせら笑いと生気のない瞳に、強い印象を受けた。熱意あふれるタイプではなかった。だが、わたしたちはスモール・ヒース・モスクでは数少ない非ソマリア人だったので、必然的に交流を持つようになった。

初対面のとき、わたしは息子を連れていた。「ウサマという名だ」と彼に紹介した。「マー・シャー・アッラー。良い名だ」と、にこりともせずに言った。タッバフは命からがらシリアを逃げだしたあと、イギリスに政治亡命が認められたという。反政府文書を所有していたために、シリアで拘束されたのだそうだ。常に不安げなようすから察するに、アサド政権の秘密警察で、よほど過酷な尋問を受けたのだろう。

タッバフから招かれて自宅を訪ねた。モスクとは目と鼻の先の、今にも崩れそうなテラスハウスの一階の狭く暗い部屋だった。彼の不機嫌な性質に似つかわしかった。だが彼は頭の中にいろいろとアイデアを貯め込み、それを他人に言いたくてうずうずしていた。

「いろいろ忙しいんだ」とタッバフ。

彼は爆弾の作り方を学んでいた。ロンドンの爆破計画について書いたメモを見せてくれた。その標的には、買い物客や観光客で毎日にぎわうオックスフォード・ストリートや、国会議事堂周辺が含まれていた。

どこを爆破するつもりなのか、具体的な場所が書かれていた。タッバフの手は震えていた。

「ブラザー、どう思う？　うまくいくと思うか？」タッバフは、わたしにもこの計画に参加してほしがっていた。ろくに知りもしない相手にこんな詳細を教えるなんて、と啞然とした。

大学で化学を修めた経歴からして、彼は間違いなく爆弾を作り上げるだろうが、どんなスケジュールを組んでいるのか？

わたしは彼の目を見つめて答えた。「インシャー・アッラー（アッラーがお望みであったら）」

「でも、気をつけなくては、ブラザー」と、彼のはやる気持ちを抑えようとして付け加えた。何とか時間を稼ぎたかった。

わたしはＭＩ５に警告した。彼らはそのときまで、タッバフに関してはノーマークだった。タッバフは典型的な〝一匹狼型のテロリスト〟だった。他人と接触しないので、一番発見が難しいタイプだ。わたしはたまたま彼の計画を知った。

「今後数週間、彼に貼りついていてもらいたい」とアンディから指示された。

その直後の打ち合わせで、アンディはタッバフの自宅の鍵について尋ねた。

「大きい鍵か、小さいのか、二重鍵？」MI5は間違いなく押し入るつもりだ。あとから聞いた話では、侵入したときにそのメモ書きを見つけて写真を撮り、慎重に元に戻したという。タッバフの計画の一応の証拠にはなるということだった。

作戦の一環として、タッバフの信頼を深める目的で、MI5はガトウィック空港でわたしを拘束するという芝居を打った。これをお膳立てするため、パキスタン系イギリス人で広い人脈を持つ、過激派のイドリスを巻き込むことにした。イエメン行きの飛行機に乗るという名目で、ウォルソールから空港まで彼に送ってもらった。セキュリティ・チェックを通り過ぎようとしたとき、警官が大捕り物を演じた。イドリスがこの一件を吹聴するだろうと計算したうえでのことだった。

わたしは後ろ手につかまれて、セキュリティ・チェックの近くの小部屋まで連れて行かれた。部屋ではMI5の職員が待ち構えていた。その職員が椅子から跳び上がりわたしを強く抱きしめたのを見て、警官は――控えめに言っても――度肝を抜かれた。しばらく話をしてから、付き添われて出発ロビーに戻った。ロビーから、哀れっぽい声でイドリスに電話をかけ、横暴なイギリス人警備員について文句を言い、ガトウィック空港まで迎えに来てくれないかと頼んだ。この一件で、バーミンガムの過激派の間でわたしの信用はさらに高まった。

タッバフは爆破決行の日取りを決めていなかったが、電子部品を使った爆弾の大まかな設計図を描いていた。混合する化学成分を説明し、炭酸飲料の大きなボトルを利用して爆薬を保管すると話していた。学校で化学の授業に身を入れておけばよかったと後悔したが、タッバフは万事心得ているようだとMI5に報告した。

警察はすぐには動かなかった。わたしの正体がタッバフにばれてしまうことをMI5が警戒したからだ。何と言っても、わたしはタッバフが計画を打ち明けた唯一の人物なのだ。ＭＩ５は続く数週間、彼の過激派仲間の一人に嫌疑が及ぶようにして、わたしの役割を隠すための手順を慎重に踏んだ。

二〇〇七年十二月、タッバフは逮捕された。その後、テロ攻撃を目的とする爆弾製造のかどで有罪判決が下された。警察は、彼の薄汚れたアパートで、アセトンとニトロセルロースの入った複数のボトルと、それを材料とする爆弾の製造方法が書かれたメモを見つけた。その爆弾はごく単純で初歩的なものだが、「破壊力と殺傷力が高い」と公判で判事はみなした。

イギリスの過激派の間を歩き回って得た情報と、海外のジハード戦士の人脈のおかげで、わたしは成果を上げていった。イスラム主義者によるテロ行為は、各国の情報機関に数多くの問題をもたらした。彼らは少し前まで、リソースの大部分をソビエト圏につぎ込んでいた。イスラム主義者のテロはまだ歴史が浅く、理解しがたいうえに、あっという間に世界に広がった。内部情報の入手は難しかった。よって、アラビア語が達者で十年近く過激派の世界に身を置いたデンマーク人は、理想的な情報提供者だったのだ。

アメリカの情報機関が接触してきたとしても、驚くにはあたらなかった。

第十三章　ラングレーより愛を込めて

二〇〇七年夏―〇八年初め

　PETのハンドラーは、イギリスの情報機関を「いとこ」と呼んでいた。CIAは「ビッグブラザー」だった。そのCIAがわたしに会いたがっているという知らせを聞いたとき、クラングとブッダは興奮を抑えきれなかった。

　PETは、コペンハーゲンのウォーターフロントに建つスカンディック・ホテルで一同が顔合わせする手はずを整えた。このホテルは、スチールとガラスの十八階建てという外観のためか、一見アメリカの機能的なオフィスビルに見える。だが一歩中に入ると、淡いウッド調で、ミニマルな北欧家具が備わり、アクリルガラス製の一風変わった木々がロビー中にそびえ立っていた。

　クラングとブッダは、到着したわたしをあれこれと気遣った。アメリカのCIA局員が待ち構えているせいか、クラングの普段の仮面もずり落ちていた。

　CIA局員の「ジョシュア」と「アマンダ」は、三十代初めに見えた。二人ともきちんとしたビジネス・スーツを着用していた。ジョシュアは黒髪で背が高くハンサムで、いかにもアメリカ北東部の名門私立校出身といった口調や身のこなしだった。肉体労働など、一度もしたことがないにちがいない。アマンダからはまったく異なる印象を受けた。わたしは彼女の目に引きつけられた。その紫がかった青い瞳には、人の心を見抜くような、何かを訴えるようなところがあった。ふっくらとした唇に高い頬骨、蜂蜜色の髪が肩にかかっていた。

ＣＩＡはこの会合で探りを入れるつもりだった。わたしがファタハ・アル＝イスラムやアルカイダ、イエメンで会った武闘派について、どれほどの情報を持っているのかあれこれと尋ねてきた。とくに次の二点に関心を寄せていた。アンワル・アル＝アウラキ――当時まだサナアの刑務所の独房に収容されていたが、起訴はされていなかった――と、イエメンとソマリアのつながりについてだ。その頃、イスラム法廷会議から派生したアル＝シャバーブというイスラム武装勢力が台頭して、ソマリア政府救援に介入したエチオピア軍に挑んでいた。欧米に移住したソマリア人が、戦闘員としてアル＝シャバーブに参加する例が増えつつあった。

アマンダは、相手に警戒心を抱かせずに質問する術を身につけていた。それはもしかすると、彼女が抱く情熱や相手と波長を合わせる能力、その印象的な瞳のせいかもしれない。わたしは三大陸にまたがるイスラム過激派との入り組んだ交友関係を、彼らの前で数時間にわたり説明した。

わたしをソマリアに派遣することになるかもしれないと、アマンダは言った。散々な結末となった一九九二年から九四年の介入や、あの〝ブラックホーク・ダウン〟以来、アメリカ政府はソマリアの混乱に頭を悩ませてきた。もし武装勢力が沿岸の大部分を制圧するか、市街戦でエチオピア軍を窮地に立たせるかした場合、イエメンよりはるかに危険な状態になりかねなかった。

ジョシュアとアマンダは、会合の間ずっとメモを取っていた。アマンダはマニキュアをした指で優雅に文字を綴り、メモはやがて二十ページにも達した。彼らは最後にズバリ尋ねた。「わたししたちと一緒に働いてみるつもりはありませんか？」

「やってみたい」

「では近々ご連絡します」そう言ったアマンダの口元から、ようやく笑みがこぼれた。連絡が来ることを願った。

わたしは選択肢を確保しておきたかった。てきぱきした仕事ぶりでイギリスとアメリカの双方を満足させる自信はあった。だが、それぞれの手法と優先順位は異なった。イギリス情報機関は、石橋を叩いて渡るように慎重で、幅広い情報を入手していた。ほとんど学術的とも呼べる手法で海外に関する専門知識を磨き、部族間抗争や地域の独自性について議論を重ねることを好んだ。だが、彼らは国内の敵に気を取られていた。国内の過激派の力や本気度を測りかねていた。

対照的に、アメリカの情報機関は技術的リソースをふんだんに用いて、イエメンやソマリアやパキスタンなどの海外で戦いたいと考えていた。アメリカ本土攻撃は、もう二度とあってはならない。結果が出るまで辛抱強く待つのではなく、諸問題に資金をつぎ込む構えだった。９・11の同時多発テロが記憶に焼きついていたので、アメリカは法的な詰めを度外視して、標的を追跡する気だった。イギリスは暗殺を容認できなかった。リソースに関しても、アメリカとはずいぶん事情が異なることがすぐにわかった。ＰＥＴもＭＩ６も、どんなに長距離でも飛行機はエコノミークラスだった。ジェームズ・ボンドのライフスタイルも推して知るべしだ。ＣＩＡは、ビジネスクラスに乗っていた。一緒の飛行機に乗る機会があれば、食事の残りを回してくれと、ＰＥＴはよく冗談でＣＩＡに言っていた。

魔法のじゅうたんに乗っているのだからと、ＰＥＴはわたしが提供する冒険に便乗したがった。

そんなわけで、次の行き先は異国情緒あふれる場所となった。ＰＥＴのクラングが奇妙な要求をしてきたのだ。

「バンコクで会議を開きたいというメールの下書きを送ってほしい」わたしたちは互いにアクセスできるメールアカウントに下書きを残すことにしていた。アルカイダが用いた方法と同じだ。メールの送受信は少ないほどよい。

ＰＥＴのハンドラーにとってわたしという存在は、公給ではとても行けないような場所へのパスポートだった。モーテン（またの名をムラド）・ストームとの会議なら、最高級ホテルも正当化されるらしかった。

バカバカしい話だが、ケニアでの任務を練るために、十二月初旬、タイのバンコクで三日間の会議が開かれた。クラングがなぜアジアに執心するのか、じきにわかった。到着して数時間もしないうちに、リーダーのソレンをはじめとするＰＥＴ職員たちは、赤線地区に足を踏み入れた。ビールをしこたま飲んで、おとなしい十代の女の子と金額の交渉をしていた。

ともあれ、クラングの乱行はある屈辱的な出来事で終わりを告げた。ストリップ・クラブで一人の女性と何時間かいちゃついたあと、彼女をレストランに連れ出した。するとウェイトレスから、その女性は見かけとは違うと耳打ちされた。実は、きれいにメーキャップしたニューハーフだったのだ。顔面蒼白になるクラングに、みな抱腹絶倒した。

ＰＥＴは、わたしと一緒に飲みに出かけることでリスクを冒していた。ＣＩＡやＭＩ５、ＭＩ６は、わたしとそんな付き合い方はしなかった。だがＰＥＴは無頓着だった。誰かに姿を見られて正体がばれ、わたしの命が危険にさらされるおそれがあった。それでも、くつろぐ時間を持てたことはうれしかった。ガス抜きが必要だったし、知り合いの過激派がバンコクのナイトクラブに出入りしていることなど、まずありえなかった。

付き合いのあったPETのハンドラーの何人かは、売春婦、異国情緒あふれる海外リゾート、高価な酒などに目がなかった。この傾向は、麻薬捜査班時代に端を発するのかもしれない。麻薬捜査班はパーティー好きで知られており、押収したドラッグを試しているとの噂があった。外交官用パスポートを与えられた彼らは、かつて夢見ることしかできなかった境遇を手に入れた。外国の歓楽街で〝任務報告会〟が繰り返し開かれるにつれて、PETが仕事上のパートナーだということを忘れがちになった。

MI6のマットは普段通り、とても自制が利いていた。この変わった現地旅行で彼が唯一譲歩していたのは、ワイシャツのボタンを外していたことと、きちんとアイロンをかけたジーンズをはいていたことだ。

「やあモーテン。すごい湿気だな。灰色の古臭いロンドンよりずっといいね」にぎわう町を眼下に見下ろすわたしの豪華なスイートルームで、マットは目を輝かせながら言った。

「ケニアに行ってもらいたい。きみのソマリア人の友人たちにプレゼントがある」

二〇〇七年末頃、アル＝シャバーブはソマリアの大半を制圧していた。エチオピア軍に支えられた暫定政府の勢力は、モガディシュの数ブロックの範囲内に留まっていた。エチオピア軍はそれまで、イスラム法廷会議と国連平和維持軍に参加するアフリカ連合部隊を破っていた。

当時、アル＝シャバーブの若者の間に外国人戦闘員が急増していた。その後数週間もしないうちに、米国務省はアル＝シャバーブを外国テロ組織に指名することになる。かつては破綻国家として片付けていたソマリアに、欧米は懸念を募らせるようになっていた。

アル＝シャバーブで出世階段を駆け上っている若者のなかに、アフメド・アブドゥルカディル・ワルサメがいた。その年の初め、ソマリア行きを助けてやった青年だ。ワルサメはその後、ノートパソコンやビデオカメラ、携帯用の水の濾過器などを要求するメッセージを、何度か共通のアカウントの下書きに残していた。

MI6はこの機会を利用して、組織の内部活動や上層部を探ろうとした。ノートパソコンに細工を施せば、インターネット接続中やWiFi接続を探しているときに、価値ある情報が得られる。マットはワルサメに送るノートパソコンを手配した。マットから、縁の太い眼鏡をかけた、仕事熱心な青年を紹介された。何週間も日の光を浴びていないような顔色だった。

「どことなくQに似ているな」わたしはジェームズ・ボンドの映画で有名になった科学者を引き合いに出した。

彼は慎重に、細工したノートパソコンをスポーツバッグにしまった。バッグにはほかにも、ビデオカメラ、携帯用の水の濾過器、パワーモンキーの携帯電話用ソーラー充電器、スントのGPS内蔵腕時計（相応にカスタマイズした場合、テロリストの追跡に役立つ）、ごく普通の暗視ゴーグル、現金数百ドルなどが入っていた。

リクエストされた品物の用意ができたと、共有アカウントの下書きメールでワルサメにメッセージを残した。

バンコクからナイロビに向かう機内で、わたしは意識を任務にしっかり集中させた。シナリオを頭の中で徹底的に繰り返し、あらゆる質問に対する答えを想定した。心身を休めなくてはならないのに、寝つかれず、窓の下に広がる雲海を見つめていた。ＭＩ６との初仕事だった。自分がグローバルな戦いの真っただ中にいると感じた。イギリスとデンマークの情報機関が、この任務の支援にあたるチームをナイロビで結成していた。

二〇〇七年十二月七日、わたしはナイロビに降り立った。今回は贅沢なホテルには泊まれない。ジハード戦士なのだから、質素なパンアフリク・ホテルがお似合いだ。ホテル近くのネットカフェで、ワルサメと共有するメールアカウントにログインすると、ナイロビの電話番号が書かれていた。そこに電話して、荷物引き渡しの手はずを整えるようにとのことだった。

部屋に戻り、ケニアのＳＩＭカードを携帯電話に挿入し、その番号に電話をかけた。電話に出た男は、きついスワヒリ語訛りの英語で話した。わたしから電話がかかってくるのを待っていたらしい。

「荷物を持ってきた。明日、インターコンチネンタル・ホテルの駐車場で、三時に」

ＰＥＴが事前に指定した場所と時間を伝えた。ＰＥＴとＭＩ６は現場を監視するつもりだったのだ。驚いたことに、相手の男はわたしの提案に異を唱えなかった。

初の現場任務は、何の滞りもなく進んでいた。フロイド・メイウェザーがリッキー・ハットンを迎え撃ったウェルター級世界タイトル戦を見ながら、ホテルの部屋でくつろいだ。十年前のタイソン対ホリフィールド戦が思い出された。あの試合の日に、コアセーで警察の車に押し込まれた。あれからいろいろなことが起きたが、ここパンアフリク・ホテルのほうが、デンマークの拘置所よりずっとましだった。

わたしが先に現場に着いた。ひょろりと背が高くて耳の大きなソマリア人の男が、大またで駐車場にやってきて、わたしを見つけた。燃えるような赤毛をした巨体のデンマーク人という風貌は、ときには役立つこともある。男が近づくにつれ、胸が早鐘を打った。一言も発することなく、男はわたしの手からバッグを取り、立ち去った。その一部始終を、ＭＩ６とＰＥＴがじっと見守っていた。

これが予想以上の成果を上げた。ケニアの情報機関が、荷物を受け取った男を追跡し、ナイロビのイーストリー地区にあるアル＝シャバーブの隠れ家を見つけたのだ。受け渡しから数日後の十二月十三日、警察がその隠れ家を急襲して、大量の武器や偽造の身分証明書を押収し、二十人以上を逮捕した*[1]。彼らはナイロビにいる西洋人を標的にした攻撃計画を立てていたとされる。

わたしはこれより前にナイロビを発ち、遠く離れたアムステルダムで、ＰＥＴとＣＩＡとＭＩ６に任務報告を行った。上品なＣＩＡ局員アマンダと会ったのは、このときが最後となった。彼女は今回も、わたしの報告を聞きながら大量のメモを取った。もっとも、バンコクの出来事の一部については伏せて報告した。

別れ際、てっきり彼女とまた会えるものだと思っていた。だが、アマンダはその直後にＣＩＡ本部に戻り、アフガニスタンでの任務に備えて訓練に入った。彼女にとって、それが最後の海外勤務となった。二〇〇九年十二月、アマンダと六人のＣＩＡ局員は、アフガニスタンのホーストにあるＣＩＡ基地で自爆テロに遭い死亡した。ＣＩＡにとって悲劇の日となった。この事件はのちに、

*1　わたしの任務がこの逮捕につながったと、その後デンマークのハンドラーから言われた。

『ゼロ・ダーク・サーティ』として映画化された。わたしは新聞に載った写真で彼女だと知った。本名はエリザベス・ハンソン。シカゴ郊外の出身で、CIA屈指の若手分析官として広く知られていたという。

激しい疲労を感じていたが、初の海外任務を無事に果たしたわたしは、意気揚々とアムステルダムからイエメンに向かった。CIAとPETは、わたしがサナアに戻り、イエメンとソマリアのネットワークに働きかけることを望んでいた。一方で英国情報機関は、引き続きイギリス国内の対テロ計画に従事してもらいたいと考えていたようだが、アメリカの方針に同意した。それに、わたしはファディアに会いたくて仕方がなかった。もう何ヵ月も会っていなかった。この数日間だけで、わたしが三つの大陸をまたにかけて三ヵ国の情報機関と働いていたことなど、彼女には知る由もなかった。イギリスの福祉手当を受けて、バーミンガムで暮らしていると思っていた。

アムステルダム空港で搭乗券を提示したとき、ちょうど一年前のその日、イスラム法廷会議を支援するために、軍用品払い下げ店で品物を物色していたことに不意に気づいた。灰燼から台頭した組織にようやくその品を届けることができたわけだが、一年前とはまるきり状況が違っていた。あのまま渡航していたらどうなっていたかと考えて、わたしはぞっとした。

サナアの到着ロビーは、人の叫び声や乱れがちな人の列、不機嫌な入国審査官と、相変わらずの光景だった。とても懐かしかったが、それまでとは正反対の立場で見ていた。最初にここを通ったときは、驚きで目を丸くした改宗者だった。ところが今では、少し前まで信念を同じくしていた人間を見つけ出して追跡し、その情報を西側に渡すことが仕事なのだ。

わたしがデンマークで信仰の危機に陥っていた頃より、ファディアははるかに明るくなった。家族の近くで幸せに暮らしているせいか、自信に満ちて落ち着きを取り戻していた。市内でも環境の良い四十丁目付近に家を借り、家具も購入した。親族は、彼女が豊かな生活を送っていることに感心していたが、デンマークの情報機関が我が家の収入源だとは、彼女も親族も当然知るはずがなかった。

イエメンに到着して何日かたった頃、アンワル・アル＝アウラキが一年半以上に及ぶ拘留を解かれた。彼は裁判にかけられなかった。その一週間後、彼の自宅を訪ねた。二年近く前、わたしたち外国人居住者が、その家に招かれたことがあった。アウラキは顔色が悪く、やせたように見えた。「最初の九ヵ月は独房に入れられた」アウラキは語り始めた。「人と交流を持てる機会といったら、看守しかなかった。独房は奥行きが三メートルしかなかったし、地下室だった。孤独と閉所恐怖症のために気が触れてしまうのではないかと何度も思ったよ……文字を書きつける紙もなかった。運動もいっさいできなかった」

アウラキの舌鋒は鋭く、怒りに満ちていたが、一方で感謝も口にした。「アッラーのご意思のおかげで生き延びられたし、この苦しみで信仰が深まった。本の入手は非常に困難だったが、クトゥブを読み返すこともできた」

エジプト人の宗教学者で作家であるサイイド・クトゥブは、アルカイダのグローバル・ジハードの思想的拠りどころになったとされる。ウサマ・ビン・ラディンの副司令官アイマン・アル＝ザワヒリは、クトゥブの教えに傾倒していた。

「クトゥブの流麗な筆致のおかげで、一日に百ページから百五十ページも読み進められた」アウラキは獄中の日々についてのちに綴っている。「クトゥブに大変入れ込んでいたので、彼が独房の中にいてわたしに話しかけているように感じた」

情報機関がアウラキの精神状態に興味を示すだろうと思った。獄中生活は彼を頑なにした。彼の目を見てわかった。かつてその瞳は浮き浮きと弾んでいたが、もはや鋼のように冷たかった。被害妄想の気もあった。スパイがあちこちに見えるというのだ。

9・11のハイジャック犯二人と会った件を聴取するため、FBI捜査官が訪ねてきたことも話題にのぼった。アンワルは英語で話すことを拒否して、通訳を介して話したいと要求したそうだ。アメリカ人に質問されることに抗議して、CIA局員を椅子に押し倒したこともあったという。唯一の救いは、ほかの囚人と違って獄中で危害を加えられなかった点だ。彼の父親がサーレハ大統領と知り合いだということを、看守たちは十分に心得ていた。

アンワルの怒りは、自分を投獄したイエメン政府とアメリカに向けられた。サーレハ打倒のためにジハードが必要だと、わたしに訴えた。口先ではイスラムを支持すると言いながら、実際はアメリカの言いなりだと、大統領を糾弾した。

「ムジャーヒディーンはアブヤンにイスラム国家を樹立する必要がある、ハディース（ムハンマドの言行録）にそう書かれている」ハディースにはこうあった。「一万二千人からなる軍隊がアデン・アブヤンから現れるだろう。彼らはアッラーと預言者に勝利をもたらす。彼らは、わたしと彼らの間の時代の最良のものである」

ジハードの旗振り役となり、まずイエメン南部でジハードを開始する任務をアッラーから与えられたと、アウラキは信じていた。

アウラキが釈放された頃、アルカイダは政府の手が及ばないサナア南東部の部族地帯で、組織を再建しつつあった。

ビン・ラディンの側近で、二〇〇六年にサナアの刑務所から脱獄したウハイシが、イエメンのアルカイダという新組織を率いていた。彼らはマリブ州とハドラマウト州の石油関連施設二ヵ所で、爆発物を積み込んだ車により自爆テロを起こした。次いで、イエメン治安部隊と西洋人を攻撃した。これはウハイシにとって、アルカイダ上層部にあっという間に上りつめるまでの序章にすぎなかった。

組織は、首都サナアをはじめいたるところにアジトを張り巡らせた。しかし、一番安全な場所は国の東部と南部の険しい山岳部、つまりマリブ州、アブヤン州、そしてアウラキ一族の影響力が大きいシャブワ州だった。こうした地域は依然として、サナアの中央政府に懐疑的な地元部族の支配下にあった。自治権を守るために、アルカイダの戦闘員に避難場所を与えて支援する部族もあった。

アウラキは、こうした戦況の最中に足を踏み入れたのだ。とはいえ、彼はまだその頃、アルカイダと積極的に関わってはいなかった。

二〇〇八年一月末、四十丁目の我が家にアウラキが昼食に訪れた。逮捕や国外追放の憂き目に遭わなかった研究会時代の友人も、数人やってきた*2。サナアはまさにジハード主義者のるつぼだった。妻のファディアは、チキン、ライス、サルタ——イエメンの伝統料理で、牛ひき肉、卵、オクラ、フェヌグリークなどを煮込んだもの——など、数々の料理をふるまった。大きなプラスチックのシートを敷いた床の上に料理を並べて、一同で食事を楽しんだ。

食事を片付けたあと、わたしはバフールというお香を焚いた。煙とともにハーブの香りが部屋を満たした。壁に立てかけたクッションにもたれかかりながら、イエメン南部でのアルカイダの勢力増強や、サーレハ政権打倒の構想など、ジハードの状況について話をした。国家に対する反逆の話だ。

やがてソマリアの話になり、国中に勢力を伸ばすアル＝シャバーブが話題になった。

わたしは悪ふざけを思いついた。

「シャイフ、ソマリアのブラザーに電話して、状況を聞いてみてはどうでしょう？」たきつけるように、笑みを浮かべてアウラキに尋ねた。

その場にいた者たちは、わたしがそんな電話をかけられるのかと訝しんだ。

アフメド・ワルサメにかければいいのだ。彼はアル＝シャバーブの出世階段を駆け上っていた。

「マー・シャー・アッラー（アッラーが望みたもうたこと）、ムラドだ。元気か？　今ここにおまえと話したいという人がいる」そう言って電話をアウラキに渡した。

有名な聖職者だと知りひとしきり驚いたあと、ワルサメは戦況について説明した。ソマリアのムジャーヒディーンと話ができて、アウラキは大喜びしたようだ。二人はメールアドレスと携帯番号を交換した。

こうして、わたしはソマリアとイエメンのイスラム過激派を結びつける仲介役を務めた。アウラキがイエメンのアルカイダ中枢と接近するにつれ、ワルサメとのつながりは双方の勢力にとって有益になるだろう。二人のメールアドレスと電話番号を知る西側の情報機関にとっては、なお有益だった。

アウラキが帰宅する前、新たな連絡方法を決めた。共有するメールアカウントに下書きを残す方法を試してみることにしたのだ。わたしはアウラキにその仕組みを説明した。投獄の後遺症のせいか、イエメン治安当局からしつこく目をつけられていたためか、アウラキは外の世界との接触に以前より慎重を期するようになっていた。

数週間後、アウラキは何の前触れもなくサナアを離れた。おそらく家族の干渉があったのだろう。かねて彼の父親は、原理主義的主張を控えるように訴えていた。それだけではなく、イエメン情報機関の監視下では、もう精神的指導者としての役割を果たせないとアウラキ本人が思ったのかもしれない。

アタクは「空白の地」――イエメンとサウジアラビアの国境一帯に果てしなく広がる砂漠――の端に位置する都市だ。サナアから南東に約三百キロ離れ、三方をこげ茶色の山々に囲まれている。機能的な政府の建物が空を覆っているが、周辺一帯も含めて中世の面影を留めた美しい建物も残り、日干し煉瓦の凝った建物が、そびえ立つ岩壁のように日にさらされていた。アタクはシャブワ州の州都で、アウラキの一族が強い影響力を持つ地域でもある。そうした事情もあって、アウラキ

＊2　昼食に招いた客のなかには、南アフリカ共和国出身の黒人青年と、十九歳のソマリア人青年イッサ・フッセイン・バリーがいた。後者は、わたしとワルサメのつながりを利用してソマリアの戦闘に参加した。普段は慎重なＭＩ５も、情報収集網拡大に役立つという理由から、わたしが彼に婚礼費用を送金することを認めた。残念なことに、彼はアル＝シャバーブのために戦っている最中に殺された。まだ新婚だったのに、残酷な大義に殉じた。

はアタクに新たに居を構え、年若い第二夫人と暮らし始めた。

第一夫人とはアメリカで一緒に生活した。彼女はサナアの有力な一族の出身で、高学歴で流暢な英語を話した。強い個性の持ち主でもあり、自分で車のハンドルを握りサナア周辺を運転する。アウラキの鼻をへし折ることもしょっちゅうだった。だから、二〇〇六年にアウラキから二人目の妻を娶ると切り出されたとき、彼女は難色を示した。その妻がまだ十代だと知って、なおさら受け入れがたく感じた。

この結婚はそもそも、アウラキに心服する兄弟二人が、妹を妻に娶(めと)ってほしいと申し出たことで決まった(何と言ってもこれはイエメンの話だ)。彼はこの気前の良い申し出を断るどころか、喜んで受け入れた。和やかな婚礼というわけにはいかなかった。第一夫人の親族は、アウラキが若妻を娶ることに気分を害し、最初の妻の社会的立場がおとしめられると危惧していた。

アウラキは当初、娶ったばかりの若妻を、サナアの空軍士官学校の近くのアパートに住まわせた。そして今回、アウラキとともに――彼女はあまり乗り気ではなかっただろうが――シャブワの荒野に移り住んだ。

アウラキはアタクで、ほとんどの時間をインターネットに費やした。投獄されたことにより、彼の名声は欧米のムスリムの間で高まっていた。釈放の数週間後、アンワルは自らのサイトを立ち上げ、フェイスブックのアカウントを作成した。アメリカとサーレハ政権をはじめとするその同盟諸国は、「イスラムに対する戦いを行っている」と、接続スピードの遅いインターネットカフェで激しい非難を始めた。やがて、六十を超えるメールアカウントを開設して、数十人の信奉者とメッセージをやりとりするようになった。

二〇〇八年二月、アウラキの近況を知るために、サナアからはるばるアタクまで妻ファディアとともに出かけた。彼に会うためにイエメン内陸部に足を踏み入れたのは、このときが最初だったが、最後とはならなかった。この訪問はわたしの提案によるものだったが、PETからもCIAからも了承を得ていた。最初、マリブの部族間抗争（珍しいことではない）を理由に治安当局に行く手を阻まれ、翌日また来るようにと言われた。

ラムラト・サバタインと呼ばれる、風が砂を堆積させてできた巨大な砂丘に沿って、九時間も車を走らせた。ときおり、三、四階建ての日干し煉瓦の建物が、砂ぼこりの中から現れた。歳月にも、風にも、巻き上がる砂にも耐えた建物だ。砂漠の端には、巨大なパンプキンブレッドにも似た何十メートルもの高さの黒い花崗岩がそびえ立っていた。

車の中でも、ジハード主義者のままでいることが大切だった。ナシード（イスラム宗教歌）のCDをかけて、妻は全身をベールで覆った。日没頃にようやくアタクに到着すると、アウラキは新車のトヨタランドクルーザーの中で待ち構えていた。金には困ってはいないようだ。部族の民族衣装を身にまとい、腰にイエメンの剣、ジャンビーヤを差していた。

アウラキと若妻の新居は、イスラム原理主義の期待の新星にはそぐわない気がした。町の中心地区にある質素な三階建ての賃貸アパートで、わたしはその家の慎ましい設備に驚いた。シャイフ・アブドゥル・マジド・アル＝ジンダニなどの聖職者の大邸宅とは大違いだった。禁欲的と言っていいほどの暮らしぶりで、唯一の贅沢は、できるだけ良質の蜂蜜を毎朝欠かさず取ることだった*3。

天井のファンが回転していた――二月でも、外の気温はかなり高かった。アパートの外の通りから、自動車のくぐもった音や、商人の叫び声などが聞こえてきた。

アウラキの新妻とは一度も話したことがなかった。イエメンの保守的な集団では、男女の隔離が徹底されている。しかし、ファディアは彼女と一緒にかなりの時間を過ごした。そして、アウラキのような高名な学者にふさわしいパートナーではないことに、すぐに気づいた。その新妻はまだ十九歳だった。小柄で、とても美人だったが、ティーンエージャーらしくまだ子どもっぽいところもあった。アウラキが釈放されてから三ヵ月しかたっていなかったのに、彼女はもう妊娠していた。ちょうどつわりに苦しんでいるところだった。

アタクは退屈で暑さが厳しく、辺鄙（へんぴ）で保守的な地方にある、辺鄙で保守的な町だと、新妻は感じていた。結婚当初はつらかったとファディアに打ち明けた。結婚式は、第一夫人の敵意のために葬式みたいに感じられたという。長い間、一言も口を利かなかったが、やがて二人の間で折り合いがついた。二人は交互にアタクにやってきて、アンワルと暮らすことにしていた。

息が詰まるようなアパートから抜け出したい、サナアに戻って実家の家族に会いたいと、彼女はこぼしていた。アウラキのことを愛してはいるようだった。だが、彼は読書ばかりしていると、ファディアに漏らした。彼の書斎には、コーランやイスラム法学などの本が、天井までびっしりと埋まっていた。

彼はとりつかれたようにイスラムの教えを研究した。だが、その教えを家庭生活にどう適用するかについては、えり好みしていた。たとえば、新妻のために寝室にテレビを置いた。彼女が夢中になっていた、アラビア語吹き替えのトルコのメロドラマを見られるようにしたのだ。こうした譲歩には驚かされた。アルカイダの過激派の大半は、テレビをハラーム――イスラム法で厳格に禁じられたもの——とみなしていたからだ。彼の妻は家事よりもテレビを優先しているようだった。サナアではメイドが家事をしていたが、この片田舎ではそうはいかない。アウラキが妻のわがままを許して、わたしたちのために台所で食事を作ることが一度ならずあった。

十代の若妻は無学で、内容のある話などほとんどできなかった。ファディアには、アウラキにとって若妻はおもちゃにすぎないように見えたという。その若妻が妊娠中だというのに、妻にする別の女性を見つけてほしいと、アウラキはわたしに持ちかけた。今度はイスラムに改宗した西洋人女性がいいと言うのだ。

わたしたちの話題の大半はイスラムについてだった。アウラキは豊富な知識を持つ、名高い権威だ。その一方で、アメリカで過ごした日々についても話した。コロラドの釣り旅行について、あれこれと思い出を語った。

それからしばらく押し黙り、9・11の同時多発テロに話を戻した。「アメリカは当然の報いを受けたのだ。ムスリムの土地から奴らを追い出さねばならない！」彼の舌鋒は以前にも増して鋭かった。

再び拘留されたくなければサナアには戻るなという知らせが、アウラキに届いていた。イエメンの情報機関からのメッセージは単刀直入だった。「ジハードを呼びかけるな。外国人と会うな。さもなければ、一層厄介なことになる」それを聞いて、わたしは不安に駆られた。アウラキが常に監

＊3　単に好物だったというだけではないだろう。最高品質のイエメン産蜂蜜の販売は、かつてウサマ・ビン・ラディンにより、アルカイダの資金調達手段として利用されていた。

視されているなら、わたしも当局に注視されているかもしれない。それはわたしにとっても、ハンドラーにとっても危険なことだった。

アウラキにあまり深く探りを入れないように気をつけた。彼の言葉づかいは慎重だった。以前よりも用心深くなっていたので、自分の計画をまだわたしに話すつもりはないのだろう。だが、その計画というのも、アメリカとその盟友のイエメン大統領に対して抱く、感情むき出しの敵愾心に駆られたものではないかという気がした。

第十四章　コカインとアッラー

二〇〇八年初め

ロンドンのユーストン・ロードを車が勢いよく行き交っていた。二〇〇八年三月、春がすぐそこまで来ていると感じさせる陽気の日だった。青紫と山吹色のクロッカスの花が、ロンドンの広場や公園を一面に彩っていた。頭上ではヒースローに向かう飛行機が飛んでいる。わたしはイエメンに四ヵ月間滞在して、ロンドンに戻ってきたばかりだった。

道路を渡るとき、キングズクロス駅のほうにちらりと目をやった。二〇〇五年のロンドン同時爆破事件で大量殺害の中心となったところだ。それから三年近くたっても、イギリスの治安当局には、テロの情報を事前につかめなかった挫折感が重くのしかかっていた。二度と窮地に立たされるのはごめんだと決意した彼らは、ルートンやバーミンガム、マンチェスターのジハード主義者についてわたしが握る情報を利用したいと考えていた。だがＣＩＡのほうも、イエメンやソマリアの過激派に関して、わたしの知識を利用したいと考えていた。

ユーストン駅近くのあるホテルで、わたしからの報告を待つ三つの情報機関が集まっていた。わたしはそこで、アタクでアウラキと過ごしたときの詳細を報告した。

その頃CIAチームを率いていたのは、コペンハーゲン支局でナンバー2と目される、三十代後半のジェッドだった。薄い頭髪に赤褐色の無精ひげを生やしたジェッドは、特徴のない顔立ちに、冷徹な青い瞳だけが異彩を放っていた。しかも彼はその瞳をとても効果的に使うので、その鋭い眼差しにわたしは射すくめられた。話を的確に述べ、詳細にメモを取り、完全にビジネスライクだったが、ときおり寸鉄人を刺すユーモアの才を見せた。野心的で、結果を出すことを求めた。ごくたまにかっとなったとき、モールス信号を発するかのように左まぶたがぴくぴく動くことがあった。

アウラキと直接連絡を取るべきだとジェッドが納得すれば、その任務を上層部に進言するだけの権限があった。

そのときの会議では、アウラキの話を除けば、ソマリアのアル＝シャバーブの情報収集について集中的に話し合った。PETは、物資を送ることで、アル＝シャバーブとの間にルートを開拓したいと考えていた。武器関連品ではなく、たとえば浄水器やテント、睡眠用マットなどを送るのだ。面白いことに、イギリス情報機関はハンモックを認めなかった。テロリストは良質の睡眠を取るべきではないとでも考えたのだろう。三つの情報機関がハンモックについて議論するという、何とも奇妙な光景を目の当たりにした。彼らの間であからさまに意見が食い違ったのは、このときが初めてだった。

MI6のマットも、このユーストンでのミーティングに出席していた。イギリスに住む貴重な情報源をアメリカに横取りされてしまうことを、イギリス政府は懸念していたのだ。そこでイギリスはチームをまとめるある種のイベントを企画して、アメリカを出し抜こうとした。その企画は、わたしのアウトドア嗜好に訴えるよう巧妙に計算されており、本気でわたしを競り落とそうとする気概が感じられた。

彼らの最初の一手は、ノースウェールズへのフライフィッシング日帰り旅行だった。いつものようにデンマークのハンドラーも同行した。わたしは本来彼らのために働いているのだ。彼らのほうも、わたしをＭＩ６の人間とだけ、世界のあちこちに送り出すつもりはなかった。

ＰＥＴのクラングは、通販のモデルさながらに、バブアーのジャケット、狩猟用ズボン、タータン・チェックの帽子という格好で現れた。田舎に土地を持つ紳士階級を気取るというアイデアが気に入ったようだ。もっとも、タータン・チェックは英国の別の地方の伝統柄だ。マットは必死に笑いをこらえていた。

クラングは、農場育ちだったおかげでトレーラーという名をつけられたＰＥＴ職員を連れていた。背中の痛みで業務に差し障りが出たブッダの後釜だという。トレーラーの汚れたジャケットは、もちろんブランド物などではなかった。クラングが根っからの洒落者であるのと同じくらい、トレーラーは素朴な性格だった。ユトランド半島の田舎の出身で長身のトレーラーは、かつて一流のハンドボール選手だった。ナイロビのインターコンチネンタル・ホテルでアル＝シャバーブの運び屋に品物を手渡した現場を見守っていたハンドラーの一人だ。

雲一つない春の日だった。デンマーク人コンビが、インストラクターに指南されながら、ディー川でマスを釣り上げられずに四苦八苦しているすきに、マットは二人に聞こえないところで、土手に座るわたしににじり寄った。

「我々は、アメリカの任務できみをソマリアに行かせたくない。もうしばらくイギリスにいてくれ。きみが必要なんだ」イギリス情報機関としては、わたしがすでに築いたソマリアとの接点を保つことはもちろん、国内の市街地での手がかりを探ることを望んでいた。

それからしばらくして、スコットランドのアビモア付近の立派なカントリーハウスで、再び野外活動が行われた。MI6の車がインバネス空港までわたしを迎えに来てくれた。ネス湖を通り過ぎて四十分ほど走ったのち、小高い森林にひっそり建つカントリーハウスに到着した。

マットが階段のところで待ち構えていた。彼の隣に、人目を引く三十歳くらいのブルネットの女性が佇んでいた。マットがほかの任務に異動になるので、今度は彼女がわたしのハンドラーになるという。彼女の名はエマ。背が高く引き締まった体つき、高い頬骨に透き通るような肌をしていた。自然に備わる上流階級のアクセントで話し、冷静沈着な性格に見えた。彫りの深い顔立ちと大きな笑みは、女優のジュリア・ロバーツを彷彿とさせた。

「ようやくお会いできましたね」そう言って笑顔を見せた。

研修旅行（リトリート）の間、祖母がスウェーデン人で、自分もスウェーデン語を話せるとエマは明かした。デンマーク語で話しかけてみると、彼女は笑いながらスウェーデン語で答えた。デンマーク人ならスウェーデン語は大体は理解できる。互いに打ち解けるきっかけとなった。

このときも、PET職員とMI5のアンディは参加したが、CIA局員は招待されなかった。彼らは憤ったにちがいない。二日間のリトリートの目玉は、英国陸軍特殊空挺部隊（SAS）の専門家による山岳ナビゲーションや懸垂下降、サバイバルスキルの訓練だった。その専門家はロブという名で、イラクの秘密任務から戻ったばかりだった。

心理学者も参加していた。ルークという名の、こざっぱりした、四十代半ばの高学歴のスコットランド人で、青灰色の瞳を持ち、穏やかな口調で話した。きちんと整えられたあごひげのためか、実際よりも年上に見えた。彼の任務は、前線に立つ情報屋としてのわたしの柔軟性や適性を把握することだった。英国情報機関のおかげで、自分の腕が急速に上がってきたと感じていたところだ。イギリスはさりげなく懇願しているが、出しゃばらない程度に頑固だった。彼らと仕事をしたほうがいいと思った。互いに真摯に責任を果たせるはずだ。しっかりとした訓練も支援も受けられる。ただし、言うまでもなく、いずれＣＩＡに干されることになるだろう。

英国と米国の情報機関の間で目に見えて緊張が高まってきたとき、ＰＥＴに助言を求めた。これは大間違いだった。彼らはＣＩＡに金のにおいとチャンスを嗅ぎつけた。

「アメリカともっと仕事をしたほうがいい。そうすればもっと金が入る」とクラングから言われた。

心中に葛藤が生まれた。マットやアンディやエマ、その他二人の英国人職員は良い仲間であり、誠実で知的だった。官僚主義と規制でがんじがらめだが、彼らはプロだった。

イギリスの特別待遇に対してアメリカは、デンマークのリヴィエラとも言われる沿岸リゾート地ヘルシンゲルで対抗した。ヘルシンゲルで一番有名な観光名所は、クロンボー城だ。ルネサンス時代に建てられた城で、シェイクスピアはこれをエルシノア城として『ハムレット』の舞台に登場させた。未来のジハードの王子たるアウラキに対する陰謀を企てるには、ふさわしい場所だ。

ＣＩＡとのミーティングの最後に、ジェッドはわたしを呼び寄せた。

「奥さんをハネムーンに連れて行っていないんだろう？」冷徹な青い瞳が一瞬柔らかい光を帯びた。

「ああ。実はここ二年ほどそんな時間はなかった」

「なら、わたしたちからの贈り物だと思ってほしい。行きたいところを教えてくれ。そうしたら、こちらで手配するよ」とジェッド。

うれしかった。彼らはわたしを重んじてくれる。もしかすると、何かと左右されやすい情報源の忠誠心を勝ち取るために、これはよく用いられる策略なのかもしれない。英国情報機関から受けたもてなしを考えると、タイミングのよい意思表示だった。もう一度タイを訪れて、くつろいだ時間を過ごすのもいいかもしれないと思い始めた。

PETとMI5、MI6から与えられる任務は、次第に厳しく、危険になってきた。話のつじつまを合わせる必要があった。親切にもわたしのカモフラージュに協力してくれたのは、おしゃべりで頭の弱い、ボスニア系デンマーク人のアドナン・アヴディッチだった。わたしが過激主義を信奉していた頃の知り合いだ。アヴディッチは、テロ事件で無罪判決を言い渡されるまで勾留されていた[*1]。

ある日の午後、わたしはトヨタの新車を運転して、コペンハーゲンの外れで彼を拾った。策略の一環としてPETが借りてきた車だったが、アヴディッチはわたしの車だと思い込んだ。

「いい車だな、ムラド！　高かっただろう」車中の会話はすぐにジハードの話題になった。

「届けなくちゃならないものがあるから、ちょっと回り道するぞ」

彼が好奇心に駆られることはわかっていた。

「何なんだ？」

「大義に役立つものだ。誰にも言うなよ」

それから口をつぐみ、四方をこっそりうかがう素振りをした。

「グローブ・ボックスを開けてみろ。でも、触るなよ。指紋がつくから」

アヴディッチは、白い粉の入った小袋を見て、目を丸くした。

「マジかよ――ムラド、これは本当に許されるのか？」

「ファトワー（勧告）がある」わたしは答えた。

それが小麦粉と砕いたろうそくを混ぜたものだとは、彼には知る由もなかった。

待ち合わせ場所の少し手前で、車を停めた。

「車から降りて、ここで待ってろ」とアヴディッチに指示した。

茶色のボマージャケットを着た男が、角に立っていた。わたしは袋をその男に渡した。アヴディッチがこの取引を見ていたにちがいないと思いながら、車に戻った。

袋を手にした上級ハンドラーのソレンは、反対方向に立ち去りながら、にやりと笑みを浮かべた。彼は間違いなく、街角の麻薬売人役のゲスト出演を楽しんでいた。

手にする報酬について疑問を抱かれないように、イギリスでもＭＩ５が隠れみのを用意してくれた。バーミンガムでの完全認可のタクシー運転手の身分だ。しかも、革シートのメルセデスのミニバンまで購入してくれた。

わたしは、パキスタン系のビジネスマンが経営するアラムロック・タクシー会社で働き始めた。

＊1　アヴディッチは、ボスニアで発覚したテロ計画との関与を疑われ、二〇〇五年に逮捕された。陪審は有罪を裏づける十分な証拠があると判定したが、数日後、三人の裁判官はこれを認めず無罪判決を下した。

経営者の息子のサリムとは、ルートンで開かれたアル＝ムハージルーンの集会で会ったことがある。サリムは、ＭＩ５の捜査対象者だった。わたしがそこで働けば、サリムのバーミンガムでのパキスタン系過激派の人脈に近づけるのでないかと、ＭＩ５は考えたのだ。英国治安当局は、パキスタン系イギリス人の若者層に、とくに大きな懸念を抱いていた。国内で企てられた陰謀に、パキスタン系の若者が関与した例がいくつかあった。なかには、パキスタンのアルカイダ軍事訓練キャンプで爆弾製造の研修を受けた若者もいた。

だが、パキスタン系イギリス人の過激派に入り込むのは難しかった。彼らは他民族や他国のムスリムを警戒していた。とくに、改宗者に対して不信感を抱いていた。イエメンの砂漠を横断したわたしにとっては、バーミンガム周辺の運転はことのほか退屈だった。やがて、タクシーの運転は自分に向かないとＭＩ５に訴えた。

バーミンガムの生活には、あまりよく適応できなかった。ファディアを連れてイギリスに戻ったあと、アラムロックのワトソン・ロードという殺風景な通りに面した公営住宅に移り住んだ。このうえなく気が滅入る住まいだったが、タクシー運転手を隠れみのとする以上は仕方なかった。通りには注射器が捨てられ、ゴミが散乱していた。パキスタン系イギリス人のギャングの若者たちがうろつき、刃傷沙汰になることもあった。この辺のくず（ラット）は猫よりも大きいと、ファディアは不満をこぼした。こんなところは彼女にふさわしくない、もっといい暮らしをさせられると言いたくてたまらなかった。生活レベルが落ちたせいで、わたしたちの間には壁ができていた。しかし、彼女とわたしの身の安全のために、ここで暮らす本当の理由を明かすことはできなかった。

ファディアがヨーロッパに戻れたのは、情報機関が取り計らったおかげだった。もちろん、本人はまったく知らなかった。ＰＥＴが約束通り手を回して学生ビザが発行され、ファディアはデンマークに戻れた。次いで、五年間の欧州居住許可証が、コペンハーゲンのイギリス大使館で発行された。女王陛下の情報機関のおかげだ。

わたしの頼みの綱は、ハンドラーたちと連絡を取る携帯電話だった。彼らだけが、わたしの密かな目的を知っていた。クラングと毎日数回は話した。情報や意見をやりとりしたが、二人とも言葉や言い回しには常に気を配った。ＭＩ５のハンドラーは週に数回電話をかけてきた。たいていは、会う手はずを整えるためだった。

差し迫った仕事がないときにも、なかなか頭を休めることができなかった。ファディアに同じ質問を何度かされて、ようやく答えることも多かった。心ここにあらずだ。書かなくてはいけないメールや、ジハード主義者のネットワークを広げる方法について、頭の中で考えたりしていた。週末に子どもたちの相手をしているときでさえ、一心に集中できなかった。スパイという仕事に首までどっぷりつかっていた。

ある晩、ファディアと一緒に、ジョージ・クルーニー主演の『シリアナ』という映画を観た。中東を舞台にしたサスペンスだ。わたしはすぐに夢中になった。信じがたいようなエピソードも、スパイ活動のノウハウを再現したシーンも理解できた。だが何より、登場人物の間の不信感に共感した。画面を指差して、「おれと同じだ」とファディアに言いたくてたまらなかった。それができないことは重々わかっていた。

この頃、イギリスの片田舎までたまに長時間ドライブをした。メタリカのＣＤをかけて音量を上げ、深呼吸した。外を歩き回ったあとに、地元のパブに立ち寄ることもあった。ビールを一杯ひっかけ、常連客とおしゃべりをした。ムスリムはそんな場所に入り浸ったりしないだろう。わたしにとっては、ほんの数分間でも仮面を外せる貴重な時間だった。

バーミンガムの過激派がみなほら吹きだったわけではなかった。ほどなくして、今にも爆発しそうな人物と出会った。パキスタン系イギリス人で、サヘールという名前しか知らない。二十代後半で、筋骨たくましく、いつもジャージを着ていた。スポーツ刈りでひげをきれいに剃っており、ハンサムだったが、その目はいつもトラブルを求め、体はケンカをしたくてうずうずしているように見えた。すでに前科があった。十代の頃に武装強盗で服役刑を受けて、ようやく出所したばかりだった。

サヘールとは、バーミンガムで積極的に活動する過激派を通じて、アラムロックのモロッコ菓子の店で会った。刑務所で過激思想に染まるムスリムの若者が急増しているが、サヘールもその一人だった。ほかの者と同じように、彼もおそらく贖罪を求めたのだろう。サヘールは無口だったが、行動を起こしたがっていた。わたしがアウラキと知り合いで、最近もイエメンで会ったことを明かすと、彼は心の内を語り始めた。

「ブラザー、おれたちは不信心者（カーフィル）に反撃しなくてはいけない」二人でムスクータ（ヨーグルトの入ったケーキ）を食べているとき、サヘールは言った。

店を出て、霧雨の降る夕暮れの町に出たとき、サヘールはアーモンド形の目に真剣な光を湛えて、わたしを見た。

「ムラド、おれは殉教作戦を実行に移したい。インシャー・アッラー（アッラーがお望みであったら）」

彼の言葉にすぐには答えられなかった。本気なのか？　こちらを試しているのか？　あせらずに、最後まで話を聞こうと自分に言い聞かせた。否定的な態度も、協力的すぎる態度も見せないようにしよう。MI5の心理学者ルークのアドバイスを思い出そうとした。

「何かアイデアはないか？　デンマークの新聞が預言者ムハンマド──彼に平安あれ──の絵を載せただろう。その新聞社の警備について何か知らないか？」とサヘールは尋ねた*[2]。

「調べてみよう」

「デンマークで武器を入手できないか？」

「ああ、それならできる」わたしはバンディドス時代のことを少し話した。

「わかってもらいたいんだが、おれはこの攻撃で死にたいんだ。撃たれて死ぬことを望んでいる、フィー・サビール・アッラーフ（神の道において）」

サンシャインに電話しなくてはと思った。

サンシャインとは、MI5の上級ハンドラーであるアンディの部下で、わたしの主な連絡窓口だった。クラングたちが彼女にこのニックネームをつけた。とにかく明るいからだ。二十代半ばから後半くらいで、まだ修業中の身だったが、上層部まで行ける実力の片鱗がうかがわれた。それに、生真面目な性格だった。仕事が終わったあとで一杯飲んでいるとき、クラングが彼女の足に手を置いたが、大声を上げられたので、クラングは大慌てで手を引っ込めた。

マットみたいにラテン語の詩の引用はできないかもしれないが、サンシャインは人の表情を読む

＊2　デンマークの新聞とは「ユランズ・ポステン」紙のこと。二〇〇五年九月、預言者ムハンマドの風刺画を掲載して物議を醸した。

ことが得意だった。髪をブロンドに染めていて、親しみやすいタイプの美人だ。もしかすると、他人を安心させて警戒心を解くために、わざと普通っぽくしようとしていたのかもしれない。

「ミーティングを設ける必要がある」その晩遅く彼女に電話した。

「了解（ロジャー）――では午前十一時に」そう言って電話を切った。サンシャインは軍隊的な言い回しを好んだ。

翌朝、待ち合わせ場所に指定されたバーミンガムの外れにあるセインズベリー・スーパーマーケットの駐車場で、彼らを待っていた。言うことを聞かない子どもを連れてショッピングカートを押す、イライラした母親たちを車中から眺めた。

電話がかかってきた。

「駐車場の端まで歩いてください。赤いボルボが見えるでしょう。そのまま歩いて。拾いますから」

ぴったりのタイミングで、換気装置を屋根に搭載した白いバンが滑り込みすぐ側に停まった。いつもの笑顔を浮かべたサンシャインが車の中にいた。

「後ろに乗って」

バンの後部座席には窓がなかったので、どこに向かっているのかわからなかった。四十分後、目的地に着いた。もしかすると、すぐ近くの場所だったのかもしれない。

鎖や機械のきしむ音が聞こえた。車庫の扉が上がったのだろう。運転手――わたしには顔が見えなかった――がエンジンをふかして、車を中に進めた。扉がガラガラと降ろされた。

「クリア！」前の座席に座るサンシャインが無線機に言った。男が車のドアを開けた。彼の名はケヴィン。ＭＩ５のアンディのチームの一員だった。まだ二十代だろう。

どうやら巨大な倉庫の中にいるようだ。ＭＩ５の司令センターの一つだろう。建築事務所になった印刷所といった趣だ。壁にはポスターが貼られ、何列も並んだ作業台を、高い天井からつり下げられた電灯が照らしている。とてもハイテクとは言えなかった。テクノロジーと言えるのは、インターネット接続とパソコン数台、それだけだった。

隅にガラスで仕切られた小さなオフィスが設けられ、テーブルと数脚の椅子が置かれていた。アンディが待ち構えていた。サンシャインとケヴィンはアンディに主導権を握らせた。わたしはサヘールとの出会いについて報告した。

「その男と接触を続けてくれ」話を聞いたアンディは指示した。サヘールの意図が明らかになるにしたがい、報告会が数回開かれた。

サヘールは警戒心がとりわけ強かった。ＭＩ５にとって、彼はさまざまな点でこのうえない悪夢だった。何しろ、抜け目のない前科者が、殉教を望むジハード主義者になりつつあるのだ。屋外でわたしと二人きりのときだけ、サヘールは自分の計画を話した。わたしたちはよくアラムロックの公園を時間をかけて散歩した。携帯を持ってきてはいけないとサヘールから念を押されていた。一緒に外出するたびに、何か機器を身に着けていないかボディチェックされた。

「万一のためだよ、ブラザー」サヘールはそう言った。

「あいつは危険だ。完全にサイコだ」次の報告会でアンディに伝えた。「いったいどうしたらいいんだ？　あいつはこの件をおれにしか打ち明けていないんだぞ」

「とにかく接触を続けるんだ」アンディの声に不安がにじんだ。

サヘールの計画の標的を考えれば、デンマークのハンドラーが報告会に姿を現しても驚きはしなかった。

「首相にこの件を報告した」とクラング。「きみの貢献に上層部は本当に感謝している」

このときばかりは、クラングも大真面目だった。

だがわたしの見たところ、まだ問題があった。デンマークの新聞社をつぶすというサヘールの一貫した計画以外、何も証拠がない。彼はその計画をわたしに打ち明けただけで、計画を裏づける記録もない。逮捕や起訴に必要なものが何もなかったのだ。あるのは伝聞証拠だけなので、わたしが彼を罠にはめたことがばれるおそれがあった。そこでわたしは、武器購入資金や計画に関して彼が抱いていた懸念を利用し、ある行動に打って出た。

「シャイフ・アンワルは、ブラザーのジハードを支援するためなら、ドラッグの販売も認めている」次に会ったとき、公園を歩きながらサヘールに話した。「条件の第一として、不信心者とその社会を滅ぼすこと。第二として、その金をムジャーヒディーンに送ること」

サヘールは興味を示した。

「そうすれば、売上の五分の一は、戦利品として自分の手元に残してもいい、アッラーがお望みであったら」

「ムラド、それは本当なのか?」サヘールは目を丸くした。

「ああ、シャイフはわたしにファトワーを授けられた」似たような話がデンマークの過激派の間で広まっているはずなので、彼が調べたとしても問題はなかった。

サヘールを犯罪の世界に逆戻りさせるようなやり方を、ＭＩ５のアンディは快く思わなかった。

「犯罪をそそのかしてはいけない。いったい何を考えてるんだ？　わたしたちに確認もせずに、そんなことをしてはダメだ」アンディは詰問した。

「その場で思いついたんだ――でも、ほかにあの男を逮捕できる見込みはあるのか？」わたしは言い返した。

アンディは、ケヴィンとサンシャインを伴いガラス張りのオフィスに行き、何本か電話をかけた。

部屋から出てきたとき、アンディの機嫌は良くなっていた。まだいらついてはいたが、この機会を受け入れたようだ。

「わかった、わかった。そう言ったのなら、どのみち手遅れだ。我々ができることはあまりない」

その後まもなく、サヘールが訪ねてきた――シルバーのレクサスに乗って。ドラッグを売ったのだと、ぴんときた。この世での最後の日々を楽しみたいにちがいない。

二人で公園に行った。雨の中、アヒルの池に向かって歩きながら、さぞかし奇妙な二人連れに見えるにちがいないと思った。

「金は手に入れた。武器のほうは頼むぞ」とサヘール。

できるだけ何気ない風を装って、つけられているかどうか確認するために辺りを見回した。ＭＩ５がサヘールの一挙一動を監視していることはわかっていたが、とりあえずわたしたち二人しかいないようだ。アヒルがせわしなく鳴き声を上げている。何とも現実離れしている気がした。

「ブラザー、二人で行こう。使命を果たそう。デンマークでその現場に一緒にいてもらいたい」

「いいとも、ブラザー」と答えながら、自分の言葉が説得力に欠ける気がした。

サヘールはわたしを抱きしめた。「これが一番なんだ、ムラド。本当に。おれたちは殉教者になるんだ。いいか、こんなに素晴らしいことはないんだ」

もしこのときの二人の姿を見ている人がいたら、あらぬ誤解を受けたかもしれない。

「そうだ。楽園が待ってる。おれたちはムジャーヒディーンだ。これこそおれたちの戦いだ」あらんかぎりの説得力を持たせて答えた。

サヘールはわたしに一緒に死んでもらいたいのだ。どうやって逃れたらいい？

次の報告会にはクラングが出席していた。デンマーク政府としては、サヘールがデンマークに入国するかなり前にこの計画を食い止めたいと考えているという。

「デンマークに来たら、我々は彼を殺すことになる。彼を撃つことになる」

それは虚勢だった。デンマークの法律では、裁判なしの即決処刑は認められていないはずだ。

「わたしたちは彼をずっと追っている」ＭＩ５のケヴィンはわたしに言った。「サヘールは確かにドラッグを売っている。でも、自分ではまったく使っていない」

「我々を信用してもらいたいものだね」アンディはクラングに言った。

「二週間後にデンマークに行きたい」次に会ったとき、サヘールは言った。銃と弾薬を購入したいので、デンマークの地下組織に再び連絡を取ってほしいと頼まれた。

出発の日が刻一刻と近づいていた。なのに、ハンドラーから何も連絡がないままだった。

イエメンで荒れた危険な地を旅し、レバノンで重装備の兵士たちとドライブしたこともあるわたしだが、このサイコパスと一緒に母国に行くことを考えると、夜も眠れなかった。

出発予定の一週間前、バーミンガムの街頭でドラッグを売ったとして、イギリス警察はサヘールを逮捕した。初犯ではなかったので、長期刑が言い渡された。この作戦の利点は、サヘールが投獄されてからも、わたしが情報機関のために働いていると知られないことだ。だが服役中、バーミンガムの刑務所で、サヘールはジハード戦士たちに恐ろしい影響を与えることだろう。その後、得体の知れないサヘールについて口にする者はいなかったし、彼の本名を知ることもなかった。

サヘールを無事に塀の中に送り込んでから、アウラキを訪問する計画をハンドラーたちと立て始めた。

第十五章　聖職者のテロ

二〇〇八年春－秋

二〇〇八年四月、アンワル・アル＝アウラキにメールを書き、近いうちにイエメンに短期滞在するつもりだと伝えた。

アウラキはすぐに返事をよこし、特別な頼みがあると言ってきた。

「チーズとチョコレートを頼む」

アウラキがプラリネ・チョコレートを好きなことは知っていたが、いくつか聞かなくてはいけないことがあった。「シャイフ、洋酒風味のチョコレートを食べることは認められますか？」

返事が来た。「いや、認められない。アルコールがすっかり飛んでいたとしても、それは不浄（ナジス）であり、ナジスがチョコレートと混ざっているからだ」

聖なる書には洋酒入りチョコの答えもあるわけだ。

わたしはアルコールの入っていないチョコレートを持って行くと約束し、少々の追従（ついしょう）も書き加えた。

「昨日バーミンガムである店に入ったら、店主がシャイフの講義を聴いているところでした……店主が言うには、ほかの人はもう信用できないので、あなたの講義しか聴かないそうです。ハハハ、マー・シャー・アッラー（アッラーが望みたもうたこと）。わたしは大笑いしました。とてもうれしくてたまりませんでした。ここイギリスでもデンマークでも、あなたはみんなから愛されています。あなたは素晴らしい仕事をされて、人々の心をつかんでいます。マー・シャー・アッラー、アッラーのお恵みがありますように」

二〇〇八年五月十三日、わたしはファディアと一緒にサナアに降り立った。飛行機から出たとき、暖かく湿った空気を胸いっぱいに吸いこんだ。肌寒くどんよりしたバーミンガムから逃れられてうれしかった。ファディアもアラムロックから離れられて喜んでいたし、大好きなおじとの再会を楽しみにしていた。彼女は、わたしがアウラキを崇拝していることを知っていた。デンマークでの精神的危機を目の当たりにして以来、彼との関係には、わたしを安定させる効果があるとみなしているようだった。

アウラキから、イエメン南部の港湾都市アデンまで会いに来るようにと言われた。彼は密かにアタクを離れて、身重の妻と一緒に、アデンに数週間滞在していた。魚市場の近くにあるレストランで昼食を一緒にとることになった。入口のところでアウラキを抱きしめて、チョコレートを渡した。

彼は何度も礼を述べた。

「妻たちは別の場所で食べる。彼女たちのメニューはこちらで注文しよう」とアウラキ。これはごく一般的なことだ。

アウラキの妻とファディアは〝家族用セクション〟に姿を消した。アウラキの妻はその頃妊娠六ヵ月だった。

　昼食の間、わたしはアウラキが抱く構想についての話題は避けた。このときの面会では、信頼を構築することのほうが大切だと思っていた。アウラキは釈放直後よりも落ち着きを取り戻しているように見えた。目立たないように気をつけていたが、隠れているわけではなかった。イエメンでは典型的な手法のようだ。ここでは、了解、間接的な警告、制限が存在する。アウラキはアデンで、裕福なビジネスマンの庇護を受け、住まいも提供してもらっていた。

「ブラザー、わたしはここのところ、たくさん執筆をこなし、長時間思索にふけっているよ」そう言って後ろにもたれ、あの米艦コールが襲撃されたアデン湾を見渡した。

　このときの執筆と思索はやがて実を結んだ。蒸し暑い夏が近づく頃、アウラキは欧米の信奉者に向けて二つの講義を録音した。

　一つは、「心の闘い」という題名で、アメリカ政府がイスラム〝穏健派〟に権限を与えようと力を注いでいることを激しく非難した。

　もう一つの「砂ぼこりは決して治まらない」という講義は、パルトークというネットのボイスチャット・フォーラムで、ライブで行われた。長引く風刺画騒動に真っ向から取り組んだ内容だった。アウラキは世界中のムスリムに迫った。

「あなたはどれほどの関心を寄せているだろうか？　わたしたちはどれほどの関心を寄せているだろうか？　使徒（ラスール）の名誉に関して、イスラムの名誉に関して、コーランに関して、どれほど真剣に考えているだろうか？」と、問いかけた。

「わたしたちはガンジーの信奉者ではない……イブン・タイミーヤは、アッラーの使徒を罵る者を殺すことは義務だと述べている」

アウラキは激しい議論を呼ぶ話題を取り上げた。当時、スウェーデンの画家が預言者ムハンマドを犬に模して描き、イスラム世界の怒りを煽っていた。穏やかに明快に怒りを述べるアウラキの話は、欧米の急進主義者の心の琴線に触れた。この講義はオンラインで広く出回った。

アウラキはイスラム主義者の世界で第一人者となった。西側の情報機関は、彼の講義が欧米のテロ裁判でかなり頻繁に登場するという事実に気づきつつあった*[1]。

大義に資金面で貢献したい者、自らの行為の倫理的正当性を探す者、スポーツ監督さながらテロリストに檄を飛ばしたい者にとって、アウラキのオンライン講義は欠かせないものになっていた。アウラキは理念の力を利用することができた。だがまもなく、預言者の名誉を回復するために、それ以上のことをしたいと考え出したようだ。

二〇〇八年初夏、バーミンガムに戻ったわたしはMI5に協力して、このイギリス第二の都市で急増する過激派グループを監視していた。そんな折、アウラキが共有アカウントに下書きメールを残した。お決まりの挨拶とアッラーへの称賛のあとに、本題が続いた。アウラキは、ムジャーヒディーンに支給する物資が欲しいという。ソーラーパネル、暗視ゴーグル、浄水器などがリスト

＊1　アウラキのビデオの熱心な視聴者には、二〇〇六年にカナダでテロ攻撃を企てたトロント18という人物や、同年にトランスアトランティック航空機爆破計画を企てたイギリスのアルカイダ下部組織などがあった。二〇〇七年にニュージャージー州のフォート・ディックス基地攻撃の首謀者のなかにも、アウラキの説教の熱心なファンがいた。

アップされていた。現金の要求もあった。ヨーロッパのモスクで資金を募ってはどうかと提案し、二万ドルあれば大変ありがたいと書いていた。賢明にも、戦闘に用いられるとわかる物は、何一つ要求していなかった。だが彼は、アルカイダに欠けているインフラをしっかり把握していた。いったい誰がこの購入リストの作成に手を貸したのだろう。アウラキからの要求に対して、ハンドラーたちは驚くとともに危機感を募らせた。その当時、独りよがりのアナリストほど、アウラキをほら吹きとみなしていた。わたしの知る情報機関職員も、彼が口先でジハードを鼓舞する以上の存在になると予想した者はほとんどいなかった。

「あの男は危険だと言っただろう?」この件についての話し合いで顔を合わせたとき、ジェッドに言った。

ジェッドはすべきことを心得ていた。現金約五千ドル、それにリストのうち何品かを渡すこと。この決定は、CIAと英国情報機関の間に一層の摩擦を引き起こしたと、PETのハンドラーから聞いた。英国情報機関の高官は、高額の現金を渡すことをためらった。マスコミに知れたら、テロリストに資金を与えたと非難されると、神経質になっていた。ソーラーパネルならいいが、現金(とハンモック)はダメ。MI6は五百ポンドまでしか出せないと上限を明らかにした。

ジェッドはこうした細かい点に我慢がならなかった。コペンハーゲンで開かれたMI6不参加の打ち合わせで、百ドル紙幣で現金を差し出した。

「持って行け」

準備が整うと、下書きメールでアウラキに連絡した。

「プレゼントがあります」

二〇〇八年十月二十三日、妻とともにサナア空港で税関の列に並んでいた。わたしは不安だった。荷造り用の丈夫なビニール紐で縛った大きなスーツケースには、スポーツバッグが入っている。そのスポーツバッグには、小さなソーラーパネル、暗視ゴーグル、携帯用の浄水器、それにノートパソコンが入っていた。

自信たっぷりに話そう。そう自分に言い聞かせながら、税関のカウンターに近づいた。擦り切れた制服に汗をにじませた、くたびれた風貌の中年職員がいた。うだるような暑さの中、いかにもだるそうに、イエメン人がよその裕福な土地から持ち帰った品物に、次から次へと対処していた。

イエメンの税関職員が、仕事熱心で洞察力に優れているという評判はない。中身を見られたとしても、怪しい品だと思われないことを願っていた。今にその答えがわかる。

「それを開けるんだ」職員はビニール紐を指差した。

「ナイフか何かがいる」わたしはアラビア語で答えた。

職員はいやいや椅子を立ち、のろのろと脇の部屋に向かった。わたしは精いっぱい平然とした態度を装った。

こんなときは何も言うなと言われていた。ジェッドの指令は単純だった。

「どんなことがあっても絶対に西側の情報機関のために働いていると言ってはいけない。悪党の仕事に荷担していると思われたとしても、そう思わせておけばいい。外交ルートを通じて解決するからこっちに任せろ」

税関職員は手ぶらで戻ってきた。

「行け」

幸運だった。これが今回の任務にとって吉兆になるといいと願った。

前年のナイロビでの作戦から、アルカイダの支部で慢性的に物資が不足していること、地元では入手困難か高額な品があることはわかっていた。そうした品々を提供すれば、支部のメンバーや計画を把握できる可能性が高まる。ＡＱＡＰの前身であるイエメンのアルカイダは、その頃アルカイダの支部で最も活発な組織となっていた。わたしがアウラキに物資を届けた前の月、イエメンのアルカイダは、サナアの米大使館に自動車を用いて自爆テロを実行した。十人のイエメン人が死亡した。この事件は、イエメンの治安当局に大きな不安を与えた。

アウラキに接触する前の数日間、わたしは何も行動をせずにおとなしくしていることにした。アウラキのもとに行くには、ファディアを同行しなくてはならない。ヨーロッパの白人が一人ではるばるイエメン南部の不毛地帯を運転するなど論外だった。アンワルのもとに田舎仕事に役立つ荷物を届けるとファディアに告げた。

「その帰りに、タイズの親戚のところに寄ってはどうだ?」

自分の親族に会いたいというわたしの言葉を聞いて、彼女は密かに喜んだ。

サナアに到着して一週間もしないうちに、アウラキからショートメールが届いた。まずアデンを目指して南に向かい、アデンに着いたらメールをよこすように、そこで次の指示を出すとのことだった。彼は以前にも増して警戒を強めていて、最後の検問所を通過してから待ち合わせ場所を指定すると言われた。そのうえ、アメリカの音声認識ソフトに識別されるかもしれないので、電話を使いたくないという。アウラキは実際以上に、自分がアメリカの標的になっているとみなしていた。

夜が明けてすぐに出発した。サナアを出ていくつか検問所を通過するうちに、トランクに隠した品物が気になり始めた。アルカイダの活動が盛んな地域に向かっている。熱心な警官に暗視ゴーグルが見つかりでもしたら、いくらか説明が必要になるだろう。

タイズ方面に向かって南下する旅路は、とても印象的だった。サナアの台地からしばらく道を下ると、やがてイエメン高地が目に入ってくる。タイズでは、十月で雨季が終わりを告げる。山々は朝霧に包まれていた。

その夜アデンで宿を見つけてから、アウラキに再びショートメールを送った。沿岸道路を走るようにと指示された。難関の検問所を避けるために、わたしたちは極端にU字型となるルートをたどっていた。このややこしい旅路を、イエメンではよくある不便なことだと、ファディアは受け入れていた。もし車を止められて質問されたら、アタクの友人に会いに行くとファディアが説明することになっていた。しかし、どういうわけか――おそらくアデンはサナアよりも世俗的だからだろう――沿岸路で車が調べられることは少なかった。

翌朝、海の近くにある青々としたオアシスをいくつか通り抜けた。ラクダが道の脇を悠々と歩き、海風で曲がった電信柱が、がらんとした海沿いの平野を背に、マッチ棒みたいに立っていた。沿岸を離れて山道を登れ、という最終指示を受け取った。目の前に広がるとても足を踏み込めない山岳地帯を一瞥しただけで、アルカイダがここを本拠地にした理由がわかった。

待ち合わせ場所は、シャブワ州の人里離れた村落付近だった。辺り一面の頁岩（けつがん）が地平線まで広がり、やがて険しいゴツゴツした山脈に連なる。十月末だというのに、真昼の暑さのせいでもやが揺らめいていた。こんな不毛な一帯にも、わずかながら草や灌木が根づいているのには驚かされた。

ラウダルという町の周辺ではとくに神経をとがらせた。部族による暴行や誘拐が発生しており、イエメンでも中央政府の手がほとんど届かない地域だった。

数時間車を走らせたのち、ようやく待ち合わせ場所の近くまでやってきた。山に囲まれた平坦な干上がった谷間だ。荒涼とした風景にも不気味な美しさが漂っていた。

アウラキに言われたコンクリートの建物が目に入ると、ほっとした。キャンヴァストップの薄汚れた車が少し離れた場所に停まっていた。その中にアウラキがいた。ふさふさとした真っ黒なあごひげを生やし、カラシニコフを握った若いボディガードもいた。車を停めて、ファディアを車中に残したまま、そちらに歩いて行った。アウラキが出てきて、わたしをぎゅっと抱きしめた。

「アッサラーム・アライクム（あなたに平安あれ）、ブラザー（アヒー）、やっと会えたな！」そう言って続けた。「これは甥のサッダームだ」

アウラキはビン・ラディン風に、ローブの上から緑色の迷彩色のジャケットを着ていた。イエメンの儀式用の短剣とリボルバーをベルトに差し、カラシニコフを肩からつり下げていた。

わたしは驚いた表情を見せないように努めた――説教師が戦士になっていたとは。

車に戻り、ノートパソコン、暗視ゴーグル、ヘッドライト、マッチ、ムジャーヒディーン用のサンダル、ソーラーパネルなどの詰まったスポーツバッグを取ってきた。それから、アウラキとともに、道路脇にぽつんと立つ木の陰まで歩いた。何キロもの道のりで、これ以外一本の木も見かけなかった。だが、この木は木陰を作る以上の役割を果たした。アルカイダの指導者は戦闘員に、無人機がイエメンに配備された場合には、木をシェルターとして利用するようにと指示していた。米軍は当時すでに、パキスタンの山岳地帯で無人機を利用していた。

イギリスのハンドラーの指示通り、ソーラーパネルをマップリン電気店で購入した。その後、彼らからパネルの仕組みについて説明を受けた。ノートパソコンについては裏話がある。バーミンガムのMI5の倉庫で、技術者から一台のノートパソコンを渡された。外見はそっくりだが、いくつか〝修正した〟部品に入れ替えたという。専門家でも、彼らがインストールしたプログラムを見つけられないだろうということだった。ネット接続時のノートパソコンのWiFiの信号や、アップロードされたデータを通じて、アウラキの居所を突き止めるためなのだろう。

ところが任務前の最後の打ち合わせで、デンマークのハンドラーから、イギリスが用意したパソコンをCIAが用意したものと交換すると言われた。わたしはアウラキの〝軍事的ステータス〟を、CIAに知らせてあった。そのため、彼の追跡がアメリカにとって優先事項となったのだ。CIAは権力を笠に着て、自分たちの主張を通そうとしていた。

わたしはアウラキにノートパソコンやその他の物資を渡し、ソーラーパネルの機能を説明した。五千ドルも渡した。

アウラキは何も言わずに金を胸ポケットにしまった。それしか持ってこなかったことにがっかりしているらしかった。とはいえ、彼の要求を一度にすべて満たさないほうが賢明だろう。何と言っても、わたしは生活苦にあえぎながら奮闘するジハード主義者なのだ。

「アルハムドゥリッラー（アッラーに讃えあれ）、ブラザー、それしか集められませんでした」

十五分ほど木陰で話してから車に戻り、ファディアに声をかけた。

「アウラキから食事をしていくようにと言われた。一緒においで」わたしたちは近くの建物に向かった。そこはレストランだったが、まだ建設途中で、真っ直ぐに建っているのが不思議なくらいだった。

入口に立つ二人の男が、わたしの赤茶けた髪とひげを怪訝そうに見た。ここは山賊が支配する地域だ。同じイエメン人でさえ、よそ者なら身代金目的で誘拐される。でも、わたしたちはアウラキと一緒にいるのだから安全だ。そう願った。

レストランのオーナーはアウラキを温かく迎え入れ、ファディアを女性専用の場所に案内するよう彼の妻に言った。それから、わたしたち二人は屋上に案内された。コンクリートにじかに座り、大皿に盛られた羊肉とブリキ皿に乗ったライスを食べた。心地よい風が谷間に吹き始めた。食後にアウラキは胸ポケットにしまった札束をポンポンと叩きながら、わたしの目を真っ直ぐに見つめて尋ねた。

「ブラザーたちからの金で――武器を買っても構わないかね?」

ほんの一瞬、答えに迷った。

「その金で何でも好きなものを買ってください」

長居はしなかった。暗くなる前に沿岸部まで戻りたかったのだ。沿岸部に出たとしても、ファディアの親戚のいるタイズまでは、長く厳しい道のりが待っていた。食事を終えてすぐアウラキに暇(いとま)を告げると、彼はがっかりした顔を見せた。その後も連絡を取り合ってはいたが、次にアウラキと会ったのは、それから一年近く先になった。

レストランが後方の砂ぼこりと熱気の中に消え去ったとき、ファディアに携帯電話を渡して頼んだ。

「この景色をビデオで撮影してくれないか? 素晴らしい風景だが、今度いつこの辺りに来られるかわからないから」

だが、映像を欲しいと思ったのは別の理由からだった。ジェッドはアウラキと会った場所に興味があるはずだ。これを見れば、彼らだって躊躇するかもしれない。こんな地域で戦闘を仕掛けても、簡単に勝利は収められないだろう。

ヘアピンカーブが果てしなく続くかに思われる峡谷を縫って、車を走らせた。峡谷の上まで登り切ると、まるで月の海のように不毛なパノラマが眼下に広がった。それから、その海に向かって下り坂を運転した。


二週間後、バンコクの贅沢なホテルのスイートルームで、ハンドラーたちに任務を報告した。CIAがハネムーン用に出してくれた資金で、ファディアも一緒にバンコクに来ていた。もっとも彼女には、旅行費用は建設業と運転手の仕事で貯めた金だと信じ込ませた。

わたしはハンドラーたちと会うために、買い物に行くと言ってホテルを抜け出した。

シャブワでの面会について、金のやりとりについて、細大漏らさず報告した。

「テストに受かったんだよ、ブラザー」ジェッドが言った。「きみに偽りがないか知るため、アウラキは試したんだ。もし情報機関のために仕事をしていれば、きみはノーと言わなくてはならないだろう。これは食糧か何かに使ってほしいと言うはずだ」

ミーティング後、六千ドルの現金入りの封筒を、ジェッドからボーナスとして渡された。「これは、どえらい仕事をした報酬だ――ハネムーンを楽しめよ」ジェッドのメッセージははっきりしていた。つまり、CIAと英国情報機関のどちらかを選ぶなら、もちろんCIAにつくほうが割がいいぞ、ということだ。
アウラキは二度とわたしを試したりしなかった。

第十六章　ミスター・ジョンの殺害

二〇〇八年秋－二〇〇九年春

アフメド・アブドゥルカディル・ワルサメとは、二〇〇八年を通して、下書きメールで連絡を取り合っていた。バーミンガムで知り合った頃、彼はまだソマリアから来たやせっぽちの若者だった。ワルサメは能力で劣るところを、熱意で補っていた。それが今では、アル＝シャバーブの上級工作員の一人だ。彼の出世は、わたしが彼にアウラキを紹介したからにちがいない。

ワルサメとの連絡を保つために、アフリカの送金サービス会社ダハブシールのバーミンガム支店から彼に送金することを、ＭＩ５はようやく許可した*[1]。あるとき、アル＝シャバーブが爆発物の実験を行いたいので、化学防護服とゴム手袋を調達してほしいとワルサメから頼まれた。リクエストされた品物をＭＩ５の資金で購入したが、届けてもよいという許可は下りなかった。

十一月の第二週――遅ればせながらタイでハネムーンを過ごす直前――に、ワルサメから依頼

＊1　ダハブシールからワルサメに送金した領収書を保管している（二〇〇八年三月に百ドル、七月に二百ドル、九月に四百ドル、二〇〇九年一月に百三十八ドル、二〇一〇年一月に五百ドル）。

された別の品物をナイロビに届けた。彼はノートパソコン一台と現金も要求していたのだ。アル＝シャバーブでのわたしの信用を高められるとして、ハンドラーたちはこの機会を歓迎した。それに、彼らは間違いなく、ノートパソコンに追跡装置を埋め込んだはずだ。ワルサメからは、アル＝シャバーブのケニア人工作員と会って渡すように言われた。その工作員は、イクリマ・アル＝ムハージルと名乗っており、ノルウェーに住んでいたことがあるという＊2。

「長髪の男なのですぐわかりますよ」ワルサメからそう聞いていた。

わたしたちは、ナイロビのソマリア料理のレストランで会う約束をした。イクリマは自信にあふれた足取りで店内に入ってきて、わたしが指定した隅のボックス席に腰かけた。聞いていた通り、イクリマは髪を長く垂らしていた。その日から、わたしの中で彼のニックネームは「ロン毛」になった。彼の後ろには、ソマリ族出身でケニア国籍の運転手、モハメドがくっついていた。

イクリマは、ケニアの長距離走者のような体つきをしていた。あごひげをきれいに整え、歯は輝くばかりに白かった。ソマリアとイエメンの血を引いており、父方はイエメンのアンシ族の一員だった。彼はのちに、捜査から逃れるために外見を変えるようになった。あるときなど、サダム・フセイン風の濃い口ひげを生やしていた。

北欧暮らしという共通の経験から、わたしたちは互いに親近感を抱いた。イクリマはノルウェー語のほかにも、英語、フランス語、アラビア語、ソマリア語、スワヒリ語を話した。中流階級の出身でケニアで育った。幼い頃はインド洋に面したモンバサで過ごし、その後一家でナイロビに越した。彼によると、四年前に仕事を求めてノルウェーに渡り、難民認定を申請したという。

「ノルウェーには落ち着けなかった。受け入れられたと感じたことはなかった。そのうちモスクで過ごすことが多くなった」

イクリマは快活で頭が切れた。彼を送ってよこしたワルサメよりも利口だった。イクリマには強い野望と、聖戦への揺るぎない決意があった。ヤギの肉とアンジェーロ（ソマリア風パンケーキ）を口に詰め込みながら、二〇〇六年にエチオピア軍が侵攻した際、イクリマはモガディシュで、イスラム法廷会議のために戦ったと明かした。

「デンマーク人改宗者のアリを知ってるか？」彼は尋ねた。

「もちろん！」わたしは思わず声を上げた。「戦闘時にアリから電話をもらったことがある。ソマリア人の不信心者（カーフィル）の首を斬ったと言っていた」

「スブハーナッラー（アッラーの栄光に讃えあれ）」イクリマは信じられないという面持ちだった。「そのとき自分も一緒にいたんだ。その祝福された行為を携帯で撮影したよ」次いで、楽しげにその処刑のようすを語った――アリはスパイの足を蹴り上げて、死にたくないともがくスパイを動けないように押さえつけ、ゆっくりとそのスパイの首を切断したという。

エチオピア軍がイスラム法廷会議を首都とソマリア中央部から追い払ったあと、イクリマはノルウェーに戻ったが、政治亡命とは認められなかった。ロンドンで一年ほど過ごし、二〇〇八年に東アフリカに舞い戻った。そして今、ワルサメをはじめとするアル＝シャバーブの指導者の使いとして働き、ソマリアとケニアで半々に暮らしているということだった。

＊2　アル＝ムハージルとは、アラビア語で「外国人」の意味だ。彼の本名はモハメド・アブディカディル・モハメド。

その前年に、インターコンチネンタル・ホテルでの引き渡し後にナイロビで逮捕者が出た件について、イクリマが何か言い出すのではないかと心配した。だが、彼は何も言わなかった。どうやらアル＝シャバーブの誰一人として、この件をわたしと結びつけてはいないらしい。気をつけなくては、と思った。同時発生した出来事に関与していると疑われるような状況に再び置かれないように、ハンドラーに注意してもらわなくてはいけない。

食事のあと、イクリマはワルサメに届けるノートパソコンをホテルの部屋まで取りに来た。

それから数日間、イクリマと一緒にモハメドの白いトヨタ車でナイロビをあちこち見て回った。ショッピングモールなど、イクリマ行きつけの場所にいくつか立ち寄った。彼はナイロビを熟知していた。その点からも、アル＝シャバーブにとって役立つ人物であることが見て取れた。

バンコクのホテルで報告したとき、イクリマと親密な時間を過ごしたことについて、ハンドラーたちは感心したが、同時に危機感も抱いた。イクリマはノーマークだった。アル＝シャバーブがケニアで勢力を伸ばし、支持者を広げていることの裏づけでもあった。西側の情報機関はすでに、国内の過激派分子と並んで、増殖するアルカイダ支部にも目を光らせるようになっていた。アル＝シャバーブとその外国人信奉者の一団も、これで彼らのリストに加わることになった。

二〇〇九年春、数百人の戦闘員の司令官となっていたワルサメから、再び物資が欲しいという依頼があった。だが彼はミスを犯した。その物資は〝ミスター・ジョン〟というケニア人のためのものだと――下書きメールで――明かしたのだ。わたしがナイロビに到着したら、密かに国境を越えてソマリアに物資を持ち込み、〝ミスター・ジョン〟に会えるよう手はずを整えると、ワルサメは言ってきた。

〝ミスター・ジョン〟ことサレフ・アリ・ナブハンは、西側情報機関が大きな関心を寄せていた人物だった。まだ二十代前半だというのに、一九九八年に起きたナイロビの米大使館爆破事件、二〇〇二年のモンバサでのリゾート爆破、同じ日に起きた、モンバサ空港を離陸しようとしたイスラエル機に対するミサイル攻撃未遂事件への関与が疑われていた。東アフリカで最も危険なアルカイダ工作員とみなされていた。ワルサメとイクリマは、彼の子分だったのだ。

アル＝シャバーブが中世の世界観を信奉し、テレビもスポーツも認めないというのに、ナブハンにはどうやらブラックベリー〔訳注：カナダの会社が開発した通信機能を内蔵した携帯情報端末〕とノートパソコンが必要らしかった（ソマリアの生活で奇妙なのは、これほど混乱した状態なのに、携帯電話のネットワークが利用可能だという点だ）。

その頃、ＣＩＡとはもっぱらジェッドを通して連絡を取っていた。あるとき、コペンハーゲンのホテル・アスコットに来るようにジェッドから言われた。検討中の任務について話したいという。

打ち合わせには、アナスという名の新顔のＰＥＴ職員が同席していた。赤茶けた髪で、背が高く筋骨たくましいアナスは、ほかの者たちと同じように気さくだったが、その知性と経歴は異彩を放っていた。彼はシリアとレバノンでアラビア語を学び、アラブ圏の考え方を理解していた。軍務経験があり、イスラム武装勢力の台頭について研究していたこともある。たちまち彼が気に入った。付き合いのあるハンドラーのなかで彼だけが、アルカイダとその支持者を突き動かすものが何か、理解しようと真剣に取り組んでいたからだ。彼は基本的にアナリストなので、同僚から本の虫とからかわれていた。同僚のなかでは比較的若かったので、〝ひよっこ〟とも呼ばれていた。だが入念な調査を行い、アル＝シャバーブの体制と指導者層について、詳細にわたる貴重な情報を授けてくれた。

ジェッドは普段にも増して熱心だった。血のにおいを、アルカイダで最も危険な人物の一人を──排除する機会を嗅ぎつけていたのだ。ペントハウスのスイートルームで、会議のテーブルの向こうからブラックベリーとノートパソコンをそっと差し出した。「これをナブハン氏に謹んで差し上げよう」

ＣＩＡがこのハードウェアに何か細工を加えたことは間違いない。携帯電話やノートパソコンにはそれぞれ固有のデジタル署名があり、その位置を正確に特定できる。通話中でなくても特定が可能だ。電源が入っていれば、携帯電話は直近の基地局を探して弱い信号を絶え間なく出すからだ。ノートパソコンの場合も、ＷｉＦｉ接続の電波を探すので同じ原理が当てはまる。

ナブハンの存在がわたしたちの視界に入る頃、技術の進歩のおかげで、治安当局は情報を入手しやすくなっていた。メーカーはＧＰＳ機能搭載の携帯電話を発表し始め、治安当局は標的を正確に追跡できるようになった。当局にとってありがたいことに、圏外でも携帯電話の電源が入っていれば、また一番近いＷｉＦｉスポットから何百キロも離れていても、ノートパソコンの電源が入っていれば、偵察衛星がその信号を特定し追跡できるのだ。

ジェッドもナイロビに行き、現地のＣＩＡ局員と連携して作戦を実行するという。彼と連絡を取る手順について説明を受けた。

「ソマリアに行くには、予防接種をいくつも受けなくてはいけない」ジェッドはぶっきらぼうな南部訛りで言った。

「マラリアはちっとも心配していないよ」そう言ってわたしは笑った。

出発前、ＰＥＴの指示により、シェラン島北岸のイェーヤスプリースにある軍の射撃訓練場で、武器の扱い方の訓練を受けた。背が低くがっちりした体格の元特殊部隊兵士から、カラシニコフの撃ち方を教わった。クラングとトレーラーが見守るなか、静止した標的と動く標的の狙撃方法を学んだ。カラシニコフの威力に圧倒されたが、次第に正確に当てられるようになった。バンディドス時代は拳銃を携帯していた。イエメンのダマジでは射撃訓練に参加し、レバノンのトリポリではカラシニコフを持たされたこともある。しかし、武器の扱い方と撃ち方に関しては、このときが実質的に初めての訓練だった。赤っ恥をかいたが、貴重な経験だった。

二〇〇九年五月十二日、ナイロビに降り立つと土砂降りの雨だった。

「もう一週間もこんな感じですよ」空港から乗ったタクシーの運転手が言った。わたしはジャミア・ホテルに部屋を予約していた。ナイロビ最大のモスクに近いうらぶれたショッピングモールで、こぢんまりと営業する質素なユースホステル。いかにも、外国のジハード戦士が目立たないようにと選ぶ類のところだ。

熱帯の雨はなかなかやまず、すさまじい勢いで滝のように空から降り注いでいた。

ワルサメにメールを送り、ナイロビに到着したことを知らせた。翌日、返事が来た。「悪いニュースです。洪水のために国境が封鎖されました。別の計画を立てているところです」ケニアとソマリアの国境を越える何本かの道路は、補修が行き届いていなかった。

ハンドラーたちは、町の反対側のホリデイ・インに滞在していた。鬱蒼とした熱帯庭園を見渡せるホテルの一階の個室で、彼らと会った。蒸し暑さを和らげるのは、天井でのろのろと回るファンだけだった。ジェッドはこのモンスーンの気候に辟易しており、いつも涼しい顔をしているクラングもきつそうだった。眉の上に汗が光り、イニシャル入りのハンカチで額を拭っていた。そんな状態でも、彼はＭＩ６のエマをちらちら盗み見せずにはいられないようだった。エマはこの暑さにも平気らしかった。グリーンのサファリシャツを着て、ベージュのショートパンツから日焼けしたすらりとした足が伸びていた。

エマがこちらを向いて言った。

「モーテン、少し時間を持て余しているようなので、やってもらいたいことがあります。できたら、イーストレイ地区にいる人物に会ってもらいたいんです」

エマがその任務の説明を始めた。

すると、ジェッドが怒りを爆発させた。「まったく、きみたちイギリス人ときやがったらいつもこうだ」と声を張り上げ、目をむいた。書類を投げ出し、部屋を飛び出してドアを勢いよく閉めた。部屋はしんとなった。わたしはクラングと顔を見合わせた。

煙草に火をつけて、カウボーイブーツで歩き回るジェッドの姿が、窓越しに見えた。

吸い終わると、部屋に戻ってきた。

「わかったよ。続きをやろう」

エマは何も言わなかった。彼女の冷静さに感心せずにはいられなかった。ジェッドが激怒したのは、この任務の資金を出しているのはＣＩＡなのに、ＭＩ６がその機に乗じようとしていると思ったからではないだろうか。キャリアアップにつながりそうな諜報戦略が、自分の手から滑り落ちるような気がしたのだろう。

その翌日、ワルサメからメールが届いた。「新計画。明日、ロン毛が迎えに行きます」

イクリマにとっては危険を伴う仕事だった。ケニアの治安当局にマークされていると、もう本人も気づいているだろう。イクリマがジャミア・ホテルの部屋にやってきた。一緒に外食することは二度とないだろうと、はっきりわかった。

「ゆっくりできないんだ、ブラザー」とイクリマは切り出した。携帯電話とノートパソコンを渡すと、確認してうれしそうな顔を見せた。ムラドがこれをわざわざ届けてくれたのだと思ったのかもしれない。

イクリマは部屋を去る前に、アル＝シャバーブが欲しがっている別の品を挙げた。監視用として生中継カメラ付きのラジコン航空機と、政府の検問所を襲うために爆発物を載せられるラジコン自動車が欲しいという。眉がつり上がりそうになるのをこらえながら、入手できるかどうか調べてみると約束した。イクリマはあわただしく立ち去った。

一週間後、ワルサメから短い暗号化メールが届いた。「ミスター・ジョンがお礼を言っています」

九月十四日、前回品物を届けてから約四ヵ月後、ナブハンが、首都モガディシュとアル＝シャバーブが活動拠点とするソマリア南部とを結ぶ沿岸道路を移動中のことだった。水平線に四つの黒い点が現れた。米軍の攻撃ヘリコプターだった。その四機はナブハンに気づかれることなく、岸に向かい高速でインド洋上を飛行した。海岸線を越えると、一斉にロケット弾を発射して、二台の車を撃破した。ヘリコプターから降下した米海軍特殊部隊が、身元確認しようと車から遺体を引きずり出した。あとになって、確かにナブハンの遺体だと確認された。彼らは、暗殺指令を出したオバマ大統領に即座に報告した。その亡骸は米兵により水葬された。

わたしの届けた品のおかげで、米海軍特殊部隊は標的に照準を合わせることができたと、のちに

ＰＥＴから聞いた*[3]。

ナブハン襲撃の一週間後、イクリマからメールが来た。そこには、「ミスター・ジョンはアメリカのヘリコプター攻撃で死亡した」とはっきり書いてあった。アル＝シャバーブとのもう一つの接点であるワルサメによれば、米軍はブラックベリーとノートパソコンで居場所を特定したのではないかと、ナブハンの側近が疑っているということだった。イクリマが使ったソマリア人の運び屋が怪しいと見られていた。ケニアにいたその運び屋が、ナブハンを見つけ出して亡き者にしようと目論んだと、アル＝シャバーブは考えていた。

アウラキと交流があるおかげで、わたしには疑いがかけられなかったようだ。

第十七章　ムジャーヒディーン・シークレット　二〇〇九年秋

サレフ・アリ・ナブハンの遺体がインド洋に沈められた頃、わたしは再びアウラキに会いに行く準備をしていた。アウラキの追跡に関して、アメリカは成果を上げていなかった。シャブワ州の奥地に物資を差し入れてから、すでに一年近くが過ぎていた。その間も、共有するアカウントの下書きメールで定期的に連絡を取り合っていたが、アウラキから会いたいと言われ、西側の情報機関からは、是非ともアウラキに会ってもらいたいと言われた。

再び彼の散発的な指示に従ってシャブワ州まで行き、部族長アブドッラー・メフダルの屋敷で会うことになった。本書の序章で語ったのはそのときの話だ。アウラキがどこにいるのか、CIAに

＊3　クラングとトレーラー、ソレンは、ナブハンを正確に追い詰めた任務の功績が認められ、ワシントンDCの式典で栄誉を讃えられた。三人ともアメリカから金貨を授与されたと、クラングが教えてくれた。わたしが届けた物資のおかげで、海軍特殊部隊が標的を特定することができたとも。わたしはと言えば、ナブハン追跡に協力した報酬を求めもしなければ、与えられもしなかった。

見当もつかなかったときに、わたしは彼を見つけただけではなく、彼が精神的指導者から組織のブレインになったことをはっきり把握した。西側の情報機関は、ＡＱＡＰ――アラビア半島のアルカイダ。サウジアラビアのメンバーがイエメンのアルカイダに合流してからの新しい名称――の強さと意図、それにアウラキの果たす具体的な役割について測りかねていた。無人機は移動するピックアップ・トラックや、訓練場や屋敷などの位置を知らせることはできるかもしれない。だが、その中に誰がいるのかまではわからない。〝ヒューミント〟――地上でじかに入手した生の報告――は貴重だった。

その年の九月の晩にアウラキと会ったとき、思想家から立案者に変貌した彼を垣間見ただけではなかった。わたしはそれを裏づける確固たる証拠も手に入れた。

「見せたいものがある」夕食を終えてくつろいでいるとき、アウラキはノートパソコンとＵＳＢメモリに手を伸ばした。「今後はこの方法で連絡を取る必要がある」

そのＵＳＢメモリには、いみじくも〝ムジャーヒディーン２・０〟という暗号化ソフトが入っていた。アウラキはすでに、欧米の信奉者とのやりとりにこれを使用していた。このソフトは、256ビットの鍵長を持つ〝ＡＥＳ（高度暗号化標準）〟という暗号アルゴリズムに基づいていた。下書きメールを使う方法はもはや安全ではないとアウラキは考えていたのだ＊[1]。

アウラキはそのソフトを目の前で使ってみせてくれた。わたしは思わず画面に引き寄せられた。プログラマーは派手な趣向を凝らしていた。ソフトウェアを読み込むときに、銃口が鍵の形をしたＡＫ－47が、パソコンの画面に点滅したのだ。

わたしはメモを取った。

「このソフトはオンラインで見つかる。プログラムを自分のハードドライブにダウンロードしてはいけない。それに、インターネットに接続しているときにロードしてもいけない」彼によれば、正規のソフトウェアにはピクセルパターンで画面に表示される固有の電子指紋があり、それを確認する必要があるという。

「わたしと連絡を取るには、自分の秘密鍵を作成する必要がある」アウラキはその作り方を教えてくれた。秘密鍵とは基本的に、秘密の電子コードのことで、自分宛のメッセージをロックしたりロック解除したりするために用いられる。パスワードで保護され、USBメモリのプログラムの中に保存される。どうやらアウラキは、前にも誰かに教えたことがあるようだった。

「今度は公開鍵を作らなくてはいけない」そして、プログラムを実行する方法を示した。「メールで互いの公開鍵を交換すれば、暗号化されたやりとりが可能になる。暗号化されたメールを受け取ったら、テキストをクリックしてコピーし、プログラムを開く。ソフトウェアから、二人の公開鍵と、自分の秘密鍵のパスワードを入力するよう指示される。そしたら、テキストをプログラムにペーストして、解読を押す」

無意味な文字や数字、記号の羅列が、十五秒もしないうちに意味の通る文章になるさまを目の当

＊1　二〇一〇年二月にわたしに宛てた暗号化メールで、アウラキは下書きメールについての懸念を何度も繰り返した。「ほかのブラザーから、下書きメール方式を利用していることは敵に知られているので、疑わしいと言われた」また、メールはもう自分で開かないとも書いていた。おそらく、自分宛のメールの送受信は、世話人にやらせる方式に切り替えたと思われる。

たりにして驚いた。メッセージを暗号化するには、この手順を逆に踏めばいい。画像でも動画でも、ほとんどのファイルがこの方法でコード化できる。暗号化したメッセージを、匿名のメールアカウントで送るようにアラウキから言われたが、そのメッセージを同じようにUSBメモリにコピーできることに、あとで気づいた。

「この方法は安全だと思うが、もちろん、どんなときでもメッセージの内容には気をつけなくてはいけない」

アウラキはセキュリティをひどく意識するようになっていた。神経をすり減らすような一日を終え、疲労困憊して部屋に戻ろうとしたとき、アウラキに呼び止められた。

「まだ話がある。モハメド・ウスマンを知っているか?」

「ええ。サナアでしばらく一緒に過ごしました」

「ウスマンはここにやってきた。きみが怪しいと言っていた」

「本当ですか?」

わたしは面食らい、不安になった。

「ああ。きみがイギリスの情報機関のために働いているのではないかと言っていた。もちろん、そんな馬鹿げた非難を裏づける証拠は持っていなかった。変な男だと思ったよ」

「いつ来たのですか?」

「数日前だ。その後どこに行ったのかは知らない」

「そうですか。もう会うこともないでしょうね」この気まずい空気を気にも留めないとでもいうように、わたしは笑った。アウラキはわたしの表情をじっと観察しているようだった。

ウスマンと会ったのは偶然だった。あるいは、わたしがそう思っただけかもしれない。ヨーロッパからイエメンに来る途中のドバイ空港で、慇懃ながら有無を言わせず、警備員二人に別室に連れて行かれた。網膜をスキャンされ、指紋を採られ、八時間の足止めを食らった。ほとんど質問されずに、書類と所持品をぞんざいに検査されただけだった。翌日の夜明け前、目が充血しイライラしたまま、サナア行きのイエメニア航空機のゲートに連れて行かれた。機内の半分は空席だったのに、わたしの席は三十代のパキスタン人とおぼしき男性の隣だった。

フライトの途中で、隣の男はモハメド・ウスマンと自己紹介した。ロンドン東部のレイトンから来たということだった。ルートンの〝ブラザー〟に何人か知り合いがいて、イエメンで同じ過激な思想を持つ人たちに会いたいと考えていた。入国ビザがないが問題だろうかと聞かれた。

わたしは、結婚式でイエメンに来たことにすればいいとアドバイスした。かつてそのやり方でうまくいった。このときも通用した。その後、ウスマンに数日ばかり宿を提供した。そのときにアウラキについて聞かれ、ウスマンが会いたいと言い出したのだ。アウラキと知り合いだとは彼に一言も言わなかった。わたしは用心深く、可能かもしれないと答えた。

「でも、あなたがスパイではないと、どうしたらわかるでしょう?」とウスマンは尋ねた。

顔に笑みを浮かべてはいたが、その質問に厄介な意図が含まれていることがわかった。

「その質問をそっくりそのままお返ししよう」わたしは言い返した。

不安を覚えたが、彼にジハード主義者の知り合いを引き合わせた。彼らを通して、ウスマンはシャブワに、そしてアウラキまでたどり着いた。結果として、恩を仇で返されただけだった。

アウラキがこの件を持ち出し、おしまいにしたときのようすを頭の中で反芻した。アウラキがウスマンの主張に信憑性がないとみなしたことは、十中八九間違いない。サナアへの道すがら、この訪問の成果について楽観的に考え始めた。とりわけ、CIAがムジャーヒディーン・シークレットのソフトウェアにどんなに大喜びするか、思いを巡らせた。

隣でファディアがうたた寝している最中に、クラングに一言だけショートメールを送った。

「どえらい収穫だ」

その翌日、ロンドンに到着すると、さっそく報告会に呼び出された。MI5のアンディとケヴィン、CIAのジェッド、それからPETの二人がいた。英国秘密情報部で国外を担当するMI6からは、エマが参加していた。

この任務の何もかも、道路状況から地形、アウラキの態度やセキュリティまで細大漏らさず報告した。それから、暗号化ソフトウェアを実行してみせた。

英国情報機関はご褒美として、イーストサセックスで開かれるブッシュクラフト〔訳注：自然の中で生活する方法や知恵のこと。またはそれを楽しもうという活動のこと〕のアウトドアコースの参加を手配してくれた。

サセックスでのコースを終えると、すぐさまコペンハーゲンの会議に呼ばれた。ジェッドから、アウラキとアブドッラー・メフダルと会った村の衛星写真を見せられ、滞在した屋敷の正確な位置を示すように言われた。ほかにも二つの違う角度から撮影した写真があった。

屋敷もその高い壁もはっきりとわかった。衛星写真がこれほど鮮明に写るなんてと、密かに舌を巻いた。

「間違いなくその場所だ」

「ありがとう」ジェッドは礼を言った。その冷たい目に喜びの色はなかったが、口の端に浮かんだにやりとした笑いは、明らかに英国のハンドラーに向けられていた。

米国と英国の情報機関の間に緊張が高まっていることに気づいた。わたしに与えたい任務には、両者の間で意見の衝突があった。そのうち、ウスマンはＭＩ６の回し者なのではないかという疑念が湧きあがってきた。もしかすると、ＭＩ６はアウラキとＡＱＡＰ上級幹部の間に混乱を引き起こしたかったのかもしれない。もしかすると、ＭＩ６はわたしの忠誠心を試したかったのかもしれない。もしかすると、現場近くに自分たちの意のままに動く人物を配したかったのかもしれない。任務を仕切ろうとするジェッドとＣＩＡにしぶしぶ従うよりはいいと考えたのかもしれない。スパイの仕事というのは、結局〝もしかすると〟ばかりだ。

会議の終わりにエマを脇に呼んで、得体の知れないウスマンのことを話した。

「それは面白いですね」エマはさらにいくつかウスマンについて質問した。

わたしは彼女の表情を読もうとした。だが、彼女はよく訓練されていた。

「おいおい。あの男はきみらの仕事をしているんだろう。こんなふうに翻弄するのはやめてくれ」

「いえ、誤解です、モーテン。そんなことありません」

もしかすると、この二重生活では避けられない、疲労と芽生えつつある疑心暗鬼のせいかもしれない。決して真相はわからないだろう。ウスマンは二度と姿を現さないはずだ。しかし、この出来事は癪（しゃく）に障った。イギリスのハンドラーとは良好な関係を築いてきた。だが、独占的な情報源を開拓するために、わたしを利用しているのではないかと考えて、恐ろしくなった。

その不安は、バーミンガムに帰宅してから、ある出来事のせいでさらに高まった。ある朝自分の旧式のジャガーに乗り込むと、グローブボックス上部のパネルが緩くなっていることに気づいた。細工され、盗聴器が隠されているのではと思い、いきり立ってパネルを外してみたが、何も見つからなかった。

ＭＩ５のバーミンガム署長に会いたいと、サンシャインに伝えた。うらぶれた地元のホテルの、煙草のにおいが染みついた部屋でわたしたちは会った。署長はサッカーの中年フーリガンといった印象だった。

彼は煙草をふかしながら、わたしの話を最後まで聞いていた。そして深々と煙草を吸いこんでから、ようやく口を開いた。

「モーテン、わたしたちはきみを信頼している——そんなことをするわけがないよ」

「おれを馬鹿だと思ってるのか？」

「息子の命に賭けて誓うよ」

息子がいるかどうかも疑わしかったが、それ以上追及しなかった。この時点から、車も電話も自宅も、ＭＩ５に盗聴されているものとみなすことにした。

プレッシャーがこたえ始めていたのかもしれない。その頃にはもう、このビジネスには忠誠心も信頼もあふれていないことに気づいていた。フェアプレイをしていては結果が得られない。優先事項が変わり競争が激しくなったら、いつ何どき見捨てられるか、裏切られるかもしれない。ハンドラーたちにとって、このゲームの鉄則はいたって簡単らしかった——目的は常に手段を正当化するのだ。

よしんばわたしを手玉に取っていないとしても、たとえば情報機関が油断したり、わたしがしくじったりすることだってあるだろう。自分が潜入してきた組織に正体を暴かれることだってあるだろう。最初のナイロビの任務が簡単に行き過ぎたのだ。

誰にも打ち明けられなかった。この疑念が正しいのか、見きわめてくれる人もいなかった。ファディアは何も知らなかった。それにこうも偽りを重ねると、彼女にこの暗黒の世界を打ち明けることができなくなっていた。母はこの仕事のことを漠然とわかっていたが、決して共感を抱き親身になってはくれなかった。諜報員につきものの孤独が、わたしを蝕み始めていた。

二〇〇九年秋の時点で、役割をエスカレートさせるアウラキにCIAは確かに懸念を抱いていた。だが、アウラキが関心の的から緊急に仕留めるべき標的に変わったのは、テキサスの事件がきっかけだった。

十一月五日の午後一時半、三十九歳の米軍少佐ニダル・ハサンが、州都オースティンから百キロ離れた広大なフォートフッド基地に入った。ハサンは精神科医で、基地内の兵士臨戦化センターに勤務していた。このセンターでは、派兵前後の兵士たちに医学的見地から診断を下している。

ハサンは、FN5-7を携帯していた。強力な自動拳銃で、自分で照準器を二つ付け足していた。彼は数分のうちに十三人を射殺し、三十人以上に怪我を負わせた。複数の目撃者によれば、「アッラーフ・アクバル（アッラーは偉大なり）」と叫びながら撃っていたという。辺りは血の海と化し、最初に負傷者の救出に駆け寄った人たちは、その血で次々と足を滑らせた。

バーミンガムでこの事件が報じられたのは深夜だった。自宅でファディアと一緒にいるときにニュース速報が流れ、固唾をのんで画面に見入った。そもそも、このテロの動機がわからなかった。容疑者の名前を深夜に聞いたとき、わたしはまだ起きていた。

ハサンはつかの間の凶行に及んだ際に、軍人を狙ったようだ。彼はセンターの外で撃たれて負傷した。軍に身柄を拘束されてから、彼の経歴と人脈について緊急調査が行われた。だが、彼がアウラキとメールのやりとりをしていたことを、この身の毛のよだつ殺戮が発生する前からＦＢＩは把握していた。

二〇〇八年の十二月から翌年の六月までの間に、ハサンは二十通ほどのメールをアウラキに送っていた。内容は主に、ムスリムが外国軍に勤務することの是非についてと、ジハードの条件についてだった。彼はイラクやアフガニスタンからの帰還兵による戦闘報告を聞いて懊悩し、過激思想に傾いていった。ハサンはアウラキに畏敬の念を抱いていた。二〇〇一年にヴァージニア州のフォールズ・チャーチにあるモスクで、アウラキの説教を聞いたことがあった。

あるメールには、あの世でアウラキと会うことが待ちきれない、あの世ではノンアルコールのワインを酌み交わしながら話せる、と記されていた。ＦＢＩの二つの対策委員会がメールを盗み見して検討したが、彼に対してアクションを起こす根拠はないと結論づけた。こうしたメールのやりとりは、軍精神科医の興味と調査対象とはなるものの、合法的な範囲内に留まるとみなされたのだ。

二〇〇九年十一月六日の朝を迎える頃、このメールのやりとりは、それまでとはまったく違った目で見られることになった。連邦政府の各機関は傍受した電話やメールのデータベースを徹底的に調査して、ほかのアメリカ人とアウラキが交わした可能性のあるやりとりを急遽見直しにかかった。

アウラキと直接接触した者がテロ行為に及んでも、驚きはしなかった。彼が扇動的な見解を強めるにつれて、その可能性も高まっていたはずだ。そのうえ、アウラキはハサンの攻撃をすかさず褒め讃えた。フォートフッド基地銃乱射事件の四日後、自身のウェブサイトで次のように述べた。「ニダル・ハサンは英雄である。良心の人である。ムスリムでありながら、ムスリムと戦う軍に勤めるという矛盾に耐えきれなくなったのだ」

さらにこう言い添えた。「アメリカはテロとの戦いを指揮しているが、実際はイスラムに対する戦いを行っている。米軍は二つのイスラム国家を直接侵略しており、ほかの国家を傀儡政権を通して間接的に支配している」そしてアメリカのムスリムに、ハサンの例に倣うよう促した。「ブラザーたるニダルの英雄的行為は、アメリカのムスリム・コミュニティが抱えるジレンマも示している。イスラムを裏切るか国家を裏切るか、どちらかの立場を取るように追い詰められている」

これは、欧米在住のムスリムを暴力に駆り立てようとする、高らかで断固たる呼びかけだった。欧米の信奉者に対するアウラキの影響力を、わたしは目の当たりにしていた。この年の三月、わたしはロックデールのパキスタン系イギリス人の支持者グループと協力して、スカイプにより密かに資金調達を呼びかけるイベントをまとめた。そのなかには、ジハードのためなら寄付を惜しまないという医師も何人かいた。信仰上の多様なテーマについて確信を持って答えるアウラキに、彼らは聞き入っていた。過激派の間でわたしの信頼が高まるという理由から、MI5はこのイベントを正式に認めた。ただし、集まった資金をアウラキには送らないという条件つきだった。

このイベントの録画はまだ保存してある。アウラキはアメリカの政治家並みに資金調達に長けていた。

「敵はムスリムを迫害している。真理（ハック）を知るブラザーやシスターはみな、それに基づき行動することが重要になってきている……アッラーのお恵みで資金に余裕があるならば、イスラムの大義のために支援するべきである、ソマリアであれアフガニスタンであれ、イラクであれ……傍観者でいることは許されない」

「イエメンに関して言えば、ニュースで取り上げられないので忘れられている。したがって、支援できるブラザーには是非とも力を貸してもらいたい」

だがニダル・ハサンをもてはやしたからには、アウラキはルビコン川を渡ったことを自覚しているはずだ。またすぐにでもミーティングに呼ばれるだろうと思った。週末に子どもたちと過ごすことを楽しみにしていたが、従うよりほかにないだろう。

デンマークに行かなくてはならないかもしれないと、ファディアに告げた。

「母さんの具合があまり良くないんだ」とありふれた理由を挙げた。

指定されたコペンハーゲンのホテルに行くと、ジェッドは気力をみなぎらせていた。

「アウラキを排除するときだ」彼はズバリと言った。

「つまり逮捕すると？」そうではないと知りつつ尋ねた。

「いや、そうじゃない」

ＣＩＡはわたしが収集してきた情報を利用して、アメリカ市民へのテロ行為を認め讃美するアウラキに、狙いを定めようとしていた。賽（さい）は投げられた。

アウラキに通じるルートはわたしだけではなかった。ほかの情報源も開拓されていたし、新たに行われる過激派制圧に協力するよう、イエメン政府に大きな圧力がかけられていた。だが、わたしが築いたような関係をアウラキと築いた者は、ほかにいなかった。西側の情報機関が自分の捜索に一段と力を入れていると承知していたので、アウラキが信頼できる交流は狭まることになるだろう。わたしはその中に入る、数少ない一人になるはずだ。

フォートフッド基地銃乱射事件からちょうど六週間後、アデン湾に停泊する米海軍の軍艦は、アルカイダの軍事キャンプと疑われるイエメンのある場所に向けて、巡航ミサイルを発射した。イエメン領内で米軍が軍事活動を行うことに対する国民の反発を和らげようとして、イエメン政府が要求した作戦だった。この攻撃により、中堅の指揮官を含む三十四人のアルカイダ戦闘員が死亡したとされた。

ところが、この攻撃の背後の情報に誤りがあった。またしても、現場に通じた情報提供者がいなければ、正確な情報の把握は難しいことを証明する結果となった。巡航ミサイルが命中したのはベドウィンの集落で、アルカイダ工作員一人と過激派十人あまりが滞在していた。地元の役人によると、この一度の攻撃で六十人近くが死亡し、そのなかには多くの女性と子どもが含まれていたという。

「アメリカには手痛いオウンゴールとなった」と、この直後にアウラキからメールが届いた。

この攻撃が行われたのは十二月十七日のことだった。そのちょうど一週間後、アウラキを狙った作戦が初めて実行に移され、巡航ミサイルが発射された。

彼は、先のミサイル攻撃への反撃について話し合うアルカイダ上級戦闘員の会議に出席中だと思われていた＊2。

当初の報告では、アウラキは死亡したとされた。翌日――二〇〇九年のクリスマス――スコットランドでの短い休暇中にニュースを見ていると、アブドゥラー・メフダルからショートメールが来た。その三ヵ月前に知り合った、アウラキの側近の部族長だ。「長身のあの人は無事」とあった。

十二月二十八日、アウラキ本人が暗号化メールで無事を知らせてきた。「やれやれ、何ともはや──実に危ないところだった」また、メフダルと連絡を取らないようにとも書いてあった。彼は「難しい状況にいる」という。

メフダルからショートメールが届いたちょうどその頃、アムステルダム発デトロイト行きのノースウェスト航空253便は、アメリカ東海岸に接近中だった。ナイジェリア人青年ウマル・ファルーク・アブドゥルムタラブは、19Aの座席に座っていた。ちょうど主翼の上、燃料タンクの近くだ。機体が目的地に向けて青灰色の空を降下しているとき、彼はトイレに二十分間こもった。

体に毛布を巻きつけてトイレから出てきたアブドゥルムタラブは、下着の中に隠した爆破装置を起爆させようとした。しかし炸薬が爆発せず、下着からモクモクと煙が出るだけだった。乗客の何人かが──シュー・ボマーのリチャード・リードか、9・11のユナイテッド93便の乗客の英雄行為が頭をよぎったことだろう──大慌てで駆け寄った*[3]。

アブドゥルムタラブの任務は、その四ヵ月前にイエメンで始まっていた。アウラキの柔らかい口調に誘われ、殉教を真剣に考えて、ドゥバイでの学習を辞めてイエメンにやってきたのだ。二〇〇九年夏、アウラキを紹介してくれる人がいないかと彼はサナアのモスクを尋ね歩いた。やがて、誰かが彼の携帯番号を控えていった。その数日後、携帯にショートメールが届いた。アブドゥルムタラブは、それが自分の英雄からのメッセージだと知り驚いた。ジハード参加について自分の主張を書面で述べるように、アウラキは彼に指示した。

思いの丈を綴り、助言を仰ぐ文面を送ると、アブドゥルムタラブのもとに迎えがやってきた。シャブワに連れて行かれ、アウラキと面会した——わたしがアウラキに別れを告げて、帰りの旅路を急いだ日の、ほんの数日後のことだった。

どんな任務も厭わないし、命を捧げる覚悟もあると、アブドゥルムタラブはアウラキに訴えた。アウラキは彼のために遺言ビデオの文言作成を手伝い、録画の手はずを整えた。疑われるおそれがあるので、イエメンから直接ヨーロッパに渡航しないようにとも忠告した。アウラキが彼に与えた最後の指示には、背筋が凍った。飛行機が必ずアメリカ上空に到達してから墜落させろ、と言ったのだ。

逮捕から数時間後、ひどいやけどを負ったアブドゥルムタラブは、アウラキのこうした指示について、ベッド脇のＦＢＩ捜査官に話し始めた。わたしは彼が自白した内容の全貌を、あとになるまで知らなかったが、アウラキがこの計画を承知し関与していたとハンドラーから知らされた。アメリカは新たな本土攻撃をすんでのところで免れた。アウラキは、ウサマ・ビン・ラディンと並ぶほどの影響力のある人物になりつつあった[*4]。

＊2　ワシントンのイエメン大使館が、アウラキは「首都サナア南部でアルカイダの会議に出席していると思われる」と述べた。

＊3　爆弾専門家はその後、装置が機能しなかった理由は、アブドゥルムタラブの汗で炸薬の感度が低下したとしか、理論的に説明がつかないとした。イエメンからナイジェリアまで、三週間も下着の中に隠していたせいと思われる。しかし、米航空機を主要都市上空で破壊させる寸前だったという点では、専門家全員の意見が一致した。

アブドゥルムタラブの供述によると、さらに厄介だったのは、ＡＱＡＰの爆弾作りの名人として頭角を現している人物にアウラキが直接相談したことだった。名人とは、サウジアラビア出身の青年イブラヒム・アル＝アシリだ。アル＝アシリが、彼の下着爆弾を作った。その数ヵ月前には、自分の弟アブドゥッラーの直腸に爆破装置を埋め込んだ。その装置には、およそ百グラムのＰＥＴＮ〔訳注：四硝酸ペンタエリスリトール〕という強力な爆薬が詰め込まれていた。この白い粉は発見されにくいので、下着爆弾にも用いられた。

アブドゥッラーの標的は、モハメド・ビン・ナエフ王子という、サウジアラビアのテロ対策責任者だった。その二年前、ナエフ王子のセキュリティ対策により、アシリ兄弟はサウジアラビアを追放されていた。

アブドゥッラーは、サウジ側に情報を提供したいと申し出て、ナエフとの謁見を許された。空港のセキュリティ・チェックでは何も検知されなかった。彼が起爆したとき、爆発の威力は上方に向かった。ナエフのオフィスの天井からアブドゥッラーの体の肉片をこすり落とさなくてはならなくなった。だが、ナエフ王子本人はごく軽傷ですんだ。作戦が失敗したにもかかわらず、アル＝アシリと仲間たちは自信を深めた。アルカイダがサウード家の一員の暗殺に、これほど肉薄したことはかつてなかった。

デトロイトでＦＢＩがアブドゥルムタラブを厳しく追及する一方で、南に数百キロ離れたワシントンＤＣでは、ＣＩＡがわたしの訪れたシャブワの屋敷の衛星画像を注視していた。

二〇一〇年一月十二日、イエメンの対テロ特殊部隊は、シャブワのアル＝ホタ地区の屋敷に密かに降り立った。前年の九月に、部族長メフダルに泊めてもらった屋敷だ。部隊の主な標的はもちろん、アウラキだった。この屋敷にアウラキがよく滞在すると、わたしは報告していた。だが、アウラキはこの日、屋敷にはいなかった。メフダルは降伏を拒み、ほかの戦闘員から逃げるように促されても、最後までとことん戦った。

その知らせは、数日後にアウラキ本人から暗号化メールで送られてきた。

「前回、一緒に滞在した男を覚えているか？　彼は殺された。先日彼と話したばかりだ。そのとき、もし政府の攻撃を受けたら、山岳地帯にこもるようにと彼から言われた。自分は死ぬまで戦うつもりなので、引き下がらないとも言っていた。実際その通りになった。当時二十人が滞在していて、政府軍と戦い、戦闘員が六人以上殺され、その圧倒的力の前に撤退した。彼はそれを拒み、死ぬまで自分の家で戦い抜いた。アッラーの呪いが政府にあらんことを」その後またメールをよこし、メフダル殺害のほんの〝数日〟前まで、彼と一緒にいたことを明かした＊5。

その日遅く、最近チームに加わったPETの分析官アナスから、わたしの情報がこの襲撃作戦につながったことをアメリカが認めたと言われた＊6。

＊4　この未遂事件から数週間もたたないうちに、米司法省の法律専門家は、外国のアメリカ市民殺害を正当化する覚書をまとめ上げるという、前例のない手段を取った。

＊5　二〇一〇年一月二十九日に、アウラキは次のメールを送ってきた。「シャイフ・アブドッラー・メフダル（彼は部族長だ）が亡くなる数日前、わたしは彼にきみの話をし、きみが彼の家に滞在したことを思い起こしていた。彼は勇敢で誠実なブラザーだった。亡くなる数週間前に、もし政府から襲撃されたら山岳部に撤退すべきだとアドバイスした。彼はこれを拒否した。もし襲われたら、決して逃げずに死ぬまで戦うと言っていた。その通りになった。アルハムドゥリッラー、彼の家族は無事に暮らしている」

これを聞いて、激しく動揺した。ナブハンの任務のときには、少しも心乱れることはなかった。ナブハンは冷酷なテロリストで、何十人もの一般市民の殺害に関与した。メフダルは違う。信念のために戦い、自らの領域を守る覚悟ができた、間違いなく尊敬に値する人物だ。グローバル・ジハードなど、ヨーロッパの街角やアメリカ上空で殺戮を起こそうなどと、夢にも考えていなかった。

二重スパイとして働くようになってから、自分が知り合いに死をもたらしたことは一度もなかった。彼と最後に会ったときのことが頭に浮かんだ。レンタカーのタイヤ交換をしながら、メフダルは涙ながらにわたしに告げた。「もしこの世で会えなくても、天国でまた会おう」

わたしは罪悪感のあまり無気力に陥り、バーミンガムの自宅に何日も引きこもった。また以前のように気分が落ち込んでいるのだと、ファディアは思ったにちがいない。スーパーに買い物に行くなどの、ごく簡単な用事すらこなせなくなってしまった。厳しい現実を思い知らされた。こんなことが起きると予測も覚悟もしていなかった世間知らずな自分を呪った。密告者の仕事とは、冷酷な言い方をすれば、人を殺すことなのだ。しかも誰を標的にすべきか、わたしには発言権がなかった。アメリカは、イエメン政府の協力を得て網を広く張っていた。メフダルのような人間と、ナブハンのような人間を区別しないのだ。

だが、この仕事に絡む利害や求められる緊急性を考えれば、いつまでも悲しみに浸ってはいられなかった。メフダル配下の戦闘員が、イエメンで韓国人観光客に自爆テロを実行したことを思い出した。メフダルがこれに関与していたのかどうか知る由もないが、罪悪感はいくらか和らいだ。

メフダルの死から数週間後、アウラキは録音した音声メッセージでアメリカに宣戦布告した。

「アメリカ人だからというだけでアメリカに立ち向かうわけではない。わたしたちは悪に立ち向かうのだ。アメリカは総じて、悪の国家に成り下がった」アウラキは平然と、落ち着いた口調で述べた。

「アメリカに対するジハードは我が義務である。そして有能なムスリム全員の義務である」

＊6　数週間後、ＡＱＡＰは短い追悼動画を発表し、メフダルの屋敷への襲撃は、アメリカとイエメンの共同作戦だったと主張した。米当局者は、米軍特殊部隊の関与を公式に認めていない。

第十八章　アウラキのブロンド妻　二〇一〇年春―夏

二〇一〇年三月九日、わたしはウィーンのエルドベルグ通りにある国際バスターミナルの外で、午前十一時に到着予定のザグレブからのバスを待っていた。少し風のある肌寒い日で、いかにもウィーンの三月らしい気候だった。バスから次々と観光客が降りてきて、ハプスブルク家の宮殿に向かっていった。

ＣＩＡのチームがわたしのあとをつけるとジェッドから聞いていた。わたしは街角で腕時計を見ているカウボーイハットの男に視線を向けた。もちろん、ＣＩＡがこんなに見え透いた格好で尾行するはずがない。

すると、彼女が目に入った。思った通り、黒く丈の長いスカートをはいていた。しかし、全身をベールで覆うのではなく、頭に簡単にスカーフを巻いているだけだった。スカーフからはみ出たブロンドの髪が、幾筋か風になびいていた。

「アッサラーム・アライクム（あなたに平安あれ）。アミナです」彼女は柔らかな調子の英語でそう言い、青緑色の瞳でわたしをじっと見つめた。

アウラキの指示で、わたしは疑われないように洋服を着ていた。とはいえ、自分と関係のない女性に対しては距離を置く必要があった。彼女と握手すらしなかった。しかし、彼女を見て息を呑んだ。写真よりずっときれいだ。ふっくらした唇に、高い頰骨、とがった鼻。アミナはとても美人だった。三十二歳という実年齢よりも、四、五歳は若く見えた。グウィネス・パルトロウ似だ。アウラキはきっと気に入るにちがいない。

彼女を見つけたのは、フェイスブックのアウラキのファンページで、二〇〇九年十一月のことだった。西洋人の妻を見つけてほしいとアウラキに再度頼まれてから、二ヵ月がたっていた。わたしが書き込んだ支援を求めるメッセージに、彼女が応じたのだ。

「どんな支援が必要ですか。あなたはシャイフと直接連絡が取れるのですか？」二〇〇九年十一月二十八日、彼女から最初のメッセージが届いた。

その二日後、すでにメッセージを数回やりとりしてから、彼女は尋ねてきた。

「でも一つ質問があります。あなたは個人的にＡＡＡをご存知なんですか？　もしそうなら、あなたにいろいろ質問してもいいですか？」ＡＡＡとは、わたしたちの間でアンワル・アル＝アウラキを示す記号だった。

「そうだ。彼のことはよく知っている。遠慮なく聞いてくれ」わたしはすぐさま返答した。彼女から返事が来た。

「正しいアドレスかどうかよくわかりませんが、シャイフにメールを出しました。実は、シャイフが二人目の奥さんを探しているのではないかと思って、結婚を申し込んだのです。馬鹿げているかもしれません。でも、とにかく申し込みました。あなたと今こうして連絡を取り合っているのですから、シャイフにわたしのことを推薦してもらえたら、わたしについてよく知ってもらえたらと思います」

「国を出る方法を探しています。わたしを教え導き、わたしも大いに力になってあげられる男性を見つけて結婚したいと思っています。わたしはシャイフと、彼がこのウンマのためにしたあらゆることに深い尊敬の念を抱いています。何らかの方法で彼を手伝いたいのです」

　返事を書いた。

「もし結婚すれば、あなたは三番目の妻になる。シャイフにはすでに二人の奥さんがいる。ただ、一緒に住んではいない。二人は首都で暮らしているので、たまにしか会いに来ない。でもあなたはイエメンに家族がいないのだから、彼とずっと一緒に過ごすことになる。苦労を覚悟しなくてはならないし、ときには転々と移動しなくてはならない。妻として家庭の務めを果たすこと。AAAは危険にさらされることがあるかもしれないので、何に直面しようとも耐えること。アッラーは我々の守護者であられる。こうしたことを受け入れられるだろうか？」

　十分もしないうちに返事が来た。

「彼とならどこにでも行きます。わたしは三十二歳です。危険も覚悟しています。死も、アッラーのために死ぬことも恐れていません。シャイフに奥さんが二人いるとは知りませんでした。でも、ちっとも構いません。シャイフの仕事を手伝いたいのです……家事は得意ですし、結婚したら、働き者の奥さんになります」

　アミナの本名はイレーナ・ホラク。彼女のことを次第にいろいろと知るようになった。メールとフェイスブックのメッセージで、何十回もやりとりした。それまでの人生について綴った長い文章が何度も送られてきて、アウラキに渡してほしいと頼まれた。

イレーナはクロアチアのビェロバルという町の出身だった。首都ザグレブの東に位置する、農業地帯に囲まれた小さな町だ。アウラキ宛のメッセージで、生い立ちについてこう語っている。温かい家庭で育ち、一般的なクロアチア人同様に、カトリック教徒として「家族の大切さと高い道徳」を教え込まれて育った。双子の姉妹ヘレナとはとても親密で、ほかにきょうだいはいない。

十代の頃は陸上競技で好成績を残した。競技に打ち込み、百メートル走でジュニアチャンピオンになった。ゴールでフィニッシュする姿や、優勝して腕を突き上げている姿など、地元の新聞に写真が載ったこともある。クロアチア代表としてオリンピックに出たいと夢見て、突き動かされるように短距離走に励んでいた。

イレーナも双子のヘレナも、ザグレブ大学の教育・リハビリテーション科学部に入学した。イレーナは特別な支援が必要な人々のために働きたいと考えていた。その頃には陸上の世界で名を馳せるという夢は消えていた。彼女は熱心に勉強した。ほかの学生と同じように、夜はナイトクラブで明け方まで飲んだり踊ったりした。

ずいぶんあとになってから、彼女がこの時代、自由奔放な格好の写真をソーシャルメディアに投稿していたことがわかった。たとえば、体にぴったりした服、胸が大きく開いたトップス、編み上げニーハイブーツ、黒いレザーでノースリーブのキャットスーツといった服装だ。

大学卒業後、児童養護施設の仕事に就いた。施設には七歳から十八歳までおよそ五十人の子どもがいて、多くが行動に問題を抱えていた。

その後、アウラキに宛てたメッセージで、また違う一面があることを明かした。

「しっかり者だと周りから言われますが、それは自分を守るためです。確かにしっかりしていますが、とても感情的で傷つきやすい面があり、不正が嫌いです。働くことが好きですし、怠け者ではありません。人の気持ちに寄り添い、優しく、誰に対しても心を開く人だと言われます」

ザグレブでの結婚式がきっかけで、イレーナはイスラムに興味を抱くようになった。参列者のなかに、長いドレッドヘアで人懐っこい笑みを浮かべた、セイジという名のハンサムな弁護士がいた。彼はムスリムでロンドンに住んでいた。数日後、彼女は恋人をあっさり捨てて、ロンドン行きの飛行機に乗った。こうして、セイジとの遠距離恋愛が始まった。

セイジは信者だと名乗り、イスラムについて愛情を込めて語っていたが、とても信心深いとは言えなかった。彼は飲みに行くことが好きで、彼と腕を組みながら彼女も喜んでロンドンやザグレブのバーに出かけた。イレーナはその頃、彼と結婚したいと友人に話していた。

アウラキ宛のメッセージで、アミナはセイジについてこんなふうに述べた。

「彼はイスラムについてとても上手に、穏やかに話してくれました。それに、これまで知らなかったことをたくさん教えてくれました。好奇心をそそられました……そこで、自分で調べてみることにしたのです」

ボスニアのイスラム教徒の女性グループに連絡を取り、ザグレブ在住のメンバーを紹介してもらった。彼女は次第に、その女性たちと一緒にモスクで過ごすようになった。

「神について書かれたこと――コーランのアッラーのこと――を読んで、心の中で思いました。これこそ、わたしがずっと探していたあるべき神様の姿だ、と」

「神様に息子がいるなんておかしいとずっと思ってました。イスラムは何もかもが論理的で、シンプルだとわかったのです。でもやはり、それだけでは不満でしたし、信じられませんでした」

　コアセーの図書館で、これだと思ったときのことを思い出した。

　半年後、セイジとの関係はうまくいかなくなった。セイジとの付き合いよりもイスラムのほうが重要になったらしい。一日に五回礼拝しないことや飲酒について、厳しく非難したメールをセイジに送るようになった。

　イレーナの信仰は、ガンの発症で一層強まった。治療を受けて完治したものの、子どもを持つという夢をあきらめなくてはならなかった。熱心にイスラムを奉じるようになり、アラビア語の勉強を始め、習慣や服装を変えた。長いスカートで足を隠し、スカーフで髪の毛を隠した。それまでの友達との付き合いもやめた。イレーナはアミナになったのだ。

　波乱に富んだこの時期のことを、彼女はアウラキにこう書き送った。

「怒りと失望を経て、それまで感じたことのない安らぎを心に見つけたのです……イスラムについて新しいことを学べてうれしく思いました……イスラムのおかげで感情がとても豊かになりました。礼拝中に泣いてしまいます。礼拝の呼びかけ（アザーン）が聞こえてくると涙が出ました」

　そして、二〇〇九年五月に信仰告白（シャハーダ）を唱えて正式にイスラムに改宗したとき、わたしと同じように彼女も心中にエネルギーがみなぎり解放感を覚えた。

　アミナが新たな信仰に入れ込んでいったようすを、彼女の旧友がのちに語っている。話すことと言えばイスラムのことばかりで、友人たちをしきりに改宗させようとしたそうだ。

　アミナがインターネットに出回っていたアウラキの英語の説教を聞いたのは、その頃だった。西洋近代文明に毒されず、預言者のように簡素な生活を送るべしという信奉者への呼びかけに、アミナは引きつけられた。映画スターばりの二枚目ではないかもしれないが、アウラキの誠実さや知性、静かなるカリスマ性を讃美するようになった。やがて、彼の妻になることを夢見るまでになった。彼なら、イスラムについて多くのことを教えてくれると思った。

フェイスブックでつながった頃、ザグレブで疎外されているとアミナは漏らした。職場の上司はアミナの服装に文句をつけた。社会からもクロアチアの主流派ムスリム・コミュニティからも、孤立していると感じていた。

「わたしは不信心者(カーフィル)の国で暮らしています。この場所から本当に抜け出したいのです」と、アミナはアウラキへのメッセージで訴えた。その気持ちには、またしても覚えがあった。リージェント・パークのモスクの外で倒れた老人の亡骸を洗い清めた、憂鬱な日のことを思い起こした。

「大勢のプロポーズを断りました。みんな真剣に結婚を考えていなかったか、わたしと同じ信念を持っていなかったからです」

父親に改宗を打ち明ける勇気はなかった。だが母親は、納得できないながらもその事実を受け入れた。フェイスブックで最初のメッセージを送ってきた頃、彼女は悲しみに沈んでいたようだ。家族以外とは有意義な関係を築けないと思っていた。わたしにも覚えがある。

一方で、この途方に暮れた印象的な女性の存在はチャンスだとも思った。

「アミナからアウラキの居場所がわかる」と、フェイスブックでのやりとりが始まってすぐに、MI5のサンシャイン、アンディ、ケヴィンに伝えた。

「きみの考えは理解できるが、この件は上層部に諮(はか)らなくてはならない」とアンディに言われた。

英国情報機関もわたしも、アミナを不安定な国家の不毛地帯に送り込めば、彼女を危険にさらすことになると危惧していた。CIAとPETは、この提案に乗り気だった。

「いいんじゃないか」コペンハーゲンで会ったとき、ジェッドは賛成した。とびきりのハニートラップを目論む彼の瞳に、興奮の色が見て取れた。フォートフッド基地銃乱射事件が起こり、すでに賽(さい)は投げられた。ワシントンでは、アメリカ市民のアウラキを暗殺対象者とすることが合法か否かをめぐって、審議が重ねられていた。聖職者でテロリストであるアウラキを狙うにあたり、アミナが千載一遇のチャンスとなることを、ジェッドは十分に承知していた。

CIAは堂々と結婚仲介業に足を踏み入れようとしていた。

彼らの指示に従い、第三夫人候補を見つけたとアウラキにメールを出した。二〇〇九年十二月十一日、アウラキから返事があった。短い自己紹介文をアミナに書いてほしいという。

彼女が送った自己紹介文は次の通りだ。

「年齢は三十二歳で、結婚歴はなく、子どももいません。背が高く（百七十三センチ）細身で、スポーツ選手のような体型です。髪の毛についての描写は認められるかどうかわからないので差し控えます。きれいな顔立ちで魅力的だとよく言われます。実年齢よりもずいぶん若く見えるようで、二十三歳から二十五歳くらいに見られます」

十二月十五日、アウラキから再び暗号化メールが届き、アミナにその内容を伝えた。

「是非言っておかねばならないことが二つある。まず、わたしは現在、定住生活を送っていないということだ。そのため、生活環境はそのつど大きく変わる。テント生活を送ることさえある。次に、身の安全のために、世間から隔絶した生活を送らなくてはならないということだ。つまり、わたしも家族も、長期間ほかの人に会えなくなる。もし、あなたが困難な状況で暮らすことができて、孤独にも耐えられ、他人とのコミュニケーションが限られた状況でも暮らせるならば、アルハムドゥリッラー（アッラーに讃えあれ）、それは素晴らしいことだ。妻二人との関係に問題はないし、良好な夫婦関係を築いている。ただ田舎での生活に耐えられないので、都会に住むことを選んだ。もう一人妻を娶る場合、同じことを繰り返したくない。この苦労多き道のりをわたしととに耐えてくれる人を探している」

「最後に一つ。あなたの写真を送ってもらえないだろうか？　添付ファイルで送ってほしい」

その頃、あの〝下着爆弾作戦〟が進行中だった。だからアウラキは、もうじきアメリカの指名手配リストで自分の順位が急上昇すると思っていたのではないだろうか。だからこそ、未来のアウラキ夫人のために、隠遁生活の苦労を強調したのだろう。

十二月中旬、アウラキに新しいメッセージを送ってほしいとアミナから頼まれた。基本原則のようなものを述べた内容だった。

「書類上の夫はいりません。夫とは一緒にいたいと思います。イスラムの大義のために生きたいのですが、ここでは無理です。わたしは専業主婦タイプではありません。料理をしますし、ほかの家事もできます。でも、それだけでは満足できません。母国のイスラム教徒のために、わたしは今、シャイフの講義をクロアチア語に翻訳しています」

アミナはさらに、結婚後もイエメンからの出入国が可能かどうか尋ねた。「一番心配なのは両親です。わたしがそちらに行くことになったら、両親は大きなショックを受けるはずです。両親に二度と会えなくなるのは、わたしにとっては受け入れがたいことです」

彼女の無邪気さは、ときに厄介だった。

わたしはそのメッセージをムジャーヒディーン・シークレット・ソフトウェアで暗号化し、アウラキに送った。アウラキから十二月十八日に返事が来た。

「あなたがこの国に来たら、死ぬまでずっといることになる。この国を出たら、やはり二度とこの国の土は踏めない……この国は戦争に向かっている。どういうことになるのか、アッラーのみがご存知だ」

アウラキはさらに、個人的なことを教えてほしいというアミナの要望に応えた。

「わたしは物静かな人間だ。家族のことにはあまり干渉しない。しかし干渉するときは、わたしの思い通りにする。妻が言うことを聞かないのは許さない。子どもに関しては、まったく逆だ。とくに娘たちに関しては。子どもたちにはかなり柔軟に対応する。わたしは手を出さないので、母親が子どもをしつける必要がある。わたしは読書好きだ。家族と一緒に過ごすこともあるが、責務のためにそれはままならない……家族より仕事のほうを優先するので、それを苦にせず、仕事の一部を担ってくれる人を妻にしたいと思っている。人生の大半を欧米で過ごしたので、西洋人のムスリムと一緒に過ごしたいと思う」

アミナに直接〝個人的な質問〟をしたいのでメールアドレスを教えてほしいと、アウラキから頼まれた。彼のセキュリティに対する強いこだわりと、あの〝下着爆弾作戦〟が実行間際だったことを考え合わせると、これはとんでもないリスクだった。またしても、彼は情欲に勝てなかったのだ。

クリスマスイブの日、シャブワ州のアルカイダにミサイルが撃ち込まれたあと、アミナから再び連絡が来た。

アウラキの無事を確認してすぐ、アミナにメールを出した。わたしたちの間では、アウラキをサミという名で呼ぶことにしていた。

「サミは無事だ、アルハムドゥリッラー……ここは我慢のしどころだ。彼にはとてつもない圧力がかかっている。あなたは本当にこんな試練に耐えることができるのか？」

間一髪のところで死を免れたというのに、そのたった四日後、アウラキはわたし宛のメールで、なおもクロアチアのブロンド女性のことを気にかけていた。アミナに伝えた。

「サミがよろしくとおっしゃっていた。彼が直接連絡を取ることはできなくなったが、わたしを介して、彼とあなたはメッセージをやりとりできる。サミは無事でぴんぴんしている。今でも、あなたがあちらに行く準備が整うのがいつになるか、気にかけて聞いてくる」

クリスマスイブのミサイル攻撃後、先だって懸念を示していた英国情報機関は、アミナをアウラキのもとに送る作戦に反対すると表明した。無辜のヨーロッパ人女性を死に追いやりかねない計画には関わりたくなかったのだ。彼らの立場は理解できた。わたしだって、アウラキを追い詰める過程で、絶対にアミナを〝巻き添え〟にしてほしくはなかった。

アメリカからわたしを引き離そうとするイギリスの試みは、その数週間前、００７さながらの秘密施設で始まった。

モンクトン要塞は、ポーツマスの軍港を守る目的で十八世紀末に築かれた。今でも変わらず稜堡、砲郭、跳ね橋がある。さらに、蛇腹形鉄条網の高いフェンス、投光照明、ＣＣＴＶカメラが設置され、現在、英国軍から「最高の訓練施設」と称されている。

実は、英国秘密情報部はここを、実地訓練の主な拠点にしていた。ほぼ一世紀にわたり、選り抜きの英国人情報員がここで訓練を積んできた。

ＭＩ６のハンドラーのエマは、ロンドンでわたしを拾い、モンクトン要塞に向かった。エマは黒ずくめの服装で、ブルネットの髪を小さなシニヨンにまとめていた。高速道路を走りながら、エマは過去について打ち明けた。オックスフォード大学時代、至急金が必要になり、ストリッパーをしたことがあるという。

エマがわたしを信用して打ち明けてくれたことに感激した。しかしあとになって、これは信頼を築くために用いる常套手段ではないか、英国チームに親近感を抱かせるために講じた策ではないかと思うようになった。

要塞に入場する前に、エマからスカーフを手渡された。

「これを頭にかぶってください。外郭の警備員にあなたの姿を見られたくないので」

モンクトン要塞は、あらゆる点で古式然とした学校みたいだった。夕食時、板張りの食堂で、正装した年配の執事たちがＭＩ６のオフィサーを待ち構えていた。わたしが滞在したのは、二十世紀初頭に英国情報部の長官を務めた、高名なマンスフィールド・カミング卿の個室だった。カミングがサインに頭文字の「Ｃ」を用いたことから、イアン・フレミングはスパイ組織のリーダー「Ｍ」の着想を得た。

「きみは何者かね?」と、五十代でベテラン教官のスティーヴに聞かれた。二〇〇三年のイラク侵攻後、独裁者サダム・フセインの凶暴な息子ウダイ・フセインを追い詰める計画を、ＭＩ６で指揮した男だ。

「この施設には決して一般市民を入れない、それが決まりだ。しかも、わたしはカミング大佐の寝室に寝泊まりを許されたことなどない」

「えー、わたしはモーテン・ストームといいます……」答えた途端、しまったと思った。滞在中は自分のことを話すなと、エマから言い渡されていたのだ。

「大丈夫。気にしないでください」あとからエマに言われた。

その日、MI6局員とともに、ロールプレイングを行った。シナリオを与えられて、十五分間準備する。別室にいるチームがわたしの対応を中継カメラで見守っていた。終了後にスティーヴから、わたしは問題解決能力に恵まれており、テストに合格したと言われた。本気で言っているのか、これもご機嫌取りの一つなのか、定かではなかった。

特別待遇は年が明けてからも続いた。

MI5のアンディとケヴィンが尾行をかわす訓練を実施するということで、エジンバラに招かれたのだ。

後をつけられているとどうやって見破るか、どのように追っ手を撒くかについて、元旦にホテルの部屋で説明を受けた。歩いているときに何かにかこつけて立ち止まり、こっそり辺りをうかがうというやり方がある。また、一見無造作にジグザグの道筋をたどり、追っ手がついてくるかどうか確かめるというやり方もある。だが、あまりに行き当たりばったりのコースをたどると、プロならば、相手が尾行に気づいたとわかる。この原則は、車の運転にも当てはまる。イクリマの運転手のモハメドが、ナイロビの通りを無茶苦茶に走り回ったことを思い出した。連絡員が尾行されていないかどうか確かめる方法も、アンディとケヴィンから教わった。多様な経路で待ち合わせ場所に来るよう連絡員に指示し、彼らを慎重に観察するのだ。

いくつかの訓練を受けてから、その晩はケヴィンとアンディに連れられて、ロイヤル・マイルにある小さなハギス専門店に行った。ハギスが何かそれまでまったく知らなかった。

地元レストランの静かな席で向かい合い、ケヴィンはわたしを真っ直ぐに見つめて深刻な口調で切り出した。

「アメリカがアミナを使ってやろうとしていることに、わたしたちは不安を抱いている。わたしたちの仕事は情報収集だ。暗殺には関与しない。アミナをイエメンに送り込むことに、当方は手を貸すべきではないと思う。彼女が殺されるのではないかと危惧している」

だが、ケヴィンのメッセージには、もう一つ含むところがあった。もっとも彼は、英国情報機関と米国情報機関との名高い〝特別な関係〟について、はっきり言及したわけではなかった。

「モーテン、わたしたちはアメリカみたいには金は出せないが、一つだけ約束できる。決してきみをだましたりはしない。知っての通り、わたしたちは嘘をつかない。アミナを送る計画には賛成しない。きみがだまされなければいいと思っている」

目の前に並べられた選択肢について検討した。どうやら英国は、長期間にわたってわたしに投資することにやぶさかではないらしい。わたしもハンドラーたちが好きだし、アミナの安全が心配だった。しかし、少し前から、彼らの終盤戦の進め方に疑問を抱くようになっていた。自分たちの情報提供者をアウラキの取り巻きの許に送り込もうとしているのではないのか。

ＰＥＴとＣＩＡは、数日中にもこの任務を進めようとしていた。デンマークの法律では、ＰＥＴが海外で暗殺作戦に参加することは明確に禁じられているにもかかわらずだ。

エジンバラで訓練を受けた直後、クラングから電話があった。

「アイスランドに行く予定だ――わたしたちデンマーク人だけで。しかも費用はアメリカ持ちだ」

数日後、わたしたちはレイキャビックのブルーラグーン〔訳注：世界最大の露天風呂〕でくつろいでいた。デンマーク・チームに新顔が加わった。イェスパーという名の、四十代後半のPET職員だ。彼はクラングとは正反対だった。クラングは孔雀みたいに自分の体格を誇示した。イェスパーにはそんな見栄っ張りなところがなく、辛口のユーモアを控えめに飛ばした。頭髪が後退し、平凡な容姿で、華奢な体つきだった。クラングが麻薬捜査官として騒々しい現場で経験を積んだのに対し、イェスパーはもっぱら事務方だった。以前は、警察で金融犯罪を扱う部門で仕事をしていた。わたしはPETのハンドラーたちと一緒の写真を撮ってもらおうと思い、ほかの温泉客に頼んだ。驚いたことに、彼らは反対しなかった。

その後、レイキャビックの最高級ホテル、ラディソン・ブルのスイートルームで、英国情報機関から言われたことを伝えた。

「モーテン、わたしたちはアメリカと一緒に進めるべきだと考える。そのほうがワクワクする。それに彼らには金もある」とクラングが主張した。

金が物を言った。彼らはわたしの報酬を倍にすると申し出た。CEOの給与にはほど遠い――月に四千ドルほど――が、ソファのすき間に入り込んだ小銭を探しているような者にとっては大金だった。

また、アメリカにつけば、アミナを送り込む任務に口を挟めるかもしれないとも考えた。もしかすると、アウラキを殺さずに生け捕りにする方法もあるかもしれない。

二〇一〇年一月、アウラキには強烈な圧力がかかっているというのに、相変わらず何度もメールのやりとりをした。彼は、アミナにすぐにでもイエメンに来てほしがっていた。

「新たに定められた法律では、外国人の入国が厳しくなっているので……彼女が監視対象になったり、入国できなくなったりする前に、イエメンへの渡航を早めてもらえないだろうか」とアウラキは言ってきた。

ところが一月最後の日、アミナに会いに行かないようにというメールが、アウラキから届いた。彼女がイエメンに来るチャンスを台無しにするおそれがあるというのだ。

「わたしの講義を聴く者は世界中に何百万人といるが、頼りにできる者は数えるほどしかいない。藁の中から針を探すようなものだ。きみは頼れるブラザーの一人だ。大事な存在だし、きみの安全と健康が大事だ。また、きみの考えと方法論（マンハジュ）も大事に思う」

彼の言葉にしばし胸を打たれた。彼にはまだ人間的な一面が残っていた——要注意人物としてマークされているが、信頼している人間に気を配ることができる。できるだけ穏便に彼をおびき寄せて、イエメン当局に引き渡せる方法はないかと考え始めた。それなら、自由の身になれなくても、生き延びることはできるだろう。

その二週間後、CIAはこの任務の進行を早めることに決めた。わたしはヘルシンゲルでの会議に呼び出され、クラングとイェスパーが駅に迎えに来た。ヘルシンゲルの駅舎はネオルネサンス様式の見事な建物で、そびえ立つ三角屋根に数々の小塔や尖塔が付されていた。

「アメリカと交渉した」車を出したあと、クラングが切り出した。「きみに二十五万ドル払う用意があるそうだ。アミナがサナアに降り立ち、空港を出た時点で、報酬は支払われる」

イェスパーが口を挟んだ。「当然だが、わたしたちからは何も聞いていなかったことにしてくれ。〝世界の支配者〟の一人が、ワシントンDCから、直接この提案をするために来ている」

イェスパーの口調は辛辣だった。PETは、アメリカと関係を持ちたがってはいるが、妬んでもいるのかもしれない。

わたしたちの右手に、デンマークとスウェーデンを隔てるエーレスンド海峡が横たわり、冬の陽射しを浴びてキラキラ輝いていた。数キロ走ったのち、ホアンベクというリゾート地に到着した。PETは林に囲まれた湖畔の別荘を借りていた。この静かな環境で、アメリカの敵の抹殺計画を練ろうというわけだ。

デンマーク情報機関で第三位の地位にある高官が、大広間で待っていた。長身をチノパンと青い開襟シャツで包み、コバルトブルーの瞳を持ち、麦わら色の髪はきちんと分けている。チーム・リーダーのソレンから、この高官を「トミー」と紹介された。自ずと備わる権威とPETの高官という地位から、ハンドラーたちは彼を「トミー・シェフ」と呼んだ。彼は、PET長官のヤコブ・シャーフにじかに報告する立場にあるという。トミーは力を込めて握手し、わたしの尽力に感謝すると言った。

PETのいつものチームは、白いダイニングテーブルの周りに集まり神妙にしていた。アメリカ人一行がまもなく到着した。ジーンズにカウボーイブーツのジェッドに続いて、白髪交じりの髪をきちんと分けた長身の男が入ってきた。一瞬、彼が資金を握る人物かと思ったが、CIAコペンハーゲン支局長の「ジョージ」という人物だとわかった。ジョージは、背が低く頭髪の薄い男のためにドアを押さえた。その男は「アレックス」といい、〝世界の支配者〟の一人であり、いわゆるナポレオン・コンプレックス〔訳注：背の低い男性が権威的にふるまうこと〕の持ち主だった。

トミー・シェフが正式な握手で出迎えた。それから、アレックスはわたしのほうを向いた。

「これまできみが上げた成果には非常に満足している。礼を言いたい」その声が部屋に響き渡った。

「今回の計画は、アウラキを阻止する大きなチャンスだとみなしている。知っての通り、彼を阻むことは、我が政府にとって優先度の高い課題だ。オバマ大統領ご自身、この件は説明を受けておられる。わたし自らホワイトハウスに報告したからだ」と余計なことまで口走ったが、彼の二人の部下は、いかにも感心したといった顔をしてみせた。

「では、要点を言おう。政府はきみの仲介業務に二十五万ドルの恩賞金を与える用意がある。アミナをイエメンに行かせれば、こちらから送金する」

恩賞金とはまた大げさな言葉を使うものだ。

「それでいいですよ」

「大変結構だ」とアレックス。「一つだけはっきりさせておきたい。今後はイギリスのご友人ではなく、もっぱらわたしたちに報告してもらおう」

デンマーク人ハンドラーたちが、スモーブローを運び込んできた。スモークサーモン、酢漬けニシン、サラミソーセージなどを乗せたオープンサンドイッチだ。

アレックスは前かがみに座り、熱を込めて話した。「きみがアミナに会うための口実が必要だ」

わたしがアミナに会いにウィーンに行くことをアウラキは押しとどめた。だが、アメリカはまずアミナを調べないうちは、彼女をイエメンに行かせるつもりはないようだ。

わたしはノートパソコンを引っ張り出し、アウラキ宛のメールを書き始めた。

「シスターの件ですが、彼女はオーストリアのウィーンでわたしと会いたいと言っています。電話では聞けないことがあるそうです」

アレックスは、メールの文言をいくつか変えるように求めた。自分もこのメールに関与したと、功績を主張するためだ。

それから、わたしはムジャーヒディーン・シークレット・ソフトウェアを開いて、個人鍵とアウラキの公開鍵を入力し、「暗号化」を押した。暗号化されたメールのテキストをコピーし、わたしの電子メールブラウザにペーストし、アウラキが使う無記名のメールアドレスを選んで「送信」を押した。

アレックスはその一連の作業を、感心して眺めていた。

「きみのおかげでアメリカ本土の何百人もの局員は大忙しだ」

五日後、アウラキから返信があった。

「彼女に会いに行くなら、自分のショートクリップを暗号化ファイルでアップロードしよう。それを聞かせれば、間違いなくわたしだとわかる」

アウラキ本人とやりとりをしていると確認するため、ビデオで個人的なメッセージが欲しいというアミナの要望に、アウラキはビデオクリップを示して応えるつもりだった。

テレノールというノルウェーのメールサービス・プロバイダーを利用して、アウラキのメールについてPETに報告した。テレノールを利用するのは、ほかのプロバイダーより暗号化のセキュリティが優れているからだ。CIAとかなりの情報を共有しているとはいえ、PETはやはり情報を最初に入手したがった。結局のところわたしはデンマークの資産だと、アメリカに思い出させる手段だった。だが、テレノールの暗号化セキュリティを利用するということは、どの機関も通信の傍受を疑っているという事実を示していた。ロシアの情報機関やイスラエルのモサドが傍受していないともかぎらないので、電話で重要な話をするなとＭＩ５から言われていた。ＭＩ６にいたっては、電話での連絡をいっさい禁じた。

数日後、アウラキからまたメールが届き、テントではなく住居で暮らしていると知らせてきた。「山間部のテントで暮らすより、今の暮らしのほうがいい。読書や執筆、研究には、こちらの環境のほうが適している」

アミナ宛に長文の私信が付してあった。さらに、ムジャーヒディーン・シークレット・ソフトの使い方をアミナに指南してほしいと頼まれた。「そのとき肝心なのは、足がつかないメールアカウントを設定し、自宅では開かないことだ」

ウィーンの任務には、ジェッドが同行した。アミナが到着する前の晩、ジェッドと一緒にビールを飲みながら話しているうちに、二人ともメタリカというバンドが好きだとわかった。彼のことはそれまでほとんど知らなかった。既婚者で何人か子どもがいて、ドーベルマンを飼っているという。出身や住まいや勤務地などわたしには関係がなかったし、尋ねる立場にもなかった。しかし、何としても成果を出そうとする彼の姿勢を、わたしは高く評価していた。

アレックスの計画では、指定されたパン屋を通り過ぎて、アミナを〈ラウンジ・ゲルストホーフ〉まで連れて行くことになっていた。そこはバー兼レストランで、監視チームが待ち構えていた。だが土壇場で、アルコールを出す場所にアミナを連れて行くのはおかしいと気づいた。そこで、近くのマクドナルドに行った。

わたしたちはボックス席に座った。ノートパソコンでアウラキからのメッセージを見せた。

「シスター、あなたが踏み出そうとしている一歩はとても大きい。踏み出す準備が整うことを祈っている。とはいえ、わたしの個人的経験から、是非お伝えしたいことがある……」

「しばらくの間は、おおかた気楽で快適な生活を送っていた。ところが、今はテント暮らしで水道もなく、移動の自由も奪われている」

「しかし、このことは言っておきたい。アッラーがわたしの心に植えつけてくださった喜びと、アッラーのために困難を耐えたときに感じた平安のおかげで、以前の生活に戻ることは取るに足らないと思えた。この経験はなにものにも代えがたいものだ」

「（投獄された月日は）人生最良の日々だった。乗り切れるとは思わなかったが……わたしはやってのけた。どうしてか？　アッラーのお力添えがあったからこそ……」

「（あなたが直面することになる）問題は、移動の自由や他人とのコミュニケーションが制限されることだ。さらに、友人が一人もいない異国の地にいること、言葉の障壁も問題となる……」

アミナは表情を変えず、時間をかけてメッセージを読んだ。そして画面から顔を上げて、こちらを見すえた。

「行けばどうなるかわかっているか？」わたしは問いかけた。

「ええ、覚悟はできています。インシャー・アッラー（アッラーがお望みであったら）。わたしはこの身をイスラムに捧げたいのです。そしてシャイフ・アウラキにわたしの師となってほしいのです」

彼女はイエメンについて多くの質問を投げかけた。海外経験が少ないので（アラブ圏で訪ねたことがあるのは、チュニジアのリゾート地だけだった)、どんな生活を送ることになるか見当もつかなかったのだ。だが、身を捧げたいという気持ちに偽りはないように思えた。

アウラキに頼まれた通り、ムジャーヒディーン・シークレット・ソフトを使いメールを暗号化して送る方法をアミナに教えた。

「すると、わたしもムジャーヒディーンの一員ということになりますね?」彼女は真剣な眼差しで尋ねた。

「ああ、シスター、そうなるね」

アミナは目に涙をためていた。「わたしが女性戦士(ムジャーヒダ)」体を震わせながら、そうつぶやいた。

その晩、コペンハーゲンのホテルのスイートルームで、面会の詳細を伝えた。

ＣＩＡのコペンハーゲン支局長のジョージは小躍りした。

「この情報をワシントンに伝えて、次の段階を待とう」

わたしにこの任務を断念させる望みを、イギリスはまだ捨てていなかった。三月下旬、かつてのイギリス人チームと一緒に、スウェーデンの北端にあるアイス・ホテルで過ごさないかと招かれた。このホテルには、何とも神秘的な、雪と氷だけでできた棟がある。

アンディ、ケヴィンをはじめとするハンドラー数名が姿を現した。エマは水を得た魚のようで、おしゃれなスキーウェアに身を包み、防寒ブーツを履いていた。パーティー好きのクラングも姿を見せた。しかし、アメリカ人は一人も招かれていなかった。

わたしたちは犬ぞりでパウダースノーを駆け抜け、四輪駆動車で氷の上を疾走し、スノーモービルで競走した。

旅行中、イギリス人は誰もアミナの話を持ち出さなかった。あまりに見え透いていて下品だと思ったのかもしれないし、クラングを警戒したのかもしれない。彼らは、デンマークとアメリカの情報機関が、アミナ作戦に投資していることを承知していた。北国の雪景色の中で絆を深めれば、わたしが考え直すのではないかと思ったのかもしれない。

だが、アミナ作戦はもう勢いづいていた。

二〇一〇年の春、アミナ作戦の新たな任務のため、コペンハーゲン行きの便に乗ろうと、バーミンガム空港のチェックイン・カウンターに並んでいるときだった。一本の電話がかかってきた。MI5のケヴィンからだった。わたしがどこにいるか、彼は知っていた。

「モーテン、今出発したら、わたしたちはもう二度と会うことはないと肝に銘じてほしい」

わたしは列を離れた。英国情報機関にしてみれば、わたしは間違った側を選んだ。そして、これが最後通告なのだ。

「これだけは言っておきたい。一緒に素晴らしい体験ができた」ケヴィンの声には間違いなく真摯な響きがあった。「わたしたちは本当にいい仕事をしてきた。こんなことになって実に悲しいが、これも官僚主義のせいでね、どうしようもないんだ」

MI5とMI6は、わたしと手を切った。

コペンハーゲンに飛ぶ機内で、わたしの心はざわついて落ち着かなかった。ケヴィン、アンディ、エマ、サンシャイン、その他ハンドラーたちと、これまで親密な関係を築いてきた。イギリスは第二の祖国だ。それに、彼らはPETのハンドラーよりも、わたしを理解してくれたように思えた。でも、完全に決別した。英国情報機関の命令により、わたしはもう同国の領土内でアウラキからのメールを開くことができない、とPETから言われた。それ以降、アウラキからのメールを確認するには、毎回コペンハーゲンまで飛ぶことを余儀なくされた。

ＭＩ５とＭＩ６との決別をくよくよ悩んでいる暇はなかった。コペンハーゲンに到着後、迎えに来た車で、ロスキレ・フィヨルド南岸の別荘に向かった。コペンハーゲンから四十キロほど西に位置するところだ。

アミナにスーツケースを買ってやるべきだと、ジェッドは主張した。

「それはちょっとリスクがあるのでは——つまり、彼女が変に思うのではないか？」わたしは疑問を呈した。

そこで、代案を思いついた。まず、アミナの携行品について、わたしがアウラキに質問する。アウラキの要求だったら、彼女も疑いを抱かないだろう。

ジェッドはさらに、木製のコスメボックスを見せて、アミナに渡してほしいと言った。当然、追跡装置が仕込まれているはずだ。だが、それはトラブルを招くのではないかと思った。

クラングも同感だった。

「きみにそんなことはさせられない。コスメボックスを落として、追跡装置（トランスポンダー）が見つかったら、きみはおしまいだ。アメリカ人のやることは、ときどき信じられないよ。考えなしだ」

四月二十一日、ウィーンに向かう直前に、アウラキから返答が来た。

「中型のスーツケース一つと機内持ち込み用のバッグ一つで十分だろう。念のため、いくらか現金もあったほうがいい……少なくとも三千ドルほど持ってきたほうがいいだろう。万が一、空港で思いがけない問題に出くわすといけないので、航空券は往復で購入すること」

その資金をイギリスのモスクで集めてほしいと頼まれた。

アウラキの配慮が些末な事柄にまで及んでいたことに驚嘆した。その三週間前に、オバマ政権が彼を「暗殺対象者」に指名したと広く報じられたばかりだったことを考え合わせればなおさらだった。「ニューヨーク・タイムズ」紙によれば、アウラキがテロ計画に積極的に関与していると考えられるため、ホワイトハウスはアメリカ市民であるアウラキの暗殺を認めるという、「前例がないわけではないが、きわめて稀な」措置を取ったという。

アウラキからの返信に、ジェッドとジョージは喜んだ。また一つハードルを越えた。アウラキに照準を絞り込むところまでたどり着いたのは、初めてかもしれないのだ。ＣＩＡから、暗号化ツールを用いたメールが届いた。文中でアウラキのことを「フック」と呼んでいた——ジハード戦士の間で使われる彼のあだ名の一つだ。

「彼女の渡航についてフックがどんなアドバイスをするか、こちらであれこれ議論を交わしたことが功を奏したようだ！……フックの言葉を利用して、シスターにスーツケースを与えるといいだろう……加えて、三千ドル持ってきてほしいとフックが思っていることも、彼女に伝えるように……これは、きみが今度彼女に会いに行く完璧な口実になる。気をつけて。幸運を祈る。ブラザーより」

暗号化してあるとはいえ、ＣＩＡが手がかりとなる文書記録を残した稀なケースだった。

そよ風吹く春の日の午後、ウィーンの公園でアミナと落ち合い、トルコ料理のレストランまで歩いた。アウラキのスーツケースの要望と、旅費の調達を任されたことを伝えた。

アレックスは翌日、ワシントンからロスキレの報告会にやってきた。一緒に席に着いたソレン以外のPET職員たちは、もっぱら近くをうろついて、キッチンからコーヒーやらスナックやらを運んでいた。序列関係が如実に表れた光景だった。

「愛のメッセージの時間だ」とアレックスが言った。その数週間前、アウラキはアミナのために撮影したビデオをわたしに送ってきた。また、イエメンに来る前に、アミナのビデオも送ってほしいと彼女に頼んでいた。ジェッドがビデオカメラを引っ張り出して、テーブルの上に滑らせた。

そろそろスーツケースを買わなくてはならない頃でもあった。

「彼女のスーツケースのタイプや色など、すべてを把握する必要がある」できたらサムソナイトのスーツケースにしてほしいと、ジェッドは提案した。イエメンに向けて発つ空港で、追跡装置が仕込まれた瓜二つのスーツケースにすり替えられることは、間違いなかった。

部屋には緊張した空気が流れていた。友情を築こうとか、機転の利いたユーモアを飛ばそうという雰囲気ではなくなった。この作戦にかかっていた。アレックスはときおり別荘を抜け出して、話が聞かれないように桟橋に向かい、身振り手振りをまじえて携帯電話にがなり立てていた。さまざまな命令を下しているにちがいない。ジェッドの煙草の本数が増えてきたようだ。だが、任務遂行を急ぐあまり、CIAが重要な細かい点を見逃すのではないかと、わたしは危惧していた。

前回アミナとウィーンで会ったとき、彼らが用心深く張り込んでいたバー兼レストランではなく、わたしの独断でマクドナルドに行ったことに、アメリカは不満を抱いていた。

「今回はこちらの指示に従ってもらおう」アレックスはぴしゃりと言い放った。

「あれではおかしいと思ったんです」彼の尊大な態度にいら立ち言い返した。それでも、口論は避けた。

腰を下ろして、アウラキにメールを書き始めた。その中で、暗殺承認を取り上げた「ニューヨーク・タイムズ」紙の記事についても触れた。

「こんなことをするアメリカ人にアッラーの呪いあれ――薄汚い異教徒の豚どもめ」ジハード戦士なら書きそうな文言をちりばめた。

メールの下書きを読んだとき、アレックスの広すぎる額にますますしわが寄った。

「こんなことは書くな――認められん」

驚いたことに、次に口を開いたのはアナスだった。

「ちょっといいですか。これが当方の流儀です。デンマークとしては好きなようにやらせてもらいたいのです」強い口調だった。

アレックスは思わず振り向き、若いアナスと対峙した。アナスも見つめ返した。アレックスは一言も言わずに立ち上がり、開いていたフランス窓を抜けて庭に出た。

クラングがあとからわたしをキッチンに呼び寄せた。「心配するな、モーテン――彼が発ったら、書き直しておく」

だが、もう一つ困ったことがあった。ハンドラーたちは、めでたいほどサラフィー主義者の考えに疎く、あることを見逃していた。わたしはアミナをホテルの部屋に招き入れることはできないし、ベールをまとわない姿を撮影することはできないのだ。そんなことをしたら、わたしが敬虔なムスリムだという信憑性に、大きな疑いがかかる。だが、一つだけ手段があった。

その頃、わたしとファディアはバーミンガムからコヴェントリー近郊に移り住んでいた。自宅のあるローリー・ロードは、バーミンガムのアラムロックよりかなり環境が良く、戦前に建てられたこぎれいなテラスハウスが立ち並んでいた。ロスキレから帰宅したとき、デンマークの建設現場で稼いだことになっている金で、わたしの懐は温かかった。ある晩、夕食の準備をしている最中に、計画の地ならしにかかった。

「なあ、前にシャイフ・アンワルが西洋人の妻を探していると話したことを覚えているか？　実は、フェイスブックで見つけたんだ。クロアチア人だ」

ファディアは驚いた顔をした。

「シャブワに行きたがる西洋人の女性がいるの？　生きていけるのかしら？」

「その女性は本気だ。シャイフにぞっこんなんだ。そのことでちょっと話がある。彼女に会いにウィーンに行ったんだ。シャイフから頼まれた」

「どうしてそのときに言ってくれなかったの？」ファディアはわたしが黙っていたことに傷つくと同時に、遠い町で若いクロアチア人女性と会ったことを怪しんでいた。

「おまえを巻き込みたくなかった。アウラキをテロリストとみなす西側政府もある。それに、急な話だった」

幸いにも、ファディアはめったにニュースを聞かなかったので、アウラキがアメリカの暗殺対象者だとはまったく知らなかった。

妻を見つめた。アーモンド形の目の黒い瞳が涙で濡れていた。

「あなたのことを何も知らないと思うときがあるわ」

「すまない。でも、こういうのはどうだろう。またウィーンに行ってほしいとアウラキから頼まれた。アウラキが彼女の姿を見たがっているので、ビデオに収めるためだ。一人では行けない。知っての通り、親戚でもない女性と個室で二人きりで会うことは、信仰で禁じられている。預言者ムハンマドも、『男女が二人きりになるとき、そこには三人目として悪魔がいる』と言われた」

サラフィー主義の行動規範を守るわたしが、不倫をする可能性がないことを知って、ファディアはほっとしたらしい。

「そういうわけで」長い間を置いてから話を続けた。「一緒に来てくれないか？　おれの名誉が守れるし、おまえがいればその女性も安心するだろう。大いにアウラキの役に立てる。それに、おれたちもウィーンで一緒に過ごせる」

このセールストークが功を奏した。

四月二十七日、わたしたちはウィーンに飛んだ。アウラキが世間の注目を浴びているとはいえ、将来の妻の姿を撮影したビデオを送ることが、〝テロ行為を物質的に支援〟することにはあたらないだろうと踏んだ。いずれにしても、ファディアが――知らずにとはいえ――指名手配されたアウラキの追跡に一役買ってくれることになった。わたしたちはウィーン中心部の質素なホテルに泊まった。アミナは流行の大きなサングラスをかけ、黒いヒジャブをまとって現れた。アミナに妻を紹介し、善きムスリムとして、密室で二人きりで会うことはできないと伝えた。ありがたいことに、二人はすぐに親しくなった。ファディアが同席しているので、アミナも安心したようだ。

本当にアウラキと結婚したいのかどうか、わたしはもう一度彼女に確認した。これは彼女の選択でなくてはならない。

仲介報酬の二十五万ドルの約束のせいで、気がとがめていた。わたしの本当の動機は何だろう——テロを食い止めることなのか、それとも金儲けなのか？　新妻を娶ったら、アウラキはミサイルで攻撃されるとわかっていた。それを考えると、心が重くなった。

アウラキが撮影した五十秒のビデオクリップを、わたしのノートパソコンでアミナに見せた。アウラキは白いチュニックを身にまとい、伝統的な白いグトラ〔訳注：帽子やターバンに似た男性の装身具〕の上に赤銅色のスカーフをバンダナみたいに重ねていた。ピンクの花柄の壁紙を背に腰を下ろしている。彼が味わった苦労についてのくだりは、ほとんど感動的だった。話している間に、ときどき眼鏡のずれをつと手で直す仕草を見せた。動画の説教そのままに、聞く者をうっとりとさせる口調で訴えた。

「これは、シスター・アミナの要望に応えて特別に録画したものだ。これを届けるブラザー、つまりあなたと連絡を取っているブラザーは、信頼に足る人物だ」

「アッラーがあなたにとって最善にお導きくださるように……また、この提案について、あなたにとってふさわしい選択をお導きくださるように祈る」

さらに、彼女のビデオも送ってくれるように頼んだ。

当初、アミナは彼のメッセージを笑みを浮かべて聞いていたが、やがて目が力強い光を帯び始めた。敬愛する男性から親しげな言葉をかけられて、感動していたのだ。

ファディアはカメラの後ろに立ち、リラックスするようアミナに優しく話しかけた。顔だけを見えるようにしたアミナは、まるで緊張した十代の女の子みたいに、押し殺した声で、口ごもりながらアウラキに語りかけた。

「今緊張していてとても落ち着かないのですが、わたしの姿をお見せするために、わたしは大丈夫だとお知らせするために、これを撮影しています。今すべきことをすべて受け入れます。これはわたしが選んだことです……次に、別のメッセージをお伝えします。とても個人的なメッセージです――インシャー・アッラー」

この言葉を潮に、わたしは二人を残して部屋を出た。二本目のビデオ撮影で、彼女は別人になった。ベールを脱ぐと、ブロンドの髪が黒いブラウスに垂れかかった。髪をヘアクリップで留めていたので、実際の年齢よりもかなり若く見えた。マスカラとリップグロスを控えめにつけており、あでやかだった。ビデオによる誘惑だ。

「ブラザー、これがスカーフを取って髪を出したわたしです。そのことについては、以前お話ししました。これで、スカーフなしのわたしをご覧になれます。喜んでくださるとうれしいのですが――インシャー・アッラー」アミナはそう言って、首を傾げた。

最後に、たどたどしいアラビア語の挨拶でビデオを締めくくった。何日も練習したにちがいない。

個人的なメッセージの撮影が終わってから、アミナにスーツケースを渡した。サムソナイトのハードタイプでグレーのスーツケースだ。「シャイフ・アンワルがこれを薦められた」それを聞いたアミナは打ち震えていた。

ファディアは彼女を抱きしめて、何か必要なものがあるときや、イエメンでの結婚生活を送るうえでアドバイスが必要だったら、わたしを通じて連絡するように伝えた。

三週間後、ウィーンのイエメン大使館近くのマクドナルドで、アミナと会った。彼女に現金三千ドルを渡した。イギリスの〝ブラザーたち〟から集めた金ということになっているが、本当は米国財務省から出ていた。

サナアのアラビア語学校の申し込み方法は、すでに説明してあった。やがて、アウラキの代理人が訪ねてきて、花嫁を彼のもとに連れて行く手はずになっていた。「大使館に入る前に、ヒジャブは脱ぐようにとシャイフは言われた」

ベールをしないで大使館に行くほうが、疑いをかけられないとのアウラキの指示だった。イエメンに向かう際は、普通の洋服を着るようにとも指示した。アウラキはファトワー（勧告）まで出して彼女にその許可を与え、わたしはそれを彼女に伝えた。大使館に怪しまれないことのほうが、宗教的しきたりより重要としたのだ。

クロアチアのブロンド女性がアラビア語学習のために留学することに、少しもうさんくさいところはないと、イエメン大使館は判断したらしい。翌日にはビザが下りると大使館の職員は言った。アミナは大喜びしたが、不安もあった。慣れ親しんだ世界のすべてをあとにして、未知の世界に向かおうとしているのだ。

アミナをイエメン直行便には乗せないようにと、ＣＩＡのハンドラーから指示されていた。そこで、彼女をウィーンのトルコ航空のオフィスに連れて行った。さらに、アウラキ用に全天候型のサンダル二足と、ポケットサイズのアラビア語電子辞書を渡した。辞書はＣＩＡから提供されたもので、追跡装置が仕込まれていた。

アルコールを出さないカフェを見つけ、外の席に座った。彼女の渡航計画は一分の隙もなく検討された。いざ別れる段になって、もう二度と彼女に会うことがないと気づき、不意に情が湧いてきた。人を信じやすい彼女を、何としても災いから守ってやりたいという気持ちになった。

「どうやってお返しをしたらいいのか。本当にお世話になりました。アッラーのお恵みがありますように」最後にアミナから言われた。

このアミナの別れの言葉が胸につかえた。彼女からは感謝されたが、自分が彼女を危険な状況に送り込んだのだ。アメリカの策略が成功するかどうか、次に何が起こるのか、わたしには知る由もなかった。別れたあと、ちらりと後ろを振り返った。ブロンドの髪はヒジャブにすっぽり隠れていた。華奢で頼りなげに見えた。アミナはコーヒーを飲みながら、洗練されたウィーンの住民たちがそぞろ歩くようすを眺めていた。

わたしにアッラーのお恵みはないだろうが、アンクル・サムからはあるかもしれない。

アミナの旅立ちの日、デンマークとアメリカのハンドラーたちとホアンベクの別荘に集まった。それは六月初旬、太陽が天空に長居して、十一時を過ぎるまで暗くならない北欧の夜のことだった。

缶ビールを開ける前に、アミナの渡航をアウラキに知らせる暗号化メールの下書きを書いてほしいと、ジェッドとジョージから言われた。彼女がサナアに到着したとこちらが確認した時点で、すぐに送信するためだ。アウラキからはすでに、アミナをサナアから彼のもとに移動させる手はずを整えるまで、一、二ヵ月かかるという知らせがあった。それを聞いたとき、CIAは小躍りして喜んでいた。

わたしは次のようにしたためた。

「彼女は一人でイエメンに到着しました。迎えが来るまでの一ヵ月は、いや半月でも、彼女には長すぎます。どうしても普通のムスリムには見えないので、事実を隠し通さなくてはなりません……できるだけ早く彼女を迎えに行くように手配してください。彼女は独りぼっちなので、助けが必要でしょう」

その日、デンマーク・チーム全員がその場にいた。ソレン、クラング、トレーラー、イエスパー、分析担当のアナス、責任者のトミー・シェフ。背中の調子が良くなったブッダも、このパーティーに招かれていた。彼はダイエットに成功していたので、仕方なく〝ブッダ・ライト〟と呼ぶことにした。ジェッドはバーベキューを担当し、ステーキを焼いていた。アレックスがいなかったおかげで、場の雰囲気はずっと和やかだった。

ジェッドは携帯で、アミナの乗り継ぎ便の最新情報をチェックしていた。ザグレブ、ウィーン、イスタンブール、そして、とうとうサナアに着陸したという知らせが入った。わたしたちはみんな抱き合ったり、ハイタッチしたりした。

翌日、サナアにいるアミナから、無事に着いたと暗号化されたメッセージが届いた。予定通り、アミナはイエメンのSIMカードを電話用に買い、番号を知らせてきた。同日、わたしはアウラキにその番号をメールで教えた。

「おめでとう、ブラザー。これできみは大金持ちだ」とクラングからショートメールが来た。

報酬は、コペンハーゲン近郊のクラウン・プラザ・ホテルのスイートで、数日後に受け取った。CIA支局長のジョージと一緒に、クラングが大またでやってきた。後についてエレベーターまで来るよう、わたしに手招きした。尊大な態度に見えた。黒の薄いブリーフケースを右手にしっかり握り、高圧的な雰囲気を漂わせていた。

部屋に入ったとき、そのブリーフケースが、クラングの手首と手錠でつながれていることに気づいた。それも無理からぬことだった。

「暗証番号は何だと思う?」ジョージは笑顔で言った。

わたしは戸惑った。

「007で試してごらん」とジョージは口元に笑みを浮かべた。カチリと金属の音がして、ブリーフケースが開いた。中には、百ドル紙幣の分厚い束が詰まっていた。一束一万ドルの束が二十五あった。

「こんな大金どうやって両替したらいいんだ?」

「それはきみの問題だ。わたしたちの知ったことじゃない」ジョージが笑いながら答えた。

このあと電車に揺られてコアセーの実家に行ったが、何とも奇妙な気分だった。周りの乗客が、膝の間にしっかり挟んだブリーフケースの中身を知ったらどう思うだろう。

「まあ――ドラッグで稼いだの?」母は笑いながら尋ねた。わたしがPETのために働いていることを母は知っていた。ただ、どんなことをしているのかまでは知らなかった。ましてや、この大金獲得の背後にあるアミナ作戦のことなど、知る由もなかった。このとき、札束の詰まったブリーフケースの写真を撮った。コアセーで生まれた子が、法を犯し、投獄され、国を出ざるをえなくなった――その子が今、米国政府から支給された二十五万ドルを手にして、実家のキッチンにいた。

六月下旬、待ちに待ったアウラキとアミナからの暗号化メールが届いた。アミナが、山岳地帯にいるアウラキのもとにやっと到着したのだ。

「アルハムドゥリッラー、わたしは元気です。何もかも順調で、予定通りです」

爆弾発言が続いた。

「スーツケースを学校から持ち出せませんでした。ほとんどの荷物を置いてきたので、そろえる必要があります」

画面の文言が変わらないかと、食い入るように見つめた。追跡装置は、彼女と一緒に山岳地帯に行かなかったのだ。荷物をビニール袋に入れ替えて、電子機器をすべて置いていくようにアルカイダが命じたのだという。ＣＩＡは、彼女が滞在していた部屋に情報屋を送り、その事実を確認した。彼らは激怒した。入念に仕組まれた罠が、注意深いアルカイダ工作員のせいで水泡に帰した。

ＣＩＡはこの任務の結果に落胆したかもしれないが、アウラキは違った。

「アルハムドゥリッラー、わたしたちは結婚した。きみのこれまでの尽力にアッラーのお恵みがあらんことを。とはいえ、きみの説明から異なる印象を抱いていた。きみがだましたなどと言うつもりはない……きみと奥さんを責めるつもりはない。きみたちは真摯に、最善を尽くしてくれたと思っている」アウラキのメールはさらに続いた。「彼女はきみの説明とは違っていた。マー・シャー・アッラー（アッラーが望みたもうたこと）、わたしが予想していたよりも、きみの説明よりも、素晴らしい女性だとわかった」

アウラキはわたしの仲介のおかげで、再び活力を得た。一方ＣＩＡの、とりわけアレックスとジェッドの野望は、アミナへの投資が水の泡になったことで挫かれた。

この件に関して、ＰＥＴはそれほど気にしていないようだった。それどころか、〝報告会〟と称してバルセロナ行きを決めた。ソレンとクラングとイェスパーが、運転手付きのＢＭＷでバルセロナ空港まで迎えに来てくれた。それから、市街を一望するペントハウスに連れて行かれた。「今晩のために、ちょっとしたお楽しみを用意した」みんなでシャンパンを飲んでいたとき、ソレンが目を輝かせて発表した。市内の最高級のレストランで食事をしたあと、人里離れた屋敷まで移動し、その自動ゲートを通り抜けた。ソレンが女主人にユーロの分厚い札束を渡すと、わたしたちは薄暗いバーに案内された。キラキラ光るシフォンのドレスにスティレット・ヒールを履いた女の子たちが、革のソファにもたれていた。コアセーの地下鉄にたむろするコールガールとは比べものにならないが、彼女たちも同じように虚ろな目をしている。

わたしの予想とまったく異なる報告会であることが、一目瞭然だった。

ほかの者たちは、それぞれ女性と連れ立って部屋を出ていった。小柄な女性から「モルドバ出身のオレア」だと声をかけられて、我に返った。しかし、暗がりの中で彼女を見上げると、わたしにはアミナにしか見えなかった。あのブロンドのクロアチア人女性が、今ではアルカイダの縄張りの奥深く、最重要指名手配された男の傍らで寝ているのだと思うと、わたしはいたたまれなくなった。

オレアはわたしの手を取り、廊下の奥の寝室に連れて行こうとした。自分には妻がいるから、そのつもりはないと伝えた。

「じゃあ、おしゃべりしましょうか?」オレアはため息交じりに言った。何かほかにハイになれる方法はないかと尋ねると、彼女はほっとした顔を見せた。アミナに対する罪悪感を追い払わなくてはならなかった。オレアは部屋を横切り、壁にかかっていた油絵を外した。額の後ろから、白い粉の入った小瓶を取り出した。

その年の初めから、わたしはまたコカインに手を出すようになっていた。わたしのせいで部族長メフダルが殺害されたと知ったときからだ。しばらくの間、彼の死が頭から離れなかった。罪悪感の虜になった。でも、バーミンガムの自宅でくらくらするほどハイになると、何もかも忘れられた。

オレアの隣で、鼻から粉を吸いこもうと前かがみになったとき、誰かが部屋に飛び込んできた。クラングだった。

「いったい何やってるんだ?」強い口調で諫めた。「それはダメだ!」

「どうして?」

「わたしたちと一緒にいるときはダメだ」

「そりゃまた何でだ?」わたしは言い返した。「そもそも、こっちは自分を虐げているだけだ。そっちは、人身売買の被害者にちがいない女性を虐げている。それに、あんたたちはここスペインで勤務中の警官ってわけじゃない」

このときのバルセロナ滞在で、デンマークのハンドラーに対する隔たりがわたしの心の中に広がった。はるか遠くの土地で何をしているのか、彼らの上官は知っているのだろうか?　このチームが人でなしの集まりなのか、それともPETが腐っているのか?

その答えのいくつかは、翌数ヵ月の間に得られることになった。

第十九章　新たなカモフラージュ　二〇一〇年夏―冬

アミナ作戦が失敗し、ＣＩＡはわたしとの接触を中止した。

「あちらさんはお冠だよ」クラングは切り出した。「きみには二十五万ドル、アウラキにはブロンド美人、ビッグブラザーにはきみからの素敵な手紙が残ったわけだ」と言って笑った。

わたしはアレックスに怒りをぶちまけたメールを送っていた。アメリカの物事の進め方を非難し、アメリカがわたしの存在を知るずっと前に、ＰＥＴが二重生活をお膳立てしていたことを訴えた。

その二重生活に関しては、当分の間、最初の頃のようにデンマークとだけ手を組むことになった。イギリスはとっくに姿を消した。アメリカは高くついた失敗のせいでダメージを受けていた。しかし、わたしは挫けなかった。ジハード主義者の人脈目当てに、情報機関からまた連絡が来るはずだと思っていた。

わたしは自分の事業に力を注ぐことにした。ストーム・ブッシュクラフトという、冒険旅行専門の会社をイギリスで正式に設立していた。なぜそんなにしょっちゅうイエメンや東アフリカと行き来できるのか、バーミンガムの過激派から問い質されたことがあった。大義のためにドラッグ売買で大金を得ているとほのめかしておいたが、つじつまを完璧に合わせる話が何としても必要になった＊1。

冒険旅行はわたしの体に染みついている。もともと野外で過ごすことが大好きで、子どもの頃はコアセー近辺の森でよくキャンプをした。アヴィモーでイギリス人と耐久訓練を受けたことがきっかけで、その情熱に再び火がついた。二〇一〇年三月にスウェーデン北部のアイス・ホテルに英国人ハンドラーと旅行したあと、さらに北の地の北極探検コースに参加した。極寒のせいで息をするのも大変だった。しかし、わたしは水を得た魚のように、動物のあとを追って狩りをしたり、火を熾（おこ）したりして北極で生きる術を学んだ。

そのコースを指揮していたのは、トビー・カウエンという英国海兵隊予備員だった。トビーは探検家の間で高い評価を得ていた。北極点を目指すポーラー・チャレンジ・レースの二〇〇六年優勝チームを訓練したことでも知られていた。人生への情熱にあふれており、驚くべき持久力の持ち主でもあった。一日の終わりに、わたしたちが雪のシェルターの中で疲れきって横になっているというのに、トーチの光で読書をしていた。

＊1　頻繁な渡航のつじつまを合わせるために設立した会社は、ストーム・ブッシュクラフトだけではなかった。二〇〇九年十月、ＭＩ5の協力で、「ヘルプハンドトゥハンド」という会社を立ち上げた。アフリカと中東の恵まれない人たちに支援を差し伸べるＮＧＯということにした。宣伝のために、ツイッターのアカウントも開設した。だが結局、二〇一〇年四月、ＭＩ5と手を切ったときに、この事業はたたむことになった。

彼は北極でのサバイバル術を教えるだけでは飽き足らないように見えた。大勢の海兵隊員がアフガニスタンに派遣されていたのに、背中の怪我のせいで海外派遣が認められないことにいら立ちを覚えていた。

西側情報機関が海外の過激派組織に潜入させるには、ぴったりの人物だと思った。極限状況での対処方法を心得ているし、浅黒い肌をしているので中東出身者だと思われるかもしれない。

「特別なことをしたくないか？」雪の中を並んで歩いているとき、トビーに持ちかけた。

「というと？」

「諜報活動に関連することを考えてみる気はないか？」

「何のために？　何をするんだ？」

具体的なことはいっさい明かさずに、仕事の概略を説明した。

「あなたは諜報活動に大きな貢献ができる人だとお見受けした。情報機関の知り合いに会ってみる気はないか？」

「是非とも」トビーは答えた。

アミナ作戦の遂行中に、ロスキレ・フィヨルドの別荘で、彼をクラングやソレン、アナスに紹介した。ＣＩＡがいないときを狙った。ハンドラーたちがトビーと話している間、わたしは別荘にいることが認められなかったので、海岸沿いを散歩に出かけた。

「気に入ったよ」別荘に戻ったとき、クラングから言われた。

ほどなくして、トビーはストーム・ブッシュクラフトで一緒に働くようになった。わたしはこの会社を諜報活動の手段にしようと考えていた。大義のための仕事の隠れみのだと、ジハード主義者たちを納得させられるはずだ。彼らの間に入り込むためにも役立つだろう。

会社設立にあたり、キャンピングカーやアウトドア用品を購入するなど、細かいところまでこだわった。マレク・サムルスキに連絡して、会社のホームページとフェイスブックのページの構築まで頼んだほどだ。サムルスキは、ポーランド系オーストラリア人の改宗者で、サナアで知り合った過激派連中の一人だ。イエメンを追放されたあと、彼は南アフリカに移り、ウェブデザイナーの仕事を見つけた。だが、デンマーク情報機関は、彼がまだ過激派とつながりがあると見ていた。サムルスキは五千ドルでホームページの設計を引き受けた。彼はこうして、わたしがアルカイダに立ち向かうために必要になる基盤の構築に、知らずして一役買ったのだ。

ウェブサイトに載せる写真と顧客の感想を得るために、北欧の雄大な自然探検旅行を格安に設定して宣伝した。アシスタントも二名雇った。

この会社はさらに、ジハードを夢見る過激派の関心を引くという効果ももたらした。

その年の早春、MI5と縁を切る前、バーミンガムの移民地区のジムに通う、パキスタン系イギリス人のグループに入り込んだ。狙い通り、わたしがかつてアウラキとロックデールの医師たちとの対話企画をまとめたという話が、あっという間に広まった。おかげで、過激思想を抱くパキスタン系イギリス人の若者から信頼を得やすくなった。

地元では〈ジミーズ〉として知られるジムが、フィッシュ・アンド・チップス店の裏通りに立つ鉄筋コンクリート造の倉庫内にあった。一階には武術とボクシングの練習場、二階にはウェイトトレーニングの部屋と礼拝用の部屋があった。トレーニング中の青年たちを奮い立たせるためか、拡声器でイスラム宗教歌を流していた。壁にはペイントボール旅行のパンフレットが張られていた。

常連客の多くは、ステロイドを使用しているように見えた。サラフィー主義者の特徴である、長いひげを生やしている者もいた。

〝ジミー〟という人物がジムの経営者だった。四十代前半のパキスタン系イギリス人で、長いあごひげにちらほらと白髪が見られた。街角にたむろする、信仰の道から外れたパキスタン系イギリス人の若者をドラッグから引き離して本来の道に戻すことを、ジミーは自らの使命とみなしていた。自らの世界観を若者に植えつけるために、ジムはうってつけの場所だった。

わたしがアウラキと知り合いだと聞いて、ジミーとジムに通う過激派の若者たちは感心した。トレーニングのあと、みんなでよくアウラキのオンラインの説教に耳を傾けた。その若者のなかに、二十代後半の過激派が数人いた。ジュエル・ウッディンという若者は、穏やかな性格で、〝信仰〟のために地元で寄付を募っていた。対照的に、アンザル・フサインはひどく騒々しい青年で、かつては肥満気味のイスラム神秘主義者（スーフィー）だった。ところが、急に熱心なサラフィー主義者に転向し、体型を引き締め、立派なあごひげもたくわえた。わたしがかつてバートン・ヒルでアル＝ムハージルーンに訓練演習を行ったことをフサインは聞き及んでいて、同じ訓練をしてほしいと頼まれた。

そこで、ある週末のこと、総勢七人でおんぼろの三菱パジェロに乗り込み、ヨークシャーの田園地帯ウェザビーまで行った。わたしは地元の農家から、起伏に富んだ土地にある森林地帯の一角を年間二千ポンドで借りていた。

この若者たちはユーチューブの動画の見過ぎだった。目的地に到着すると、アンザルとほかの二人の青年が、トランシーバーを手に車から飛び降りた。

彼らは「アッラーフ・アクバル（アッラーは偉大なり）」としきりにささやきながら、辺りをそっと見回した。わたしは唖然とした。

それから、アンザルは狂ったようになたで若木をめった切りにし、ほかの者たちも斧でこれに加わった。

その晩、フサインともう一人の若者が、ハンモックからトランシーバーで数分おきにジハード戦士の祈願の言葉を交わしていたせいで、みな眠れなかった。

翌朝、夜明け前の礼拝を終えたアンザルは、「ウサギを仕留めてやる」とエアガンを手に森の中を歩き回っていた。

彼の言動が恥ずかしかった。

そのとき、フサインの動きが止まり、顔面蒼白になった。黒い犬を連れた男性が、木々の間を縫ってこちらに向かって歩いてくる。森の隣に住む農場主のドクター・マイクが、朝の挨拶をしにやってきたのだ。彼の連れたビリーという名の犬は人懐っこく、新しい人間に会えると思ってしっぽを振っていた。ドクター・マイクは、ギラギラした目に長いひげを生やした若者たちの一団に仰天し、ビリーに紐をつけた。フサインは、悪魔でも見たかのように後ずさりした。原理主義者のなかには、黒い犬は悪魔と同じだとみなす者たちがいる。

ドクター・マイクは、その朝目撃したことを地元警察に通報した。その後、ＭＩ５のハンドラーのアンディに会ったとき、こっぴどく怒られた。

「まったく何を考えてるんだ？　事前に了承も得ずにこんなことをするなんて」ＭＩ５課報員がテロリスト志望者に訓練を施す――などと新聞沙汰になることだけは、英国情報機関としては当然避けたかった。

このグループについての情報をすべて提供したというのに、MI5はへまをした。二〇一二年六月三十日――ロンドンオリンピック開幕のほんの数日前――に、グループの数人が再びヨークシャーに向かった。

彼らの車には自家製の武器が積まれていた。なた、包丁、ソードオフ・ショットガン、未完成のパイプ爆弾、それに花火や金属片を使った簡易爆発物などだ。この簡易爆発物は、ボストンマラソン爆破テロ事件で使われたものとよく似ていた。ボストンマラソンのテロ犯は、AQAPが発行するオンラインマガジン「インスパイア」の記事を参考に爆弾を作った。

この若者グループについて、わたしはすでに数年前MI5に注意を促していた。彼らの標的は、ウェスト・ヨークシャーのデューズベリーで開かれた、反イスラムの英極右組織イングリッシュ・ディフェンス・リーグ（EDL）の集会だった。幸運なことに、この集会に彼らが到着することはなかった。たまたま彼らが交通取り締まりに引っかかり、自動車保険に加入していないことが判明したおかげで、警察がこの攻撃計画と武器を発見したのだ。

警察は車中にEDL宛のメッセージを見つけた。「今日はアッラーとその聖なる使徒ムハンマドへの冒瀆に対しておまえらに報復する。おまえらが生を愛する以上に、おれたちは死を愛する」

その後ウッディンも、バーミンガムのテロ組織の末端にいたことがわかった。イギリス国内で自爆テロを企てたとして、この組織は二〇一一年九月に検挙された。テロ未遂犯のうち数人は、ジミーズ・ジムやバーミンガムの過激派の集まりで見知った顔だった。組織のリーダー二人は、二〇一一年春にパキスタンでアルカイダの訓練を受けていた。治安当局はこのとき、ウッディンがテロ組織に資金を調達したのではないかと疑っていたが、逮捕は見送られた。

　ＥＤＬ襲撃事件から、いくつか気になる問題が浮き彫りになった。襲撃計画が実施される五日前、ＭＩ５はウッディンを監視していた。だが、グループの内情を知る者がいなかったため、計画を察知できなかったのだ。ＭＩ５職員はウッディンがナイフを購入した店に入るところを見たが、店内までは追わなかった。

　二〇一三年六月、アンザル・フサイン、ジュエル・ウッディン、そしてやはりわたしの知り合いのその他三人は、ＥＤＬ襲撃を企てたかどで長期刑を言い渡された。

　だが、この襲撃計画のかなり前から、アミナ作戦に対する意見の相違で、わたしはＭＩ５の仕事をしなくなっていた。

　話を二〇一〇年まで戻すと、わたしはいい大人で子どももまでいたのに、金の使い方に無頓着だった。二十五万ドルの報酬を蓄えに回さず、大半をストーム・ブッシュクラフトと旅行につぎ込んでしまった。ＰＥＴとしては願ってもなかった。数多くのソマリア系北欧人がアル＝シャバーブに加わっていたので、ＰＥＴは東アフリカに情報源が欲しいと考えていた。その情報が、わたしから無料で手に入れられることになったのだ。

　エチオピアの介入や、政府の支援に回ったアフリカ連合の尽力にもかかわらず、アル＝シャバーブはソマリア中部と南部の大部分を支配していた。そのうえ、欧州と北米からソマリア系の人々が続々と現地に赴き、アル＝シャバーブのために戦った。戦闘参加者のなかには、すでに北欧に戻った者もいた。モハメド・ゲーレという過激派青年もその一人だった。ゲーレがアル＝シャバーブや東アフリカのアルカイダ最高幹部と親密な関係があること、ケニアに滞在していた二〇〇〇年代にアル＝シャバーブで重要な役割を果たしたことを、デンマーク捜査当局は突き止めていた。

二〇一〇年一月、ゲーレはタクシーで風刺画家クルト・ベスタゴーのオーフスの自宅に向かった。二〇〇五年にデンマーク紙に寄せた預言者ムハンマドの風刺画のせいで、ベスタゴーはイスラム過激派の憎悪の的となっていた。ゲーレは斧とナイフを手に正面のドアに近づき、ガラスを叩き割った。警報ベルが鳴り響き、ゲーレに捕まる前に、ベスタゴーは安全な部屋に逃げ込んだ。数分後に到着した警官に、ゲーレは武器を持って向かって行った。警官は彼の左手と右足を撃ち、身柄を拘束した。

実はその襲撃の数ヵ月前、わたしはゲーレと偶然会っていた。PETの依頼でケネス・ソレンセンを訪ねたときのことだ。ソレンセンはサナア時代の仲間で、その頃はデンマークに戻っていた。コペンハーゲンにあるソマリア人のモスクでゲーレとばったり会い、ソレンセンの誘いで一緒に昼食をとることになった。そのとき、ゲーレが襲撃を企てているような兆候はなかった。だが、もし彼と事前に交流があったら、気づくことができたかもしれない[*2]。

ソマリアやケニアなど東アフリカで急増するテロが、わたしの背中を押した。その地でアウトドア・アドベンチャー事業を展開するという名目があれば、トビーとわたしがアル＝シャバーブとの接触を続けても隠せると判断したのだ。だがまずは、トビーに〝伝説〟を授けることが、つまり彼が有能なパートナーだという信憑性を高めることが先決だった。

トビーはあごひげを長く伸ばしていた。イスラムについてわたしの知るかぎりの知識を教え込み、交流のあるグループについての情報を与えた。そのうえ何千ドルも支払い、探検旅行の引率者研修コースに通わせた。アラビア語やイスラムの表現をちりばめたメールを何度もやりとりして、彼がイスラム原理主義者に転じたと裏づけるデジタル記録を残そうとした。

それから、付き合いのあるイギリスの過激派グループに、イスラムに改宗した英国海兵隊予備員と手を組んだという噂を流した。サナア時代の仲間でイギリスに戻ってきていたラシード・ラスカーや、ルートンの大勢の過激派にトビーを紹介した。この計画はアウラキからの支持を得た。

「きみのNGOのニュースを聞いてうれしく思っている。インシャー・アッラー（アッラーがお望みであったら）、きみはまさに適任だ。長期的展望として優れており、将来多くのニーズを満たすことになるだろう」

ところが、突破口を開いてくれたのはアル＝シャバーブのほうだった。この事業により、資金やテント、ハンモック、ソーラー・パネル、浄水器、GPS探知機などの品をソマリアに送りやすくなると、ワルサメとイクリマに暗号化メールで説明した。

「そのNGOは本当にいい隠れみのになります」とワルサメからメールが来た。

当時、アル＝シャバーブ工作員の期待の新星だったイクリマも、ストーム・ブッシュクラフトに

＊2　PETは、アブ・ムサブ・アル＝ソマリの影響力についても懸念していた。ソマリアからの難民で、わたしが過激思考に染まっていた時代の知り合いだったが、すでにソマリアに戻っていた。デンマーク国内のソマリア人過激派の多くが、彼と連絡を取り合っていることが盗聴から判明していた。アル＝ソマリは、若い頃に難民としてデンマークにやってきて、その後イエメンに移った。二〇〇六年、イエメンからソマリアの過激派に銃を密輸する計画に関わったとして、わたしのサナア時代の仲間数人とともに逮捕された。しかしわずか二年の刑期を終えて自由の身になったあと、アデン湾を渡ってソマリアに行った。アル＝ソマリがデンマーク国内で襲撃を企てているのではないかと、PETは危惧していた。

大乗り気で、こんなメールをよこした。「ションポールはどんな具合だろうか？　いい場所か？　登記や事務仕事は進んでいるだろうか？……これはすべてのムスリムにとって素晴らしいプロジェクトになる」

最後は「このプロジェクトにアッラーの祝福がありますように。不信心者（カーフィル）の監視と疑いを避けられますように」と締めくくられていた。

ションポールはケニア南部のグレートリフトバレーにある保護区で、ストーム・ブッシュクラフトが検討していた場所だった。人里離れた奥地というのは大きなメリットだった。詮索される心配がないからだ。

プロジェクトにイクリマのお墨つきが得られたことは大きかった。アル＝シャバーブでの彼の信用は、わたしが与えた資金や物資のおかげで高まっていた。ヨーロッパ暮らしのおかげで、イクリマはヨーロッパの過激派グループと深いつながりがあった。彼はその頃、欧米その他諸国から来た戦闘員を統括する立場になっていた。そうした外国人戦闘員の大半は、ナイロビ経由でソマリアに入国した。

イクリマがアル＝シャバーブでそこまでの地位に上りつめたのは、ＡＱＡＰとのつながりのおかげでもあった。その点は、完全にわたしと西側情報機関のハンドラーの恩恵に浴したと言える。ＡＱＡＰは、軍隊を奇襲攻撃して奪った対戦車ロケット弾も所有していると、前年の九月、シャブワの屋敷を訪ねたときアウラキから聞いていた。イクリマにこの話をすると興味を示した。

「対戦車地雷を売ってもらえないだろうか？　遠くからでも戦車に命中できる兵器、たとえばヒズボラがイスラエルの戦車メルカバを破壊したような兵器、あとＲＰＧ－29などを、ＡＱＡＰは所有していないだろうか？」

アウラキと直接連絡を取りたいと、イクリマから頼まれた。彼はアウラキを〝フック〟と呼んでいた。二〇一〇年初め、アウラキとイクリマは暗号化メールでやりとりを始めた。やがて二人は、アル＝シャバーブ新兵の実戦前に、あるいは不吉な言い方をすれば、欧米へのテロ攻撃に送り込む前に、イエメンで新兵を訓練する計画に乗り出した。

「フックのところに行くことに関して……まずブラザーたちを訓練して、それから自国に送り返すか欧米に送り込みたいと、フックから言われました」と、イクリマはその年にメールで知らせてきた。

ケニアを訪れる回数が増えて、次第に根を下ろすようになってきた頃、わたしはアル＝シャバーブの使者と何度か会った。地元の情報機関は、アル＝シャバーブの存在感の高まりに気圧（けお）され、ケニアの若いムスリムの加入を食い止められないようだった。ワルサメやイクリマにメールを出すと、連絡係の電話番号を教えられた。東アフリカの携帯会社サファリコムのＳＩＭカードを使って、そこに電話をかけるようにしていた。

ナイロビでよく待ち合わせ場所に使ったのは、パリ・ホテルだった。ワルサメとイクリマから派遣された、小柄で眼鏡をかけたケニア人ともそこで会った。その男はアラビア語で話したがったが、人目を引くから英語で話せと突っぱねた。ワルサメ宛の現金三千ドルを彼に託した。その金はわたしがＰＥＴから受け取ったものだった。立ち去る前に、自分にかけたときに使った携帯電話を渡してほしいと、その男に言われた。

「調べる必要がある」ＰＥＴとの連絡にも同じ電話を使っていた。何とか瞬時に言い訳をひねり出した。

「自分の電話を他人に渡したりしない――わたしたちの共通の友人はそのことを承知している」運が良かったと、あとからＰＥＴのアナスに言われた。アル＝シャバーブが、サファリコムのコンピューターに侵入している形跡があった。もし携帯を渡していたら、ＳＩＭカードからわたしの通話記録が入手できたはずだ。

その数日後、アル＝シャバーブ傘下の組織が、ウガンダのカンパラにあるレストランとスポーツ施設で自爆テロを起こした。サッカー・ワールドカップの決勝を観戦中のスポーツファンを含む七十人以上が亡くなった。この自爆テロ計画に関与した者の多くが、ケニア人だった。イクリマから聞いた話によると、彼の使者もこの事件に協力し、ケニアで逮捕されたという。ケニアで取り締まりが強化されたので、もう以前のようにイクリマがソマリアからわたしに会いにナイロビまでやってくるのは難しいだろう。このカンパラの事件に彼が関与していたのかどうか、結局わからずじまいだったが、作戦行動に大きな役割を担っていると感じた。彼はアル＝シャバーブ傘下のケニアの過激派と深いつながりがあり、ウガンダを定期的に訪れるとも話していた。

わたしはアドベンチャーキャンプ設立について、ケニア当局やマサイ族と交渉を始めていた。シャンポール以外では、タナ川を利用した水力発電用のマシンガダム付近の、さびれたリゾート地を借りようと考えていた。

だが、次第に出費がかさみ負担になってきた。金はわたしの指をたちまちすり抜けた。ＣＩＡからの思わぬ報酬以降、きちんと帳簿もつけていなかった。報酬の四分の一以上をケニアの事業につぎ込んだが、どぶに捨てるようなもので、情報活動の次の局面につながる足がかりをなかなか築けなかった。ＰＥＴが精神的支援を提供する一方、イギリスは、自国民がわたしの計画に関わることを快く思わなかった。もし英国海兵隊予備員がジハード戦士の世話人をしていると世間に漏れたら、釈明のしようがないからだ。

二〇一〇年後半、スウェーデンからケニアに拠点を移す計画を立てていたとき、トビー・カウエンはストックホルムの英国大使館から呼び出された。ＭＩ５に奥の部屋に連れて行かれ、わたしとの計画をすべて吐き出したほうが「身のため」だと言われた。ＭＩ５はプロジェクトを断念すべき理由を説明しなかったが、その必要はあるまい。英国海兵隊の予備員がアル＝シャバーブと付き合いがあるというだけで、大きなリスクがある。トビーは従うよりほかになく、わたしのケニア事業は暗礁に乗り上げた。

デンマークのハンドラーに対する信頼が揺らいだのは、正体がばれる可能性のあるおとり捜査を打診されたときだった。

ＰＥＴは、過激派グループがコペンハーゲンのドラッグの売人からカラシニコフを買ったという情報をつかんだ。買い手はアラブ圏出身のスウェーデン人グループだ。そのうち数人は、ジハード戦士として戦場に赴いた経験があった。

グループのリーダーは、チュニジア出身の四十代半ばの男だった。つい最近もパキスタンに行ってきたばかりで、パキスタンのアルカイダ幹部工作員とのつながりがあると見られていた。

グループの一部がコペンハーゲンに滞在しているので来てもらえないかと、クラングから頼まれた。

「標的を偵察しているらしい。メンバーと親しくなり、計画を突き止めてもらえないか？」

コペンハーゲンでテロ攻撃を目論むグループに近づけなど、クラングにはスパイ活動の常識どころか、基本的常識も欠けているのではないかと思わされた。

「正気か？　おれはそいつらをまったく知らないんだぞ。疑われるとは思わないのか？」

結局、スウェーデンとデンマークの両情報機関が監視体制を敷くだけで十分だった。数週間後の十二月二十九日未明、四人の男がマルメとコペンハーゲンを結ぶエーレスンド橋を渡った。彼らはマシンガンや弾薬、サイレンサー、何十ものプラスチック手錠を所持していた。数日以内にコペンハーゲンの新聞社「ユランズ・ポステン」を襲う予定だと、情報機関は盗聴でつかんでいた。預言者ムハンマドの風刺画を最初に載せ、物議を醸した新聞社だ*3。

その日、四人とも逮捕された。黒幕とされるイエメン系スウェーデン人は地下に潜り、行方をくらました。その男はすぐにイエメンに向かった。

厚い雲に覆われた十二月初めのどんよりとした日、自分の将来を見直そうと考え、ケニアを発ちヒースロー空港に降り立った。空模様はわたしの気分とぴったりだった。もしかすると、スパイゲームはここらが潮時なのかもしれない。あちこちで妨害に遭っている気がしたし、デンマーク政府を助けるために自腹を切っていた。

ジハード主義者と付き合うようになってから、もう十年以上がたっていた。彼らのネットワークや人間関係については熟知していたが、ジハード戦士志望者のなかで誰が本当に実行に移すことになるのか、予測はやはり難しかった。

二〇一〇年十二月十一日、またもやそのことを思い知らされた。一人の男が大規模な殺戮を目論み、自家製の爆弾とともにストックホルムの中心部に車で乗り込んだ。クリスマスの買い物客でにぎわう通りに駐車し、スウェーデン情報機関と報道機関に対して、これは預言者ムハンマドの風刺画を載せたスウェーデン紙とスウェーデン軍のアフガニスタン駐留に対する報復であると、メールを送った。そして車に火をつけて立ち去った。

燃え盛る車に人々が集まったところを見計らい、助手席に置いた圧力鍋爆弾を無線機で爆発させる計画だった。現場から逃げ惑う人々がやってくる辺りで、男は待ち構えていた。そこで、バックパックと腰に巻きつけた爆弾のスイッチを入れるつもりだった。

ところが、車内の圧力鍋は爆発しなかった。近くの通りでその男が自らを吹き飛ばそうとするようすが、監視カメラに映っていた。十分もの間、その辺りを歩き回り、自分の腰につけた装置を爆発させようと必死になっていた。ようやくその一部が爆発し、男は即死した。死傷者はほかに一人もいなかった。

その晩、ストックホルムのこの自爆犯は、ルートン時代の友人のタイムール・アブドゥルワハブ・アル＝アブダリだと知った。彼とはルートンのデパートで知り合い、よく一緒にサッカーをし

＊3　実行犯のリーダーは、ムーニル・ダフリというチュニジア出身の男だった。メンバーの一人、ムニル・アワドという手入れされた巻き毛を肩まで伸ばしたレバノン系スウェーデン人は、ソマリアでイスラム法廷会議とともに戦ったことがあった。この計画は、アルカイダが「ムンバイ・スタイル」をヨーロッパ中に展開しようとする陰謀の一環だと、西側情報機関は見ている。同年十月、米国務省は欧州在住の米国人に向けて、かつてないほどの警戒を促した。

た。ルートンの仲間では、そんな事件を一番起こしそうにない人間だと思っていた。議論を戦わせたとき、彼はわたしの過激な意見を非難した。だが、それはもう五年以上も前の話だった。

イラクで訓練を受けたあと、タイムールは単独でこの計画を実行した。彼がテロを目論んでいることを、ルートンの仲間はまったく知らなかったらしい。ただ、ナッセルディーン・メンニというアルジェリアからの亡命希望者は、タイムールにテロ攻撃の資金を渡したかどで、その後有罪を宣告された。もし、わたしがイギリスの過激派と連絡を取り合っていれば、タイムールがイラクに行ったことぐらいは耳に入ったはずだ。イラクに行くというだけでも、十分に危険な兆候だ。だが、英国の情報機関とたもとを分かってから、国内の情報筋に働きかけることは認められなかった。だから、クラングがコペンハーゲンから電話をかけてきたときには、笑うしかなかった。

「イギリスから、タイムールの件について、きみに連絡を取ってくれないかと頼まれた。彼のルートンの友人を知っているか？」

「過激思想に染まったのはルートンではないと思う。もしそうでも、それは彼と会わなくなってからのことだろう――何しろ、最後に会ったのはもう五年以上も前だ」

イギリスが、わたしを情報源として都合のいいときだけ使えると思うのは、とんでもない話だった。ところが、わたしをまた都合よく利用したいと考えていたのは、イギリスだけではなかった。

第二十章　標的はアウラキ

二〇一一年初め―夏

二〇一一年を迎えてしばらくの間、諜報員の仕事は途絶えがちになった。ＰＥＴからお抱え料を受け取ってはいたが、海外任務はなかった。そこで、ストーム・ブッシュクラフトに力を注ぐことにした。その頃はもう、この事業を単なる隠れみのではなく、本格的なビジネスとみなしていた。何しろ、この会社に多額の自己資金をつぎ込んでいた。わたしは新しい生活に思いを巡らせるようになった。ケニアのマシンガダム近くのリゾート購入の交渉も、ようやく山場を迎えたところだった。口座残高がだんだん少なくなってきたが、年内に即金でその土地を購入することにし、手付金として二万ドルを支払った。

冬場はほとんどコヴェントリーの自宅にこもり、あれこれと考えていた。日々の生活があまりにつまらなく思えた。どんよりした曇り空と早い日暮れが、不安な気持ちを駆り立てた。英国秘密情報部と手を切ったとはいえ、ＰＥＴの仕事はしていたので、筋金入りの過激主義者ムラド・ストームのふりを続けなくてはならなかった。だが、この偽りの生活は、徐々にわたしを蝕んでいった。偽りの生活を続ける価値が本当にあるのだろうか？　ときおりアブドッラー・メフダルとアミナへの罪悪感に襲われて、コカインに慰めを求めた。とくに楽しみも感じることなく、一人自宅でコカインを吸った。

二月に入り、コアセーの母校で同窓会が開かれることをフェイスブックで知り、出席することにした。十代の頃のコアセーの友人の大半と音信不通になっていたので、週末を旧友と一緒に過ごすのもいいだろうと思ったのだ。しかし、土壇場で出席を取りやめた――もし、同窓会の写真がネットにアップされ、不信心者(カーフィル)と過ごしているところを見られたら困ったことになる。わたしは自ら作った牢獄の中で暮らしていた。

この生活で一番大変だったのは、ファディアを絶えず欺かなくてはならなかったことだ。コカインについては何とか隠しおおせた。だが、度重なる海外出張やストーム・ブッシュクラフトにつぎ込む資金の出所、ケニアでの交渉などについては、彼女に説明しなくてはならなかった。そこで、ファディアが信じそうな話をでっち上げた。信仰を取り戻したあと、イエメンやサウジアラビア出身の敬虔なムスリムとサナアで知り合った。彼らは、信仰篤い若者のために、ケニアに研修施設(リトリート)を創設したいと考えている。ストーム・ブッシュクラフトを知り、計画の実現性を調査するために、資金を集めてわたしと契約を結んだ。意義あることを成すチャンスであり、新たな可能性が開けるかもしれない。彼女にそう話した。この話には、わずかの真実が含まれていたが、根本的に大嘘だった。わたしが米国財務省から現金で二十五万ドルを受け取ったことも、それが瞬く間に消えつつあることも、ファディアはまったく知らなかった。

週末に子どもたちと会っているとき、イスラム式のローブもこのひげも、欠かさず行う礼拝もみんなまやかしにすぎない、お父さんはテロをなくすために密かに働いているんだと、言いたくてたまらなかった。だが、口が裂けても言わなかった。そんなことをしたら、子どもたちを危険にさらすだけだ。それに、長男のウサマはまだ九歳になるかならないかだった。

わたしの役割と本当の目的を知っているのは、デンマークのハンドラーだけだった。なのに、彼らとの接触が電話連絡だけになったことで気持ちが沈み、見捨てられたと感じた。ＣＩＡからは、まさかもう連絡が来ることはないだろうと思っていた。ところが、四月に入ったある日の朝、ＰＥＴからショートメールが来た。ビッグブラザーがアウラキの行方を見失ったので、わたしの助けを借りたいというのだ。

もしアウラキの居場所を突き止めることができたら、アメリカは「かなりの金額」を払う用意があると、クラングから言われた。アメリカ政府の財政危機は、わたしが思うほど深刻ではないのかもしれない。もしくは、それだけ必死ということだろう。もっとも、アメリカが必死になるのも無理はなかった。

アウラキは急速にアルカイダの顔になりつつあった。その半年前、プリンターのカートリッジに爆薬を詰めて、アメリカ行きの貨物輸送機を吹き飛ばそうとするＡＱＡＰの巧妙な陰謀にも、アウラキは関与した。爆弾作りの名人イブラヒム・アル＝アシリが設計した二つの爆弾を埋め込んだレーザープリンターが、サナアのフェデックスとＵＰＳのオフィスに持ち込まれた。爆弾は空港のセキュリティ・チェックで探知されないまま通過し、機内に積み込まれた。こうして、アメリカを最終目的地とする貨物機は、最初の訪問地に向かって飛び立った。その後サウジ当局への内通があったおかげで、ドゥバイとイギリスの当局が辛くも死の貨物を取り押さえた。

数時間後、オバマ大統領はアメリカ国民に向けて、危険な陰謀は回避されたと発表した＊[1]。

アル＝アシリは爆発物を実に巧みに隠した。当初、イギリスとドゥバイの爆弾処理班はプリンターが爆弾だとは思わなかった――プリンターを調べたあとでも、信じられなかったくらいだ。欧米のテロ対策担当官が見たアルカイダの装置のなかでも、最も巧妙なもので、飛行機を墜落させる威力もあった。

アウラキも、この攻撃計画の準備段階で一役買っていた。イギリス在住のラジブ・カリムというブリティッシュ・エアウェイズの従業員に、空港のX線走査装置について、スキャンされずにアメリカ行きの飛行機に荷物を載せられるかどうか、技術的な詳細を尋ねていたのだ。

「我々にとって最も優先順位が高いのはアメリカだ。イギリスで成し遂げることより小さくても、我々は前者を選ぶ」アウラキはカリムに宛てた暗号化メールでそう述べた。

アメリカ政府によれば、アウラキは「計画を支援し監督しただけではなく、実行の詳細にまで直接関与した。機内に積まれた爆発装置の開発とテストにも加わった」

アウラキは、「アメリカおよび西側の利益に反する多数の陰謀」に関与しているとアメリカ当局は述べた。関与していないときには、陰謀を教唆した。欧米で暴かれたほぼすべての陰謀の背後に、アウラキの影響があると見られていた。なかでも甚大な被害をもたらす危険があったのは、アフガニスタン出身でアメリカに帰化したナジブッラー・ザジを含む、三人のアメリカ人青年によるテロ計画だろう。彼らは二〇〇九年九月、ニューヨークのラッシュアワーの地下鉄で爆弾テロを起こそうとした。パキスタンに渡りアルカイダと接触するより前に、三人はアウラキの説教をアイポッドで聞き、過激思想に染まっていた。ほかにも、二〇一〇年五月、パキスタン系アメリカ人がタイムズ・スクエアで車に時限爆弾を仕掛けようとしたことがあった。

ＡＱＡＰはインターネットを利用して支持者を集め、アルカイダでも時代の最先端を行く支部となっていた。二〇一〇年、同組織はオンライン雑誌「インスパイア」の創刊号を出した。発行を推進したのはアウラキだった。彼の弟子で、サウジアラビア生まれのパキスタン系アメリカ人サミール・ハーンという過激主義者が編集した。

創刊号の「自宅のキッチンで爆弾を作る方法」という記事では、圧力鍋に火薬や金属片を入れて即席の爆弾装置を作る方法が詳しく紹介された*2。

つまり、アウラキを黙らせたい理由は山ほどあったのだ。二〇一一年の前半に起こったアラブの春も、一つの理由を提供した。イエメンに波及した騒乱は、ジハード戦士たちに軍事行動の機運を与えた。サーレハ大統領は政権の延命にこだわり、急速に人心を失いつつあった。アルカイダはその機に乗じて、南部と東部の部族地帯で、同組織に共感を寄せる部族から戦闘員を雇い入れていた。

アウラキはかつてないほど影響力を拡大し、アメリカ本土攻撃を企てるためのリソースをますます増やした。

わたしの性格を熟知するデンマークのハンドラーは、イエメンで政情不安が続いていても、アウラキ拘束作戦にわたしが再び協力するとわかっていた。この数ヵ月の間わたしがどれほど欲求不満

＊1　爆弾の一つはアメリカ東海岸の上空で爆発するように設定されていたと、後日イギリス当局は発表した。
＊2　その後何年にもわたり、この爆弾のレシピはダウンロードされ、欧米の過激派のテロ計画に利用されることになった。その一つに、ボストンマラソン爆破テロ事件がある。

を溜め込んでいたか、彼らにはお見通しだった。

五月初め、コペンハーゲンでのフォローアップ会議に招かれた。PETのチームと、かつてわたしのハンドラーだったCIAのジェッドが出席する予定だった。バーミンガム空港でデンマーク行きの便を待っているとき、テレビのスクリーンに、ある人物の顔が繰り返し現れた。ウサマ・ビン・ラディンだった。そのほんの数時間前、ビン・ラディンの潜伏していたパキスタンのアボッターバードの屋敷を、米海軍特殊部隊が急襲した。国際テロ組織アルカイダの最高指導者ビン・ラディンは、殺害された。彼の遺体をヘリコプターで運び去った米軍は、ムスリムにとって不名誉な水葬に処した。普段なら、旅行客は空港のテレビのニュースを真剣に見たりしない。だがこの日は、大勢の人がじっとスクリーンを見つめていた。西側を恐怖に陥れた人物は、こうして打ち取られた。

高い壁に囲まれた居心地のいい屋敷にビン・ラディンが身を潜めている間にも、戦闘員たちは彼の呼びかけで殉教を遂げた。わたしはそうした戦闘員たちの存在に思いを馳せた。ビン・ラディンはイスラム過激派の間で戦士として名を上げたかもしれない。だが、人生最後の数年間の生き方や大勢の女子どもと暮らす家での死に様は、その栄誉に傷をつけることになったと思う。

ある世代のジハード戦士たちに精神的影響を与えた人物がこの世を去った。そのバトンを受け継ぐのは誰だろうか？　アルカイダからも、アルカイダの殲滅(せんめつ)を目指す各国情報機関の観測筋からも、アンワル・アル＝アウラキが第一候補だという声が多く上がっていた。

コペンハーゲンに迎えに来た車に乗り、ホアンベクの別荘まで行った。かつてここで、CIAと一緒にアミナ作戦を練った。今回の雰囲気は、前回より一段と張りつめていた。

驚いたことに、ジェッドがわたしをハグで出迎えた。アミナ作戦のあと、わたしをあっさりと第一線から外したこともあり、ジェッドは少しばつが悪そうだった。

「ビン・ラディンの件はめでたいな」

「ありがとう――今日はわたしたちにとって記念すべき日だ」

クラングが割って入った。「それがどういうことかわかるか？　アウラキがアメリカ社会の敵としてトップに躍り出たということだ」

これを潮にジェッドが切り出した。

「きみにアウラキを見つけ出してもらいたい。我が政府にとって今や最優先事項となった」

「心配ない。必ず見つけ出す」またゲームに戻れて胸が躍った。

再びサナアに赴き、アウラキと旧交を温めることが決まった。この会議の数日後、射程内にとらえたときでさえ、彼を抹殺することがどれほど難しいか、またもや思い知らされる出来事があった。

二〇一一年五月五日、ビン・ラディンの殺害から一週間もたたない日のことだ。アタクから三十キロ離れた砂漠で、砂ぼこりを巻き上げ疾走する一台のピックアップ・トラックを、イエメン上空の米軍無人機が自動追尾した。その三年前、アタクに滞在中のアウラキを訪ねたことがある。そこはいまだに彼のホームグラウンドだったのだ。

ＣＩＡは、そのトラックにアウラキとアルカイダの仲間数人が乗っていると見ていた。だが米国海軍特殊部隊がアボッターバードでビン・ラディンを急襲したときと異なり、今回の作戦は急ごしらえだった。イエメン情報機関から米当局者に、アウラキが近くの村落に滞在しているとの情報が入った翌日の作戦だった。

米当局者がリアルタイムで衛星画像を見守るなか、ミサイルが三発発射された。数秒後、ミサイルは地面に激突し、残骸の中にもうもうと煙が立ち上った。ミサイルはどれも標的を逃した。

「爆発の衝撃波が車の窓を叩きつけた」その翌日、アウラキは仲間に語った。「閃光も見えたので、待ち伏せ攻撃されたと思った。ロケット弾に狙われたのかと思ったよ」

トラックは猛スピードでその場から走り去り、砂漠の轍を全速力で駆け抜けた。車外の惨状にもかかわらず、乗っていた人間はみな無傷だった。村人たちの話によると、アルカイダの戦闘員をかくまっていた兄弟二人がすぐさま車で攻撃現場に駆けつけ、アウラキたちに追いついた。アメリカの無人機がまだ上空を飛び回っていたので、兄弟とアウラキたちは互いの車に乗り換えた。

これがアウラキの命を救った。数分後、アウラキが今しがたまで乗っていたピックアップ・トラックは、爆発してオレンジ色の火だるまになった。兄弟は即死した。

アウラキたちはその爆発を横目に、逃げ場所を求めて車を飛ばした。運転手は近くの峡谷を目指した。そこなら、木が何本か生えているので、無人機から隠れられる。アウラキたちは車から飛び降り、散り散りになって逃げた。

「空爆は別のところで続いていたが、ブラザーの一人から山岳部の崖のほうに行くように言われた」と、アウラキは続けて仲間に語った。その晩は野宿し、翌日アルカイダの戦闘員に救助されたという。

「恐怖のようなものに襲われることもあるが、万能なるアッラーのおかげで平穏が訪れる」アウラキはさらに語った。「今回は十一発のミサイルでも標的を外したが、次回は一発目が命中するかもしれない」

予言めいた発言だった。

この任務には、かつてないほど周到な準備が求められた。部族地帯の移動には一層の危険が伴うようになっていたので、PETはわたしを武器の再訓練コースに送り込んだ。

教官のダニエルとフランクは口数の少ない人物だったが、あらゆる地形での運転技術と戦場での応急処置を叩き込むために、過酷なスケジュールを課した。射撃場では、MP5サブマシンガン、マグナムのポンプアクション・ショットガン、カラシニコフのアサルトライフルと拳銃を実弾で撃った。負傷した場合に備えて、左右どちらの手でも撃てるように教わった。標的に向かって突き進みながら、まず重火器を発射し、その後近距離からピストルで撃つという演習も行った。

車両が待ち伏せ攻撃を受けた場合の対応や、運転中に窓から相手を撃つ方法、エンジンブロックが銃弾をさえぎるので、攻撃が長引いた場合にはハンドルの下に隠れることも教わった。

検問所で命の危険を感じた場合は、決して窓を下ろしてはいけないこと、新聞紙にくるんで隠しておいた拳銃でドア越しに撃つことなども、ダニエルから教わった。路上で車のドアの脇にしゃがみ込み、ドアを撃って車の向こう側の標的を倒す練習もした。九ミリ弾はドア二枚を貫通した。

最後に、廃屋に連れて行かれ、建物の侵入方法や人質がいる場合の対応を学んだ。インク弾の詰まったMP5を手に壁に沿って進み、一瞬で標的を撃った。次々と部屋を突破するうちに、過激派の〝ブラザーたち〟と、十年前にオーデンセの近くで参加したペイントボールの訓練が頭に浮かんできた。今回のほうがずっと真剣だった。

バンディドスの元メンバーを訓練することになるとはね、とフランクは大笑いした。

ダニエルとフランクはこの訓練で、アルカイダだけではなく、イエメン政府軍や部族の兵士から身を守るスキルも教えてくれた。発砲が交渉開始の典型的手段という不安定な国家では、さまざまな重武装グループのターゲットになるおそれがあった。クラングからは、もし命の危険にさらされたら、イエメン人兵士を撃つことも許されると言われた。

訓練を終えたあと、厳めしい表情をしたPETの心理学者が、今回の任務遂行に支障がないか、わたしを評価することになっていた。コペンハーゲン北部のホテルのスイートで、質問攻めにあった。

「イエメンに戻ることについてどう感じていますか？」

「もちろん少しばかり不安だ」

「それはいいことですよ。不安でなかったら、わたしはむしろ心配します」

「アウラキを追うのはつらい。彼は友人だし、わたしを信じたせいで彼は死ぬことになる」こうして胸の内を明かすと気が楽になった。

「そう思うのは正常です――人間だけに良心があるのですから」彼はそう答えた。

諜報活動のストレスをコカインで「自ら癒やしている」ことも打ち明けた。

「それはずっと続く問題に対する一時的な解決方法にすぎません」客観的な返事だった。

その心理学者は、わたしのイエメン行きに問題はないと太鼓判を押した。薬物乱用の治療を受けるようにPETから勧められたことは一度もなかった。バルセロナでの報告会のあと、不安を追い払うためにコカインを使っているとクラングに話した。だが、自分のいるときにはやらないでくれと言われただけだった。

準備を進める間、ハンドラーたちはわたしの傍らで、渡航の手配や、住む場所、アウラキとの接触方法の選択肢などについて、連日議論を重ねていた。最良のアドバイスをくれたのは、ＰＥＴのアウトドア専門家ヤコブだったかもしれない。コーヒーを飲みながら任務について話し合っていたとき、わたしを真剣な目で見つめた。

「きみは世界で最も危険な任務を担う。そのことを、彼らの念頭に置いてもらわなくちゃいけない。必要なものは絶対に要求すること。向こうでは、テロリストと一緒に座ってはいけない。きみが標的と一緒にいた場合、アメリカはきみを殺すことも辞さない」

彼が自らの経験から話しているのか、効果を狙って大げさに話しているのかはわからなかった。けれども、それを聞いて背筋が凍った。アウラキの姿が視界に入ったら、わたしなどどうでもよくなるということを肝に銘じた。

結局、頼りになるのは自分だけだ。

五月中旬、ＣＩＡのジェッドとデンマークのハンドラーたちと、任務前に最後の打ち合わせを行った。このときは、ヘルシンゲルのマリエンリスト・ホテルのスイートで行われた。窓からの眺めが素晴らしく、エーレスンド海峡の向こうにスウェーデンの海岸線が見えた。

ジェッドの目の前でノートパソコンを開き、ムジャーヒディーン・シークレット・ソフトウェアを起動した。アウラキにメッセージを書いて、最後に「シロクマ」と名前を記した。アウラキがわたしにつけたニックネームだ。それから、「インスパイア」から与えられた公開鍵を入力し、「暗号化」をクリックしてから、同誌のメールアドレスに送信した。

ＰＥＴからアイフォンが支給された。わたしがこのアイフォンで行った操作はすべて、ＰＥＴのサーバーに瞬時にアップロードされるよう設定されていた。「きみが写真や動画を撮影すると、こちらでもそれがリアルタイムで見られる。きみがメッセージを送ると、そのたびに通知が来る」とクラングが説明した。それにはデンマークのＳＩＭカードが入っていた。わたしはデンマーク国民に多額の料金を負担してもらうことになる。

ジェッドが帰ったあと、ＰＥＴからノートパソコンも渡された。アルカイダと連絡を取る際は、アミナ作戦の前にジェッドから渡されたパソコンではなく、こちらを使うように言われた。

「アメリカより一歩先んじたい」とクラング。デンマーク情報機関は所有権を主張していた。

五月二十三日、わたしはイエメンに向かった。表向きの理由は、ストーム・ブッシュクラフトの支店設立だった。ファディアは一足先に帰国していた。わたしがストーム・ブッシュクラフトに取り組む間、親族と一緒に過ごすといいと勧めたのだ。わたしがアウラキの状況を調べたいと思っていることを、ファディアは承知していた。しかし、アウラキがわたしにとってなぜそれほど重要なのか、その理由は知らなかった。

首都サナアは、抗議行動で騒然としていた。中央広場で座り込みの抗議をする学生たちもいた。わたしが到着した日、サーレハ大統領が平和的に政権を引き継ぐという協定を撤回したため、体制派と反対派の間で衝突が発生したのだ。アルカイダは大喜びしているにちがいない。

わたしは五十丁目に家を見つけた。すぐ近くに大統領府がある。サーレハ大統領の政権が不安定なことを考えると、難があるかもしれない。だが、そこはサナアで最も裕福な地域なのだ。隣人は石油相だった。ほぼすべての邸宅に警備員がいた。イエメンの基準に照らすと、高価な賃貸住宅だ。わたしは盲点を突いたのだ。イエメン当局は、まさか札つきのジハード主義者が、大臣の暮らす近所に居を構えるとは思いもよらないだろう。アウラキたちに対しても、ストーム・ブッシュクラフトの業績が伸びているので、いずれイエメンに支店を設立したいと話せば、この贅沢を正当化できる。

その一方で、わたしは別の可能性も考えていた。アウラキがプレッシャーでくたびれ果てているなら、この家にアミナとともに避難してはどうかという申し出を受け入れるかもしれない。ここなら無人機からもミサイルからも攻撃されない。どのみち、ビン・ラディンも似たようなことをした。彼はワジリスタンの紛争地帯から遠く逃れたのだ。そうなったら、わたしはアウラキをイエメン当局に引き渡すことができる。彼は生き延びるし、アミナは自由の身になる。そしてわたしは、だんだん減っていく銀行残高を毎日不安げに見守らなくてもすむ。

ジェッドは、やってみる価値はあると不承不承答えた。だが彼は間違いなく、アウラキが「抹殺」されるところを見たがっていた。

サナアに戻ってきてから、治安は日増しに悪化した。六月三日の金曜日の朝、爆発で建物が揺れた。屋上に駆け上がる間も、爆音のせいで耳鳴りがしていた。立ち上る大きな黒煙に双眼鏡を向けた。煙は大統領府から上がっていた。たちまち、大統領は爆発で死んだという噂が駆け巡った。それはデマだったが、年老いたイエメン大統領は、その爆発でひどいやけどを負った。爆弾は、大統領が礼拝中だったモスクに仕掛けられていた。

サーレハ大統領は、救急治療を受けるためにサウジアラビアに搬送され、わたしの任務は一層の緊急性を帯びた。「インスパイア」にメールを送ったあと、アウラキからの返信はまだなかった。

間一髪のところで米軍の無人機を逃れて以来、さらに奥深い地に身を潜めてしまったのではないかと心配になった。もし本格的な内戦に発展したら、イエメンには滞在できない――ましてや、アウラキに会いに行くことなどできなくなる。そこでわたしは、旧知の間柄のイエメン人ジハード主義者アブドゥルを頼ることにした。アブドゥルには、南部部族地帯のアルカイダ戦闘員との仲介役として信頼できる、ムジーブという友人がいた。

アブドゥルと連絡が取れたあと、USBドライブをいくつか買ってアウラキにメールを書き、暗号化した。使者に返事を渡すように、メールでアウラキに頼んだ。「シロクマ」は、互いに知っているレストランで、次に指定する三晩にわたり、あなたからの使者を待ちます、と書いた。メッセージをUSBに保存し、アブドゥルに手渡した。

「これをアディル・アル＝アバブに届けるよう、ムジーブに伝えてくれ」とアブドゥルに頼んだ。アル＝アバブは、二〇〇六年にサナアで知り合ったイエメン人過激派で、その頃は部族地帯でAQAPの信仰的指導を行っていた。彼なら、必ずアウラキにUSBを届けられるはずだ。

「アブドゥルを全面的に信頼しているわけではありませんが、最後の手段として彼を使いました」メールでアウラキにそう知らせた。

アウラキはかつてアブドゥルに対する疑念を口にしたことがあったので、保険をかけたのだ。同時に、わたしはリスクも冒した。アブドゥルがメールの内容を知ったら、仲介役を失うか、最悪の場合は敵を作ることになる。

使者との待ち合わせ場所には、イエメンの伝統的な肉料理を出す〈アル＝シャバブ〉という近所のレストランを指定した。ＰＥＴのハンドラーに、その待ち合わせ場所と時間を知らせた。この計画の概要は、すでにPETからCIAに伝えられていた。最初の晩、お茶を飲みながら待っていた。見張られているような不気味な感じがした。イエメン式の服を着た二人の男が、こちらにちょくちょく目を向けていた。気にしすぎかもしれない。わたしのような風体の者がいれば、騒乱の真っただ中のサナアでは異様に見えるだろう。一時間たったが、使者は現れなかった。次の晩も同じだった。アウラキはメッセージを受け取っていないのではという不安が、頭をもたげた。

三日目の晩、細身で浅黒い肌をした青年が、わたしの席に近づいてきた。マリブ風のスカーフの巻き方をしている。マリブはその頃アルカイダの避難場所となっていた。青年は十代後半に見えた。

「色は？」青年はアラビア語で問いかけた。「アフダル」わたしはアラビア語でグリーンと答えた。これはあらかじめアウラキに伝えておいた合言葉だった。青年はポケットを探ってUSBドライブを差し出した。先日アブドゥルに渡したのと同じものだ。青年はUSBを指差しながら、三百ドルも差し出した。

「まずこれを読んでからだ。四時間後に、アル＝ハッダー通りの〈アル＝ハムラ・レストラン〉で会おう」とその青年に告げた。

自宅に戻って、震える手でノートパソコンにUSBを差し込み、暗号化を解除し、メールを読み始めた。

「間違いなくきみのUSBを受け取った」アウラキからだ。さらに、今後のやりとりについて、「アブドゥルを使いたくないなら、それでも構わない」とあった。

「三点ある。一つ目は、メールを送るときは、必ず文中に日付を書いてほしい。二つ目は、メールがわたしのもとに届くまで数日かかる。だから日時を指定する必要があるときは、事前に知らせてほしい。三つ目に、『インスパイア』にメールを送るときは『シャイフへ』と書く必要はない。きみからのメールはすべてわたしのもとに届くようにしてある」

「話があればこのメールに返事を書いて、ブラザーに渡すように」

「これを持って行くブラザーは、今後、わたしたちの間をやりとりする使者となる。一つ重要なことがある。このブラザーは、わたし宛のメッセージを運んでいることはまったく知らないし、わたしの居場所も知らない。だから、わたし宛のメッセージだと彼に言ってはいけない。彼にただUSBを渡すだけでいい。そうすれば、しかるべき場所に運ばれ、わたしのもとに届くはずだ、インシャー・アッラー（アッラーがお望みであったら）」

アウラキはメッセージを送るために「カット・アウト」を雇っていた。古典的な手法だ。もしこの青年が捕まったり尾行されたりしても、アメリカはアウラキのもとにすぐにはたどり着けない。青年は鎖の輪の一つにすぎず、次の使者がどこに行くのかまったく知らないのだ。

「今後のやりとりについては、きみの奥さんがブラザーにUSBを渡してくれたほうがいいと思う。その判断はきみに任せる。しかし、きみは間違いなく見張られているだろうし、きみもブラザーも危険にさらされるおそれがある……ブラザーによれば、サナアにしょっちゅう出入りするのは危ないそうだ。なので、伝える必要のあることはすべてメッセージに書いてほしい」

セキュリティに関する数々の細かい注意は、アウラキが裏切りを恐れていること、それに自分が重要人物になったと自覚していることを物語っていた。だから、受け渡しの過程を追跡できる方法を用いたのだ。

行かせたのだが、どれも妻の好みに合わなかった」

要なものがあるので、きみの奥さんにサナアで買ってもらえないだろうか？　以前別の者に買いに

「きみの計画と西側の最新ニュースを知らせてほしい」さらに次のような依頼もあった。「妻が必

アミナからファディアに宛てたメッセージが添えられていた。

「家族に会えなくてとてもさびしい思いをしています。インシャー・アッラー、いつか家族に会える日が来ることを願っています。わたしがここでどうしているか、気にかけてくださっているかもしれませんね。わたしは元気です、アルハムドゥリッラー（アッラーに讃えあれ）。もう一年たつので環境にも慣れましたが、いろいろ制約があって生活は大変です……日々学ぶことだらけです。イエメン料理も覚えました」

彼女の買い物リストは、イエメン料理とはまったく関係なかった。

「チョコレートを送ってもらえませんか。リンツのアソート一〇〇グラムの箱入り。キンダーブエノ十個。フェレロ・ロシェ。それから香水もお願いします。ドルチェ&ガッバーナのライトブルーを。箱はきれいなスカイブルーです」

アミナは故郷が恋しくて仕方ないのだろう。

次に、まったく別の品物が並んだ。アウラキの影響にちがいない。その前年にウィーンで彼女にファディアを引き合わせたのは、今となると有効な一手だった。アミナはさらに、衣服や女性の必需品など細かいリクエストをあげた――まっとうなサラフィー主義者としては、眉をひそめたくなるものだった。「イエメンの服はあきらめました。手持ちの服はみんな好みに合わないし、暑苦しいのです。生地が合成繊維でよくありません。ひどいものです」

「もしヨーロッパの服が手に入ったら買ってもらえませんか。洋服を着たくてたまりません。丈が長くてノースリーブのワンピースを何着か……薄地で透けないものを……それと、デニムのミニスカート、できたらタイトで超ミニをお願いします」

「それから生理用ナプキンを……」

リストはさらに続いた。

わたしはデンマークで受け取ったアイフォンを取り出し、何千キロも離れたPETのクラングにかけた。「農務大臣から返事が来た。わたし宛のメッセージを受け取った」

「何だって?」クラングは、素っ頓狂な声を上げた。アウラキのコードネームを忘れていたのだ（アウラキの父親はかつてイエメンの農務大臣を務めた）。

「こりゃ驚いた! 大ニュースだ」わたしたちはデンマーク語の方言で会話を続けた。イエメン――それどころか米国家安全保障局――の誰一人として、わたしたちの話を理解できないにちがいない。

「いいか、今度どこか暖かいところで会おう」クラングはそう言って電話を切った。

アウラキに短い返事を書いてパソコンを落とし、急いで買い物に出かけた。アウラキ夫婦のリクエストした品物をすべてそろえたわけではない。どのみち、サナアの〝高級〟店はおそまつな品揃えだった。それに、二人（とくにアミナ）が今後も頼みごとをするよう仕向けることも大事だった。その後、買い物袋とUSBを使者の青年に渡すため、指定したレストランに向かった。

レストランに着くと、青年は外でカートを嚙んでいた。カートとは、多くのイエメン人男性が常習する葉で、アンフェタミンに似た、またはテキーラ入りのエスプレッソ四杯を飲んだときのような〝高揚感〟を生み出す。

「全部そろえられなかった。でもすぐにヨーロッパに戻るから、ほかの品はそのときに買ってくるつもりだ」と、青年に伝えた。それから三百ドルを彼の手に渡した。「これは受け取れない。この金の出所に必ず返してほしい」

「わかりました」青年はそう言って、夜の闇に消えた。

　翌日、指示された方法で、アウラキ宛に「インスパイア」を通して暗号化メールを送信した。オンラインでのコミュニケーションを再開するためだった。

「別の使者を見つけてもらえませんか。今回の若者はカートを噛んでいたので、ふさわしいとは思えません」

　アウラキはかつて、大勢の同胞がカートを常用することを苦々しく思っていると漏らしたことがあった。わたしの指摘は彼を喜ばせるはずだし、セキュリティに本気で気を使っているとわかるはずだ。

　イエメンのアルカイダはカートの常用に眉をひそめていたが、支配地域では寛容な姿勢を示していた。カートがイスラムの教えに反すると、具体的には禁じられていないからだ。それに、禁止すればたちまち支持を失うことが目に見えている。アルカイダの自爆テロ犯には、カートを頬張りながら死んだ者もいたくらいだ。

　ほどなくして、暗号化メールが届いた。今度は、ヘキサミン固形燃料、冷蔵庫（おそらく爆発物保管のため）、レザーマン社のナイフ、全地形に対応するサンダルが欲しいと書かれていた。同じメールに、アミナもメッセージを寄せていた。事態がもう少し落ち着いたら、わたしたち夫婦に来てほしいという誘いだった。イエメンに一年もいるというのに、アミナは世間知らずのままだった。

いつも通り、そのメッセージをPETがすぐ読めるように、共有するアカウントの下書きメールに貼りつけた。

そろそろ中間報告をしなくてはいけない時期だった。六月二十八日、わたしはスペインのマラガに向かった――クラングが以前言っていた「暖かいところ」だ。わたしには新たな目的意識が芽生えていた。以前身につけたノウハウもまだ忘れていなかった。騒乱の最中のイエメンに到着して一ヵ月もたたないうちに、もうアウラキと連絡を取り、わたしへの信頼を確かめた。

おおかたの予想を裏切り、わたしたちは世界で最も危険とされる人物をしっかりと視界にとらえた。しかも、アメリカは情報活動に何十億ドルもつぎ込んだというのに、今回の任務で主導権を握っているのは我がデンマーク・チームだった。だが、調子に乗るなと自分に言い聞かせた。先のアミナ作戦は失敗に終わった。驕りはミスにつながる。

例のごとく、クラングはわたしをねぎらうというより、自分の楽しみのためにマラガを選んだ。「アビー、いったいどうやったんだ？　大したもんだ！」到着ロビーから出てきたわたしに、クラングは大声で話しかけた。「アビー」はアラビア語で「兄弟」の意味で、PETがわたしにつけたニックネームだ。クラングはスポーツ用のミラーサングラスをかけて、チノパンをはき、ラルフローレンの大きなロゴのついたポロシャツを着ていた。対照的に、金融犯罪が専門だった華奢な体格のイェスパーは、はき古したジーンズと綿のシャツという格好だ。

マラガのコスタ・デル・ソルのホテルで、デンマーク・チームとともに、プールサイドの木陰にある静かなレストランの一角に腰かけた。ソレンとアナスは日焼けしていた。

「きみのおかげでビッグブラザーはたいそうご満悦だ。これは重大任務だからな」クラブ・サンドイッチを注文してから、クラングは話し始めた。どうやら、ＰＥＴもわたしのおかげでご満悦のようだ——四人もマラガにやってきてわたしを出迎えるとは。

その理由はすぐにわかった。

「もしアウラキの居所を突き止めたら、アメリカはきみに五百万ドル払う用意があるそうだ」とイェスパーから言われた。

「わかった」そう答えたものの、とても信じられなかった。

彼らは〝相当な額〟を前回約束通り払ったたし、間違いなくアウラキを見つけたがっている。欧米にとって間違いなく最大の脅威となった男の追跡に、ホワイトハウスは積極的に関わろうとしているのかもしれない。彼らの提示した金額は、ＦＢＩが払う世界一の危険人物の懸賞金に匹敵する額だった。

「一つだけ、きみがジェッドにしてやらなくてはならないことがある。彼の上司は、きみがアブドゥルを使者として信用していないとアウラキに言ったことに、気を悪くしている」とクラングは指摘した。

「それはわたしの個人的意見だ。アウラキがアブドゥルを完全に信用していないことも知っている」

「わかった。ジェッドに同じことを言うんだ。こちらはそれで構わない」

彼らがアブドゥルについてだしぬけに懸念を抱いたことに、わたしは戸惑った。

「何で大げさに騒ぎ立てるんだ？　アブドゥルは彼らのために仕事をしているのか？」

「さあな」クラングは肩をすくめた。わたしと視線を合わせずに、グラスに酒を注いだ。カールスバーグだ——デンマーク人はどこに行ってもこれだ……。

イエメンの知り合いのなかで、こともあろうにアブドゥルが二重スパイかもしれないとは。彼と知り合ってもう十年になる。アブドゥルは熱心なジハード主義者に見えた。アルカイダと深い関わりを持ち、アラブ諸国の親欧米派の政府とアメリカに敵意を抱いていた。だが、それとうかがわせるヒントもあった。最近イエメンに滞在したとき、とにかくやたらアウラキの情報を欲しがっていた。金回りも前よりよくなった。何で稼いでいるのかよくわからないが、新車を購入していた。カートも嚙むようになった。

何よりの証拠は、わたしが前にジェッドから渡された携帯と同じモデル——スライド式のキーボードがついた、ノキアのN900——をアブドゥルも使っていたことだった。わたしが留守にしていた十ヵ月の間に、CIAはアブドゥルを情報屋として使っていたのだろうか？

丸二日かけて、スイートルームで任務を報告した。会議を見守るために、今回はMI6も若い職員を派遣していた。

ジェッドがアブドゥルについて質問を投げかけ、わたしは打ち合わせ通りに答えた。不満げに「わかった」と答えて、彼はノートに書き留めた。

それから、アウラキが要求したヘキサミン固形燃料と冷蔵庫について、一同で検討した。

「ヘキサミンは認められない」クラングはきっぱり言った。爆発物の製造に使えるからだ。

「じゃあ、手ぶらで帰らなくてはいけないのか？　それじゃ素人っぽく見えやしないか？　それどころか、西側のスパイだと疑われやしないか？」わたしは言い返した。

気まずい沈黙が訪れた。クラングはＣＩＡの前で言い負かされることを嫌がる。

「木質の固形燃料を渡すというのは？」わたしが提案すると、彼らは顔を見合わせた。「腕っぷしが強いだけではなく、なかなか賢いな」イェスパーがにやにやしながら言った。

アウラキからのメッセージが入ったＵＳＢを分析してもらおうと、ジェッドに渡した。今後のやりとりに使おうと買っておいたＵＳＢも渡した。アメリカが追跡装置のようなものをインストールしたいのではないかと思ったのだ。

「アウラキに直接会いに行くことができるか？」とジェッドは尋ねた。

「たぶん。ただ、治安がかなり悪化している。とくに南部がひどい。アルカイダの支配下に置かれたところもある。それに、軍のどの部隊を信頼すべきか、さっぱり見当がつかない」

夕方、ＰＥＴチームと新顔の礼儀正しいＭＩ６職員と連れ立って、散歩に出かけた。ホテル周辺には、緑豊かな庭つきの高級別荘が立ち並んでいた。スプリンクラーが放出する霧状の水が、夕陽を浴びて黄金色に染まっていた。この地域にはロシアの莫大な資金がつぎ込まれていた。

「この辺りの一角をすぐに買えるようになるさ、アヒー」クラングが話しかけてきた。「そしたら、招待してもらいたいもんだ」

わたしの〝賞金〟を元手に、彼らとのジョイント・ベンチャーで海辺のレストランかバーの経営に乗り出すという話も出た。このとき初めて、デンマークのハンドラーたちがわたしの任務成功に職業的な関心以上のものを寄せていることに気づいた。しかし、アウラキをＣＩＡに引き渡すのはまだまだ先の話だ。それに、ジャスミンとレモンの香りが漂う道を散歩しながらも、かつての友を死に追いやることで金持ちになると考えると、わたしは心から喜べなかった。

ジェッドはその間ホテルに残っていた。わたしのような立場の者と一緒にいるところを公の場で見られてはいけないと、ＣＩＡの規則で定められていた。ホテルをチェックアウトしたあと、マラガの空港で彼の姿を見かけた。彼は知らんぷりしてわたしの前を通り過ぎたが、口元にかすかな笑みを浮かべてみせた。

マラガを発ってから数日後、アメリカが重大な突破口を開いたことを知った――バーミンガム時代の古い知り合い、アフメド・アブドゥルカディル・ワルサメを犠牲にして。わたしが電話でアウラキを紹介してから、ワルサメはＡＱＡＰと定期的に連絡を取るようになった。そのやりとりの詳細をわたしが聞いていたおかげで、西側情報機関は彼の計画を追うことができた。二〇〇九年、イエメンに行きＡＱＡＰの上層部と会いたいと、ワルサメはメールしてきた。その後、アウラキからイエメンで訓練を受けるよう誘われたと知らせてきた。

ワルサメはその招待を受けた。二〇一〇年イエメンに赴き、ＡＱＡＰとアル＝シャバーブの武器取引の仲介をした。そのときの訪問で、彼はアウラキと会い、爆発物の訓練も受けた。まだ二十五歳にもならないというのに、ワルサメは二つの組織をつなぐ要となった。資金と通信装置をソマリアからイエメンに流し、それと引き換えに、ソマリアの戦闘員用に武器を受け取った。

二〇一一年四月、ワルサメはアデン湾を横断してソマリアに帰国するため、イエメンの小さな港で釣り用のダウ船に乗り込んだ。だが、待ち受けていた米軍に、公海で拘束された。ワルサメは米海軍の強襲揚陸艦ボクサーで、二ヵ月にわたり尋問され、かなりの情報を明かした＊[3]。

そういうわけで、わたしは二人のアル＝シャバーブ最重要工作員の活動を食い止めることに貢献した。自らのイデオロギーを推し進めるためとあれば、市民を殺傷することも意に介さず、無力な難民を大量に生み出してきた輩だ。イスラム法廷会議がある程度の平和をもたらしたのに対し、アル＝シャバーブがもたらしたのはテロと苦しみにすぎなかった。

ワルサメは忠告に逆らってばかりいたと、後日アウラキから聞いた。たとえば、いつも自分の携帯電話で話していたそうだ。アメリカが彼の行動を突き止めるにあたり、わたしが与えた電話が役に立ったのではないかと思う。

アウラキ追跡作戦の次の局面について、ヘルシンゲルのマリエンリスト・ホテルで会議が開かれた。部屋には新顔がいた。

「わたしのサナアの同僚を紹介する。名前は言えないが理解してもらえると思う」とジェッドが紹介した。

身長百七十五センチほどのその人物は、イエメン人と言っても通るかもしれないが、彼によれば、インド系アメリカ人ということだった。わたしたちはアラビア語で二言三言交わした。

ジェッドが見つめる側で、アウラキにメールを書いた。使者が固形燃料やサンダルなどを引き渡す場所や時間を指定した。

妻のファディアに荷物を届けさせるという提案を聞き入れるつもりはなかった。メールを暗号化

＊3　ワルサメはその後ニューヨークの法廷に移され、アル＝シャバーブとＡＱＡＰへの物質的支援や陰謀など、九件のテロ容疑について罪を認めた。

して「送信」をクリックした。

それから、ジェッドとクラングがアミナの品を買いに出かけた。コペンハーゲンのデパートの婦人服売り場で、スカートやトップスや下着を選ぶ二人がどれほど奇妙に見えたか、想像に難くない。デパートの下着売り場に詳しくなったと、クラングは冗談を飛ばした。シャンプーやコンディショナー、ヘアカラーも買った。CIAの経理部はアメリカの安全を維持するためという名目で変わった品への支出に慣れっこにちがいない。

二人は購入した衣類をきちんとたたんで、スポーツバッグに詰めた。出発直前までクラングがバッグを預かることになっていた。CIAがフィデル・カストロの葉巻に毒を混入したことを思い出し、購入した化粧品やシャンプー類は、イエメンの自宅で妻に絶対見つからないところに保管しておこうと決めた。

冷蔵庫はまだ用意できなかった。CIAがアウラキ用に「カスタマイズ」しているので、もう数週間かかるとクラングから聞いた。CIAの技術担当者が、衛星追跡装置(トランスポンダー)を冷蔵庫のどこに隠すべきか、作業に追われているはずだ。

サナアに戻る前に、ジェッドが贈り物をくれた。金文字が刻まれた、バイキングの兜の角だった。わたしは再び彼らの戦士となったのだ――新たな戦いに挑む準備はできていた。

第二十一章　長く暑い夏

二〇一一年七月―九月

二〇一一年七月二十七日、目もくらむ炎天のイエメンに戻った。アウラキ暗殺作戦は本格化しつつあった。だがイエメン情勢は悪化する一方で、南部のほとんどの地域に政府の手が及ばなくなり、サナア周辺は派閥同士の衝突で麻痺状態だった。

この混乱のせいで、アウラキは使者の手配ができないのではないだろうか――指定した日に誰も現れなかったので、そう推測した。アウラキはメッセージを受け取っているのだろうか？　わたしのことをまだ信用しているだろうか？

翌日、アウラキに暗号化したメールを送った。

「サナアに戻りました。リクエストの品も買ってあります。木曜日と土曜日にブラザーが来るのを待ちましたが、姿を現しませんでした。彼の無事をアッラーに祈っています、インシャー・アッラー（アッラーがお望みであったら）」

荷物の引き渡し希望日と時間を新たに指定して、十五分間だけ待つつもりだとアウラキに知らせた。

「わたしはどうしても人目を引いてしまいます。九月半ば頃南部に行き、お会いしたいと思います、インシャー・アッラー。ではお気をつけて、親愛なるお方（ハビビ）」

直接会いに行くことには、とんでもない危険が伴うが、アメリカが彼を追跡しやすくなることは間違いない。アウラキをサナアに呼び寄せる計画は、もう無理だろうとあきらめていた。

八月九日、返事が来た。

「アッサラーム・アライクム（あなたに平安あれ）、すまなかった。連絡が少し遅れ気味なんだ。指定された三日のうちのいずれかに、インシャー・アッラー、誰かをそちらに送ろう。この間とは違うブラザーだが、合言葉は前回と同じだ。色（ラウン）を尋ねるから、緑（アフダル）と答えるように」アウラキからのメッセージだった。

「必要なことは文中に漏れなく書いてもらいたい。何度も使者を送るのは危険だ。イエメンでのメール送信用に、新しいメールアドレスを取得するように。そうすれば、きみがイエメンから送っているのかヨーロッパから送っているのか、敵にはわからない。そうしないと、きみの正体が突き止められるおそれがある」

このメッセージをコピーして、ＰＥＴと共有するメールアドレスの下書きに貼りつけた。こうすれば、彼らはＣＩＡとサナアの現場諜報員にこれを送ることができる。

アウラキのセキュリティ意識と、わたしが西側の情報機関に疑われないようにという配慮に感心した。これは重要な点だった。アウラキはかつてわたしにこんなことを語った。「愚かな友人よりも、敵を身近に置くほうがましだ」わたしが本当はどちら側なのか知ったら、アウラキはこの発言を翻したことだろう。

指定日の初日は、八月十二日の午後十時半、場所はサナア中心部にあるケンタッキー・フライドチキンのレストランだった。

スズキのピックアップ・トラックで行けば、自宅から十五分ほどだが、その晩は回り道することにした。エジンバラで教官に教えられた通り、狭い道を走って、ときどき思いついたように曲がった。

車にはアブドゥルから借りた武器が積んであった。グローブ・ボックスに拳銃が一丁、後部座席にはカラシニコフを毛布の下に隠しておいた。イエメンではどこでも銃を見かける。地元住民は銃を見ても顔色一つ変えない。アブドゥルには、イエメンの治安当局に追われたとき、身を守りたいからだと説明した。

ＫＦＣでそわそわしながら待った。体格と肌の色から、わたしのことは簡単に気づくはずだ。コペンハーゲンで会ったＣＩＡの現場諜報員がいる気配はなかった。だが、彼は当然、やるべきことを心得ているはずだ。

その場を素早く観察した。エプロン姿のカーネル・サンダースが、明るく照らされた看板からこちらを見下ろしていた。その看板の向こうで夜空にライトアップされてそびえ立っているのは、六つの尖塔と白い巨大なドームを誇るサーレハ・モスクだった。窮地に立つサーレハ大統領によって建立され――アラブ世界で最も貧しい国で一億ドル近くかけて――完成したばかりのモスクだ。

レストランには、きちんとした身なりでわいわい騒がしく出入りするイエメン人の客が絶えなかった。ほとんどのイエメン人は、ＫＦＣでの食事をごちそうとみなしている。その晩は混雑していた。それもそのはず、その日はラマダーンも中盤に差しかかった頃で、夜間はごちそうを食べる時間だ。

フライドチキンを食べに店内に入ろうかと思ったそのときだった。駐車場を横切ってこちらに歩いてくる人影が目に入った。モスクの照明で輪郭が浮かび上がった。前回の使者よりも年長で――二十代半ばくらい――背は低かった。しかし、彼も浅黒い肌をして、ヘッドスカーフはマリブ独特の巻き方だった。合言葉を交わしてから、木質の固形燃料やアミナの衣類などの入ったスポーツバッグを渡した。

ワードで作成した文書の入ったUSBも渡した。「イスラム防衛隊」の創設をアウラキに承認してもらおうと思い、書いたものだ。イスラム恐怖症の攻撃から欧米のムスリムを守るために、部隊を編成して、射撃や武術、サバイバルスキルなどを訓練しようという計画だ。このアイデアを思いついたのは、その前月に、反イスラムの過激主義者アンネシュ・ブレイヴィクが、銃と爆弾を用いてノルウェーでテロ攻撃におよび、何十人も殺害した事件があったからだ。この計画にアウラキを巻き込むことができれば、今後も連絡しあう口実になる。そのうえ、この部隊を創設すれば、ヨーロッパ中のイスラム過激派を引きつけられるので、新たに標的とすべき人物を見つけやすくなる。

「これはサミール・ハーンに宛てたもの?」とその使者が尋ねてきた。

これにには仰天した。諜報の基本をまったくわかっていない。

ハーンはAQAPのオンラインマガジン「インスパイア」の編集者で、サウジアラビア生まれだが、アメリカ育ちだ。二〇〇九年にイエメンに移り住み、AQAPと関係を持ち、アウラキと知り合った。ハーンは、ナイジェリアの下着爆弾男、アブドゥルムタラブとも会ったことがあり、プリンター爆弾計画では、航空貨物システムの調査でアウラキに手を貸した。

「ブラザー、ダメだ――それは秘密だ」とわたしは叱りつけた。彼はしょんぼりした顔で、夜の闇に消えた。

三日後、アウラキから暗号化メールが届いた。

「アッサラーム・アライクム……荷物はすべて受け取った……ＵＳＢ以外は！　運んでいたブラザーが、それを壊さざるをえない状況に追い込まれた。結局、面倒なことにはならなかったが、今度はＵＳＢがない。サンダルはこれでいい。しかし、わたしが欲しかった固形燃料はヘキサミンだ。送られてきたのは別物だ。今度またヨーロッパに行くときは、ヘキサミンを入手できるかどうか見てきてほしい」

やはり、爆発物を作るために固形燃料が欲しいのだ。

ワルサメの逮捕について新情報を知りたいという要望に加えて、具体的な依頼もあった。「イエメンのアルカイダが、アメリカ攻撃に利用する目的で、リシンの原料であるトウゴマの実を大量に購入していると、「ニューヨーク・タイムズ」紙が報じたと聞いた。これに関する情報を集めてほしい」[*1]。

わたしはその記事を見つけた。

「機密報告書によると、アルカイダのイエメン支部は、すでに一年以上にわたり、トウゴマの実を

＊1　わたしは知らなかったのだが、アウラキはその頃、欧米に対する化学・生物兵器を用いた攻撃の正当性について執筆中だった。「人口集中地に対する有毒な生物化学兵器の利用は、敵に甚大な被害を与えるので、容認されるし強く推奨される」と、その年「インスパイア」の記事に書いた。

大量に獲得しようと努めている。この実からリシンという、有毒の白いタンパク質の粉が精製される。きわめて毒性が強いので、吸引した場合や成分が血管に達した場合、ほんの少量の摂取で死にいたることもある。アルカイダの工作員がトウゴマの実と加工物質を、反政府軍により制圧されている危険な部族地帯であるシャブワ州の隠れ家に移そうとしている証拠を集めたと、情報局職員は語っている」

わたしは肩をすくめた。アウラキがこの作業に何らかの関わりがあって、どのように報道されているのか知りたがっているように思えた。このとき初めて、アウラキがどうなろうとも、もう構うものかと思った。彼はおそらく欧米に対して、しかも市民を主な標的にして、あらゆる攻撃の準備を整えるつもりなのだ。

八月十七日、イエメンからヨーロッパに渡った。夏場は毎年、キャンプやハイキング、カヌーや釣りをして、子どもたちと半月ばかり一緒に過ごすことにしていた。たとえアルカイダの再重要指名手配者の追跡任務に支障をきたしても、この時間は誰にも邪魔させなかった。また、長年温めてきた、イギリスの友人とのボルネオのジャングルへの旅行の準備もしなくてはならなかった。イエメンでの任務が何ヵ月もかかると思ったので、充電する必要があるとも感じていた。

出発直前、ストーム・ブッシュクラフトの用事で海外に行くとアウラキにメールで知らせた。彼が会社のウェブサイトを閲覧したとき、ボルネオ旅行の写真を見るだろうと思ったからだ。リシンに関する報道記事が入ったUSBを、サナアの連絡員に託していくことも伝え、その住所と電話番号も知らせた。

ヨーロッパに戻ってから、ジェッドとPETに事情を説明した。アメリカ国家安全保障局が電話を傍受できるように、サナアの連絡員の電話番号をジェッドに教えた。

九月最初の週末に、サナアの連絡員からショートメールを受け取った。「電話をもらったので、今、シティスターで待っているところだ」さっそくクラングに電話した。クラングはアメリカにこの話を伝えるはずだ。

「もうすぐ取りに来る。すぐ準備してくれ」とクラングに言った。待ち合わせ場所は、サナアのショッピングモールだと説明した。一時間もしないうちに、引き渡し完了を知らせるショートメールが連絡員から届いた。アメリカはこの現場を――連絡員の電話を盗聴することで――監視しているはずだ。今度こそ、CIAはUSBを追ってアウラキにたどり着けるかもしれない。でも、どうかアミナのもとには行かないでほしい。そう願わずにはいられなかった。

任務は計画に沿って進められた。アウラキはわたしを信頼していた。ボルネオ旅行から戻ったら、彼に会いにイエメンの荒野を旅することになるだろう。翌日、ボルネオのジャングルを目指して、マレーシア行きの便に乗った。この旅は、一息入れるいい機会だった。誰からも連絡は来ないだろうし、知恵を働かせて一人で切り抜けなくてはならない。

ところが旅行から戻ってわずか数日後、容赦ない現実が目の前に突きつけられた。九月も終わろうとしている爽やかな日のこと、テレビをつけるとニュース速報が流れた。画面を見て愕然とした。

その日――九月三十日――の早朝、米無人機がサウジアラビア南部の砂漠の基地を飛び立ち、イエメン北西部のアル＝ジャウフ州で、何台かのピックアップ・トラックが集合しているところを見つけた。朝食を終えたばかりの数人の男は、ブーンというかすかな音を聞きつけて恐怖に駆られ、あわてて車に戻った。そのうちの一人がアウラキだった。イエメン南部の部族地帯で無人機攻撃の脅威が高まったために、この地域に逃れていたのだ。

無人機「プレデター」二機は、標的を正確にとらえるためトラックにレーザーを照射し、大型無人機「リーパー」が狙いを定めた。リーパーの〝パイロット〟は、数千キロも離れたところから操縦しヘルファイア・ミサイルを何発も発射した。アウラキと六人のアルカイダ工作員は即死し、トラックは無残な残骸と化した。死亡した六人のうち一人は、サミール・ハーンだった。彼がアウラキに同行していたことを、CIAは把握していなかった。サミールはまだ二十四歳だった。

ニュースを見ていると、ポケットで携帯電話の振動を感じた。「ニュースを見たか？」と尋ねる、クラングからのショートメールだった。

わたしは、「信じられん」と返信した。

「いや、本当のことだ」

危険きわまりないと警戒してきた男を、アメリカはとうとう消し去った。米当局はその後、アウラキはAQAPで数々のテロ攻撃を企てた首謀者であり、殺害時も欧米に対して新たなテロを画策していたと申し立てた。

「アウラキの死は、アルカイダで最も活動が盛んな支部に大打撃を与えた」と、その日オバマ大統領はヴァージニア州のフォート・マイヤーで発表した。「アウラキは、アラビア半島のアルカイダ（AQAP）の幹部として、無辜（むこ）のアメリカ市民殺害を企て指揮した……米国および世界中の人々に対して、罪のない男女を、子どもを殺すように繰り返し呼びかけ、残忍な計画を推し進めた」

第二十二章　ビッグブラザーとの決別

二〇一一年秋

「本当に申し訳ないが、わたしたちではなかった。もう少しのところだったが、わたしたちの作戦ではなかった」

ショートメールの文字が、グリーンの画面に黒字ではっきり浮かんでいた。アウラキの死が確認されてから数時間後に、クラングから送られてきたメッセージだ。

「ジェッドたちに、やったなと伝えてくれ。祝福とねぎらいの言葉を送るよ。彼はテロリストだった。だから阻止する必要があった」そう返信した。

五百万ドルの報酬がふいになっても、度量の大きいところを見せなくてはいけない。実際、助演男優賞ものだった。

とはいえ、ジェッドもほかのＣＩＡのハンドラーたちも、それからまったく連絡をよこさなかったことには、いら立ちと失望を抑えられなかった。それに、最善の努力を尽くしたとはいえ、アウラキが焼き殺されたことに対して、悲しみと少なからぬ罪悪感を抱いた。彼とはいろいろなことをじっくり語り合った。だが、どんなに危険な人物だったか、このまま放っておけば、どれほど危険な人物になるおそれがあったか、それもよくわかっていた。

子どもたちとの小旅行を楽しもうとしたが、どうにも落ち着かなかった。何が起きたのか知る必要があると思った。

アウラキ殺害の二日後、イギリスの「サンデー・テレグラフ」紙を手に取った。

「アメリカはいかにしてアンワル・アル＝アウラキの居所をつかんだのか」と一面に見出しが躍っていた。その下に、「下っ端の使い走りを捕らえたことが重要な突破口となり、アルカイダ幹部の殺害につながった」とあった。

その文章に目がくぎづけになった。

「アメリカがいかにしてアルカイダのスポークスマンを追い詰めたのか、その詳細が今日、本紙で明らかになる。本紙の取材によると、今回の件で大きな突破口となったのは、アウラキの配下グループの年若い運び屋を、ＣＩＡ職員が捕らえたことだった。その男は、アウラキ殺害の三週間前に、ＣＩＡの活動に協力するイエメン人捜査官により逮捕され、アウラキの居所などについて詳細を明かしたとされる。これが金曜日の無人機攻撃につながった。アウラキ一行は、首都サナアの百六十キロ東に位置するアル＝ジャウフ州の奥地を走行中だった」

喉が締めつけられるようだった。「年若い運び屋を捕らえた……三週間前……」

そのくだりをもう一度読み直した。ＣＩＡはわたしを欺こうとしたのか？　エジンバラでケヴィンに言われたことを思い出した。「きみがだまされなければいいと思っている」

ＵＳＢドライブ受け渡し日の確認のためにサナアの連絡員がよこした、ショートメールの日付を調べた。三週間前だった。彼に電話して、ＵＳＢを渡したときのことを尋ねた。午後九時に電話がきて、待ち合わせ場所を決めたという。彼はその三十分後に、シティスター・モールの外に駐車した。数分後、ほこりまみれでボロボロのトヨタのハイラックスが、音を立てて停まった。部族の衣装をまとった男二人が車の座席にいた。運転席にやせ形の男、助手席には背が低く太った男。二人ともカートを噛んでいた。

運転席の男が彼のところにやってきた。まだ若く、おそらく十代後半で、長身痩軀、浅黒い肌をしており、ライトグリーンのトーブにマリブ風のスカーフだった。

その運転手は急いでいるようすだったという。

素っ気ない挨拶のあと、「ムラドから預かったUSBをもらえるか？」と言われ、連絡員は手渡した。

「どうも。これから長距離を運転するので、もう行かなくてはならない」運転手はそう言っていたという。

この運転手の風貌は、サナアの〈アル＝シャバブ・レストラン〉で最初にUSBを渡した運び屋にそっくりだった。「サンデー・テレグラフ」紙の記事の、年若い使い走りの説明とも一致する。この運び屋がCIAを直接アウラキのもとに導いたわけではないと思うが、鎖の輪の一つである次の運び屋に導いたことは間違いないだろう[*1]。

でも、もしかすると、わたしは無理につながりを見つけ出そうとしているだけかもしれない。セカンドオピニオンが必要だ。

「頼みがある。『サンデー・テレグラフ』の記事を読んで、感想を聞かせてくれ」と電話でクラングに頼んだ。子どもたちをカリーマのもとに送り届けたあと、土砂降りの中を運転しているうちに気分がどんどん滅入ってきた。たいていのことには対応できるが、命を危険にさらしてまで尽くした人間にだまされることには、我慢がならなかった。

まもなく、クラングから電話がかかってきた。

「何でわたしたちの仕事じゃないのか理解できない。あれはわたしたちのやった仕事だろう」とクラングは言った。

電話を切った。ワイパーがせわしなく動いていた。さまざまな感情がこみ上げてきた。成功を収めた作戦に関わったのだと思うと、暗い満足感を覚えた。だが、それはすぐに――アウラキの家族とアミナに対する――良心の呵責に取って代わり、やがて怒りへと変わった。わたしの果たした役割を認めもせずに、アメリカはわたしを切り捨てたのだ。

「こんな目に遭わせてすまない」と何度か上ずった声を上げた。アウラキの子どもたちに会ったことがある。わたしはあの子たちの父親の死に責任があるのだ。こんなふうに思うのは天邪鬼かもしれないが、この戦いにおいてアウラキはあっぱれだった。だしぬけにそう感じた。彼が命を落としたのはわたしのせいかもしれない。だが、当局の仕事でわたしが命を落とすことがあっても、ハンドラーたちはわたしのことを思い出しもしないだろう。

翌日、クラングと再び話した。彼によれば、「アメリカ側にもう一度この件を確認しようとしているのだが、向こうからは何のコメントもない」という。

もう、悲しみは怒りに打ち消されていた。「あいつら、くたばりやがれ。もう二度とあいつらと仕事はしない。というか、おまえらみんなくたばっちまえ。あの男じゃなかったら、いったい誰がアウラキの居所に結びつけたんだ？　それに、何でアウラキの情報が漏れたんだ？」わたしは電話に向かって声を張り上げた。

次の日、イギリス中部の〈TGIフライデーズ〉で夕食をとっているときのことだった。半分席の空いている店内に二人の男が入ってきて、わたしの後ろのボックス席に陣取った。二人はどこかそわそわしていた。その会話から、一人がイギリス人でもう一人がアメリカ人だとわかった。イギリス人のほうがしょっちゅう振り返っていた。わたしを見てはいなかった――それでは見え見えだ――が、斜め前のボックス席の二人連れのほうを見ていた。

わたしはがなり立てた。「何を見てるんだ?」思わず口走っていた。「おまえはアメリカ人だろう?」もう一人の男のほうに向き直った。「CIAかどこかの奴だな? 暴露してやる。おまえらの政府がしたことを全部マスコミにばらしてやる。おれがあの作戦の立役者だったのに、おまえらの政府はだましやがった」

巧みなパフォーマンスとはいかなかったが、熱演ではあった。それに、望んだ効果を上げられた。相手の仮面がはげ落ちたのだ。

「口を開けば、あんたの身が危険になるぞ」アメリカ人が言った。

二人は席を立ち店を出た。隣のボックス席の家族連れが、あっけに取られていた。

＊1　この種の作戦には前例があった。CIAはウサマ・ビン・ラディンの居所を、彼が一番信頼していた使者のアブ・アフメド・アル＝クウェイティによって突き止めた。ビン・ラディンは上級副官たちと連絡を取る際の唯一の窓口として、彼を用いていた。ビン・ラディンのメッセージの伝え方は、アウラキのやり方と似ていた。パソコンでメッセージを作成し、それをUSBに落とし、使者に渡していた。

翌日、クラングから電話がかかってきた。「レストランで何を言ったんだ?」

「何でそれを知っている?」

「その件は地元警察に通報されたからだ」とクラング。嘘つけと思った。

「いいか、アメリカとイギリスは、きみといっさいの関わりを持ちたくないんだ」

こっちこそお断りだ。

だが、デンマークのハンドラーは、何とか和解させたいと考えていた。わたしがマスコミにばらすと脅かしたものだから、なおさらその意を決していた。誤解を解くためにデンマークで話し合いの場を設けたいと頼まれた。わたしはしぶしぶ承知した。

ヘルシンゲルのマリエンリスト・ホテルを再び訪れ、ロビーに足を踏み入れたとき、奇妙な感慨を覚えた。わたしたちはここで、チーム一丸となり重大な任務の計画を練った。だが、今回はケンカのあとの反省会になりそうだ。二〇一一年十月七日――アウラキが殺害されてから一週間がたっていた。

PETのハンドラーがアメリカ側と協力してこの場を設けた。マイケルというCIA局員と会ってもらうと、PETから言われた。ジェッドはコペンハーゲンを急遽離れたのだという。もっとも、それも疑わしいものだと思った。ホテルのコテージで会うことになっていた。これも一つの証拠と言えるかもしれない。彼らは公衆の面前でいざこざを起こすことを避けたいのだ。

スモークガラスの車が二台、ホテルに横づけした。クラングと、黒髪で長身のたくましい男性が、コテージに向かって歩いて行った。事務方のイェスパーとマリアンネは、車の側で待っていた。マリアンネは三十代の職員で、たまに報告会に参加することがあった。

こちらに来るようにと、イェスパーが駐車場で手招きした。

おまえらみんな、くそくらえだ。彼らに気づかれないうちに、こっそりアイフォンに手を伸ばし、ビデオモードに設定して撮影を開始した。それから、腹に据えかねるといった顔つきをして、彼らに近寄った。造作もないことだった。

わたしは独断で、この面談を録画することにした。西側情報機関にだまされたと主張するなら、話を裏づけるものが必要になる。撮影の最初のほうで、ホテルのロビーの青いソファとピカピカした大理石のフロアがちらりと映った。アイフォンをポケットにしまってからは、画面は真っ黒だが、声は明瞭に録音された。

わたしたちはコテージに向かった。カモメが上空で鳴いていた。外に人影はほとんどなかった。夏の間浜辺を彩った青と白のこぎれいなデッキチェアは、季節柄、すっかり片付けられていた。

辺りの景色を眺めた。一隻のフェリーが、波立つ水面をバルト海に向かって進んでいた。

「彼と話をしなくては。話さなければ何も変わらないぞ」とイェスパーから言われた。

「話すことなど何もない。何が起きたのかは火を見るより明らかだ。連絡員に会いに来た少年を逮捕して、USBドライブを取り上げたんだ。そんなことははっきりしているし、あいつらだって自ずと明らかにしている」

「ああ、その通りだが、向こうだって自分の立場を説明する必要がある」イェスパーは食い下がった。

「そうですよ」マリアンネが割って入った。「彼らにも説明する機会を与えるべきです」彼女の風貌や物言いが簿記係みたいだと思ったのは、このときが初めてではなかった。

わたしたちが成し遂げた輝かしい業績について、一つ一つ思い起こした――ソマリアで、ケニアで、イエメンで、そしてデンマークで。もう五年にわたり最前線で働いてきた。なのに、CIAはわたしを切り捨てたがっているのだ。

コテージに着くと、クラングがドアを開けて、天気について何か当たり障りのないことを言った。これから修羅場が繰り広げられるのではと、彼は不安そうだった。

「何も話すことはない」とわたしは繰り返した。

「わたしたちだって答えを探しているんだ」PETきってのプレイボーイがこれほど真剣なところを見たことがなかった。CIAとPETの長きにわたる親密な関係が、これからの三十分にかかっているとでも言いたげな口ぶりだ。

マイケルはいかにもアメリカ的な男性だった。あごが角ばって、〝GIジョー〟そっくりだ。マイケルに向かってひどくぞんざいにうなずいてみせたあと、クラングとデンマーク語で会話を続けた。

わたしがけんか腰なことにはっきり気づいたクラングは、英語に切り替えて、コーヒーを注文しようと提案した。

わたしはマイケルを見つめた。

「おれを説得するつもりじゃないよな」

「説得？　説得するために来たのではない。話をするために来たんだ」

マイケルはゆっくりと慎重に話した。ニューヨークとボストンの間で聞かれるアクセントだ。

わたしたち二人は階段を上がり、上階に移動し、向かい合ってガラスのテーブルについた。窓から日の光が差し込んでいた。

手を伸ばせば、窓の外のオリーブの枝に手が届きそうだった。

「まずは祝福の言葉を言おう……何があったかはさておき、あの悪人どもが片付いたのはめでたいし、何よりだ」わたしはマイケルに言った。

「まさにその通り」マイケルがすかさず口を挟んだ。「わたしにとっても、何よりだった。きみと口論するためにやってきたのではない。ここに来たのは、きみに敬意を抱いているからだ。ごく単純なことだ。きみが腹を立てているのはわかる――けれども、なぜ腹を立てているのかはわからない」そう言うと、わたしをじっと見つめた。

戸惑った顔をするのが上手だ。

わたしは話を続けた。「理由は二つある。一つ目は、あんたが知りたいというなら言うが、わたしは殺されたあの男に敬意を払っている。彼が敵であることをわたしたちは光栄に思う」だが、もちろん彼を退治すべきだったことに異論はない、とも重ねて強調した。

「その通りだ。彼を退治すべきだった」とマイケルは答えた。

「だから、良かったんだ。もし彼が退治されなかったら、罪のない大勢の人々が殺されただろうから」

「そうだ」マイケルはわたしをなだめようと力を尽くしていた。彼の発言はすべてそのためにあった。

「彼は親しい友人だった。メンターだった。わたしの師だった。友人だったが、彼には邪悪なところがあったので、わたしはこうしたんだ……抹殺することが、この脅威を打ち破ることが必要だと思ったから」

「もっともだ。これだけは言わせてほしい。この手のことは起きるものだし、必要なことだ」マイケルは三つ目の文を、手刀を切りながら一語ごとに力を込めて話した。がっしりした手だ。ボクサーになれる。あとからクラングに聞いた話では、マイケルはかつて米海軍特殊部隊に所属していたそうだ。

それから、わたしをおだてようとした。

「これまでのことは、すべてチームの成果だ。わたしの組織がしたことも、わたしが今回派遣されたことも、ジェッドがここに派遣されたことも……わたしたちはチームだったし、プロジェクトを一丸となって進めた――そのプロジェクトで、きみは大きな役割を果たした」

最後のところで、また手刀を切る動作をした。

「だからこそ、我が国の政府のかなりの人たちが関わった――かなりとはつまり、少数の選ばれたという意味だが……」

「ああ、アレックスとかジョージとかだろう」ワシントンから足を運んだ情報局高官とＣＩＡのコペンハーゲン支局長を思い出して、マイケルをさえぎった。

「そう、でもアレックスとジョージだけではない。わたしが言っているのは……」

「オバマ？」

「アメリカ大統領だ、ＯＫ？　大統領はきみのことを知っている。アメリカ大統領はわたしのことを知らない、ＯＫ？　だが大統領はきみのした仕事を知っている。つまり、しかるべき人物がきみの貢献を知っているのだ。きみのしてくれたことに、わたしたちは感謝する」やり過ぎだろうというくらい、マイケルは同じ表現を繰り返した。

「それはどうも」

マイケルは調子が出てきたようだ。自分のほうが優勢だと思っているのかもしれない。

「わたしたちにはめられたときみが感じていることは、このあとすぐに説明するが、わたしもわかっている。ただ、なぜきみがそう感じるのか、わたしにはわからない。きみなりの理由があるだろうから、聞こうじゃないか、ＯＫ？　だが言わせてもらえば、もしこちらがきみをはめたとしたら、わたしは今ここにこうして座ってはいない。そんな必要はないはずだ」

マイケルは何か一つ主張するごとに、「ＯＫ」と言う癖があった。自分の理論を展開するごとに、わたしの承認を求めているみたいに聞こえた。

「あんたらの評判はあまり良くない」とわたしはＣＩＡについて指摘した。

「その通りだ。あいにく、きみたちみたいな人を守る仕事をしているからだ、ＯＫ？」

「いろいろ嫌なことはあるが、何にもならないから、いちいち目くじらを立てたりしない。人間は自分の読むものしか読もうとしないし、考えることしか考えようとしない。だから、相手の意に反することは、納得させられないものだ」

自分の家族を危険にさらして、きみたちみたいな人間に「来る日も来る日も、ボールを線の上に」置くよう頼むことがどんなものなのか、世間の人々にはわからない、とも言った。

「それはすごくストレスがかかるな」とくに、自分が上から見捨てられたと気づいて、任務への関心が薄れたりしたらなおさらだ、と心の中で思った。

マイケルはその機をとらえて、やるべき仕事に取りかかることにした。ぐっと声を潜めて、語りかけた。

「いいか――アウラキは凶悪犯だし、さまざまな点で凶悪だった。きみのほうがよく知っているはずだ」

「アメリカが彼に関心を寄せるずっと前に、わたしはそう言った。気をつけろ、と――この男は危険人物になるぞ、と」

「その通りだ」マイケルはさらに続けた。「だからきみも、わたしたちも、プロジェクトを協力して進めた――でも、わたしたちだけじゃなかった、ＯＫ？　進行中のプロジェクトはほかにもたくさんあった」

「そうだろうな」

「わたしたちは、あとちょっとのところまで行った。わたしたちは近づいていた。わたしが、わたしたちという言葉を使うときは、つまりその、当たり前だが、わたしだって成功を望んでいるんだ」

マイケルは少し間を置いて、明らかに何度も練習したアナロジーを切り出した。

「ワールドカップでピッチに立っているようなものだ。きみはゴールに向かって走り、ゴールを決められるポジションにいる。別の選手がきみにパスできたはずだが、パスを出さずに自ら蹴って、シュートを決めた。そういうことだ。それが今回起こったことだ」

遠回しで丁重な謝罪だったが、わたしは受け入れるつもりはなかった。

「サナアで捕まえた少年は？　十五から十七歳くらいの？」

「わたしは少年が逮捕されたという情報は知らない」

アウラキ殺害の三週間前に、アルカイダの使者がＵＳＢを取りに来たことを説明した。

「どうして彼が逮捕されたとわかる?」マイケルは質問した。

「じゃあ、あれは偶然だというのか——奇跡的な偶然の一致だとでも?」

この議論を続けてもきりがないと、マイケルは悟ったらしい。

「きみが信じるか、信じないかだ。今回、きみは信じないようだな」

「ああ、信じない」

幾通りものアウラキ暗殺計画の報告を受けていたと、マイケルは言い張った。

「では、きみの連絡員と接触した運び屋が逮捕されたとしたら、わたしがそのことを知っているはずだとは思わないか?」

今度はわたしの番だった。少しばかり楽しそうな口調で言い立てた。アメリカはずっと、アウラキの追跡と殺害に失敗してきた。確かに、何度かあと一歩のところまで行ったが、それは計画通りというより、偶然の賜物だった。ところが、わたしが作戦に参加して、彼と関係を築き、物資を渡し、運び屋を使ってメッセージをやりとりしたことで、ようやく彼の殺害に成功したのだ。

マイケルが知らないだろう、ほかの功績についても列挙した。ワルサメのことや、サレハ・アリ・ナブハンのことだ。

「ドカーン!　ナブハンは吹き飛ばされた。わたしたちの送った機器を使っていたからだ。礼くらい言ったらどうなんだ?」

マイケルは何も言わずに聞いていた。おそらく、怒りを吐き出させたほうが得策だと思ったのだろう。

「そっちの政府に感謝の意を表してもらいたいし、事実を受け入れてもらいたい。オバマがこれで栄光を勝ち取るのは一向にかまわない。ただ、ありがとうの一言が欲しいだけだ」

「あんたたちにはいつも正直に話してきた。電話も自宅も車も盗聴されていたのは知っていた。それはいいんだ。あんたたちが、こちらの情報を細大漏らさず把握しているのは」わたしはテーブルに拳を叩きつけて言った。「どんなときも正直にふるまった、嘘など一つもなかった」

「嘘をついたと責めたことはない」とマイケルは応じた。

「アウラキに嫁を紹介したりもした。嫁を斡旋した諜報員がほかにいるか？」

マイケルの役目は、爆発した怒りが収まるのを見届けることだと、はたと気づいた。アメリカをアウラキに結びつけたのがわたしだと認める気などなかったのだ。任務は終了した。アメリカの対テロ作戦の勝利だった。

わたしは立ち上がり、階下のクラングとイェスパーに叫んだ。

「こいつは嘘を並べ立てているだけだ」

仲直りさせようとしたデンマークの目論見は、ものの見事に外れた。マイケルは席を立ち、こちらを見ようともせずに、無言のまま階段を下りて庭に歩き去った。彼の姿を見ることは二度となかった。

クラングとイェスパーに面と向かって言った。

「実は、今の会話を全部録音した」

「そんなことは許されない」クラングは今にも卒倒しそうだった。この録音が公表されたら、事前にわたしの身体検査をしなかったことで、上司の大目玉を食うだろう。

「でも、もう録音した。それに、仕事は辞めた」とクラングに向かってきっぱり言った。

　ＣＩＡがわたしの働きによりアウラキの居所をつかんだと認めなかった理由に、あとから気づいた。もし認めれば、デンマーク情報機関が暗殺に関与したとの言質を取られることになるからだ。暗殺はデンマークでは違法だ。

　ＣＩＡとＰＥＴは結託していたのだ。

第二十三章　リングに戻る　二〇一一年後半

アウラキが殺害されたあと、何週間も暗澹とした日々を過ごした。彼の死に対して罪悪感を抱かずにはいられなかった。彼の家族が抱く深い悲しみを思わない日はなかった——彼を守ろうと力を尽くした高齢の父親、妻たち、子どもたち。とりわけ、彼のパートナーとしてわたしがイエメンに送り込んだ女性は、どれほど悲嘆に暮れているだろうか。

彼の死後数週間たって、アミナから暗号化メールが届いた。それを読んで、わたしは一層悲しみをかき立てられた。

「悲しみに打ちひしがれて、このメールを書いています。一方で、夫の殉教（シャハーダ）は喜ばしいことです。アルハムドゥリッラー（アッラーに讃えあれ）、夫は今、天国（ジャンナ）にいて、喜びと幸福しか感じていません」

「ヨーロッパに戻る場合に備えて、あなたと連絡を取りたいと思っていました。でも、今後の身の振り方については、あと四ヵ月間考えることにしました。一つ目の選択肢は、シャハーダです……この苦境を乗り切る忍耐（サブル）と強さを、アッラーがわたしたちに与えてくださいますように」

「わたしを夫に引き合わせてくださったあなたに、アッラーの祝福があるように祈っています。わたしたちの結婚はアッラーのお恵みでした。彼の妻であることをとても誇りに思っています」メールを読み返した。

彼女の境遇に思いを馳せた――独りぼっちで誰の助けも得られないのではなかろうか。

「一つ目の選択肢は、シャハーダです」

シャハーダ。スターに憧れるようにアウラキに焦がれていた、ウィーンのカフェで会った若い女性が、夫の復讐のために自爆する覚悟を固めていた。

夢の中にアウラキが現れて、わたしを厳しく責めるようになった。

昼間も落ち着けなかった。アメリカの仕打ちについて、いつまでも頭の中でぐるぐる考え続けた。彼らはわたしの人生から消え去った。わたしはもう傷物だし、危険人物だ――ラングレーでそう言われているのが聞こえるようだった。彼らが間違っていると証明したかった。自分が端役だという考えを消し去りたかった。もう一度彼らから注目されたかった。

最前線の諜報活動を気持ちよく引退したいという気持ちもあった。欲求不満が胸にくすぶっていた。ファディアはわたしの言動を心配したり、いらついたりしていた。彼女を責められない。わたしは情緒不安定で、怒りっぽくなっていた。だからといって、彼女に真実を打ち明ける気持ちにはなれなかった。

霧の立ち込める十一月の昼下がり、ある考えが浮かんだ。ＰＥＴの仕事を再開し、わたしもＰＥＴも世界で大活躍できると証明する方法だ。アウラキの任務では報酬を逃したかもしれないが、ＰＥＴからまだ月々一定額が支払われていた。わたしは何も仕事をしないで金だけ受け取るようなタイプではない。そろそろまた仕事に取りかかる時期だ。

イエメン暮らしのおかげで、わたしはアウラキ以外にも幅広い人脈があった。言うなれば、わたしはアラビア半島のアルカイダ（ＡＱＡＰ）とともに一人前に成長したようなものだ。当時のＡＱＡＰは、じわじわ広がるテロ組織のなかで、最も活発で危険な組織となっていた。アウラキは確かに重要人物だった――だが、戦略スキルと統率力の点でアウラキを上回る重要人物がもう一人いた。ナシル・アル＝ウハイシだ。

ウハイシはウサマ・ビン・ラディンの側近だった。9・11同時多発テロ前にカンダハールの近くにあったアルカイダ司令部で、上級幹部を務めていた。二〇〇一年十月にアメリカが不朽の自由作戦に乗り出したあと、ウハイシはイランに逃亡した。イラン政府は彼を逮捕してイエメンに引き渡した。だが二〇〇六年、イエメンの刑務所から脱走して、母国にジハードの機運を盛り立てた。イエメンのアルカイダはやがて「アラビア半島のアルカイダ」となり、ウハイシは同組織の最高指導者となった。二〇一〇年八月、ビン・ラディンはアボッターバードから、ウハイシの「的確で優れた」指導力を讃えるメッセージを送った。

二〇一一年後半までに、ウハイシ――アルカイダ戦闘員からはアブ・バシルとして知られる――は、ＡＱＡＰを強力な武装組織に仕立て上げていた。同組織は、サーレハ大統領の不人気を利用して、共感を寄せる部族から数千人もの戦闘員を採用した。二〇一一年四月、支持基盤をできるだけ広範囲に広げるために、ＡＱＡＰからアンサール・アル＝シャリーア（シャリーアの戦士）という新組織が分離独立した。

アンサール・アル＝シャリーアは政情不安に乗じて、アビヤン、マリブ、シャブワまで勢力を伸ばした。ジンジバルという南海岸のほこりっぽい町も、その支配下に置かれた。この町は、アデンから沿岸道路を六十キロ走ったところにある。かつてアウラキに会いに行くため、九月の夜に車でひた走った道だ。

ジンジバルから内陸に二十キロのジャールを拠点に、誰もが認める指導者のウハイシを仰ぐ、アルカイダのミニ国家がちょうど築かれているところだった。これにより、ジハード主義者の間でウハイシの信用が高まった。ウハイシは、ビン・ラディンとアイマン・アル＝ザワヒリの有望な後継者として、国際テロ組織アルカイダの次期最高指導者と目されるようになっていた。

仕事の話で会いたいと、コペンハーゲンのクラングに電話をかけた。すぐに航空券を手配してもらえる立場ではなくなっていた。まずイギリス国内を移動してハリッジまで行き、そこからフェリーに乗った。

クラングとイェスパーと再会したとき、わたしは前回の一方的な辞め方をひどく悔いていた。有終の美を飾るためには、二人が最後の望みの綱だった。とはいえ、密かに自信もあった。やるべきことは心得ている。それに、ウハイシに近づける諜報員は、世界中どこを探してもわたししかいない。

「年内にはウハイシに会えると思う」それを聞いたクラングは、疑わしそうな、困ったような顔でわたしを見た。まるでアルコール依存症のなじみ客から、最後に一杯だけ、とねだられたバーテンダーみたいな顔だった。

イエメンの武装集団と再び接触する気になって良かったとクラングは言ったが、言葉とは裏腹に、あまり乗り気には聞こえなかった。ＰＥＴは以前と同じように、月額およそ七千五百ドル――海外手当は別途支給――の報酬を約束したが、自分はもう厄介者で、ビッグブラザーに対する切り札ではないのだと、ひしひしと感じた。

　このとき、意地っ張りな性分が顔を出し、実力を見せてやると自らに誓った。フリーランスも同然だったので、やるべきことの優先順位は自分で決めるしかない。しかも、最も頼りにしていたアウラキはもういない。

　十二月三日、再びサナアに赴いた――そして、たちまち自分の無力さを痛感した。ハンドラーの後ろ盾を失っただけではない。この地で情報活動を進めるには、アブドゥルに全面的に頼らざるをえなかった。

　アブドゥルと会ったとき、不安げな態度も、何かを隠しているような素振りも見られなかった。もし本当にＣＩＡのために仕事をしているのなら、うまく平静さを装っていたことになる。アブドゥルはムジーブに会うといいと提案した。ムジーブは、昨年の夏アウラキ宛の最初のＵＳＢドライブを、部族地帯にいるアルカイダの宗教指導者アディル・アル＝アバブのもとに届けた人物だ。ムジーブは定期的にウハイシと会っているという。

　サナアの家の屋上で、わたしたちはムジーブを交えて三人で会った。

　ムジーブは背が低く、小太りで、長いあごひげを生やしていた。頭にスカーフを巻いていたが、部族風の巻き方ではない。自家用車――まだ新しいメルセデス・ベンツ――から、典型的なサラフィー主義者ではないことがわかった。見栄っ張りで、付き合いや人脈を自慢したがり、ダマジのサラフィー主義者とアルカイダの調停役を務めていると、得意気に語った[*1]。ダマジは、十年以上も前にわたしがイスラムを学んだ土地だ。

　ムジーブは最近、サウード家が取引を持ちかけた手紙をウハイシに届けたという。ウハイシがサウジアラビアとアメリカに対する戦闘を中止し、イエメン北部のシーア派反乱勢力との戦いに重点を移すならば、サウード家はウハイシを赦免し、武器と資金を供与する用意がある、というのだ。にわかには信じがたい話であり、イエメンの主権に対するとんでもない侵害だと思った。だがムジーブの話を聞くと、ありえない話ではない気がした。

わたしは話題を変えて、イエメンに来た理由を説明した。用意した話が彼らの気を引けるかどうか、これでようやくわかる。

「スウェーデンに、シャイフ・アンワルの殺害の復讐を果たしたいというブラザーたちがいる。AQAPに忠誠を誓うとも言っている。それで、わたしはウハイシと連絡を取る手段を探しているんだ」アウラキのときと同じように、使者を介してやりとりする方法を築きたいと考えていた。そうなれば、わたしはヨーロッパとの窓口——物資と人材の供給源——としての地位をまた確立できる。

この話は本当だった。イエメンに来る直前、海外でジハードを実行したいというグループに、スウェーデンのマルメで会った。彼らを知ったきっかけも、過去に築いた過激派の人脈のおかげだっ

＊1　AQAPはダマジで学ぶ学生に、周辺地域のフーシ派—シーア派の復古主義組織—との戦いに備えて、軍事訓練の参加を提案した。フーシ派は国内の政治的混乱に乗じて、イエメン北部を支配下に置いた。シーア派の勢力拡大が、貧困にあえぎ、原油産出量も少ないイエメンが湾岸諸国全体にとって重要な意味を持つ理由の一つでもあった。サウジアラビアは二〇〇九年に、自国の安全と、フーシ派の背後に（未確認ながら）イランがいるとの懸念から、国境を越えて軍事介入した。

た。PETの依頼で、わたしはアブ・アラブを訪ねた。パレスチナ系デンマーク人で、二〇〇七年のレバノン訪問の際に面倒を見てくれた人物だ。

アブ・アラブ——本名アリ・アル＝ハジディブ——は、過激派組織ファタハ・アル＝イスラムの活動を理由に、レバノンで投獄され拷問を受けた。デンマーク政府は当然の義務として外交官を派遣し、刑務所のアブ・アラブのようすを確認させた。彼はデンマーク人外交官に感謝するどころか、出所したらその外交官を殺してやると息巻いた。

そうした犯罪歴にもかかわらず、彼は再びデンマークでの居住が認められた。イエメン行きの計画を彼に話すと、マルメに住む兄弟に会いに行こうと熱心に誘われた。アブ・アラブは、ジハード戦士を何人も生み出したアル＝ハジディブ家の兄弟の一人だ。以前会ったことがある彼の兄弟の一人サッダームは、その後レバノン治安部隊に急襲されて自爆死した。もう一人の兄弟は、ドイツの列車に爆弾を仕掛けた罪で重刑を科されていた。アル・アラブの母親には全部で十一人の息子がいたが、わたしの知るかぎり娘は一人もいなかった。

彼の親族のなかで、若い二人がとくにイエメン行きに乗り気だった。一人は、アブ・アラブの十九歳の甥だ。ITを学ぶ学生で、背が高く細身で、肌が白く、うっすらとあごひげを生やしている。彼は洋服を着用し、欧米社会に溶け込んでいた。治安当局にも監視されていなかった。イェーテボリに住む彼のいとこも、イエメン行きに強い関心を示した。

自宅が盗聴されているかもしれないとハジディブ兄弟が警戒したので、マルメの国立公園に歩いて行くことにした。アウラキの死後、再びAQAPと接触を図るためにイエメンに赴くと話すと、IT学生は頬を紅潮させた。

「そしたら、ぼくたちも向こうに行って忠誠（バヤト）の誓いをしたい。「インスパイア」の仕事を手伝えるかもしれない」

彼らを次の〝ワルサメ〟に仕立てられるのではないか。彼らを通して、AQAPの情報を手に入れ、その意図を推し量り、同盟関係を築けるかもしれない。その思いつきをクラングに話した。

「その兄弟たちはとても危険だ――時限爆弾みたいなものだ。AQAPとの結びつきを新たに確立するために、彼らをイエメンに送り込むのはどうだろうか」

この提案に、クラングは乗り気になった。「彼らとメールで連絡を取り合ってくれ。ただし、くれぐれも自分の身を危険にさらさないように」

しかし、クラングもわたしも、この計画はわたしがウハイシと関係を築けるかどうかにかかっているとわかっていた。PETにとっては大博打だった。

そこで、わたしはムジーブにハジディブ家の話をした。とんでもない矛盾に聞こえるかもしれないが、スパイ活動では事情が許すかぎり真実を話すように心がけていた。話のつじつまを合わせるには、真実を話すのが一番だからだ。嘘をつくのは簡単だが、嘘をずっと覚えていることは難しい。それに、もしAQAPが本当にハジディブ家の若者たちと関係を築くことになったら、彼らの話とわたしの話が矛盾していないことが大いに重要になる。

わたしもアウラキの復讐をしたいのだと、ムジーブに訴えた。するとムジーブは、ウハイシに連絡すると約束してくれた。パソコンで書いたウハイシ宛の手紙を、ムジーブに託した。手紙には、ウハイシの関心を引く内容をちりばめた。

「我が友人であり、兄弟であり、師であるシャイフ・アンワル・アル＝アウラキという大きな存在すようにアッラーが彼を信仰篤き者として受け入れてくださいますように……アーミーン（そうありますように）。彼の死は、不信心者(カーフィル)どもの流血と恐怖で報いるべきです、インシャー・アッラー（アッラーがお望みであったら）……」

「ブラザー・アンワルからかねてより要請されていたことがあります。そちらで訓練を受け、国に戻ってわたしたちの宗教(ディーン)のために働きたいというブラザーを、ヨーロッパで探すことです。すでに数人のブラザーが見つかり、彼らの準備はすっかり整っています、インシャー・アッラー」

もう一つの手を用意してあった。ケニア人の友人でアル＝シャバーブ工作員である長髪のイクリマが、アウラキ亡き今、ウハイシと関係を築きたがっていたのだ。彼らを結びつけることができれば、アルカイダ支部同士のつながりをたどる絶好の機会になるはずだ。西側情報機関がこうしたつながりをたどることは、えてして難しい。

「ソマリアのブラザー・イクリマも、ヨーロッパとアメリカの市民権を持つ数人のブラザーを見つけました。彼らも犯罪歴がなく、スキルを身につけたあと母国に帰る心積もりです。ブラザー・イクリマは、あなたのアフガニスタンの師から特別なメッセージを預かっています」*2

さらに、セキュリティに十分気をつけていることも示した。

「このメッセージで、自分の名前も、外見も、国籍も明かすつもりはありません。セキュリティ上、危険だからです……今後のやりとりは、互いの使者を介して行うべきです。アディル・アル＝アバブがわたしのメッセージを受け取り、あなたにお送りします。あなたも同じルートで返事を送れます。電子メール、携帯電話、ショートメール、固定電話などの連絡は、どれもお受けできません」

数日後、再びムジーブと会った。部族地帯で開かれたアルカイダ幹部会議に出席したばかりで、そのとき彼らに手紙を託したという。

「何なら、アブ・バシル（ウハイシ）との面会を手配できるかもしれない――たぶん、年が明けてからだろう」

「是非とも頼む」すかさずそう答えたが、少なからず不安も湧いてきた。こうした接触は、相当危険な任務となるだろう。部族地帯での政府軍とアルカイダとの激しい戦闘を考えると、実現しない可能性も高かった。それに、ＡＱＡＰは南部で政府軍と戦うと同時に、アメリカに対する攻撃にも目を向けていた。

ムジーブの約束を携えて、クリスマス直前にデンマークに戻り、ＰＥＴに報告した。彼らは前より熱心に耳を傾けた。もっとも、その多くがムジーブの話次第だと、みな承知していた。

またアブ・アラブと一緒にマルメに行き、ハジディブ家の若者たちと会ってはどうかと、クラングから勧められた。ＰＥＴにとっては、リスクを伴う提案だった。諜報員を情報収集目的でスウェーデンに送り込む権限は、彼らにはない。ＰＥＴとスウェーデンの情報機関ＳＡＰＯは、テロの陰謀を打ち砕くために協力体制を敷いていた。しかし、デンマークの情報機関が自分たちの国で勝手に作戦を行っていると知ったら、スウェーデンは快く思わないだろう。

＊2　アフガニスタンのイスラム指導者が元教え子のウハイシに宛てた長文の手紙を、イクリマは預かっていた。それをウハイシに渡してほしいと、イクリマからメールで頼まれた。この指導者はその直前にソマリアで殺害された。

それでも、ＰＥＴはこれを好機と見ていた。ＩＴを学び英語を話せる学生なら、「インスパイア」編集者のサミール・ハーンの後釜として申し分ない。わたしはＡＱＡＰの中心に重要なコネを持てることになる。「インスパイア」から与えられるメールアドレスを通して、欧米の支持者はＡＱＡＰと接触を図ることができた。アミナがイエメンに発ってから一年半後、わたしたちはまたも、ヨーロッパの過激派をテロリストのもとに送り込む計画に手を染めていた。

ＩＴ学生はまだ行く気満々だった。ＳＡＰＯの盗聴を警戒して、わたしは彼とその父親に公園で会った。

「イエメンに行って、ウハイシ宛のメッセージを託した。今はその返事を待っているところだ。その間に、きみは準備を整えるように」

学生は、感に堪えないという面持ちだった。まるでマイナーリーグの新人選手が、いきなり国の代表チームに呼ばれたみたいな顔をしていた。

「自分が行けたらと思わずにいられない――でも、不信心者に厳しく監視されているんだ」そう言いながらも、アブ・アラブの顔は誇らしげに輝いていた。何しろハジディブ家の新世代が伝統を踏襲しようとしているのだ。

クリスマスを迎えるためにイギリスに戻った。クリスマス・シーズンは好きではなかった。子どもなら誰もが心待ちにするこの季節には、小さい頃のつらい思い出しかなかった。自分の子どもができてからは、クリスマス休暇を一緒に過ごしたことがほとんどなかった。ところがその年、わたしとファディアが子どもたちと一緒に過ごしてもいいと、カリーマが承諾した。子どもたちをムスリムとして育てているが、クリスマス・プレゼントとして何でも好きなものを贈ることにしていた。一瞬一瞬がとても貴重だった。その一方で切なくて仕方なかった。このあと、すぐにイエメンに戻らなくてはならない。子どもたちと別れるのは、胸が張り裂けるほどつらかった。

任務に赴く前はいつも不安を覚えたものだが、このときはとくに心配でたまらなかった。ウハイシを探し出せば、まさしくライオンの巣に乗り込むことになる。一番悩ましかったのは、もし生きて戻らなかったら、わたしが二重スパイだという真実を子どもたちが知る機会が、おそらく一生ないということだ。子どもたちは、また一人ヨーロッパ人ジハード戦士が海外で亡くなったというニュースで、テレビ画面に映るわたしの写真を見るだろう。それが事実ではないと、子どもたちの生母も継母も教えることはできないのだ。

わたしはもしかすると、もう一試合だけと引退を先延ばしにする、全盛期を過ぎたボクサーにすぎないのではないだろうか？

第二十四章　ライオンの巣

二〇一二年一月

二〇一二年一月七日、イエメン行きの飛行機に乗った。窓際の席で外を眺めながら、ヘッドフォンでメタリカを聴いていた。それまで五年にわたり、ズンズン響く彼らのサウンドを聴いて、任務前の士気を高めた。今回はとくに大音量にせずにはいられなかった。

アブドゥルが空港に迎えに来てくれ、彼の家に行った。煉瓦造り三階建ての居心地のいい家に、数日間だけ滞在させてもらうことになっていた。アブドゥルがどんな仕事をしているのか知らないが、この家から察するにとても羽振りがいいようだ。

ムジーブが訪ねてきたが、新たな情報もビデオも持っていなかった。何らかの圧力をかける頃かもしれない。

「いいか、スウェーデンのあちこちに住むブラザーが、わたしのイエメン行きの旅費を集めてくれた。情報を集め、アブ・バシル（ウハイシ）との関係を築くためにここに来てるんだ」と、アブドゥルに語気を荒らげて迫った。フォート・モンクトンのＭＩ６の施設で行った、ロールプレイング・レッスンの手法が役立った。

「ムジーブに頼んでも時間の無駄だ。彼はＡＱＡＰに会っていないいんじゃないか。こうなったら自分でアブ・バシルのもとに行って、ムジーブは嘘つきだと言いつけてやる」

思わず口走ったが、危険な部族地帯に一人乗り出すなど、早まった行動だ。何とか自制心を働かせた。ＣＩＡが間違っていると絶対に証明すると決めていたおかげで、馬鹿な真似をせずにすんだ。

心配したアブドゥルは、ＡＱＡＰにコネのあるイエメン人過激派に電話するように、ムジーブと話をつけた。その人物の名はハルタバといった。アフガニスタンでビン・ラディンの護衛を務めたことがあり、最近までアウラキの運転手を務めていた。彼はＡＱＡＰが支配する地域に通じる、最も安全な――あるいは危険の少ない――道筋を心得ていた。サナアから南に向かう道路でハルタバと落ち合うことにした。

その翌日、アブドゥルとわたしは、彼のトヨタ・カローラで出発した。イギリスで感じた激しい不安は消えなかった。アブドゥルが二重スパイ、あるいは三重スパイだったら、難なくわたしを引き渡すことができる。もしＣＩＡが彼にわたしのことを伝えていたら？

しかし、目下の関心事は、検問所を通過してサナアから出ることだった。ほぼ十年ぶりにビジネススーツを着用し、アイフォンを耳に当て通話中のふりをした。わたしはアデンの会議に出席するビジネスマンで、アブドゥルは運転手ということにした。

「えらそうに見えるようにしてくださいね」とアブドゥルから言われた。

わたしは兵士に向かって、最高にイライラした表情をしてみせた。うまくいった。

数時間ほど車を走らせたのち、ほこりっぽい村落の近くでアブドゥルはスピードを落とした。村人たちが怪訝な目を向けた。そこは政府の手が及ばない、山賊の縄張りだった。手の平にじっとりと汗がにじみ、つま先が縮こまった。

痩身の男が後部座席に乗り込んできた。できるだけ平然とした態度を保ちながら、男が武器を持っているかどうか確認しようとした。

「誰だかわかりますか?」アブドゥルがわたしに問いかけた。「アブ・バシルの弟ですよ」

彼はウハイシと瓜二つだった。安堵のあまり、彼を抱きしめそうになった。

夕方近くに、サナアからアデンに向かう道路を少し外れたところにある、小さな村に着いた。まるで、旧約聖書の時代から何一つ変わっていないようなところだった。アブドゥルは、建築途中の掘立小屋みたいな家の外に車を停めた。「ここがハルタバの家です」

ハルタバが中から出てきてわたしたちを出迎えた。まだ四十代半ばだが、ジハードのせいで老け込んでいた。やせっぽちの体に細面の顔、少しばかり狂気を秘めた大きな瞳、長いあごひげ——戯画に描けそうだ。話を聞くときに頭を傾げるのは、ヨルダンの刑務所でひどく殴られて、片耳がほとんど聞こえなくなったせいだという*[1]。

がらんとした家の中で、重装備したサウジアラビアの戦闘員二人を紹介された。全員で礼拝を行ったあと、スーツを脱いで伝統衣装のサルワール・カミーズに着替えたらどうかと、ハルタバから勧められた。顔を隠すようにと、部族の被り物も差し出された。だが、わたしの身長と体格を見て、どうやらカモフラージュは無理だと気づいたらしい。

戦闘員たちが携帯電話を持っていることに気づいた。アメリカのスパイ衛星に位置を特定されないように、携帯からバッテリーとSIMカードを取り出すように言った。彼らは殉教してもかまわないと思っているかもしれないが、わたしはむざむざアメリカご自慢の兵器の餌食になるつもりはなかった。

　わたしたちはトヨタのランドクルーザーに乗り込み、黄金色の夕陽を浴びながら、アルカイダの拠点に向かった。アブドゥルとわたしは、前の席でハルタバの隣に座った。サウジアラビア人戦闘員二人とウハイシの弟は、屋根のない荷台に乗った。車には武器がところ狭しと積まれていた。わたしはカラシニコフを手に握り、弾帯を体に巻きつけた。カラシニコフの銃身が長いので、窓の外に銃口を突き出さなくてはならなかった。

　アブドゥルはグレネードランチャーを膝の上に置いていた。「発射したりしないでしょうね？」道の大きな窪みにはまり、ランチャーの先端が車のルーフに当たったとき、彼はハルタバに尋ねずにはいられなかった。アブドゥルの顔は恐怖で引きつっていた。彼は本当にスパイなのだろうかと、またしても疑問に思った。

　ハルタバはいら立ちを抑えきれずに車を停めて、この武器はレバーを解除しないかぎり発射しないと説明した。イギリスの上級外交官の乗った車がサナアで襲われたとき、これと同じ型の武器が使われた。自分はその襲撃で逃走車の運転を務めたと、ハルタバは得意気に付け加えた。

「弾はほんの数ミリのところをかすめた」

　ハルタバの話に熱が入った。彼が厳しい試練をくぐり抜けてきたことに感服せずにはいられな

＊1　ハルタバは、二〇〇一年末にアフガニスタンから逃げたあと、ヨルダン政府に捕らえられた。イエメンに送還されたが、二〇〇六年にウハイシをはじめとするアルカイダのメンバーとともに脱獄した。

かった。ハルタバは話を続けた。アウラキが殺された日、ＡＱＡＰの戦闘員は、車の残骸に彼の額の皮膚しか発見できなかった。体のほとんどは消え去っていた。話をするうちに、ハルタバの目が潤んできた＊2。

イエメン南部の部族地帯で、ＡＱＡＰがどうやって勢力を拡大しているかについても話した。軍需工場を襲い、工場の機械を奪って自分たちで武器を製造するのだという。

検問所に差しかかった。兵士が行っていいと身振りで合図し、わたしたちは通過した。そこは、南部の分離独立を求める勢力が取り仕切る検問所で、これもイエメンが急速に分裂している証拠だと思った。ほこりっぽい集落を車で走り抜けるとき、住民たちが「アルカイダ、アルカイダ」と連呼するのが聞こえた。そんな住民たちを見て見ぬふりをしている警官が一人ならずいた。ハルタバに目をやると、カセットプレーヤーから流れるジハード戦士のイスラム宗教歌（ナシード）を、恍惚とした表情で口ずさんでいた。政府の最後の検問所を避けるため、彼はヘッドライトを消し道路から外れて運転した。

わたしたちは月の砂漠をひた走った。アドレナリンが体中に駆け巡り、敵地の奥深く入り込んだ喜びと興奮が波のように押し寄せてきた。この完璧なアラビアの夜に、ほんの一瞬だけ任務のことが頭から消えた。

その夜遅く、ジャールに到着した。十ヵ月前にアルカイダに占拠されてから、この町はすっかり変わってしまった。ジャールは「ワカール首長国」と改名され、アルカイダの新たな小国家の首都となった。「ワカール」とは「威厳」の意味だ。先ほど通過した検問所は、アンサール・アル＝シャリーアの戦闘員が取り締まっていた。アルカイダの黒い旗が町中のいたるところに掲げられ、戦闘員があふれていた。ここはテロとの戦いの新たな中心地だった。イエメン政府は町を射程に収める位置に部隊を配備し、アメリカ、サウジアラビア、イエメンの空軍が上空を旋回していた。一斉攻撃を受けてもおかしくない場所にいるのだと実感した。

レストランとおぼしき建物の脇に車を停めて、ハルタバはその中に入っていった。出てきたときは、アディル・アル＝アバブと一緒だった。AQAPの宗教指導者で、六年前にサナアで会って以来の友人だ。その顔は以前にもまして丸々としていた。なるほど、ジャールで営業している数少ないレストランで彼が見つかっても、不思議ではない。

おちょぼ口の上に相変わらずカイゼルひげを生やして、あごひげは短かった。それ以上長く伸びないのかもしれない。

「マー・シャー・アッラー！（アッラーが望みたもうたこと）アッサラーム・アライクム（あなたに平安あれ）、アブ・ウサマ！　元気か？　息子のウサマはどうしてる？」アル＝アバブは一気にまくしたてた。

「息子ともども元気だ」

「もう行こう。アブ・バシルに会いに行くのだから、こんなところで姿を見られてはいけない。あとでわたしの昔ながらの友人を紹介しよう」アル・アバブはそう言って満面の笑みを浮かべた。

わたしたちはアル＝アバブの白いトヨタ車に乗り込んだ。AQAPが政府から奪い取った車だ

＊2　ハルタバによれば、アウラキはビン・ラディン殺害に大きな衝撃を受けたという。アウラキを元気づけようとして、ハルタバはいたずらを仕掛けたりした。

という。彼の運転はひどいものだった。この車を手に入れてから、独学で運転を覚えたにちがいない。でこぼこ道を揺られたのち、宗教儀式に使っているという、黄色い壁の大きな屋敷に到着した。家具はほとんどなかったが、金の装飾が施された大きな椅子が一脚だけあった。州知事本部から横奪したものだ。

　そこは、シャイフ・アル＝ハズミが接収した屋敷だった。彼は、ムスリム同胞団の説教師ムハンマド・アル＝ハズミの甥にあたる。髪は巻き毛で、イエメン人には珍しい緑色の瞳をしている。アル＝ハズミは、二〇〇一年にイエメンでわたしと会ったことを覚えていた。再会までにこんなに長い時間がかかるとは、と彼は笑い、わたしたちは抱擁を交わした。過去何年もかけて築き上げたネットワークの価値が、またもや証明された。

　アル＝ハズミ、アブドゥル、アル＝アバブとわたしの四人は、イエメンのジハードについて深夜まで語り合った。アル＝アバブによれば、ＡＱＡＰとともに戦うために、大勢のソマリア人がイエメンに渡ってきているという。そのうち、アル＝ハズミは家族の住む上階の部屋に戻っていった。わたしも休もうとしたが、一つ聞きたいことがあるとアル＝アバブに引き留められた。

「準備はできているか？」彼は深刻な顔で問いかけた。

「何の？」

「忠誠の誓（バヤト）いを立てるか？　アルカイダに、我々の長アブ・バシルに？」

　誓いを立てるつもりはあるが、一つだけ条件があると答えた。

「アウラキにも言ったが、市民を標的にすることは受け入れられない」

「知っている――アブドゥルから聞いた」

ほかに選択肢はなかった。誓いを立ててアルカイダの一員になるよりほかになかった。

わたしはアル＝アバブの手を取り、誓いを立てた。「わたしは、アッラーとその使徒ムハンマドのご意思に従い、信仰者の長たるアブ・バシルに忠誠を誓います。わたしはアッラーのために戦います」

「アルハムドゥリッラー！（アッラーに讃えあれ）」アル＝アバブは声を張り上げた。

その晩はまんじりともしなかった。いつ死が訪れてもおかしくない状況だった。寝言で自分の正体をばらしてしまうのではないかとも恐れた。夜明け前に寝床を離れ、アルカイダの戦闘員たちと一緒に近くのモスクで礼拝を行った。太陽がわずかに顔をのぞかせて東の空が紫とピンクに染まったとき、遠くから聞こえる迫撃砲の音が静寂を破った。ジャール奪回を目指す生ぬるい攻撃の一環として、イエメン軍が町に砲弾を浴びせていた。

戦闘員たちは前線に急行し、わたしは一人取り残された。屋敷を出るとき、彼らは分厚い門を外側から施錠した。迫撃砲が発射され、上空で戦闘機の唸る音が聞こえてきた。次に、空気を吸いこむかのような大きな爆発音が起こり、耳をつんざく轟音が続いた。女性と子どもの悲鳴が聞こえた。

この建物が狙われているのかもしれないと、だしぬけに思った。屋上まで駆け登ったが、飛び降りるには高すぎた。身動きが取れなくなった。

そのとき、空爆が取るに足らなく思える重大なことに気づき、さっと血の気が引いた。シャイフ・アル＝アバブの車にバックパックを置き忘れた。そのポケットの中に、ＣＩＡのマイケルとデンマークで交わした会話が収められたＵＳＢスティックが入っている。

すっかり忘れていた。

万事休すだ。

ヨーロッパにいる妻と子どもたちの顔を思い浮かべた。わたしがここで捕まり死んだら、どう思うだろう。床にあおむけになり、すっかりあきらめて天井を見つめた。アルカイダの処刑ビデオをあんなに見なければよかったと後悔した。

数時間後、戦闘員と青ざめた顔のアブドゥルを引き連れて、アル＝アバブが戻ってきた。平静を装おうと努めたが、今にも吐きそうだった。アル＝アバブは笑みを浮かべた。

「車の中に置きっぱなしだったよ」とバックパックを差し出した。一人になってからバックパックの中を探し、ＵＳＢを見つけた。安堵のあまり大声を上げそうになった。

その直後、場所を移動することになった。トヨタの四輪駆動車に乗り込み、アブドゥルとサウジアラビア人青年と一緒に後部座席に座った。アル＝アバブは銃を手に助手席に座った。数分後、彼はくるりと振り向き、前かがみになって床を見ているように、いいと言われるまで絶対に顔を上げないようにと命じた。車はそのままさらに数分ほど走り続けた。

停車したとき、新たな乗客がわたしの隣に乗り込んできた。顔を上げると、紛れもないナシル・アル＝ウハイシその人の姿が目に入った。あまり濃くないあごひげ、寄り目がちの小さな目、頭には部族のスカーフ、そしてトレードマークの屈託のない笑顔を湛えていた。

「サラーム」彼は朗らかに挨拶した。口の端にミスワクをくわえていた。ミスワクとは、歯を磨くためにイエメン人が使う小枝で、預言者ムハンマドも推奨したものだ。

彼はわたしの想像よりもほっそりしていた。

「ムラド、きみのことは知っている。アウラキから話を聞いていたし、きみの手紙も受け取った。アミナは元気にしている。きみが彼女とアウラキのためにしたことに、アッラーのお恵みがありますように」

ウハイシの重武装したボディガードでぎゅうぎゅう詰めの車を引き連れて、わたしたちは出発した。ジャール近郊の小さな農場で車から降り、トウモロコシ畑を歩いた。木陰に座り、羊肉とライスの昼食を広げた。木陰なら、さほど遠くないところにいるはずの無人機からある程度は身を守れる。

目の前のものを一人でたいらげるわけにはいかない。親切にも、AQAPの最高指導者は自分で食べずに、厚切りの羊肉を、わたしにそっと取り分けてくれた。こんなに細身なのも無理はない。

そのときアル＝アバブが、一刻も早く殉教したいという、サウジアラビア人青年兵の要望を伝えた。ウハイシは少し考えてから異を唱えた。大勢の殉教希望者が彼の前に列をなしているのだから、自分の順番が来るまで待たなくてはならない。青年はがっかりしたようだ。夢を見ているのかと思った――昼食の席で自爆テロの当番について話し合うとは……。

わたしはウハイシに魅了された。彼のメンターのビン・ラディンと同様に、穏やかな口調で謙虚な物言いをし、やはり同様のカリスマ性があった。配下の戦闘員から敬愛されており、彼らはウハイシのためなら何でもするだろう。国際テロ組織アルカイダの次期指導者と目されていたのも、不思議はなかった。

腕まくりして食事をしていたところ、ウハイシがわたしのタトゥーの一つに目を留めた。北欧神話に登場する神トールが持つ槌をモチーフにしたのだが、ややもするとキリスト教の十字架に見えた。「それは十字架か？」ウハイシが片眉を上げて、問い質した。

「いいえ」若い頃に入れたタトゥーだと言って、わたしは引きつった笑い声を立てた。北欧神話についてウハイシにざっと説明した。幸い、彼も笑ってくれた。

本当のところ、そのタトゥーは暴走族時代に彫ったものではなかった。前年の終わり頃、コペンハーゲンのタトゥーショップで入れてもらったのだ。やはり無謀な行為だった。このトールの槌のタトゥーを急に彫ったことが過激派のメンバーに気づかれたら、何らかの説明をしなくてはいけなくなる。おそらく心のどこかで、隠れみのを脱ぎ捨てて、自分のアイデンティティを訴えたかったのだろう。

ウハイシはわたし以外の者に、しばらく席を外すように命じた。二人だけで話すためだ。

「来てくれて良かった」とウハイシは切り出した。「ちょうど町を出るところだったが、きみが来ると聞いたので出発を遅らせた」

自分はバヤトを誓ったが、以前アウラキに説明したように、一般市民を標的にしたテロに荷担することは、良心に照らしてできないと、ウハイシに伝えた。

「きみの主張は知っている。だが、これは覚えておいてほしい。イスラムでは不信心者（カーフィル）に関して、市民という区別はないのだ。彼らは自分で国家と政府を選択しているのだ」ウハイシはそう答えた。また民主主義を持ち出すのか、とわたしは心の中で思った。

一瞬の沈黙が流れた。

「だが選べるものなら、わたしは軍事目標を狙うだろう」ウハイシはそう言い添えた。

いつかイエメン全土をイスラムの支配下に置きたいと、ウハイシは熱心に話した。「ハディース

（ムハンマドの言行録）に、イスラムはアビヤンで復興したとある」彼はアウラキと同じ話をした。

ムジーブが話した通り、サウジアラビアから和解の申し出があったが、即座に断ったという。

アル＝シャバーブにいるイクリマという知り合いが、ウハイシのかつての師から預かった手紙を渡したがっていると伝えて、わたしはＡＱＡＰとソマリアの武装組織アル＝シャバーブとの橋渡し役を買って出た。自分が役立つ人間だということを、彼に示す必要があった。

「ワルサメをそちらに送ったのもわたしです」

「ああ、海で逮捕されたブラザーだね。彼はとても優秀で、いつも最前線に立っていた。恐れを知らなかった。不信心者どもに捕まって残念だ」

「実は、ソマリアのほかのブラザーたちとも連絡を取り合っているのです」

わたしはさらに、スウェーデンのマルメの武装グループについて、そして自分もアウラキの復讐をしたいという思いについて話した。

ウハイシがとくに興味を示したのは、ＩＴを学ぶ青年のことだった。

「その学生は英語を話すのか？」

「はい」

「ならば、『インスパイア』の仕事ができる。こちらで手配しよう」その後しばらく、二人でアウラキの思い出を語り合った。それから、アウラキの十六歳の息子アブドゥルラフマンの話になった。アウラキが殺されて一ヵ月後、その息子も無人機攻撃で命を奪われた。二〇〇六年にアウラキを訪ねた晩、まだ少年だったアブドゥルラフマンに会った。父親に誇らしげに宿題を見せていた姿や、息子のウサマの面倒をみてくれたことを思い出した。

無人機が標的にしたのは別の戦闘員だったとはいえ、アブドゥルラフマンがまだ十代だったことやアメリカ市民だったことから、彼の死はアメリカで物議を醸した。殺される前にアブドゥルラフマンがＡＱＡＰに正式に加入したことを、ウハイシは明かした。

アウラキから生前に物資補給の要請を受けていたことも、ウハイシに伝えた。冷蔵庫やヘキサミン固形燃料のことだ。ウハイシの返答から、こちらが何について話しているのか彼が把握していることがはっきりわかった。

「この任務を続けるべきですか？」

「うむ。その品々を持ってくるように」

ウハイシから、ＡＱＡＰの爆弾製造責任者であるイブラヒム・アル＝アシリに会っていくように勧められた。そこから二百四十キロほど離れた、シャブワ州の奥地アザンにいるということだった。

アザンは人気（ひとけ）のない荒廃した町で、アタクと沿岸地帯の中間に位置する。数ヵ月前、アウラキの息子はこの町で米軍の無人機攻撃により死亡した。攻撃の数週間前から、アルカイダはアザンを占拠していた。

「アシリは今や、アメリカの指名手配リストで第三位を占める」ウハイシは満足そうな口ぶりだった。

アル＝アシリは当時、ＡＱＡＰの海外攻撃の監督責任者だったので、イエメン行きを望むスウェーデンのブラザーたちに関心を寄せるにちがいないと思った。

彼のもとにはすでにスウェーデン出身の工作員がいると、ＰＥＴ分析官のアナスから聞いていた。二〇一〇年十二月の「ユランズ・ポステン」紙襲撃計画の首謀者だったイエメン系スウェーデン人が、その後イエメンに逃れてアル＝アシリのもとに身を寄せたらしい＊3。

アル＝アシリは、体内に埋め込んだ爆弾で自分の弟を死に追いやり、「下着爆弾」を製造して、二〇〇九年のクリスマス、デトロイト上空で253便を墜落させるところだった。そのうえ、「プリンター爆弾」も作り上げた。つまり、世界屈指の危険きわまりないテロリストなのだ。

彼と会えば、ＣＩＡと間違いなくよりを戻せるし、大歓迎されるだろう。しかし、彼に会いに行くという選択はいくら何でも無謀だった。ヘルシンゲルでのＣＩＡ局員との会話は、このＵＳＢにしか保存していない。もしこれを捨てれば、ＣＩＡのために働いていたことを裏づける重要な証拠を失うことになる。これを所持したままでいるなら、もうこれ以上うろうろしないほうが賢明だろう。アル＝アシリの警護はウハイシよりずっと厳しいと思われるので、ＵＳＢが見つかる危険が大きかった。

躊躇してはいられなかった。「シャイフ、それは無理だと思います。検問所の兵士に、アデンに行く途中だと言ったので、アデンに行かなかったら、警戒を強めるかもしれません」

＊3　アル＝アシリは化学の知識があるだけに、一層危険な人物だった。彼はリヤドのキング・サウード大学で化学を学び、その後知識を弟子たちに伝授した。彼もサウジアラビアの多くの青年と同様に、アメリカの侵略に対してイラクで戦うという決意を固めたが、国境を越えてイラクに入国しようとしたとき、サウジアラビア治安部隊に逮捕された。短期間の服役後釈放されたが、この経験でさらに過激思想が強まった。彼の所属していたリヤドの武装組織が治安当局により壊滅したのち、アル＝アシリは兄弟とともにイエメンに逃れた。

苦しい言い訳だった。だが、アメリカからの圧力を受け、イエメン政府が欧米人の動きに目を光らせようとしているのも確かだった。
「では、そのままアデンに行かなくてはならないな。アデンに着いたら、これからも連絡を取り合えるように、アブドゥルとハルタバとともに、メールアカウントを設定するように」とウハイシは答えた。

全員で車に乗り込んでから、ウハイシがアルカイダの国を案内してくれた。「頭をスカーフで包んでくれ――スパイが心配なんだ」とアル＝アバブから言われた。

町は別世界だった。濃いひげを生やしたイスラム主義者の兵士が錆びたパトカーを運転して、町中を巡回していた。厳格なイスラム法が導入され、従わない者は厳しく罰せられた。

わたしが訪れた日のほんの数日後、アルカイダの懲罰は新たな段階に達した。イスラム法廷はアメリカのスパイ容疑の男に対し、処刑してさらしものにすると言い渡したのだ。住民の話では、男の遺体は、ジャールの目抜き通りに何日も吊されていたという。本当の目的がばれたら、わたしも同じ運命をたどることになるだろう＊[4]。

アルカイダは、中世式の刑罰を科すフドゥード法を強いていた。ほとんどのイスラム世界で、こうした刑罰ははるか昔に廃(すた)れている。イエメンのこの町でフドゥード法に基づく裁判を導入し管理している人物こそ、ＡＱＡＰの愛想の良い宗教指導者、ほかならぬシャイフ・アル＝アバブだった。彼はその肥満体を後部座席に押し込み、わたしの隣で窮屈そうに座っていた。

のちにウハイシはＡＱＡＰの司法行政を、制限の手本だと表現している。数ヵ月後、西アフリカのマリを支配下に置くアルカイダ支部に対して、次のように忠告した。「やむをえない場合を除いて、できるだけイスラム式の懲罰は避けたほうがいい……そうすることで、わたしたちは好ましい成果を上げた」

ジャールの町を走りながら、ウハイシはさまざまな公共事業を指し示した。アルカイダは食糧を配り、井戸を掘り、貯蔵タンクを作り、給水車を走らせ、それまで電気のなかった地域に無料で引いていた。ほかにも、サナアの中央政府が数十年間ないがしろにしてきたサービスを提供していた。

ウハイシにとって、これは目的を達成するための手段だった。マリ北部を占領したジハード戦士に宛てた手紙で、こうアドバイスした。「住民の支持を得るには、生活を便利にしてやり、食糧や電気、水など日常生活に必要なことを世話してやるとよい。これが絶大な効果を発揮し、やがて住民の共感を得られるようになる」

わたしたちは、町はずれの半ば砂漠化した地域にある、アルカイダの殉教者墓地に立ち寄り、しばらく過ごした。墓であることを示すものといえば、何列にも並んだ石だけだった。厳格な教えにより、墓標の類はいっさい禁じられていた。何百人もの戦闘員が埋められているというのに、そこを通り抜けたとしても墓地だとは気づかないだろう。ウハイシは祈りを捧げた。「アッサラーム・

＊4　その年、部族地帯の戦闘員が、魔術を使ったとしてイエメン人女性を斬首し、切断した首をさらしものにした。その女性は、薬草を使った治療師として働いていたことで罪に問われた。二〇一二年後半、アムネスティ・インターナショナルは、ジャールの一集団が、「イスラム法」に従わない人々を公開即決処刑、切断、むち打ちの刑に処すなど、恐ろしい人権侵害を行っていると報告した。

アライクム、ヤー・アフラル＝クブール！……」（この墓に眠る者たちに平安あれ）。それからわたしたちは立ち去った。

イギリスでボディガード講座を受けるつもりだと、ウハイシに話した。「ならば、わたしの専属ボディガードになってくれ」そう言ってから、自分のボディガードたちは、昼食後にあとをついてこないと漏らした。

「わたしがきみと一緒に車に戻ったことに気づかなかった――きみはわたしを拉致することだってできた」と彼が言うので、二人で大笑いした。何とも馬鹿げた話だった。

ようやくアデンに向けて出発するという段になり、ほっとした。もしミサイル攻撃や迫撃弾によりここで命を落としたら、アルカイダの殉教者たちと一緒にあの土地の一角に葬られ、どちら側について戦っていたのかという真実も、わたしの遺体とともに永遠に葬り去られてしまうところだった。

アル＝アバブと、自爆犯志望のサウジアラビアの青年やウハイシの弟をはじめとする戦闘員たちに別れを告げた。サウジアラビアの青年はわたしの額にキスをした。ウハイシの弟は、真剣な眼差しで問いかけた。

「殉教者を敬愛するか？」

「ああ」彼もその一員になりたいのだろうと思った。

「あなたの愛する神があなたを愛するがゆえに、わたしを愛してくださいますように」

「アッサラーム・アライクム」とわたしは応じた。汝に平安あれ――彼はこの皮肉を決して理解できないだろう。

ハルタバとアブドゥルと一緒に車に乗り込み、ハルタバの村を目指して危険なドライブに出発した。村でアブドゥルの車に乗り換えた。アデンまでの車中、次の報告会でクラングとイェスパーがどんな顔をするかあれこれ思い描いていた。何しろわたしは、アラビア半島のアルカイダ（ＡＱＡＰ）の最高指導者と昼食をともにし、冗談まで飛ばしたのだ。

ウハイシから与えられた任務は簡単だった。今後のやりとりのために、メールアカウントを三つ新設すること。それをアブドゥルに伝えれば、彼がアデンにいるウハイシ配下の者に伝えることになっていた。

インターネットカフェでメールアカウントを新たに作ってから、アブドゥルはアデンの商店街に車を停めた。ちょうどビジネス・サービスセンターの少し先で、ウハイシの連絡係を呼び出すには一番安全な場所だった。大勢の客が出入りする光景を眺めながら、彼の帰りを待っていた。

でも、こんなに長くかかるはずがない――アブドゥルに対する疑いがむくむくと膨らんだ。

道路の向こう側のある光景がわたしの目を引いた。道路脇に停めた車のサイドミラーを、一人の男がバケツの水とスポンジで洗っていた。彼はときおり、ちらりと顔を上げた。監視はなかなかうまいが、同じミラーを繰り返し洗っている点はいただけなかった。それに、混沌としたほこりまみれのアデンで、そんな行為は無意味だった。

わたしは罠にかけられようとしているのだろうか？　アブドゥルがようやく姿を見せたとき、安心すると同時にイライラした。

「メールアドレスを伝えるために、ウハイシの部下たちと一時間後にここで会います。車の中で待っていてください」

ほかにどうしようもなかった。やがてウハイシの使者たちが現れたが、どう見てもジハード戦士らしからぬ風貌だった。二人ともひげをきれいに剃っており、アデンの人と同じように浅黒い肌で、長いトーブを着用していた。アブドゥルに挨拶して、店内に姿を消した。熱心に鏡を洗っていた男は、まだ通りの向こうにいた。スポンジから水を滴らせたまま、使者のほうをじっと見つめていた。

アブドゥルが車に戻ってきたとき、今度はわたしが運転すると言いハンドルを握った。尾行されていたらまかなくてはいけないと思い、道をでたらめに走った。頭の中で考えつくかぎりのシナリオを検討した。アブドゥルはどっちの味方だ？　この受け渡しを監視するためにアルカイダが人を送ったのだろうか？　それとも、アブドゥルがビジネス・センターにあんなに長くいたのは、アデンのウハイシの代理人を尾行できるように、ＣＩＡのハンドラーに電話して監視の手はずを整えていたからだろうか？　さまざまな考えを頭の中で巡らせながら、これはすべて、アブドゥルをイエメンでわたしの後釜に据えるための、アメリカの策略の一環ではないかとも思った。自分だけがウハイシと接触できるように、アブドゥルは違うメールアドレスを知らせたのではないだろうか？　アブドゥルには確かにジハード戦士の知り合いが大勢いる。だが、アルカイダ幹部の講じている予防策を考えると、彼の序列はウハイシと会うには低すぎた。彼がアルカイダの上層部にたどり着くチケットはあったが、それはわたしを通して手に入れたものだ。でも、だからこそ、わたしは狙われやすい立場にいた。

アデンを出発して、アブドゥルと別れたときにはほっとした。疑心暗鬼にすぎないのかもしれないが、おかしなことがいくつも重なった。サナアに着いてから、クラングに電話をかけた。

「大物に会ったよ」訛りのきついデンマーク語で彼に伝えた。

第二十五章　アマンダ作戦　二〇一二年一月―五月

任務が成功を収めるたびに、ＰＥＴから必ず報告会の誘いがあった。このときクラングが選んだ場所は、リスボンだった。

わたしはアルティス・アベニーダホテルという高級ホテルに宿泊した。クラングとイェスパーは、若い分析官を連れてきた。彼のニックネームは「バージン」だ。その理由は言わずもがなだった。「これまで関わったなかで一番大きな仕事です」と、興奮気味に話しかけてきた。

ＰＥＴチームのリーダー、トミー・シェフも、スケジュールを調整してあとから合流した。彼から、十万デンマーク・クローネ――およそ一万五千ドル――の入った封筒を渡された。報告会の最中、わたしがジャールで誰に会ったのか、デンマーク・チームはすっかり把握していることに気づいた。アブドゥルの報告をアメリカが親切にもデンマークに流したのだろうか？　そうだとしたら、こちらにばれるようなデンマークの対応はずさんすぎる。

ウハイシが冷蔵庫を欲しがっているということは、追跡装置を埋め込む絶好の機会だということだ。爆薬の保管に利用するため、冷蔵庫はアル＝アシリのもとに届けられる可能性が高い。つまり、爆弾製造者のアル＝アシリとウハイシの居所を特定するまたとない機会となる。半月以内にイエメンに行ってもかまわないと、ＰＥＴに申し出た。

「実を言うと、多くの職員がきみは終わったと、もう戻らないだろうと思っていた」その晩、会議が終わったあと、ホテルのバルコニーでイェスパーは明かした。「アウラキの件であんなことがあったので、きみがこれからも仕事を続けると思っていた者はほとんどいなかった」

イェスパーはしばし口をつぐんだ。わたしたちは眼下のレスタウラドーレス広場の往来を眺めた。

「きみがこちら側で本当に良かったよ――そうじゃなかったら、こちらにどれほど厄介事を引き起こしていたことか」そう言って、わたしの背中をパンパンと叩いた。

もちろん、クラングはこのときも夜遊びを企画していた。

リスボンの高級クラブをはしごし、ストリップクラブに行き、シャンパンを浴びるほど飲み、デンマーク国民の税金を八千ドルほど使った。ハンドラーたちは全員その晩の〝お相手〟を見つけた。トミー・シェフでさえ、東欧出身の女性とペアになった。彼らがソファの上で絡み合っているのを横目に、わたしはホテルに戻った。

ほどなくして、わたしはデンマークに赴き、ハジディブ一家と打ち合わせの段取りをつけて、海峡にかかる橋を渡りスウェーデンのマルメまで行った。

身を切るような二月の寒さを忘れて、アブ・アラブとその甥は公園のベンチに座り、わたしが語るジャールの旅行と現地の経験をうっとりと聞いていた。まるでホメロスになって、叙事詩『イリアス』を初披露しているような気分だった。いつ頃イエメンに行けるのか、ＩＴ学生は知りたがった。ＡＱＡＰの指導者からの指示を待っているところだと答えた。

わたしが知らないうちに、ＰＥＴはスウェーデンの情報機関にこの計画を打ち明けていた。スウェーデン側は即座に却下した。スウェーデン市民をテロリスト集団で働かせるために送り込むなど、常軌を逸していると判断されたのだろう。

コペンハーゲンに戻ったわたしは、クラングに欲求不満をぶちまけた。「こんなふうにはしごを外されたら、しっかりした人脈なんて作れっこないだろう？」

彼は何も答えなかった。決定は組織のはるか上層部で下されたのだ。

絶好の機会を逃したことがわかった。しばらくして、ＡＱＡＰは「インスパイア」の新号を出し、「立ち上がれ、我らに名を連ねよ！」という記事を発表した。記事には、今後「イスラムの敵を殺戮したい者」は、標的の設定にあたりＡＱＡＰ軍事委員会の承認を得る必要がある、と書かれていた。また、メールアドレスとムジャーヒディーン・シークレット・ソフトウェアのダウンロード方法の詳細も掲載された。同誌は事実上、欧米でテロを実行したい者にとっての情報センターとなったのだ。スウェーデンのＩＴ学生を「インスパイア」に送り込んだとしたら、欧米の支持者の手でＡＱＡＰの海外リクルート推進計画が仕組まれるところを、垣間見られたにちがいない。

ともあれ、わたしはウハイシと連絡が取れなくなってしまった。アデンで開いた三つのメールアカウントに暗号化メッセージを送ったが、返事はなかった。もしかすると、わたしが開設したアドレスに、アブドゥルが故意に違うメールアドレスを送ってよこしたのかもしれない。そこで、わたしはアミナに暗号化メールを送った。ウハイシと連絡を取らなくてはいけない、ウハイシにアル＝シャバーブの知り合いを紹介したい、と伝えた。ところが、彼女からも一向に返事が来なかった。

すでに殉教を遂げたのだろうか。

　ＰＥＴからも、何週間も連絡がなかった。波乱に富んだジャール訪問のせいか、わたしはまた悪夢にうなされるようになった。三月初めになり、ようやくＰＥＴからお呼びがかかった。クラングがマリエンリスト・ホテルのコテージで会う手はずを整えた。数ヵ月前に、ＣＩＡのマイケルと対峙したところだ。

　コテージに入るとほっとした。その日は冷たい風がバルト海から吹きつけ、波が浜辺に打ちつけられていた。わたしはクラングとキッチンで腰かけていた。

「アメリカとずっと交渉している。もしわたしたちの任務がウハイシの居所の発見につながった場合、向こうはきみに百万ドル払う用意がある。アル＝アシリの居所にも百万ドルだ」

「そのうえ、カシム・アル＝ライミの場合も、百万ドル払うと言っている。その後イクリマ・アル＝ムハージルの居所を突き止めたら、百万クローネ（およそ十八万ドル）が支払われる」

　クラングが挙げた人物について考えを巡らせた。アル＝ライミはウハイシの上級副官だ。のちにクラングから聞いた話では、アウラキ亡きあとアミナはこのアル＝ライミと婚約したと、アメリカは見ているという。

　わたしの手づるである長髪のケニア人イクリマが、アル＝シャバーブの出世階段を上っていることは間違いなかった。メールから察するに、彼はアフメド・アブディ・ゴダネと付き合いがあるようだった。ゴダネはアル＝シャバーブの最高指導者で、冷酷で謎の多い人物だ。その前月、ゴダネはアル＝シャバーブを正式に国際テロ組織アルカイダのネットワークに合併させた。反乱軍からテロ組織に姿を変えて、アフリカ大陸以外にも攻撃の手を伸ばす決意を固めたようだ。

イクリマはその頃、ソマリアの港湾都市キスマヨを拠点にしていた。前年の秋、ケニア軍とアフリカ連合軍が攻勢をかけ、アル＝シャバーブをモガディシュと南部のいくつかの拠点から撤退させた。

これに対してアル＝シャバーブは、ケニアで「猛烈な反撃」に転じると誓った。イクリマからのメールには、ケニア政府に「報復」したくてうずうずしていると書かれていた。

メールの内容から、彼がアル＝シャバーブで外国人工作員と密接に働いていることがわかった。そのなかには、わたしのサナア時代からの友人でアメリカ出身のジェハド・サーワン・モスタファもいた。組織内では「アフメド・グレ」と呼ばれていた*[1]。

イクリマは、国際指名手配上位の女性とも仕事をしていた可能性がある。サマンサ・ルースウェイトという、ロンドン同時多発テロ事件の犯人の一人ジャーメイン・リンゼイの妻だ。四人の子持ちで、イギリスのタブロイド紙から「白い未亡人」と名づけられた。ケニア警察がモンバサで逮捕寸前のところで取り逃してから、東アフリカで逃亡生活を送っていた*[2]。

「ケニアの状況は悪くなる一方だ。不信心者（カーフィル）どもがおれたちに危害を加えようとあらゆる手を尽くしている」とイクリマはメールをよこした。「だから、どんなことであれ決して手がかりをつかまれないように、慎重すぎるほど慎重にふるまう必要がある。彼らはロンドン同時多発テロ事件の犯人（ジャマイカ系のブラザー）の未亡人を追っている。テロ行為を企て資金を調達したとして、彼女を非難している」*[3]。

イクリマは、オマル・ハンマミというアメリカ人とも親しくしていた。ハンマミは、アル＝シャバーブのスポークスマン的存在として名の知れた人物だ。米国アラバマ州の出身で、ユーチューブにジハード戦士のラップを投稿し、アル゠シャバーブに加わろうと外国人に呼びかけたことで有名になった。

ハンマミは気まぐれで変わり者だった。その頃アル＝シャバーブの指導者ゴダネと戦略をめぐって対立し、自分の命が危ないと思い込むようになった。アル＝シャバーブの上層部は自分の暗殺を企てていると訴える動画を三月に公表して、周囲を驚かせた。ハンマミとの関係のせいで、自分の立場も危険にさらされるのではないかと、イクリマは恐れていた。もし自分が殺されたら妻子を頼むと、イクリマからメールが来た*4。

アル＝シャバーブは内部抗争で分裂していた。イクリマの立身出世も、内部分裂の危機を生み出していたようだ。

＊1　ジェハド・サーワン・モスタファは、二〇一二年二月のアルカイダとアル＝シャバーブの合併に何らかの役割を果たした可能性がある。二〇一一年十月、アル＝シャバーブの動画に登場し、飢餓に苦しむ人々に食糧支援の割り当てを行うため、ザワヒリの代理としてソマリアに派遣されたと語っていた。両組織の上層部が合併交渉を行っていた当時、モスタファはメッセージを運んでいたものと思われる。

＊2　二〇一四年四月の時点で、ルースウェイトはまだ逃亡中だった。

＊3　情報機関がケニアでハワラ送金システムの監視を厳しくしてから資金繰りが苦しくなる一方だとも、イクリマはこぼしていた。それまでは、このシステムを用いてケニアのジハード戦士からソマリアのジハード戦士に送金していた。

＊4　妻子をイエメンのダマジか、似たような宗教施設に送れないかと、イクリマから頼まれた。「子どもたちの将来について考えている。子どもたちにはきちんとしたイスラムの教育を受けてほしい……いつ何どき何が起こるかわからない」と、二〇一二年三月のメールで述べていた。

クラングの話をじっくり考えているうちに、自分のモチベーションがＣＩＡから支払われる報酬ではないことに気づいた。アメリカにまた必要とされたかったのだ。つまり、傷ついたプライドとアブドゥルに取って代わられるという恐れに、駆り立てられていたのだ。

クラングが持ってきた話には、条件がついていた。「わたしたちも報酬の十パーセントをいただく。アヒー、こっちもお楽しみが欲しいんだよ。そうなれば交渉にも身が入る」

わたしはうなずいたものの、何も言わなかった。そういうことか。マルグレーテ女王の政府代表たる者が、アメリカから受け取る報酬の分け前を要求するとは。

このときの会話をアイフォンで録音しておけばよかった。このコテージに来たのは、これが最後になった。ＰＥＴ全体のタガが緩んでいるのか、不誠実な職員とたまたま組んでしまったのか、わたしにはわかりかねた。

クラングは好機到来とばかりに、自らリスクを冒すこともやぶさかではなかった。

「ビッグブラザーは、もうきみと直接取引したくないそうだ。だから、今後はきみに代わって、わたしたちが交渉する」ほかに選択肢はなかった。ストーム・ブッシュクラフト設立に多額の資金を費やしてしまった以上、海外任務で割り増し報酬を稼ぐ必要がある。

アメリカはわたしと一定の距離を置きたいと考えていた。わたしを信用していないのかもしれない。高リスクだと思われているのかもしれない。数ヵ月前にコテージで会ったマイケルは、まず間違いなく厳しい報告書を書いたはずだ。だが、わたしも命の危険を冒してウハイシに会いに行ったのだ。相応の見返りはあきらめていなかった。

「今度はだまされないという保証がどこにある？」

「ないね」その勝手な言いぐさにパンチをお見舞いしたくなった。「わたしが死んでも、妻と子どもたちは、必ずきちんと面倒を見てもらう」ジャール訪問で、行く手に危険が待ち受けていることを痛感させられた。

「奥さんたちは百万クローネ（およそ十八万ドル）を受け取れる」とクラングは請け合った。

「アメリカがその金額を前払いしてくれれば、わたしとしても安心できる」あの世から家族の窮状を訴えることはできないのだ。

「検討しよう」

ＰＥＴの権限で妻にデンマークの永住権を与えると、出発前にクラングは約束した。わたしが殺されても、ファディアは間違いなくヨーロッパで暮らせるようにしておきたかった。

イギリスの自宅に戻り、選択肢について検討した。

予想に反して、再び闘争の真っただ中に身を投じざるをえなくなった。ほとんど自力で、アルカイダの最重要人物の一人ときわめて親密な関係を築いた。それなのに、ハンドラーからは支援を得られず、むしろ要求されるばかりだ。しかも、イエメン情勢は、前年にアウラキと連絡を取ったときよりはるかに不安定になっていた。

二週間後、イェスパーとチーム・リーダーのソレンがイギリスにやってきた。英国情報機関から、縄張り内でわたしと会ってもいいという許可をもらっていた。クラングは来なかった。コペンハーゲンのピザ屋で乱闘を起こして逮捕され、人物評価に問題が生じたのだ。ほかにも、出世の妨げになりそうなことを起こした。オフィスのクリスマス・パーティーで、ＰＥＴ長官ヤコブ・

シャーフの愛人と化粧室でセックスしているところを見つかった*[5]。クラングも内なる悪魔と戦っているのかもしれない。

ホテルで朝食を食べながら、わたしが要請した生命保険の〝保証金〟について、ソレンとイェスパーはアメリカの最終決定を告げた。

「頭金として、五万ドルを払うそうだ――それ以上はダメだ」とイェスパー。元金融担当なので、この役目を仰せつかったのだろう。

希望通りにはいかなかったが、わたしはまだ復帰したばかりの身で、チャンピオンへの返り咲きを目指しているところだ。

「それでいい」

計画は具体化しつつあると、ソレンは説明した。一月と同じように、アブドゥルと一緒に車で移動し、追跡装置を隠した品物をウハイシのもとに運ぶことになる。

「出発は？」

「もうすぐだ」とソレン。

二人はファディアのためにデンマーク在留資格申請書を持ってきた。書類の記入も手伝ってくれた。

「奥さんはデンマーク市民と何ら区別がなくなる」とイェスパーはきっぱり言った。

そのあと、わたしたちは田舎までドライブした。かねて四輪バイクに乗りに連れて行くと二人に約束していたのだ。やがて、目的地に着いたわたしたちは、泥を跳ねあげながら、バイクで小道を駆け抜けた。またとない気分転換になった。ひとつだけミソをつけたのは、イェスパーが轍に足を取られて、足首をねんざしたことだった。彼らがサインした保険の書類の免責条項を見て、わたしは仰天した。二人とも本名を記入していたのだ。ソレンは、セボーのＰＥＴ本部近くの地名を自宅住所に記入していた。二人ともこれまで何を教わってきたんだ？

三月下旬、かつてないほど困難な、そしておそらく最後となる任務に向けて準備をしていたとき、一通のメールが届いた。アミナからの暗号化メールだった。彼女はまだ生きていたのだ。

「よかった、よかった」わたしは一人つぶやいた。彼女をイエメンに送り込んだことに対する罪悪感が消えることはなかった。

もう何ヵ月も外の世界との関係を断たれ、前年末にわたしが送ったメールしか受け取っていなかったらしい。アミナのメールは長くてとりとめがなく、ところどころにコーランの引用がちりばめられていた。何はともあれ、彼女は信仰を失っていなかった。

わたしと「親愛なるシスター」ファディアに挨拶の言葉を述べてから、アミナは以前から夫が殺される夢を見ていたと明かした――その夢は、夫が亡くなってからも見るのだという。わたしは共感を覚えた。

「夫の殉教(シャハーダ)から二週間後、彼が夢に現れました……二人で語り合い、わたしは殉教作戦を行いたいと夫に言ったんです。すると夫から、それは素晴らしい考えだ、とてもうれしいよと言われまし

＊5　シャーフはその後、スキャンダルに巻き込まれることになった。しかし、当時すでに五年近く長官の座にあり、デンマークの権力層に深いつながりを持っていた。ＰＥＴ長官に任命される前は、デンマーク警察庁の副総監を務めていた。

た。夢の中の夫は、とても近くに感じられるのに、とても遠いのです」

「夫はとても美しい姿でした。白い長衣を着て、光り輝いて、わたしの頭上に現れました……幸せそうに笑ってこう言うのです――アミナ、わたしのもとにおいで、わたしのもとにおいで、と」

だが、彼女はまだこの世にいた――ほかでもないウハイシのおかげだ。

「わたしは殉教作戦を実行に移したいと思っています。でも、シャイフ・バシル（ウハイシ）によると、これまでのところ、シスターが作戦を実行する予定はないとのことです。多くの問題を引き起こすし、政府がアウラキ家のシスターを投獄することになるかもしれないからです。そんなことになったら困ります。だから、作戦は実行できません。わたしはシャハーダを願っています。夫のように殺されたいと思っています、インシャー・アッラー（アッラーがお望みであったら）」

殉教する代わりに、アミナは仕事をしていた――バルカン半島出身のブロンド女性が、今やアルカイダの活動に身を捧げていた。

「『インスパイア』誌の仕事を始めたので、今ではブラザーたちと連絡を取り合っています。アルハムドゥリッラー（アッラーに讃えあれ）」

しかし――ここでわたしは再び罪悪感を覚えた――アミナは孤独と恐れを感じていた。

「クロアチアの家族からもう一年も便りがなく、どうしているのかわかりません。妹にずっと手紙を送っているのですが、まったく返事がありません。政府や情報機関の圧力にさらされているのでしょうか……シャイフ・バシルに、殉教作戦に加われないなら、故郷に帰ってもいいかと尋ねましたが、ダメだと言われました。政府に捕まって刑務所行きになるだろうと。わたしにはわかりません……それに、夫はもし自分が死んでも、わたしには国に帰ってほしくないとシャイフに話していたそうです」

「ＣＩＡの指名手配リストか搭乗拒否のリストにわたしの名前が載っているかどうか、調べてもらえませんか？」

アミナに対して同情を禁じ得ないものの、彼女はやはり、わたしにとってウハイシのもとにたどり着くための有力なパイプであり、任務の第二段階を軌道に乗せるために重要な存在だった。彼女がウハイシと直接つながっていることは間違いなかった。

「アミール（ウハイシ）からメールが届くはずです。彼にあなたのメッセージを送っておきました。あなたならソマリアとイエメンを結びつけられるでしょう」

アミナはあきらめ気味の言葉でメールを締めくくっていた。

「今のところこんな感じです。状況が変わるまでは。殉教（シャハーダ）がわたしにとって最善の解決策のはずです」

アミナを救うとともにウハイシの居所を突き止めるという、二重の勝利を思い描いた。

四月も末に近づいた頃、ようやくイエメン行きの指令が下りた。遅すぎるくらいだった。わたしはもう三ヵ月も前に準備ができていたというのに、ＰＥＴがなぜぐずぐずしているのかわからなかった。おかげでファディアとの間にどれほど緊張が高まったかしれない。わたしがどうしてそんなにいらついているのか、携帯のショートメールをそんなにちょくちょく見ているのか、彼女には理解できなかった。夜もろくに眠れず、デンマーク語でブツブツ言うので、ソファで寝てほしいとファディアから言われる始末だった。

最後にもう一度子どもたちと一緒に出かける時間が持てた。バーミンガムからそう遠くないところにある、ウォーターワールドというテーマパークに子どもたちを連れて行った。ウォーターシュートで滑り降りたり、プールや噴水に飛び込んだりと、二人とも大はしゃぎだった。わたしも楽しんでいる顔を見せようとしたが、一度ならず、目に涙がこみ上げてくるのを感じた。

わたしはコペンハーゲンに行き、任務の細部にいたるまで詰め、アミナへの対応を念入りに打ち合わせた。「シャイフのことからまだ立ち直っていない……わたしは友人でありブラザーであり師である人物を失った。アッラーが彼を殉教者（シャヒード）として受け入れてくださいますように」とアミナにメールを書いた。

「CIAのことだが、少し時間をもらえないだろうか。この町ではCIAのウェブサイトを調べられない。あなたの本名のフルネームを忘れてしまったので、メールで教えてもらいたい、インシャー・アッラー。あなたがシャイフと結婚していたことがわかっても、犯罪とはみなされないと思う。監禁されて逃げられなかったと言えばいい。あなたは何の罪を犯してもいないし、彼らはシャイフとの結婚を証明できない」

ウハイシとのパイプ役としてアミナを利用するのは不誠実だと思ったが、いつの日か――このまま接触を保てば――彼女を救えるのだからと、自分の中で正当化した。

「シャイフ・アブ・バシル（ウハイシ）の言われる通りだと思う。慎重に検討せずに行動を起こすべきではない、インシャー・アッラー。あなたがこのメッセージをシャイフ・アブ・バシルのもとに届けることが、とにかく重要だ。アウラキとシャイフのお二人から頼まれた品を手に入れたと伝えてほしい。品物はすっかり準備したし、（五月）十日頃に彼のもとに行けるはずだ」

もう一つ、ウハイシに伝えてもらいたいことがあった。わたしとの関係を維持する重要性を、ウハイシに示す内容だ。

「ソマリアから……イエメンに行けとまた急き立てられている。アブ・ムサブ・アル＝ソマリとイクリマは一刻も早くイエメンに行くつもりだと、シャイフに伝えてもらいたい。どうも緊急の用事らしい」

わたしにはアミナの助けが必要になるかもしれない。あらゆるルートが貴重だった。

「ハルタバが殺されたと聞いた。それは本当だろうか？　ならば彼を受け入れてくださるようアッラーに祈る。彼はシャイフ・アブ・バシルにつながるわたしの唯一のルートだった。これからどうしたらいいのだろう？」

彼女に洋服を持って行くと約束し、体に気をつけるようにと労り、「あなたのブラザー、シロクマより」と最後に記した。

コペンハーゲン近郊の海岸リゾート地ヘルシンゲルを、ＰＥＴはよほど気に入っているようだ。任務の次の段階についてヘルシンゲルの別荘で話し合うことになった。風が吹きすさぶ冬から、うららかな陽射しの春へと季節は移り、バルト海は穏やかな青緑色の水面を湛えていた。

クラングが任務の重要性に鑑みてチームに復帰した。わたしたちはレセプションルームに座った。

「アミナの状況について話し合った」イェスパーが切り出した。「ヨーロッパに戻るのは危険だと思う。彼女が逮捕されないという、または彼女が時限爆弾にならないという保証はない」

時限爆弾とは、無辜の市民に対してなのだろうか。それともデンマーク情報機関に対してなのか。おそらく、彼女が戻ると、法的に問題のある作戦に自分たちが関与したことがばれると判断したのだろう。

今回のイエメン行きが決まるまで、どうしてこんなに時間がかかったのかと質問した。以前アフガニスタンを監視していたスパイ衛星をアメリカが再利用しようとしたからだと、クラングがもっともらしく説明した。

わたしたちは任務について話し合った。まずサナアでアブドゥルと合流し、二人で品物を送り届ける。

「アブドゥルと絶対に離れないことが大切だ」とクラング。

「馬鹿にするなよ」わたしはぴしゃりと言った。「あいつがアメリカのために働いているのを知らないとでも？」

クラングは降参だというように両手を上げた。「わかった。そうだ、アブドゥルはアメリカのスパイだ――でも、きみが知っているということを、アメリカは知らない。いいな？」

やはりわたしの疑念は正しかった。リスボンの報告会のあと、アブドゥルの正体を暴こうと思い彼にメールを出した。コペンハーゲン空港でデンマーク治安当局に止められ、イエメン渡航の目的を知っていると言われた。誰かが漏らしたにちがいない。おまえが漏らしたと思っている――と、単刀直入に書いたのだ。

もちろん、空港の話はでっち上げだが、罠を仕掛ける必要があった。返信はなかった。それだけで、疑惑を裏づけるには十分だった。

「渡すものがある」イェスパーが話題を変えた。

コスメボックスを手にして戻ってきた。「アメリカからアミナへの贈り物だ」

卵型の大きなプラスチック製コスメボックスだった。ボックスを開けると、蓋の裏は鏡になっていて、中にはきれいに包装された口紅やマニキュア、アイシャドウがずらりと並んでいた。

「取り扱いには気をつけろ——このボックスにはすごく金がかかってる」クラングが注意を促した。

ボックスには追跡装置が仕込まれているので、もしアミナがカシム・アル＝ライミと婚約か結婚をしていれば、アル＝ライミに狙いを定められるかもしれないと、イェスパーが説明した。アル＝ライミは、ＡＱＡＰでウハイシの上級副官の一人であり、ナンバー2の司令官だった。

「アブ・バシルが目の前でこれを壊して装置を見つけたら、おれは何て言ったらいいんだ？」胸に不安が広がった。二年前、同様のコスメボックスをアミナに届けることは危険だと、ＰＥＴは判断したはずだ。自分は消耗品に格下げされたのだろうか？

「そしたらアブドゥルのせいにしろ。彼に罪を着せればいい」とクラング。

このときも、クラングの傍若無人ぶりに啞然とした。この男にとっては何でも人ごとだ。何につけ、思慮を欠いた答えしか返ってこない。

「いや、そんなことはしない」わたしは言い返した。「彼はアメリカのために働いていると言ったばかりじゃないか。おれたちは味方同士だ」

クラングはそれに答えず、アメリカから提供された新しいアイフォンをわたしに手渡した。

「それできみの動きをリアルタイムで把握できる。電源は入れっぱなしにしておけ。何かあったら電話をかけてきてもいいが、それを使うのは緊急時だけだ」

アミナの洋服が入ったスポーツバッグも渡された。

その晩、コテージの部屋でニュースを見た。イエメンがトップニュースだった。アメリカ行きの航空機を狙ったＡＱＡＰのテロ計画が阻止されたのだ。この計画にも、やはりイブラヒム・アル＝アシリが設計した最新装置が関わっていた。ところが、ＡＱＡＰが実行犯に選んだ男――イギリスのパスポートを所有するサウジアラビアの新兵――は、情報機関の二重スパイだった*6。

サウジアラビアの作戦は、スパイと情報提供者――おそらく彼のハンドラー――がイエメンから出国して無事終了した。わたしの任務は、このために遅れたのだろう。西側の情報機関は、ＡＱＡＰの上級幹部の近くにすでにスパイを送り込んでいたのだ。彼の任務が終了したので、またわたしに頼ってきたのだ。

イエメン情勢は戦闘で混迷し、ことが一層複雑になっていた。アブド・ラッボ・マンスール・ハーディー新大統領がすでに誕生していたが、この政権は支持基盤を欠き、政治工作とアメリカの協力を取りつけることで乗り切ろうとした。

新大統領は、ＡＱＡＰ支配下にある南部の奪回に焦点を当てた。世界有数の海上交通路に面した長い海岸線と、内陸部の数都市は、ＡＱＡＰが支配していた。イエメン軍――物資と指導力の不足に悩む――が迅速に対応しないかぎり、アデンまでもがＡＱＡＰの手に落ちるおそれがあった。

政府軍は部族民兵の協力を得て、その年の春、攻勢に転じた。ウハイシ配下の戦闘員は必死に抵抗したが、米情報機関の支援を得て空爆が激しさを増し、政府軍はジャールまであと一歩のところに迫っていた。

戦闘情勢に関する資料を読むうちに、ごく単純な疑問が湧きあがってきた。

「戦闘の真っ最中だというのに、本当に目的地まで車で行けるのだろうか？」

その翌日、以前約束した、家族のための五万ドルの前払い金について、ＰＥＴに尋ねた。「現在、手続きを進めている。イエメンから帰ったらすぐに受け取れるはずだ」イェスパーが答えた。

もし帰れたら、ということか――そう思い、暗澹とした気分になった。

彼らはこちらの痛いところを知っていた。わたしが任務を渇望し、エネルギーを注いでいることを知っていて、それを利用していた。

妻の移住に関する書類をイェスパーから手渡された。ところが、永住権ではなく、五年間の居住資格だった。わたしは激怒した。もしわたしが死んだら、五年後も妻がデンマークに住めるという保証はどこにもない。わたしが情報提供者だという話が漏れたら、イエメンに帰国した妻は大きな危険にさらされる。

「永住権を約束してはいない」イェスパーが言い放った。

耳を疑った。どんな報酬よりも、妻の身の安全のほうが大事だ。

わたしはコテージを飛び出した。コテージを出るとき、イェスパーに向かって叫んだ。「言っとくが、もう辞めた」毎度のことながら、このときも、辞めたあと再び交渉することになった。

＊6　この男は、二〇一一年にサウジアラビアの対テロ当局に雇われ、二〇一二年初めにＡＱＡＰに潜入した。それ以前は長年イギリスで暮らし、同国で過激派組織の活動をしていたという（わたしと同じだ）。こうした経歴のおかげで彼はＡＱＡＰの信頼を得た。また、彼がイギリスのパスポートを所有している点も魅力だった。ビザなしでアメリカに入国できるからだ。

その日の晩は、コアセーの母の家で過ごした。母はわたしの仕事を知っていたが、誰にも漏らしていなかった。胸にたまった欲求不満を母に打ち明けた。

「きっとアブドゥルはイエメンにいない。彼がいなかったら、一人で荷物を運んでほしいと言われるだろうし、そうなれば、おれは戦闘に巻き込まれて死ぬような気がする」

わたしの話は、母の理解をはるかに超えていた。どうしてそんな陰謀に関わるの？　信じられないという顔でわたしを見た。そんな表情を見たのは初めてのことではなかった。

アブドゥルから教えられたイエメンの番号に電話をかけた。彼の妻が電話に出た。「夫は留守にしています」

PETから何度も電話がきたが、腹を立てていたので無視した。しかし二日後、とうとう電話に出た。クラングからだった。上司のトミー・シェフが同席するなら、クラングたちと会ってもいいと答えた。コペンハーゲンとコアセーの中間地点に位置するリングステズにあるスカンディック・ホテルで、彼らと会う約束をした。ホテルに着くと、トミー・シェフがロビーの外で携帯をチェックしている姿が目に入った。

「やあ、モーテン。また会えてうれしいよ。誤解させて悪かったね。中に入って二人だけで話そう」

スイートルームで、向かい合ってソファに座った。彼はわたしの目をじっと見つめた。

「このたびはすまなかった。彼らには、きみの奥さんにその種の書類を与える権限がない。段階を踏む必要があるのだ。いきなり永住権を申請することはできない。だが、もうわたしがこの件を預かっているので、奥さんの永住権取得はわたしが保証しよう。報酬についても、任務から戻ったら必ず受け取れると保証する」

彼の口調は穏やかで、落ち着きがあった。まるで子どものいたずらの後始末をしているようだった。

「それを聞いて安心した」そう答えてから質問した。「アブドゥルは今イエメンにいない。部族地帯をいったいどうやって移動したらいいんだ？」

「ああ、わかっている。信じられないかもしれないが、アブドゥルは今中国にいる。しかし、きみがサナアに着く前日に、イエメンに帰国する予定だ。すべて予定通りだ」

効果を高めるためか、一呼吸置いた。

「モーテン、これはデンマーク情報機関史上、最も重要な任務にあたる。ヤコブ・シャーフ長官は、この任務を注視している。きみが荷物を直接送り届けることが、本当に重要になる」トミーはカウンセラー役からコーチになった。

わたしにはもう一つ頼みがあった。クラングとイェスパーにコアセーに来て、わたしの任務について母に話をしてもらいたかったのだ。ある種の保険が欲しかったし、わたしを守る何らかの動機を彼らに持ってほしかった。わたしの身に何かあったら、わたしの任務――イエメンの奥地で、アルカイダの指導者と一緒に本当は何をしていたのか――について、母がマスコミに話す可能性があることが、彼らにもわかるだろう。もっとも、レイキャビックの温泉でわたしたち三人が一緒に写った写真を母が保管していることを、彼らは知らなかった。

「すべきことをコアセーでしてくるがいい。そのあと、今晩はおいしいものを一緒に食べよう」トミー・シェフは上司の鑑だった。笑みを見せながら、安心させるようにわたしの肩にしばらく手を置いた。

　母の家は、コアセーの静かな通りにあった。裏庭は手入れが行き届き、孫のために――残念ながらなかなか会えなかったが――ブランコと滑り台も置いてあった。母はようやく、優しくて尊敬できる、人生を分かち合える男性と出会い、一緒に暮らしていた。わたしも彼のことが好きだった。家の中は、陶器類がきれいに飾られ、クッションや装飾品が一分のすきもなくきちんと並べられていた。がさつな者にとっては障害物競走にも等しい。

　クラングとイェスパーはTシャツにジーンズ姿で、気まずそうな顔をしてやってきた。諜報員の母親に、息子がどんなことをしているのか説明するために、サイクリングの許可を求める少年みたいに家まで訪ねるなんて、もちろんこれが初めてにちがいない。母はデンマーク人らしく、控えめながらも丁重に迎えた。母のパートナーは、デンマーク諜報機関の職員と会うことは認められなかったので、キッチンにこもっていた。

　リビングルームに通された二人は、飾りのついたクッションを手に取り、ぎこちなく抱えていた。日の光がフランス窓から差し込んでいた。いかにも、きちんと整えられた郊外住宅そのものだった。

　クラングとイェスパーは、わたしの家庭環境を把握しようと努めた。こんな静かな環境から、どうしてこんな不良が現れたのか？　ここにいたるまでのつらいいきさつを、彼らには知る由もなかった。

　母がコーヒーを淹れている間、わたしたちは押し黙ったままだった。クラングが繊細な陶器のカップに入ったコーヒーを一口飲んで、ソーサーの上にそっと戻した。何か壊しやしないかとびくびくするクラングを見るのは面白かった。

「ストームさん」と、クラングは努めて朗らかな口調で切り出した。「モーテンは本当に得がたい存在です。世界中にムスリムの知り合いがたくさんいますから」

「危険な仕事なんでしょう？」母が尋ねた。

「ええ——でも、息子さんはテロと戦うためにこの仕事をしているんです。全世界にとって大切なことです」イェスパーが答えた。

「だからＣＩＡが二十五万ドルも払ったんですよ」とクラングが割り込んだ。

「そのお金が入ったブリーフケースを持ってきましたよ。でも、そのときだって、この子が情報機関のために仕事をしてるなんて、信じられませんでした」

「あまり詳しいことは言えませんが、モーテンはすぐにイエメンに行きます」とクラング。

「危険な目に遭うんじゃないの？」母はあくまでその点を気にしていた。

「何らかのリスクは常に伴います」クラングは慎重に答えた。

おまえはいつも面倒を起こしていたねとでも言いたげな目で、母はわたしを見つめた。わたしはもう三十六歳になっていた。だが、夕方母に暇（いとま）を告げたとき、わたしは安堵感を抱いていた。クラングもイェスパーも、暗闇の中から一歩外に出たのだ。

そのうえ、思いもよらない贈り物があった。美しいマリーナのレストランで、トミー・シェフが待っていた。レストランのお勧めはニシン料理のコースだった。サンセールの白ワインで料理を胃袋に流し込み、政府の勘定で素晴らしいディナーを堪能した。

トミー・シェフは、白いリネンのハンカチで口元をそっと押さえた。

「モーテン、ずっと温めていた考えがある。こんなことは、民間人の諜報員には今まで一度も申し出たことはない。きみが任務から戻ったら、仕事を用意しよう。任務のあともこの仕事を辞めてほしくない。戦場の前線ではなく、今度はサイバー空間で、イスラム過激派に潜入してもらいたい」

「アナスと一緒に諜報員を訓練してもらう仕事も考えている」

わたしの交流関係を有効に使える仕事があるもしれないと聞いて、大喜びした。辞めたと宣言してからほんの数日で、いきなり将来がひらけたように感じた。結婚生活と中年に差しかかる年齢もあってか、わたしは――ひょっとすると――人間が丸くなりつつあるのかもしれない。

帰り際、トミー・シェフはわたしの肩に腕を回して言った。

「きみは実にいい仕事をしてくれる」

「一ついいか。この任務をアマンダのためにやろうじゃないか」とわたしは提案した。アマンダとは、CIA局員エリザベス・ハンソンのことで、わたしを海外任務に抜擢した人物でもあった。二〇〇九年十二月、アフガニスタンのホースト近くのチャップマン基地で亡くなった。

わたしたちはこの任務を「アマンダ作戦」と呼ぶことにした。

第二十六章　中国での告白

二〇一二年五月

二〇一二年五月十一日。このうえなく美しい晩春の夜明けだった。ヘルシンゲルからコペンハーゲンに車で向かう途中、人の手が入っていない野原をトラクターがガラガラと音を立てて走っていた。この平和な田舎の風景とは裏腹に、わたしの心は千々に乱れていた。最後の任務のためにいよいよ現地に赴くのだ。アミナ（とカシム・アル＝ライミ）に贈る〝手を加えた〟コスメボックスが、スーツケースの中に入っている。ウハイシがアル＝アシリに送るはずの、追跡装置を仕込んだキャンプ用冷蔵庫もある。これはもともと、ＣＩＡがアウラキのために用意した冷蔵庫だろう。

前の晩、トミー・シェフ率いるＰＥＴチームが、わたしのために勢ぞろいして夕食をともにした。まるで送別会のような気がして感傷的になった。経費として、トミー・シェフから五千ドルを渡された。

コペンハーゲン空港で、もう一つ作業が待ち構えていた。ヘキサミンは押収したと通知する公式文書を、イェスパーが作成したのだ。やはりＰＥＴは、アルカイダに固形燃料のヘキサミンを提供することを認めなかった。だが、この文書があれば、わたしが持ち込もうと努力したことだけは、ウハイシにもわかるはずだ。

ドーハでサナア行きの便に乗り換える頃、わたしのストレスは最高潮に達した。あらゆることに裏があるのではと勘繰り始めていた。トミー・シェフのなだめるような言葉、妻の永住権の約束、アブドゥルの忠実な態度、それに、わたしのメールに対するアブドゥルの反応——彼はどうして、よりによって中国に行ったのだろうか？　逃げたのか？　もしそうなら、誰から？　深い裂け目が見え隠れし、ぐらぐらする巨石があちこちに転がる、急勾配の登山道に向かっている気がしてきた。そのどれもが命取りになる。だが、頂上にたどり着けば——西側情報機関をウハイシとアル＝アシリのところまで手引きすれば——自分が正しかったとわかるはずだ。それに、一財産も手に入る。


サナア空港の税関で、冷蔵庫が詳しく調べられることはなかった。外国人が家電製品を持ち込むことに、職員は慣れっこだった。サナアの南部を走る五十丁目の大通りに、家具付きアパートを借りてあった。わたしはその部屋で待った。

アブドゥルはわたしの到着の前日に必ずイエメンに帰国すると、トミー・シェフは請け合った。どうしてそんなに自信満々だったのかわからないが、現実として、アブドゥルはイエメンに帰国していなかった。アパートに閉じ込もりっきりで、息が詰まりそうだった。重要な仲介者が何千キロも離れたところにいては、任務の遂行は不可能だ。

やはり心配を募らせる彼の妻から、中国で使っている電話番号を入手し、ショートメールを送った。

「こちらまで会いに来てください」アブドゥルからメッセージが来た。

「イエメンに戻ってきたらどうだ？」

「ブラザー、できないんです。でも、あなたに会わなくてはなりません」

その直後、携帯が鳴った。アブドゥルからだった。彼は動揺を隠せなかった。

「ムラド、こちらに来てください。電話では話せないことなんです」

「中国まで会いに来いと？」

「ええ。何としても。とても重要なことです」

「ちょっと考えさせてくれ」首を傾げながら答えた。

セキュリティのリスクを冒すことを承知のうえで、デンマークのソレンに電話をかけた。

「きみが向こうに行けば、彼に帰国するよう説得できそうか？」とソレンは尋ねた。

「ああ」

「なら、航空券を手配しよう。だが、きみに渡したアイフォンは持って行くな」

アブドゥルが中国を選んだのは、おそらくＣＩＡの監視が絶対に及ばないところだからだろう。

イエメンに着いたばかりだというのに、再び移動することになった。ドーハで乗り換えて、香港まで九時間のフライトだ。窓から眼下に、インド中心部の広大な耕作地帯や、ミャンマーの神秘的な緑の丘陵地帯とジャングルが見えた――予測不能な任務についているというのに、興奮を抑えられなかった。初めての土地に着陸するとき、いつも食い入るように窓の外を眺める。香港の空港付近の眺めは、想像以上に素晴らしかった。険しい山に高層ビル群がそびえ立ち、オレンジ色の帆を張った木製のジャンク船が、島の間を航行していた。

空港から大陸本土に渡り、深圳（しんせん）駅まで歩いた。ガラス張りの巨大な駅舎だった。イエメンに思いを馳せた。飛行機で九時間の距離だが、サナアと香港には九十年の開きがあった。アラブ世界は大きく後れを取っている。

深圳と広州を結ぶ高速鉄道は開通したばかりで、百十キロの区間を一時間半で走った。

アブドゥルとは広州駅で会う約束をしていた。広州は中国でも成長著しい巨大都市だ。電車を乗り降りする数千人の中国人のなかでも、浅黒い肌で華奢なアブドゥルの姿は難なく見つけられた。わたしたちは抱擁を交わした。彼は緊張した面持ちだった。

「どうなってる?」アブドゥルに問い質した。

「まだ言えません。お互いに携帯電話を所持しているので、安全ではないんです」

アブドゥルが滞在しているアパートに行き、荷物と買ったばかりの安物の携帯電話を置いた。アブドゥルによれば、広州に来たのは、知り合いのイエメン人ビジネスマンがいるからだという。アパートを出て、人でごった返す市場と、ローラースケートで遊ぶ人々や曲芸師がいる広場を通り抜けた。町の中心を流れる広い川に沿って、高層ビルが林立していた。

目的地のスパに着いた。ジャグジーの部屋に入る前に、互いに目の前で服を脱いだ。自分の発言が絶対に録音されないように、アブドゥルは神経を使っていた。ジャグジーにつかり二人きりになると、アブドゥルはわたしのほうを向き、不安げな眼差しで見つめた。

「話があります」

わたしは彼の話をさえぎった。「あのメールのことだが、ほら、コペンハーゲン空港で言われたことについて、おまえに送ったメール。おれは知ってる……」

機先を制しようと思ったのだ。これは二人の力の張り合いだと思っていた。

「でも、ＣＩＡが……彼らはあなたをテロリストもろとも殺すつもりです、もしわたしと向こうに行けば」アブドゥルはだしぬけに言った。

「スブハーナッラー（アッラーの栄光に讃えあれ）、何だって？」

「ムラド、彼らはあなたをサナアで殺すつもりはありません。あなたがアブ・バシルやほかのブラザーと一緒にいるときに、殺そうと思ってるんです」

アブドゥルの話によると、ＣＩＡのハンドラーから購入資金として二万五千ドルを渡されて、トヨタのランドクルーザー・プラドを買った。ＣＩＡの利用している工場に持ち込んだところ、車に衛星発信機が取りつけられたという。発信機は座席の下にある電気スイッチとつながっている。その装置は、試運転で正確に作動したそうだ。

「一回のクリックは、あなたがわたしと車に乗ったことを知らせます。二回のクリックは、わたしたちがサナアを出たことを知らせます。三回のクリックは、わたしたちが標的と同じ場所にいること。四回のクリックで、わたしがあなたを標的と一緒に置き去りにしたことを知らせるんです」

アブドゥルはわたしの肩をぐいとつかんだ。「そのときに殺されます。そのあと、あなたはアブ・バシルたちと同じテロリストだったと公表するつもりなんです」

そうなったら母しか真実を知る者はいなくなる。確かにありそうな話だったが、わたしは納得できなかった。

彼はジャグジーから出た。「ムラド、わたしを殴っても構いません。憎んでも構いません。でも、あなたが傷を負ったりしたら耐えられません。一緒にドライブするのが怖くて、それで国を離れたんです」

わたしは一言も発しなかった。CIAはわたしを避けてきたのに、今回の任務でもう一度イエメンに行かせたがった。わたしがCIA局員との会話を録音したことを知っているし、わたしはそれを公表すると脅かした。それに、いつも電源を入れておくようにとアイフォンも渡された。

アウトドア講座のインストラクター、ヤコブの忠告を思い出した。「テロリストと一緒に座ってはいけない。アメリカはきみを殺すことも辞さない」

アブドゥルは必ずしも信頼に足る消息筋ではない。でも、心底怯えているように見えた。自分も一緒に殺されると思っているのだろうか？

「アメリカのために働いてどれくらいになる？」わたしはやっと口を開いた。

「何年か前、ジブチで情報機関に捕まったと話したことがあるでしょう。あのとき雇われたんです。それしか選択肢がなくて。嘘をついていたことは謝ります」

「CIAにおれのことを話したか？」

「あなたは市民を標的にすることに反対だ、とだけ話しました」

アブドゥルはなかなか表情が読めない人物だった。だが、わたしも西側情報機関の仕事をしていることに感づいているようすは、少しもなかった。彼に打ち明けたくなる衝動を必死で抑えた。

「この告白をしたおまえにアッラーのお恵みがありますように」

アブドゥルは泣き崩れた。「ムラド――もうアメリカの仕事は辞めます。デンマークでの難民申請に協力してもらえませんか？」調べてみるが、難しいだろうと答えた。

彼の滞在する部屋に戻り、一緒に祈りを捧げた。まだ気を緩めるのは早い。

その晩はなかなか寝つけなかった。アブドゥルを信じるべきかどうかわからなかった。彼はわたしに嘘をついていた。もっとも、わたしだって彼に嘘をついていた。ただ、ある考えが頭から消えなかった。アブドゥルは自分一人で荷物を届けたいと考え、わたしを怖がらせようとしているのではないだろうか？　前回わたしと一緒にいたので、ウハイシの信頼は得られた。わたしから届けるように頼まれたと主張できる。ＣＩＡがわたしを使わずに直接ＡＱＡＰとのルートを作る、一つの方法とも言える。

もう一つ考えられる。アブドゥルがアルカイダに寝返ったということはないだろうか？　たとえば、ヨルダンの〝三重スパイ〟フマム・アル＝バラウィの例もある。アル＝バラウィは、アフガニスタンでエリザベス・ハンソンをはじめとするＣＩＡ局員を殺した人物だ。ウハイシの命令でわたしを試しているのでは？　イエメンに戻り、アブドゥルの裏切りをアルカイダに報告しなかったら、わたしがスパイだと彼らにばれる。

これでは、目隠しをしたままルービックキューブをそろえようとするようなものだ。

翌朝、ショートメールの着信ブザーで目が覚めた。イェスパーから、アブドゥルの帰国を説得できたか尋ねるメッセージだった。

彼に返事を書いた。「戦闘中は、帰国も国内の移動もしないと思う。わたしが死ぬと自分も道連れになると、アブドゥルは思い込んでいる」

わたしは次のメッセージで、イエメンに戻る途中のドーハで、デンマークのハンドラーと打ち合わせをしたいと要請した。アメリカも参加することになるが、アブドゥルの決意を変える努力をしてほしいと、イェスパーから言われた。同日、五月十九日の深夜に再びメッセージを送った。「状況は思わしくない……彼は今は戻りたくないと言っている」

数分後、イェスパーから返事が来た。「車の鍵を渡してくれと頼めないか？」

驚きのあまり、目が画面にくぎづけになった。PETも、わたし一人で南部まで運転しろと言うのか？　CIAとぐるになっているのか？　それとも、アメリカがそのハイテク車を取り戻したいだけなのか？

鍵を渡してくれなどと、絶対にアブドゥルに頼むつもりはなかった。メッセージを送った。「頼んでみたが、あいにく断られた。心の準備ができるまで、彼はまだ一、二ヵ月かかる。今は休みを取って、ヨーロッパに行きたがっている」

アブドゥルの話は当初とっぴに聞こえた。だがその頃には、十分ありえる話に思えてきた。

二日後、わたしはドーハ空港近くのモーベンピック・ホテルにチェックインした。イェスパーとソレンはすでに到着していた。朝食をとりながら二人と話すことになった。

信じがたいという口ぶりで、アブドゥルの話を説明したが、その実、二人の反応を試していた。二人はたちどころに否定した。

「ビッグブラザーは？」

「ホテルにはいるが、きみと顔を合わせたくないそうだ」イェスパーが答えた。

「そりゃいい」

「いいか、兄弟（アビー）、この任務はわたしたちにとってきわめて重要だ。一人で運転して、荷物をイエメン南部まで届ける覚悟はあるか？」とソレンが尋ねた。

「冗談だろう」あまりに無茶な提案に、わたしは動揺した。たとえアブドゥルの告白で気力を挫かれていなかったとしても、イエメンの戦闘地帯に一人で踏み込むことなどありえなかった。

ＣＩＡに別の案を提案してほしいと頼んだ。たとえば、使者を手配して、冷蔵庫とコスメボックスその他の品をサナアで引き渡すこともできるだろう。

「このやり方がうまくいくことは実証済みだ。ナブハンとアウラキのときもこれで成功した」

「良さそうなアイデアだ」イェスパーはＣＩＡに聞いてみると約束した。

二人が席を立ったあと、わたしはぼんやりとホテルの客を眺めながら、ロビーで待っていた。チェックインする者、チェックアウトする者、笑顔を浮かべておしゃべりし、みんな世界を安全に旅している。

しばらくして二人は戻ってきた。

「ビッグブラザーは、使者を仲介する案は選択肢にないと言った」イェスパーは事務的な口調で報告した。「あくまで、きみがアブ・バシルのもとにじかに届けてほしいということだ」

「そうする気にはなれない」何とかこらえて控えめに答えた。

わたし一人で運ぶようにアメリカが言い張ったと聞いて、呆然とした。それまで再三再四、わたしは――アメリカの勧めで――使者を介してアウラキに、彼を通してＡＱＡＰにも物資を提供してきた。ソマリアでも成功した。このやり方について話し合うことさえアメリカが拒んだことで、いよいよ罠が恐ろしくなった。ＣＩＡがホテルにいるかどうかさえ怪しいものだ。

「今すぐ答える必要はない。一晩考えるといい」とイェスパーは提案した。

翌五月二十二日、イェスパーとソレン、わたしの三人は、〈ル・ワザール〉という、ドーハの高級シーフード・レストランで昼食をとることにした。床から天井まで貼られた大理石の青いモザイクタイルは、湾岸地方の過酷な暑さに涼をもたらしてくれた。レストランの片側にはペルシャ湾の海面が、反対側にはシーフードを調理するシェフの姿が見えた。

「で、考えてみたか？」イェスパーが話の口火を切った。

わたしは一呼吸置いてから答えた。

「もう終わりにしたいと思う」

イェスパーとソレンは顔を見合わせた。

「きみ次第だ――きみが決めることだ」とソレンが答えた。

こうして、十五年前、イスラム主義者の興奮に包まれてアラビア半島の反対側のダマジで始まった旅は、ペルシャ湾に面したシーフード・レストランで幕を閉じた。

最前線で五年以上も活動したにしては、あっけない幕引きだった。それに、わたしにはどうにも不可解だった。「テロとの戦い」を最重要事項に据えてきたアメリカが、最も危険な二人――ナシル・アル＝ウハイシとイブラヒム・アル＝アシリ――を抹殺し、最も盛んなアルカイダ支部に打撃を与えるチャンスに背を向けたのだ。

その決断は、きっとすぐに大きな誤りだと判明することだろう。

翌五月二十三日に、身の回りの品を取りにイエメンに戻った。到着後、冷蔵庫とコスメボックスをサナアでCIA局員に返却してほしいと、ソレンからメッセージが届いた。アメリカとしては、追跡装置が悪の手に渡ることだけは何としても避けたかったのだろう。

シルバーのスズキに品物を積んで、サナアのトレードセンター――イエメンのショッピングモール――に行く、と伝えた。

「荷物を大きな箱に入れて、運転席の真後ろの席に置いておくように」ソレンからのメッセージにそう書かれていた。

土壇場になって計画変更があった。ソレンからまたメッセージが届き、駐車場の路上に箱を置いておくようにと指示された。その指示に従ったが、わたしは怒り心頭に発した。ここには警備員が常駐していた。大きな箱を——あちこちで爆発が起きている国の——駐車場に放置したところを見とがめられたら、大きなトラブルに巻き込まれかねない。

数分後、ソレンがＣＩＡからの転送メッセージを送ってよこした。

「箱の受け取りを確認した。彼に『よくやった』と伝えてくれ」

返事を送った。「了解。どういたしまして」皮肉を込められるキーが電話機にあればよかったのに、と思った。

第二十七章　寒空の下のスパイ

二〇一二年―一三年

二〇一三年七月、イエメンでの最後の任務から一年あまりが過ぎた頃、メリーランド州フォート・ミードにあるアメリカ国家安全保障局は、傍受したメッセージを地上最強のスーパーコンピューターでフィルターにかけていた。あるメッセージが解読され翻訳されたとき、厳戒態勢が敷かれることになった。

「歴史を変える攻撃を実行する」

それから数時間もしないうちに、米国は全情報機関をあげて攻撃対象の特定にあたった。アルカイダの最高幹部らが大がかりな攻撃計画に着手したのは間違いなかった。しかし、いつ、どこで、どのような攻撃を起こすのかについては、ほとんどわからなかった。米国国務省は、アラブ世界とイスラム圏で二十以上の在外大使館や領事館を閉鎖するという、前例のない対策を講じた。

やがて、イエメンが標的であり、サナアの米大使館が最も狙われやすい場所の一つだということが判明した。この警戒態勢の原因となったメッセージを書いたのは、誰あろうナシル・アル＝ウハイシだった。ウハイシはＡＱＡＰの最高指導者で、わたしが訪ねたときにはジャールの町を自ら案内してくれた。情報活動を辞める直前の報告会で、ウハイシがサナアの米大使館の偵察を命じたことをハンドラーに知らせていた。その後ウハイシは、国際テロ組織アルカイダのナンバー2だったアイマン・アル＝ザワヒリの副官に任命された。かつてウサマ・ビン・ラディンの側近だったウハイシは、ザワヒリの後継者に指名されていた。

南部部族地帯にイスラム首長国を創設したことで、世界中のジハード主義者の間にウハイシの名声が広まっていた。彼の配下の勢力は、ジャールの町やイエメン南部一帯を十五ヵ月間にわたり支配した。だが、イエメン政府軍と政府に与(くみ)する部族兵の圧倒的な軍事力、さらに米無人機攻撃にさらされ、撤退を余儀なくされた。

奥地に撤退したあともＡＱＡＰは攻撃の手を緩めず、イエメン政府軍に対する自爆攻撃や軍高官の暗殺、イエメン部隊の待ち伏せ攻撃は続いた。無人機攻撃で殺害される前にアディル・アル＝アバブが手紙にしたためたように、新世代のジハード戦士は血にまみれていた。

西側情報機関は、ＡＱＡＰの優先事項を量りかねていた。ウハイシは依然としてイスラム法に基づく国家の樹立に重点を置き、イエメン政府の存在する余地を認めないのだろうか。それとも、アルカイダの新ナンバー2となったからには、グローバル・ジハードを重要任務として採用するのだろうか。もしわたしがあと一、二回彼と会っていたら、その辺りを感知できたのではないかと思う。そして、もし二〇一二年にあの冷蔵庫をウハイシのもとに送り届けていたら、おそらくザワヒリは副官として別の人物を探すことになっていたのではないかと思う。

最後の任務が流れてから、わたしはコカインに慰めを見出すようになっていた。欲求不満は数時間ほど和らぐのだが、ハイから醒めるたびに、イライラはひどくなった。金欠にもストレスを感じていた。ストーム・ブッシュクラフトにあんなに金をつぎ込んだのに、ビジネス・パートナーもケニアの拠点も失った。

五年にわたり、わたしは二つの世界と二つのアイデンティティの間を行き来していた。一言でも見当違いなことを言えば、命に関わる危険もあった。世界中の空港の出発ロビーで、到着ロビーで、アイデンティティを切り替えた——無神論者か筋金入りのムスリムか、英語かアラビア語か、Tシャツかトーブか、西側情報機関のエージェントか、忠誠を誓ったアルカイダの一員か……。機内のほかの乗客が椅子を倒して映画を楽しんでいるときも、頭をフル回転させていた。次の任務に気持ちを集中させるか、何とか終了したばかりの任務の詳細を思い出そうとしていた。

油断は命取りだった。しまいには、幾重もの偽りのうえに仕事が成り立っていた。アウトドア旅行会社の経営者、に扮するアルカイダ工作員、に扮する西側の諜報員。

イギリスやデンマークの地元にいるときも、名うての過激イスラム主義者ムラド・ストームとして演技を続けた。ロンドンにもコペンハーゲンにも、ルートンにもオーフスにも、バーミンガムにもオーデンセにも、巷に過激主義者がたくさんいた。つまり、一瞬たりとも仮面を外せなかった。最初の頃は楽に演じられたが、過激な原理主義者だった日々が遠い過去になるにつれて、信念を持ったジハード主義者を演じることが次第に難しくなった。

奥深い田舎か、遠方のナイトクラブにいるときだけ、わたしはモーテン・ストームに戻り、ビールをがぶ飲みすることができた。熱心なジハード主義者はこんなところに来ないだろうと考えたのだが、そんなときでも神経をとがらせていた。

こうした生活のせいで、精神的に参る寸前だった。次の攻撃を阻止せねばという思いを胸に、ハンドラーたちとのスパイゲームと仲間意識を励みに、それまでやってきた。ところが、イエメンの部族地帯に一人で行けと言われて、気力が挫かれてしまった。アブドゥルの忠告が頭の中で鳴り響き、これは果たして命を賭けるに値することなのか、疑問が生まれた。正気とは思えないほどのリスクを冒してまでウハイシを追跡した。なのに、CIAとPETは途中で投げ出したのだ。

わたしはそれまで幸運だった。しかし幸運はいずれ尽きるものだ。そろそろ裏方の仕事に回るときだろう。たとえば、世界のテロリストの思惑を分析し予見する仕事などだ。

二〇一二年七月十二日、ドーハのシーフード・レストランでトミー・シェフから持ちかけられた話の続きをするため、わたしはマンチェスターからコペンハーゲンに飛んだ。PETは打ち合わせのために、空港近くのヒルトンホテルを予約していた。わたしは不安を覚えた。PETは約束を反故にしたし、CIAとの決別は険悪だった。ならば、記録を残すほうが賢明だろう。ポケットの中に手を伸ばし、録音できる状態になっているかアイフォンを確認した。

イェスパーはすでに待ち構えていた。クラング——難民希望者の記録の確認を怠り停職処分になったが復帰していた——とアナスはすぐに来るという。

「休暇の時期だな」部屋の隅のテレビでツール・ド・フランスのニュースが流れていたので、イェスパーはそう話しかけてきた。

彼はパソコンケースに手を伸ばし、百ドル札の分厚い束を取り出した。

「一万ドルある」それがしごく当然だとでもいう態度で、会話の途中で現金をこちらに差し出した。

「アメリカからか?」会話を録音していることを意識して、質問した。

「旅費だよ——兄弟(アヒー)、きみにしてやれることはこれが精いっぱいだ。足りるといいが」わたしの顔を見て、これでは怒りが治まらないとわかったようだ。

「アヒー、わたしたちは何をしてるんだ？」とイェスパーが問いかけた。

「さあな——アメリカが仕事に戻るまで休暇中なのかもな」皮肉を込めて答えた。

わたしはドーハで起きたことについての説明が欲しかった。

「一月には準備ができていた。アブ・バシルの件を受け入れ準備ができていた。二週間後にはイエメンに行く準備ができていた。何もかも遅れたのはどうしてなんだ？　おれのせいじゃない」

「誰もきみのせいだなんて言っていない。だから一万ドル渡すのだ」

イエメンに戻れば危険にさらされることになると、わたしはイェスパーにはっきり伝えた。

「アブドゥルはもしかすると二重スパイかもしれない。CIAだけではなくアルカイダの仕事もしている可能性もある。おれは試されるかもしれない。アブ・バシルのところに行き、『どうしてアブドゥルのことを教えなかったのだ？』と言われたら……？」

その結果についてはみなまで言わなかった。

「アブドゥルがアルカイダを裏切っているなら、彼がわたしを助けると本当に思っているのか？」

「アメリカがアブドゥルを使うことはもうないだろう」とイェスパーは意見を述べた。

イェスパーのことは信じられなかったが、この発言は役に立つと思った。アブドゥルがCIAに雇われていたとPETが認め、その発言を録音できたのだ。

自分の考えをイェスパーにぶつけた。アブドゥルがあんな告白をしたのは、わたしをお払い箱にして、AQAPの主な情報屋として彼を後釜に据えようとする、アメリカの策略だったのではないか。

使者を用いてウハイシの居所を突き止めるという提案をなぜＣＩＡがはねつけたのか、理解に苦しむと、イェスパーは答えた。

「アブ・バシル（ウハイシ）だけじゃない。あの爆弾作りもそうだ。この二人にたどり着けるのはおれだけだと知っていたはずなのに、アメリカは何の行動も起こそうとしなかった。頭に来る。向こうはおれについて何か腹に一物あるはずだ」

「あの計画を止めたのは、危険すぎるからだと言っていた」

ドーハの打ち合わせで、イェスパーはイエメンの任務の危険性について指摘したのは、わたしのほうだった。アメリカではない。イェスパーは忘れているだけなのだろうか？　それとも過去を書き換えようとしているのか？　あるいはあまり記憶力が良くないのか？

ノックの音がした。アナスとクラングがやってきた。

わたしたちはルームサービスでサンドイッチを注文することにした。クラングはビールも頼んだ。

前にトミー・シェフから提案された、前線を離れたあとの仕事について尋ねた。

「その仕事を引き受けたい」

「それはきみがイエメンの任務を遂行したら、という条件だったはずだ。その仕事はもう提供できない」とイェスパーが答えた。

危惧した通り、彼らは約束を反故にしようとしていた。約束を果たしたのに、計画そのものがなくなったと言われたような気がした。その仕事を得る条件が、ウハイシと直接会うことだとは、誰からも聞いていなかった。

「妻の件は？　永住権については？」

「今やっているところだ」

　わたしは信じなかった。

　クラングはこの展開を予想していたらしく、別の提案をしてきた。ただ、それが上司の承認を得た提案かどうかは不明だった。アル＝シャバーブのヨーロッパでの連絡係に志願してはどうかと、クラングは持ちかけた。わたしが窓口になり、同組織のメンバーにヨーロッパの住まいを手配する。そうすれば、ＰＥＴはテロの企てを監視できるというわけだ。

　その手は食わなかった。

「今引退したら、望めることは？」

「きみが辞めたら、ＰＥＴは感謝するだろうね」イェスパーはわざと曖昧に答えた。

「それから、おそらく任務を退くという取り決めのようなものを交わすことになるだろう、退職するときみたいにね。それはできると思うよ」いかにも元金融担当者らしい物言いだった。

　さらに、退職金として一年分の給与が支払われると、イェスパーとアナスは言った。アナスがわたしの唯一の味方に思えた。彼は前線からもたらされる情報の価値を十分にわかっている。

「あなたはあと少しで、テロを目論んでいる者たちの居所を突き止めるところでした」アナスは、イブラヒム・アル＝アシリと、テロ未遂で捕まったＡＱＡＰ工作員のことを指して言った。

「アメリカがおれを阻止するなんて、狂気の沙汰だと思わないか？」

　アナスはうなずいた。

ほかの選択肢についても話し合った。しかし、アナスが現実味のある案を示したことを除けば、ほかの二人はわたしの機嫌を取っているとしか思えなかった。

そろそろお開きの時間だった。ハンドラーたちはわたしを抱きしめた。アナスはすぐに退室しなかった。「アウラキの件で、あなたがだまされたことを知っています」とわたしの手を握り、真剣な面持ちで言った。

その後数週間の間、ＰＥＴでのわたしの立場は宙に浮いたままだった。七月三十日に、ウェスタン・ユニオンを通して、イェスパーから二千四百六十六ポンドが送金された。ＰＥＴからの毎月の報酬だった。しかし、今後のことについてはいっさい連絡がなく、八月中旬にようやく電話がかかってきた。

イェスパーからだった。誰が休暇中だとかイギリスの夏はどうだとか、まず世間話から入った。「さて」と、彼はてきぱきとした口調で話を切り替えた。「きみには半年分の退職金を受け取る資格があると、ＰＥＴは決定した」

「一年と聞いたぞ」

「これが精いっぱいだ」

見捨てられたと感じた。しかし、こちらにも知らせることがあった。

「デンマークの『ユランズ・ポステン』紙の記者に連絡した。会いたいと言われた」

少しの間沈黙が流れた。

「あとからかけ直す」イェスパーはようやく口を開いた。その声に不安がにじんでいた。税金を使ってリスボンのストリップクラブで遊び、シャンパンを浴びるほど飲んだことを暴く、センセーショナルな見出しが躍る紙面が頭に浮かんだにちがいない。

「ユランズ・ポステン」紙に連絡したのは、PETに約束を破られることにうんざりしたからだ。アウラキの件について事実を明らかにしたかったし、こちらの言い分を裏づける証拠もあった。また、公表することが、自分の身を守ることになるかもしれないとも思った。アブドゥルの警告が頭から離れなかった。

もう一つ理由があった。知り合いや家族から、わたしは筋金入りの過激派で、刑務所送りにすべきテロリストたちと関わりがあると思われていた。そうではないと知らせるべきだと思った。それに、西側情報機関のために自らの命を危険にさらす、ほかの情報提供者の立場を支持すると表明したかった。

イェスパーから電話がかかってきて、トミー・シェフ——問題解決責任者——と話し合いの場を設けたと言われた。コペンハーゲンのウォーターフロントを見下ろすアドミラル・ホテルで、彼と会うことになった。

翌日、トミーが何らかの解決策を示すのか、遠回しに脅しをかけてくるのかわからぬまま、わたしはコペンハーゲンに飛んだ。彼は温かく出迎えてくれた。社交辞令に応じる気分ではなかったので、さっそく切り出した。

「約束した仕事はどうなった?」

「ああ、あれは紹介できない」

彼は窓の外に目をやり、静かな港に浮かぶ木造船を見つめた。

「いい船だな。ああいうことをしたいんだったか? 船の操縦を習いたいか?」

わたしはかつて、民間の警備請負業者で海賊対策の仕事を見つけるかもしれないと話したことがあった。

「ちがう。船の操縦を習いたいんじゃない」わたしはぞんざいに答えた。

トミーはまだ船を見つめていたが、こちらに向き直った。

「新聞記者に話をするのはやめにしようじゃないか」

「それは約束できない。あんたたちはおれをだまし、嘘をついた。あんたたちとはもう終わりだ」

話し合いは十分で終わった。

かすかな不安を感じつつも自由を味わいながら、コペンハーゲンの町を歩いた。とうとう自分一人になった――ＰＥＴはわたしの信頼を傷つけるためなら何でもするだろう。妻に永住権を与えるという約束は、間違いなく反故にされるにちがいない。鎖を断ち切ったという感覚を味わうとともに、孤独と自分の立場の弱さが身に染みた。

ともあれ、ＰＥＴ上層部を慌てふためかせたことがせめてもの慰めだった。八月二十七日、「ユランズ・ポステン」紙の記者と会う数時間前になって、イェスパーから切羽詰まった電話が何本もかかってきた。このときの電話もすべて録音した。彼らは給与一年分の退職金を申し出た。わたしは断った。次の電話では、もし新聞社に話さなければ二年分の退職金を出すと言われた。これも断った。とうとう二十七万ドル（約百五十万デンマーク・クローネ）出すと言われた。ＰＥＴの面目を保つために、さらに言えばＰＥＴが政府の厳重な調査から逃れるために、デンマーク国民の血税が使われることになるのだ。

「金を受け取ったことは、誰にも言わなくていい」とイェスパーは言い添えた。

彼らは非課税の報酬を申し出た。わたしは税理士ではないが、デンマークでもイギリスでもこれは違法ではないかと思った。

「でも一番腹が立ったのは、昨年のアウラキの件での対応だ」

「わかってる。だから今埋め合わせしようとしてるんだ」

次に、もしマスコミに話したらどうなるか、見え透いた脅しをかけてきた。

「考える時間はあまりないぞ。きみと話をしたいと待っている人がいるんだからな……問題は、いったん話してしまったら、もう後戻りはできないということだ」

そして再び説得にかかった。

「今回みたいな提案は――いまだかつて、わたしは見たことも聞いたこともない。これはいわば懺悔だ。彼らは懺悔しているんだ。きみはそれを積極的に利用すればいい」

考えさせてくれと伝えた。何としても金が必要だった。情報提供者として働いてきたので、履歴書に記入できるキャリアはほとんどない。だから、わたしとファディアは、ＰＥＴから引き出した金で暮らしていく必要に迫られるだろう。それに、その金はかつての〝ブラザー〟たちから遠く離れて新たなスタートを切る機会を与えてくれる。自分を再び作り変えるには金がかかる。これは一度きりのチャンスだ。

取引の条件をまとめて、イェスパーに電話した。四百万クローネ（約七十万ドル）を支払えば、わたしはパソコンと、証拠となるメールや記録のファイルを引き渡し、西側の情報機関のために仕事をしていたことは決して口外しない。イェスパーから再び電話があった。ＰＥＴは、提示した条件を変えるつもりはないということだった。

「それは受け入れられない。イェスパー、あんたには礼を言うよ。おたくの上層部には、恥を知れとしか言えない」

「こちらこそ。きみは少々扱いにくいところもあったが、退屈しなかったよ」率直な答えが返ってきた。

わたしが「ユランズ・ポステン」紙の記者三人に語り始めたという情報を、ＰＥＴは知ったにちがいない。九月十九日、イェスパーからまた電話があった。ＰＥＴは五年分の給与に加えて、現金でおよそ七十万クローネを払う用意があるというのだ。総計およそ二百二十万クローネ、ドルに換算すると四十万ドルだ。

契約書を作成してもらいたいとイェスパーに頼んだ。

「契約書に署名することはとてつもなく難しい。それに、ヤコブに会って話すことで、きみが安心できるかどうかはわからない」と、ＰＥＴ長官ヤコブ・シャーフの名を出した。

細かい点について何度か交渉したあと、イェスパーにもう一度電話した。

「これで決まりだ」と折り返しの電話をかけたとき、イェスパーに伝えた。

「礼を言う――本当に苦労したよ」

その後起きたことほどは、苦労しなかったはずだ。その日の午後、わたしのＰＥＴでの任務について、デンマークのあるテレビ局が報道する予定があると、「ユランズ・ポステン」紙の記者から聞かされた。どうやら、被害を最小限に食い止めるための対策の一環としてＰＥＴ側からテレビ局に持ちかけたようだ。泥を投げるなら、たっぷりの泥を相手よりも先に投げつけろ、ということだ。ＰＥＴの内部で話に行き違いがあったのか、交渉を長引かせている間に計画していたのか、わたしにはわからない。いずれにしても、わたしの話について見解を述べたいとPETから電話があったと、のちにテレビ局の報道記者は認めた。

PETが合意を撤回する可能性が高いと思った。彼らの申し出は、証拠の電子データをどうしたらわたしが手放すか探りながら講じていた策略にすぎなかったのではないのか。激怒したわたしはイェスパーに電話をして、取引は白紙に戻すと伝えた。

わたしが正体を明らかにすれば、PETはわたしを保護しないと、イェスパーは明言した。

「仕返し目的で公表するなら、それだけの価値がある行為なのか考えたほうがいい。きみは子どもたちと気楽にあちこち行けなくなるぞ。子どもたちはおじいちゃんおばあちゃんに、自由に会いに行けなくなるぞ。自分が溜飲を下げることを優先させるならばな」イェスパーには珍しく、悪意をあらわにした。

だが、彼の必死の説得にも、もう耳を貸さなかった。

二〇一二年十月七日に「ユランズ・ポステン」紙に最初の記事が掲載される直前、イェスパーにショートメールを送った。

「言っておくが、これまでの会話は全部録音してある」

「何でそんなことを?」

「おれはスパイだからだ――これは、あんたたちが教えてくれたやり方だ」

終章

二〇一四年春　イギリス某所にて

二〇一二年十月七日、「ユランズ・ポステン」紙に最初の記事が掲載されると、デンマークは大騒ぎになった。記事には、アウラキの居所を突き止めるために、わたしがCIAとPETで果たした役割について書かれていた。彼らの目的がアウラキを無人機で攻撃することだったという点が、デンマークで激しい議論を呼んだ。デンマーク政府は暗殺に関与することが禁止されているからだ。「ユランズ・ポステン」紙の記者はこの記事により、同年に設立された欧州プレス賞を受賞した。

記事は世界中で取り上げられた。二〇一二年十二月、CBSの『60ミニッツ』という、アメリカで人気のドキュメンタリー番組に出演した。アウラキを追うにあたりどんな役割を果たしたか、インタビューに答えた。

それまで表に出ないところで活動してきたので、自分の名前が新聞やテレビで取り上げられ、西側情報機関のためにした仕事が公になっても、現実感が伴わなかった。情報活動での成功も失敗も公表され、わたしは満足だった。だが、カメラのないところでは、自分が無防備だと感じていた。

それに、長年数多くの嘘をつかれ、だまされていたという事実を妻のファディアが受け入れるには、まだ時間がかかった。

新聞記事が掲載される二週間前、田舎を散策しに行こうとファディアを誘った。晩夏の美しい日で、大麦や小麦の香りが辺りに漂っていた。畑の端に腰かけ、予定通りピクニックの弁当を広げた。

頭上を飛び回るヒバリを眺めながら、わたしはすべてを打ち明けた。仕事に誘われたこと、イエメンやケニア、レバノン、バーミンガム、デンマーク、スウェーデンで行った仕事、CIAやPETとの決別。そしてアウラキ暗殺で果たした役割、報酬、コカイン、任務でイエメン南部までウハイシに会いに行ったこと。精神的緊張のために、結婚生活はすでに影響を受けていた。わたしのことがマスコミで発表されたらプレッシャーはさらに高まると、ファディアに話した。PETの保護は期待できず、大勢の人間がわたしの死を望むようになる。わたしたちの世界は狭まり、絶えず警戒せねばならなくなる。

ファディアは大きな衝撃を受けた。

「どうして?」彼女は問いかけた。「わたしを信用できなかったの? 五年もの間ずっと嘘をつかれてたなんて。わたしがどんなにさびしい思いをしてきたかわかる? あなたはほとんど家にいなかった。家にいたとしても、心ここにあらずだった。あなたの心は、いつも何か別のことでいっぱいだった」

彼女を守ろうとしたこと、彼女は何も知らないほうが安全だったこと、話せたとしても、ごくわずかしか話せなかったことを説明して、わかってもらおうとした。

「でも、わたしはあなたの妻なのよ」目に涙をためてわたしを見つめた。

二〇一二年の秋、〝カミングアウト〟によるプレッシャーは、わたしたち夫婦に重くのしかかった。そこで、しばらく別居することにした。わたしは心的外傷後ストレス障害（PTSD）と診断された。働くこともできず、住んでいたイギリスで新たに国民保険番号を取得することもできなかった――役所に勤める過激派支持者が、わたしの居所を突き止めるのではないかと恐れたからだ。

「ユランズ・ポステン」紙の十月七日号が発売されたそのときから、わたしは標的になった。ジハード主義者のフォーラムやフェイスブックに、わたしと家族に対して敵意をあらわにしたコメントや脅迫があふれ返った。アウラキは過激派の敬愛の念を一身に集めていた。彼の殺害に関わった者に報復することは名誉であり、アッラーの歓心を得る行為とされるだろう。PETと苦々しい決別を遂げたことで、イェスパーの警告通り、政府からの保護はいっさい望めなかった。

ダマジで一緒だったアメリカ人のハリード・グリーンは、アッラーを愛しているふりをしながらイスラムを裏切っていたとして、ユーチューブでわたしを激しく非難した。

「仲間であり友人だと思っていた者が、知識を授ける場として名高いダマジで、ともにシャイフ・ムクビルのもとで学んだ者が……CIAのために働いていたことがわかった」イスラムに関する書籍がぎっしり並べられた本棚の前で、彼は朗々と語った。

かつての仲間は衝撃を受けた。また、ある意味感心していた。サナアで知り合ったラシード・ラスカーという英国人青年は、イスラム主義者のブログに、アブ・ムアーズという名で次のようなコメントを投稿した。

「ムラドとは、二〇〇五年か六年頃からの付き合いだ。イエメンで一緒に住んでいた……デンマークの友人からこのニュースを聞いたとき、ショックを受けた……シャイフ・アンワル――ラヒマフッラー（神が彼に慈悲をたれたまわんことを）――と彼の付き合いは本物だった」

「もし彼がＣＩＡ・ＰＥＴの元スパイだという話が本当なら、それが二〇〇六年から始まっていたなら、彼はその頃、実に巧妙に仕事をこなしていたことになる」

「二〇〇五、六年頃から、ムラドとは何度も連絡を取り合っていた……彼がスパイだなんて一度も疑ったことはなかった。アラブ世界の刑務所に入れられたブラザー、出所したブラザー、拷問を受けたり、国から国へと追いかけられたりしている（なかには暗殺されてしまった）ブラザーを大勢知っている。そのブラザーたちには一つだけ共通点がある――ムラド・ストームを知っていることだ」

「この世でもあの世でも、彼に報いを与えるように、心の奥底からアッラーに願わずにいられない」

　さらに深刻な事態も生じた。二〇一三年八月、シリアに渡りアルカイダ支部と提携したデンマーク人のグループが、わたしの死を求める動画を発表した。わたしをイスラムの敵とみなす、デンマークの主だった過激派もこれに賛同した。

「イスラムを攻撃する棄教者（ムルタ）どもや不信心者（カーフィル）どもにカラシニコフをお見舞いすべきだ」アブ・ハッタブと名乗るデンマーク人ジハード主義者が、シリアの丘の上の町を背に、カメラに向かって訴えた。彼の顔に見覚えがあった。コペンハーゲンで会ったことがある。アル＝ムハージルーンから派生したデンマークの組織の支持者だ。

次に、カメラは壁に貼られた六枚の写真を次々ととらえた。わたしの写真が最初に目に入った。それから、かつてわたしが死を求めた、イスラム穏健派のデンマーク人政治家ナサ・カダー、デンマーク出身でNATO事務総長のアナス・フォー・ラスムセン、風刺画家クルト・ベスタゴーの写真が映し出された。画面に「イスラムの敵」という字幕が現れた。

屈んだ兵士たちが狙いを定め、「アッラー、アッラー」と叫びながら、その写真に一斉に銃弾を浴びせた。シリアの別のジハード戦士の一団が投稿した動画には、シーラーズ・タリクが登場した。パキスタン出身の過激派で、その十年前にオーデンセで一緒にペイントボールの訓練を受けた。

処刑者リストになぜわたしを含めたのかという質問に、アブ・ハッタブは　ある動画でこう答えた。

「あの男の任務は、わたしたちの敬愛するシャイフ・アンワル・アル＝アウラキを殺害することだったからだ」

予想通り、わたしのフェイスブックのアカウントに脅迫メッセージが届いた。アブダッラー・アナスンというデンマーク人からだった。二〇〇六年のヴォルスモーセのテロ未遂事件に関与したとして有罪判決を受けた犯人の一人だ。当時すでに出所していたが、思想は以前とほとんど変わっていなかった。フェイスブックのプロフィールでは、「アブ・タリバン」と名乗っていた。

「家族は元気か？　みんなおまえを憎んでる。死ねばいいと思ってる」

そのコメントをデンマーク警察に提出した。「処刑者リスト」に挙げられた者で、警察の保護下にない者に対しては、ＰＥＴが二十四時間の警護にあたっていた――わたし以外の者は。デンマークのマスコミがこぞってわたしの話題を取り上げるようになってからも、ＰＥＴは何週間もメールの返信をよこさず、わたしの警護にあたることもなかった。

マスコミに発表したメリットもあった。なかでも大きかったのは、イスラム過激派に転じる前の友人の間で、わたしの評判が戻ったことだった。かつての友人の多くから、縁を切られていた。わたしがおかしくなったのではないかと思っていた友人もいた。母――と、ごく最近になってファディア――のほかには、スパイになったことを誰にも話していなかった。

公表される数週間前に真実を告白したとき、友人と家族の一部の者は本気にしなかった。荒唐無稽なことばかりしでかすわたしがまたおかしなことを言っていると思われたにちがいない。

「ユランズ・ポステン」紙が連載記事を組んだことで、わたしの話に太鼓判が押された。徐々に旧交を温められるようになった。多くの人に謝罪する機会も与えられた。自らの言動について、姿を消したことについて、嘘をついていたことについて詫びた。何よりも、信仰を受け入れないからといって相手を憎んだことを詫びた。

旧友の多くは、それに初恋の相手ヴィベケも、わたしの話に愕然とした。

「思ってもみなかった」とヴィベケから言われた。「いつもどこか外国に行ってて、お祈りばかりしてる変な人になったのかと思ってた。あなたのこと全然わかってなかったのね」

また、筋金入りのサラフィー主義者のふりをしなくてすむことも救いだった。ムラド・ストームはついに過去の人物となった。それに伴い、イスラム服の長衣とも、長いあごひげとも、形だけの礼拝ともおさらばした。正体がばれるのではないかとびくびくせずに、ジーンズにＴシャツ姿でビールを飲むのは、とても気分が良かった。

二〇一三年の初め、デンマークのテレビ番組に出て、イスラム穏健派の政治家ナサ・カダーに謝罪した。わたしはかつて彼の殺害を呼びかけたことがあった。今では文字通り、アルカイダはわたしたち二人に照準を合わせていた。シリアで撮られた動画もそれを物語っている。風刺画が物議を醸したとき、カダーは風刺画家の言論の自由を擁護して、ジハード主義者からさらなる怒りを買うことになった。

娘のサラに描いてもらった絵を、カダーに贈った。わたしが彼に謝る姿が描かれている。吹き出しのセリフには、「ナサさん、わたしが間違っていました。ごめんなさい‼ 許してください」とあった。絵の下のほうにこう書かれていた。「言論の自由は譲れない。民主主義万歳」

カダーはわたしを抱きしめて、すべて水に流すと言ってくれた。「とても感動したし、本当にありがたいことだ。この絵は自宅で大事にするよ」わたしたちの目には涙が浮かんでいた。二人とも実にさまざまなことを経験してきた。今後もさらに多くのことに直面するだろう。

十年以上前にわたしが彼の命を脅かしているとPETから連絡を受けたことを、カダーは明かした。以来、彼は殺害の脅迫を数多く受けていた。デンマークの若者の過激思想を解く取り組みに加わらないかと、カダーから誘われた。わたしは喜んで承諾した。たった一人でも、アルカイダの残忍な世界観から引き離すことができれば、過去を恥じ入る気持ちも少しは和らぐかもしれない。

マスコミに公表したあと、デンマーク、イギリス、アメリカの情報機関は、予想通り沈黙を守った。公表するつもりだとわたしが告げたあと、PETは証拠隠滅のためにペーパーカンパニーのモーラ・コンサルタントをたたんだ*[1]。

PET長官のヤコブ・シャーフは、慎重な声明を出すにとどめた。

「作戦行動に対する配慮から、特定の人物がPETの情報源として用いられていたかに関して、PETとしては公式に認めることはできないし、今後も認めることはない……しかしながら、PETは市民殺害を目的とする作戦に決して参加も関与もしない。したがって、PETはイエメンのアル＝アウラキ殺害に結びつく軍事行動に荷担したことはない」

「軍事行動」関与の否定という表現は、きわめて正確だった。デンマークが無人機を飛ばしてアウラキを殺したとは、誰も糾弾していない。エージェントの一人が、アウラキ追跡に重要な役割を果たしたという話なのだ。そして、彼らはそのエージェントの気持ちなど歯牙にもかけなかった。

この暴露騒動を受けて、デンマークの国会議員は、PETの監視に関する新規則を要求した。二〇一三年一月、わたしは国会議員数名と会った。同じ頃、デンマーク法務省はPET監視委員会を設立すると発表した。シャーフ長官の親しい友人でもあるモーテン・ベズコフ法務大臣は、新委員会設立により「有能な情報機関と確かな法の支配との間に適正なバランス」が取られるだろうと述べた。

二〇一三年三月、ハンス・ヤーン・ボニクセン前PET長官から、わたしは重量級の支援を受けた。前長官はデンマークのテレビに出演して、テロリスト暗殺を目的として海外で行われたアメリカの作戦において、PETがわたしを利用していたことが確かな証拠により裏づけられた、と明言した。「彼らが関与していたことに疑念を挟む余地はない」

与党は結束を固めた。デンマークの二大政党は議会による調査を阻んだ。わたしがPETの仕事をしているときに、この二政党が権力を握っていたことも偶然ではないだろう*2。彼らは、この件が立ち消えになると考えていたようだ。彼らの見通しが正しいのかもしれないと思いもした。デンマーク人は自国の民主制度の透明性に誇りを抱いている。だが、国民はいつの間にか、自己満足と言えるほど国家を盲信するようになったと、わたしは以前から思っていた。

PETの仕事をしてわかったのは、有能で適性のある職員もいるが、多くの職員は情報活動に必要な能力が不足しているということだった。多くが刑事畑出身で、それ以前は売春や麻薬取り締まりを担当していた。海外情報やテロに関しては、彼らの手に余るように思えた。PETを甘い汁を吸えるおいしい職場とみなす職員も少なからずいた。わたしのことを金づる、もしくは贅沢な旅行のスポンサーとみなす職員もいた。

二〇一三年後半、PETの不正に関する記事がマスコミにあふれ返った。最初に集中砲火を浴びたのは、その前年のクリスマス・パーティーでの乱行ぶりだった。透明性が高いとは言えないシャーフ長官が、丸見えのガラス張りの通路で、酒に酔って部下とよろしくやっていたことが暴露された。クラングはシャーフ長官の愛人とことに及ぶのに化粧室を選んだという点で、まだ慎み深かったわけだ。

次いで、シャーフと上級補佐官との不和や、彼らの贅沢な海外出張が発覚した。内部告発者がマ

＊1　デンマークの中央登記所によると、モーラ・コンサルタントは二〇一二年八月三十一日に解散した。

＊2　二〇一一年十月三日、アウラキが無人機攻撃で殺害されてから三日後、社会民主党のヘレ・トーニング＝シュミットが、ヴェンスタ（自由党）のラース・ロッケ・ラスムセンに代わり首相の座に就いた。ラスムセンの在任期間は、二〇〇九年から二〇一一年だった。その前は、ヴェンスタのアナス・フォー・ラスムセンが首相を務めていた。

スコミに漏らしたところによると、ワシントンDCでの会議にシャーフは「準備を怠った」状態で臨んで「不真面目な」態度を見せ、会議よりも観光に熱心で、CIAは彼の指導力に信頼を失ったという。彼に対する信用は、わたしがマスコミに公表したときにはすでに蝕まれていたと、政府消息筋は明かした。CIAは同盟国の情報機関に対して、情報提供者を管理下に置くよう求めていた。

ついに、国会議員の行動に関する情報を入手するよう、シャーフ長官が部下に指示していた事実が浮かび上がった。このスキャンダルにより、シャーフとその上司にあたる法務大臣モーテン・ベズコフは辞任に追い込まれた。PETの不祥事が相次ぎ発覚したことで、わたしも再び世間で脚光を浴びることになった。シャーフの前任者であるボニクセンは、PETを鋭く批判した。わたしが暴露した海外での暗殺計画関与は、きわめて深刻な問題であり、犯罪捜査に乗り出す根拠があると主張した。

流れが変わりつつあった。年末、すでに窮地に立たされていたPETはさらに追い詰められた。動画で殺害の脅しを受けたわたしの保護をPETが拒んだことを、「ユランズ・ポステン」紙が暴露したのだ。

「イスラム主義者による脅威を——間違いなく——感じた元被雇用者からの要請に対して、回答に三週間もかかるとは、情報機関は満足に業務遂行を果たしていると言えるのだろうか?」デンマーク国民党議長は同紙でそうコメントした。

ジハード主義者についても同様だった。かつての仲間が逮捕された、ジハードで殉教した、テロ組織の新たな指導者になったなどの噂を聞かない月はほとんどなかった。サナア時代に交流のあったケネス・ソレンセンは、二〇一三年三月、シリアでジハード戦士とともに戦闘中に殺された。彼は、ヨーロッパからシリアに渡った二千人もの戦闘員の一人だった。シリアのジハード戦士は、大義に命を捧げた彼を讃える殉教動画を発表した。彼の致命傷は見るも無残だった。動画では、流れた血がこびりついたままの顔と、戦闘員がブルドーザーで遺体に土をかけ、何の印もない墓を作っているところが映されていた。

わたしも、彼と同じ運命をたどっていてもおかしくなかった。その頃、ソレンセンは二重スパイとして働いていたらしいのだ。わたしはそう確信している。ＰＥＴのハンドラーの話から、わたしはそう確信している。わたしの殺害を呼びかけていた、デンマーク人ジハード主義者のアブ・ハッタブも、シリアの戦闘で命を落とした。ペイントボールの訓練を一緒に受けたシーラーズ・タリクも、ハッタブと同じ最期を迎えた。

二〇一四年二月、パキスタン系イギリス人で、アル＝ムハージルーンの支持者だったアブドゥル・ワヒード・マジドが、シリアでイギリス人初の自爆テロ犯になった。ルートンでオマル・バクリの講義録を熱心に取っていた彼は、シリアのアル＝ヌスラ戦線というアルカイダ下部組織に、戦闘員として勧誘された。組織が公開した動画には、白いチュニックを着て、頭にイスラム主義者の黒いバンダナを巻いたマジドが、攻撃に向かう直前、重武装したトラックの脇でほかの戦闘員たちと楽しげに話している姿が映されていた。戦闘員たちの「アッラーフ・アクバル！（アッラーは偉大なり）」という歓声に包まれて、アレッポの中央刑務所に向かい、自分の乗る車を爆破して火の玉にした。

ジハード主義者の仲間のごくわずかしか、社会に借りを返していない。アメリカ人改宗者で、ジョン・ウォーカー・リンド――〝アメリカ人タリバン兵〟――のアフガニスタン行きに手を貸したクリフォード・ニューマンは、ドバイで二〇〇四年から二〇〇九年の五年間、強盗未遂の罪で服役した。その後アメリカで、児童誘拐の罪で三年の刑に服した。

わたしの知るかぎり、アミナは依然としてイエメンに留まり、亡き夫のために信念を貫いていた。二〇一二年七月十八日、諜報員を辞める直前に、彼女から最後の暗号化メッセージが届いた。

アミナはウハイシの庇護のもとで数ヵ月間過ごしたが、政府が部族地帯の土地を奪還するに伴い、アウラキの村に移動した。いずれはサナアに戻りたいと願っていた。

「いつもあなたのことをお祈り(ドゥアー)しています。あなたがわたしと、わたしの愛しい夫――彼にアッラーのお慈悲がありますように――にしてくださったことを思い出して、涙が流れるときがあります」

今ではさぞかしわたしのことを憎んでいるだろう。

アブドゥルは結局イエメンに戻った。その後送られてきたメッセージで、CIAがわたしをイエメン南部に行かせて、テロリストとともに殺そうとしたという話を撤回した。

「アメリカは一度たりとも、いかなるときも、何があっても、あなたに危害を加えると言ったことはありません。あなたを殺すと言ったこともありません。あの車はあなたが運転するはずの車ではありませんでした」

しかし、わたしがイエメンに戻ることはCIAから聞いたとも、アブドゥルは言った――それが本当ならとんでもない背信行為だ。

「モーテンが戻ってくる。良からぬことを企んでいるから、何もかも投げうって一緒にいるようにと言われました」

　アブドゥルは、わたしも情報提供者だとは考えたこともないらしい。

「イエメンに来て南部に行き、これ以上間違った方向に深入りしてほしくなかったのです。いつかあなたは標的にされてしまいます。わたしが話をでっち上げたのは、もうイエメンには来ないように、この悲惨な国の厄介事に巻き込まれないようにと思ったからです」

　アブドゥルが勝手に中国に行きわたしと会ったことについて、ＣＩＡのハンドラーは激怒し、その後彼と縁を切ったということだ。

　ＣＩＡがわたしに対して何を画策していたのか知ることはないだろう。ＣＩＡがわたしを片付けようとした証拠を何とか隠蔽するために、アブドゥルから最後にこのメッセージが送られてきたのかもしれない。それは十分ありえることだ。ひょっとすると、アブドゥルには虚言癖があったのかもしれない。もしかすると、アメリカは当初、わたしとアブドゥルの二人をイエメン南部に送り込み、ＡＱＡＰ指導者の暗殺作戦を終了させようとしたのかもしれない。

　二〇一一年から一二年にかけて目まぐるしく起きたことを振り返ると、わたしはＣＩＡにとって消耗品になったのだろう。最後の任務としてイエメン南部に一人で送り込んでもいい、成功したら儲けもの、ぐらいに思われていたのかもしれない――ＣＩＡもＰＥＴも、わたしの安全は保証できないとわかっていたくせに。

　しかし、ウハイシとＡＱＡＰの上級幹部を追跡し抹殺する機会が、最後の任務の不手際のせいで失われてしまったことに議論の余地はない。二〇一二年の後半に支配領域を失ったにもかかわらず、ＡＱＡＰはイエメン以外でも依然として大きな脅威となっていた。

二〇一二年九月、リビアのベンガジで起きた米領事館襲撃事件に、アルカイダ工作員三人も加わっていた。二〇一四年春に開かれた大規模集会で、ウハイシは戦闘員に、欧米への攻撃が最重要事項であると明言し、刑務所から釈放されたばかりの数人の工作員を出迎えて、もう一つの約束を果たした。

各国情報機関は、アル＝アシリが検知しにくい新世代の爆弾を開発中だと考えていた。二〇一四年二月、アル＝アシリが新たな靴爆弾を開発しているとの情報を受けて、アメリカ国家安全保障局は各航空会社に警告を発した。捕らえそこねたサウジアラビア出身のこのテロリストは、年を追うごとに巧妙さを増していった。そして、弟子たちにテロの仕組みを伝授した。勢いづくＡＱＡＰに懸念を強めたアメリカとイエメンは、二〇一四年四月、大規模な波状攻撃を仕掛けた。それから一週間たっても、重要人物の殺害は確認されなかった。

二〇一三年の夏に、米在外大使館が一時的に閉鎖された事実——西はリビア、南はマダガスカル、東はバングラディシュまで——も、欧米人にとって世界がどれほど危険になったかを如実に物語っていた。アルカイダの黒い旗が、大西洋岸に近いモーリタニアの砂漠に、シナイ砂漠に、シリアのいたるところに、イラク西部に、そしてソマリア南部にはためいた。こうした地域のほとんどで、ＡＱＡＰは役割を果たし、存在感を示し、豊富な人脈を築いていた。ＡＱＡＰはアルカイダ支部でもトップの座にあった。

正式にアルカイダの支部になったアル＝シャバーブも、ソマリア国内での反乱から〝典型的な〟テロ行為に活動の軸足を移した。同組織でかなりの地位に上りつめた人物を何人か知っている。

二〇一三年九月二十一日の土曜日の朝、ジーンズにＴシャツ姿の男数人が武器を携え、ナイロビの高級ショッピングモール〈ウェストゲート〉を襲撃した。犯人たちが四日間にわたり立てこもったこの事件は、二〇〇八年にムンバイで起きたテロを参考にしたと思われ、六十人以上の老若男女が犠牲になった。

アル＝シャバーブはこの襲撃について、ケニアが二〇一一年から一二年にかけてソマリアに軍事侵攻したことへの報復であると表明した。アル＝シャバーブはこの侵攻により、重要な収入源だった港湾都市キスマヨから撤退を余儀なくされた。

ショッピングモール襲撃事件の首謀者と目されるのは、アル＝シャバーブとの主要窓口のイクリマだった。長髪のケニア人で、ノルウェー語を話す、あの男だ。

襲撃の一週間前に死んだアメリカ人ジハード戦士オマル・ハンマミとは異なり、イクリマはアル＝シャバーブの内部抗争を生き残った。ケニアの情報機関によれば、同国内の武装勢力と接触があることから、イクリマがこの襲撃事件の黒幕として浮上したという＊3。彼はそれ以前にも、ケニアの国会、ナイロビの国連事務所、政治家などを標的にした多発攻撃を目論んでいたが、二〇一一年後半、ケニア治安当局に阻止された。この計画がパキスタンのアルカイダに承認されていたことを、ケニアの情報機関はつかんでいた＊4。

ウェストゲート襲撃事件の二週間後、米海軍特殊部隊でウサマ・ビン・ラディン殺害を担当した

＊3　イクリマは襲撃を企てるために、ケニアでのネットワーク形成に取り組んでいた。二〇一三年のケニア政府の報告によれば、彼は同年七月、「若者を訓練し、大規模な攻撃を仕掛けるために必要な下部組織を築き、指示を待て」との任務を与えて工作員をケニアに派遣した。

部隊から派遣されたチームが、高速艇でソマリア沿岸に向かっていた。月のない夜だった。彼らの任務は、モガディシュ南部のアル＝シャバーブの施設にいるイクリマを捕らえることだった。だが、この任務は不首尾に終わった。敷地内のアル＝シャバーブの戦闘員に気づかれ、撃ち合いが始まった。

数人の隊員が、施設の窓越しにイクリマを見かけたが、近づくことができなかった。部隊は銃撃を続けながら、標的に近づく道を探ったが、やがて屋敷内に女性と子どもたちがいることに気づいた。これはもちろん偶然ではなかった。彼らは任務を中止した。

イクリマは生きたまま襲撃を逃れてさらに危険な人物となった。東アフリカで自由にテロを画策できるだけではなく、米海軍特殊部隊の攻撃を生き延びたことで、彼の評判が高まったからだ。二〇〇八年から一二年にかけてのやりとりで、自分の野心はアフリカだけに留まらないと、イクリマは明言していた。欧米人のアル＝シャバーブ戦闘員をそれぞれの母国に派遣し、攻撃させることが目標だと言っていた。イクリマがＡＱＡＰの指導者であるウハイシとの関係を築くことに成功したら、欧米諸国と世界中に散らばる西洋人を攻撃する際、両者はリソースを出し合うこともできるだろう。

ある意味、西側情報機関がイクリマを創り出したと言える。ＣＩＡ、ＭＩ６、ＰＥＴが、アル＝シャバーブの出世階段を上る手助けをした。わたしが提供した物資や情報のおかげで、イクリマは組織上層部の歓心を得たからだ。しかし、イクリマとのコネがあったおかげで、情報機関も貴重な成果を上げられた。たとえば、東アフリカのアルカイダ工作員のなかでも屈指の危険人物、サレフ・アリ・ナブハンを排除できた。さらに、アル＝シャバーブの内部活動の情報を得られた。イクリマへの支援は、大きな成果を得るために必要な代償だった。

もしわたしがイクリマとの関係を継続していたら、彼はあの事件の前に逮捕されるか殺害されていたのではないかと、ウェストゲート襲撃事件後に思った。もしケニアにストーム・ブッシュクラフトを設立していたら、アル＝シャバーブでの彼の地位や計画、養成した新メンバーなどについて、具体的に把握できたかもしれなかった。彼と直接会うことは、もちろん難しく危険だっただろう。二〇一二年半ば頃のメールから、彼はめったにソマリアを出なくなったことがわかる。しかし、かつてナブハンにしたように、追跡装置を仕込んだ品をイクリマに届けることはできたかもしれない。

わたしの見るところ、西側情報機関は、イクリマのわたしに対する信頼を利用すれば、彼を戦場から排除することはたやすいと考えていた節がある。彼を標的にできなかったとしても、計画中のテロ攻撃をほのめかすなど、彼がわたしに情報を明かすことがあったかもしれない。

わたしが仕事から退くということは、西側の情報機関が最も手を焼く問題、つまり「一匹狼」型

＊4　二〇一一年後半にケニア警察に逮捕される前に、ケニアの武装勢力は攻撃の実行犯となる工作員を訓練し、ナイロビとモンバサに隠れ家を用意し、ソマリアから爆発物を運び込んで爆弾製造に取りかかっていた。「白い未亡人」と呼ばれるサマンサ・ルースウェイトは、この下部組織とつながりがあったと見られているが、モンバサでは警察に見つかる前に逃走した。パキスタンのアルカイダからのゴーサインは、共通の友人であるアメリカ人のジェハド・サーワン・モスタファがその数ヵ月前にザワヒリと面会していたとすれば、彼からイクリマに伝えられた可能性がある。

の小規模攻撃の発見に必要なリソースを失うということでもあった。このタイプは、テロ対策機関にとって一番厄介だ。外部と連絡した形跡がいっさい見つからない場合が多いからだ。アルカイダはこれが強みになると見抜いて、二〇一一年に「自分の責任は自分にしかない」という動画を発表し、欧米の支持者に単独攻撃を呼びかけた。

二〇一三年四月にボストンマラソン爆破事件が起こり、翌月、ロンドン南東部のウールリッチ通りで、英国兵リー・リグビーを殺害し遺体を斬首しようとする事件が起きた。こうした事件は、単独攻撃が新たな潮流となる可能性を示していた。両事件とも、欧米に住む過激思想の持ち主が、過激派組織とは無関係に実行した。わたしには、彼らの動機と過激思想に染まった経緯がわかる。わたしも彼らと同じ道をたどったことがあるからだ。

ウールリッチ通り事件の二人の犯人の一人でナイジェリア系イギリス人の改宗者マイケル・アデボラジョは、かつてアル＝ムハージルーンの支持者だった。ルートンで説教があったとき、彼と会ったことがある。

こうした「一匹狼」型の攻撃は、行動や外見の変化に気づくとか、奇妙な質問や告白をされるなど、〝内情〟に通じた者がいないかぎり、基本的に予測不可能である。わたしはこれまでに二度、ヨーロッパの通りを大量殺戮の場に変えようとした熱狂的過激主義者によるテロ計画を、西側情報機関に密告した――彼らに計画を打ち明けられたからだ。

死してなお、アウラキの説教や記事は、ボストンマラソン爆破事件とウールリッチ事件の犯人を触発した。前者の犯人は、オンラインマガジン「インスパイア」で紹介された圧力鍋爆弾の作り方をもとに、爆弾を作った＊[5]。アウラキ殺害後、過激思想を抱く欧米のムスリムの間でその説教の人気は高まる一方である。説教のメッセージは、ごく単純でありながら、聞く者を魅了してやまない――「アメリカとその友好国はイスラムと戦闘状態にあるので、必要とあらばムスリムは何としてでも反撃しなくてはならないと、アッラーはお命じになる」[*6]。

このメッセージは、疎外されていると感じる者、差別を受けていると感じる者、根無し草だと感じる者、あるいは単に孤独感を覚える者――そうした大勢の人々の心に訴えた。

最初の記事が世に出たあと、「ユランズ・ポステン」紙の配慮で、わたしはイギリスの田舎のホテルに滞在することになった。身の安全のためと、競合するマスコミからわたしを遠ざけるためだ。だが、わたしとしては、地元警察に知らせる義務があると思った。

机の向こう側の善良そうな警官にいきさつを説明し、保護を求めた。少々不安定な人だと思われたにちがいない。

「名前を検索してみてください。モーテン・ストームと」

「ユランズ・ポステン」紙の一面に載ったわたしの顔写真が画面に現れた。

普段は暴れる酔っ払いくらいしかいない場所では、前代未聞だった。

＊5 「自宅のキッチンで爆弾を作る方法」という記事は、二〇一〇年六月の「インスパイア」創刊号に掲載された。犯人のパソコンからこの記事が見つかった。

＊6 アウラキの死が引き金となり、二〇一一年十一月、ニューヨーク在住のホセ・ピメンテルは、同市で爆破テロを起こそうと企んだ。彼はアルカイダの支持者で、アウラキの殺害に復讐しようとした。

「少しお待ちください」と警官は告げた。

小一時間がたった頃、二人の刑事が到着した。やはりどう対応すべきかわかりかねると言われた。

「きみみたいな人には会ったことがないし、これからもないだろうからね」一人が皮肉っぽい笑みを浮かべて言った。そこで、わたしはヒエラルキーの上へ、かつて親しくしていたMI5へと回された。

明くる日、二人の職員が警察にやってきた。一人は中年女性で、おちょぼ口に十人並みの器量で、何の変哲もないボブカットをしていた。もう一人はキースという五十代の男性で、背が高く愛想が良かった。わたしはとにかく話せるだけ話した。CIAがイエメンでわたしの命を奪おうとしたことも話した。二人は話をノートに書き留めたが、何も言わなかった。

ときおり、警官がドアの向こうからひょっこりのぞき込んで、お茶が足りているかどうか確認した。自分の持ち場で繰り広げられるこの007もどきの騒ぎを、彼はたいそう楽しんでいた。

MI5の二人は、面談の最後にようやく口を開いた。

「ご理解いただきたいのですが」と女性が切り出した。「当局はあなたに対して何ら義務を負っていません。あなたはもう当局の仕事をしていないのですから。これは、あなたとデンマーク、およびアメリカ情報機関の三者間の問題です。なぜわたしたちを巻き込もうとするのか理解しかねます」

MI5のハンドラーだったケヴィンのセリフを思い出した。二〇一〇年四月、バーミンガム空港を発つ前に言われた――「モーテン、今出発したら、わたしたちはもう二度と会うことはないと肝に銘じてほしい」

それでも、これ以上公表されてとばっちりを受けることを懸念したＭＩ５は、市近郊でミーティングの機会を設けた。巨漢で能弁なロンドンっ子で、定年間近と見られる、グレアムという名の職員もミーティングに加わった。

ＭＩ５は取引の外郭を探った。わたしたちが会議室で打ち合わせをしている間、数人の刑事がホテルの駐車場やフロントでこっそり見張っていた。このとき、わたしは携帯を所持していなかった。あまりおしゃれとは言えない靴を履いた女性職員が、「ユランズ・ポステン」紙の今後の連載内容について調べた。その時点では、まだ一回目の記事しか発表されていなかった。もしわたしが同紙に対して、これ以上の掲載を望まないと伝え、ほかのインタビューの依頼――『60ミニッツ』出演など――を断れば、英国情報機関はカナダやオーストラリアなど、どこかほかの土地に移住させる措置を検討するという。あるいは、ムスリム・コミュニティの情報屋を訓練するとか、諜報員が次のキャリアに転じる手伝いなどの役割について話し合うという。この案について文書にまとめるようにとまで言われた。

だがその前に、半年間の保護観察期間が設けられる。わたしはその間、世間から姿をくらまさなくてはならない。子どもたちとごく限られた機会にしか会えなくなるし、ＭＩ５はわたしに経済的支援をする義務はない。ヴォルスモーセの爆破計画でクラングに協力した情報提供者の運命に思いを馳せた。その男はデンマークを出ざるをえなくなり、外国で不幸な流浪生活を送っていた。

整形手術と、証人保護プログラムの話も出た。しかし、子どもたちにもわからないくらいに容貌を変えてしまうなんて、正気の沙汰とは思えなかった。

提示された条件をよく考えてみると、彼らに伝えた。だがその間に、四年前、スコットランドのチーム育成訓練で会った心理学者に会わせてほしいと頼んだ。

二週間後、マンチェスターのホテルに呼ばれた。心理学者のルークが、スコットランドのアヴィモーから来ていた。わたしを抱きしめ、再会を心から喜んでいるように見えた。ところが、わたしの身に起こったことを聞くうちに、彼の顔が曇った。わたしは泣き出しそうになった。

「CIAに殺されそうになったと考えるのはおかしいだろうか？　おれの被害妄想だろうか？」

「よく聞くんだ」とルークが話し始めた。「きみは今とても厄介な状況に置かれている。恐れは被害妄想ではないよ。それは、起きたかもしれないこと、起こりうることに基づいている。イエメン南部に行かなかったのは妥当だったかもしれない。きみは殺されていたかもしれない。そして、アメリカはそれを気にもかけなかったかもしれない。だから、きみがなぜマスコミにばらしたのかはわかる。身を守るためだ」

わたしには助けが必要だと、ルークからはっきり言われた。体験したことを整理しようとして苦しむのはほんの序の口にすぎない、コカインの利用は理解できるが止めなくてはならない、とも。ルークはMI5とは無関係の立場で話そうと苦労していたが、ときどき「わたし」ではなく「わたしたち」が彼の口をついて出た。それにもちろん、勝手にわたしのカウンセリングをしたり、治療を勧めたりもできなかった。

長くてつらい会話だった。ともあれ、彼と話をすることだけはできた。最後に、彼はまたわたしを抱きしめた。

MI5の提案に返事をしなくてはならなかった。「ユランズ・ポステン」紙もわたしも泊まれないような立派なホテルを抜け出し勝手に自宅に戻ったことで、ＭＩ５はすでに不満を抱いていた。情報機関に対する根強い不信感もあり、わたしはこの提案に二の足を踏んでいた。わずかな社会復帰の可能性のために、仕事も収入も保護もないまま、半年間も身を隠すことなどできなかった。

これといって特徴のないホテルの会議室で、最後の打ち合わせに臨んだ。ＭＩ５の案は受け入れられない、とグレアムに伝えた。リスクが多すぎるし、信頼性に問題がある。

彼は落胆したようだが、驚きはしなかった。わたしの手をしっかり握り、肩をつかんだ。

「わかった。気をつけて。きみは自分の面倒は自分で見られるはずだ」

風が吹きすさび、雨の降りしきる道すがら、今後直面する試練の大きさが徐々に身に染みてきた。

自分一人の力でやっていくと決めたのだ。もう誤った期待を抱いて苦しんだり、偽りの約束にだまされたりすることはないだろう。自由に発言できるが、絶えず警戒する必要がある。でも、この世界をより良いところにするために少しでも貢献できたと、子どもたちを見れば思えるはずだ。

学校の研究課題で、息子のウサマはわたしをテーマに選んだ。わたしの写真をスキャンして、「お父さんはヒーロー」という題名のエッセイを書いた。学校のパソコンからそのエッセイのデータを必ず削除するよう息子に言ったが、わたしは誇らしかった。離れて暮らすつらい日々が報われた気がした。

わたしは新たなスタートを切り、苦難に立ち向かっていかなくてはならない。テロリストの牙城に駆けつける必要がない生活にも、慣れなくてはいけない。できるだけ目立たぬようにしながら、欧米社会の安全を守る仕事をする人たちの教訓となる話もしなくてはならない。

行き交う人がわたしのことをちらりと見ても、彼らの生活を守るためにわたしが果たした役割を知る由もない。

かつて見知った人たちと彼らがもたらした脅威や、彼らが企てた（または実行に移した）攻撃、そしてそれを阻止するために費やされる何百万ポンド、何百万ドルについてマスコミが報じる記事を、憤ったり、驚いたりしながら読む。ルートン時代の知り合いのグループが、ラジコンカーに紐で縛りつけた爆弾で英軍基地を攻撃する計画を企てたとして、二〇一三年に有罪を言い渡された。この事件は氷山の一角にすぎない。

スーパーでレジに並んでいるとき、近くの新聞の見出しが目に入る。ときどき、ついにルビコン川を渡り、口先だけでなくテロを実行に移したかつての〝ブラザー〟が出ていることがある。記事にざっと目を通していると、店員がおつりをよこして虚ろな顔で言う。「気をつけて」

わたしは笑みを浮かべて店を出る。「気をつけて」とつぶやきながら。

あとがき

二〇一五年八月七日

二〇一五年一月七日、黒ずくめの服に覆面をした犯人二人が、風刺専門の週刊誌「シャルリ・エブド」の本社を急襲し、恐るべき正確さで作戦を実行した。オフィスではちょうど、週次の編集会議が開かれている最中だった。

続いて起きたことは、フランスを震撼させ大きな傷跡を残した。サイドとシェリフのクアシ兄弟が、編集者ステファヌ・シャルボニエ（通称〝シャルボ〟）の名前を呼んだあと、彼に向けてカラシニコフを連射した。ほかの出席者らにも銃口を向け、十二人を殺害した。

それから二人は落ち着き払って建物を出ると、「預言者ムハンマドを侮辱したお返しだ」と声を張り上げた。

「おれたちはイエメンのアルカイダを支持する」車で逃走する前、兄弟はそう叫んでいたという。警察車両が駆けつけると、二人は車から降りて何発か発砲した――ある程度離れた位置からだったがフロントガラスに命中し、警察車両はたちまち撤退を余儀なくされた。

訓練を受けた重武装の犯人に、警官は太刀打ちできなかった。兄弟はすぐに別の警官と出くわした。その警官はムスリムだった。二人はその警官を撃って怪我を負わせ、命乞いする相手に歩道で冷酷にとどめを刺した。

その後二人は別の車の運転手を脅して乗り込み、この殺戮はアンワル・アル＝アウラキ殺害の復讐だと言った。

わたしは衝撃を受けた。犯人は〝わたしの任務〟に対して復讐していると言ったも同然だった——二〇一一年九月の無人機攻撃によるアウラキ殺害につながったCIAの任務のことだ。

襲撃の二日後、犯人追跡のニュースに世界中の注目が集まるなか、クアシ兄弟はシャルル・ド・ゴール空港近くの印刷所に七時間立てこもった末、警察官に射殺された。

同じ頃、警察はパリのユダヤ食品専門店に突入して、アメディ・クリバリを射殺した。クリバリはクアシ兄弟の友人で、単独で食品店を襲撃したのだ。彼はフランス人女性警官一人と、店内にいた四人のユダヤ人を殺害した。

弾丸を浴びて殺される前、シェリフ・クアシはフランスのテレビ局と電話で話した。

「おれの名はシェリフ・クアシだ。イエメンを拠点とするアルカイダから送り込まれた。わかったか？」

「イエメン行きの資金を提供してくれたのは、アンワル・アル＝アウラキだった……彼が殺される前のことだ」

数日後、イエメンを拠点とするアルカイダ——わたしが潜入したＡＱＡＰ——は、シャルリ・エブド襲撃事件の背後に自分たちがいると、動画で認めた。

「標的を選び、計画を立て、作戦に資金を提供したのは、我が組織の指導者である……実行犯を作戦司令官と結びつけたのは、シャイフ・アンワル・アル＝アウラキだ——彼にアッラーのお慈悲がありますように。シャイフは存命中も殉教後も、欧米の脅威である」これは、ＡＱＡＰ幹部の一人、ナセル・ビン・アリ・アル＝アンシの発言である。

テロ専門家はこの主張に信憑性があると判断した。兄弟の一人か、おそらく二人ともイエメンに行き、ＡＱＡＰのキャンプで軍事訓練を受けた可能性が高いという情報を、米国情報機関は二〇一一年の時点ですでにつかんでいた。

そうならば、兄弟は組織に忠誠を誓い、組織から課された任務を果たすと誓ったにちがいない。ＡＱＡＰは、正式に加入しない者を訓練したりはしないはずだ。シェリフ・クアシはそのときにアウラキと会った可能性が高いと、米国情報機関はシャルリ・エブド襲撃事件発生後に述べた。

アウラキがヨーロッパの風刺画をひどい侮辱とみなし、報復すべきだと考えていたことを、わたしはよく知っている。二〇一三年の春、アウラキが創設したオンラインマガジン「インスパイア」は、ステファヌ・シャルボニエを暗殺者リストに加えた。

シェリフ・クアシのような新兵は、欧米を攻撃する決意を固めていたアウラキにとって、天からの贈り物だったことだろう。

二〇〇九年九月、シャブワの奥地にあるアブドッラー・メフダルの屋敷でアウラキと会ったとき、ヨーロッパ人にイエメンで訓練を受けさせ、帰国後に母国を攻撃させるという計画を打ち明けられた。その人材を見つけてほしいとも頼まれた。アウラキはその直後、下着爆弾を身につけたウマル・ファルーク・アブドゥルムタラブに、アメリカ本土上空で飛行機を爆破させようとした。

イエメンのジャーナリストの話では、二〇〇九年の夏の短期間、サイド・クアシはアブドゥルムタラブとサナアで同居していたらしい。

シェリフ・クアシが二〇一一年の夏に訓練を受けたとき、ＡＱＡＰはすでにフランスに照準を合わせていた。ＡＱＡＰがフランス攻撃を目論んでいるという情報を入手したと、二〇一〇年十月、サウジアラビア情報機関はフランス当局に伝えた。

二〇一一年、シェリフがフランスに帰国した数週間後、米国情報機関はフランスに、クアシ兄弟のイエメン訪問のことを知らせた。フランス治安当局はこれを受け、兄弟を監視下に置いた。ところがその後、兄弟は脅威ではないと判断して監視を解いた。

それは事実とはまったくかけ離れていた。兄弟はフランス治安当局の目を欺いていたのだ。兄弟はアウラキの戦略に従った。警戒心が強かったアウラキは、わたしにも彼のために働くヨーロッパの過激派にも、ヨーロッパでは過激思想を隠すように指示していた。

わたしがＡＱＡＰ内部であのまま二重スパイを続けていたら、シャルリ・エブド襲撃事件を防ぐことができたのかどうかはわからない。わたしはイエメンでクアシ兄弟に会ったことはない。だが今回の襲撃で、ＡＱＡＰのしぶとさが証明された。

気がかりなのは、パリのこの事件の影響で、ＡＱＡＰが新兵補充と資金調達の面で恩恵を受けたのではないかということだ。もう何年もの間、風刺画家襲撃は世界中のテロリストの大きな目標となっていた。風刺画家に憤る人々の間で、襲撃者の人気が高まるからだ。

二〇一二年、ＡＱＡＰ最高指導者ナシル・アル＝ウハイシと爆弾製作責任者のイブラヒム・アル＝アシリを狙える機会を逸したあとも、ＡＱＡＰは米軍無人機やイエメン政府軍の攻撃を生き延びた。

西側情報機関の仕事をこなしながら長年滞在したイエメンを、わたしは第二の故郷とみなすまでになっていた。そのイエメンは、二〇一五年の前半、無政府状態に陥った。フーシ派による首都サナア以南への侵攻、ハーディー大統領の拘束とサウジアラビアへの慌ただしい脱出、アルカイダの再攻撃など、イエメンを苦しめる出来事が重なり、サウジアラビアがフーシ派とその同盟勢力に対して何百回も空爆を行う口実を与えた。

ＡＱＡＰは例によってこの混乱に乗じて南部に影響力を伸ばし、シーア派武装組織のフーシ派との戦いという口実で、スンナ派の部族から戦闘員を獲得した。ＡＱＡＰ潜入任務を続けていれば、イエメンが異なる状況を迎えた可能性があっただろうかと、わたしは一度ならず自問した。混迷するイエメン情勢のせいで、アメリカの対テロ要員はイエメンから引き揚げざるをえなくなり、ＣＩＡがＡＱＡＰを追跡することは一層難しくなった。

だが、アメリカの撤退により、ＡＱＡＰ幹部が戸外で戦闘員と一緒にいるとき、きわめて大きな危険にさらされることになった。アメリカの無人機の「シグネチャー・ストライク」〔訳注：特定の行動や特徴に当てはまる者をテロリストとみなし、攻撃すること〕は、個々の幹部を正確に識別して攻撃するのではなく、戸外で戦闘員たちが集まっていれば全員が標的となる。このシグネチャー・ストライクにより、何人かの幹部が殺害された。

この攻撃で殺害された者には、ＡＱＡＰ最高聖職者でかつてグアンタナモ収容所に拘束されていたイブラヒム・アル＝ルバイシと、ナセル・アル＝アンシがいた。アル＝アンシは、シャルリ・エブド襲撃事件の黒幕はＡＱＡＰだと声明を出し、同組織のスポークスマンとしてにわかに注目を浴びた。

二〇一五年六月、アメリカは「シグネチャー・ストライク」で運よく、さらに大物のＡＱＡＰ最高指導者ナシル・アル＝ウハイシをイエメン南部で殺害した。無人機に狙われるのではないかとびくびくしながら、彼とともに木陰で昼食をとってから、三年の月日が流れていた。わたしは西側情報機関が照準を合わせせられるところまで彼を追跡したのに、その労力は報われなかった。その後三年の間、彼が引き続き組織の強化を図っていたことは間違いない。必要以上に時間がかかったが、彼を戦場から排除したことで、世界各地のアルカイダにやはり大きな打撃を与えた。

これにより、過激派組織「イスラム国」（ＩＳ）がイエメンで活動する機会を得た。そして、シリアと同様に、イエメンでもジハード主義者同士の争いが起きるおそれが生まれた。

ＩＳは、「イラクの聖戦アルカイダ」という組織を前身としている。二〇一四年にグローバル・ジハード運動の狂暴な一大勢力として登場し、たちまちシリアとイラクの広範な地域を制圧し、二〇一四年夏に「カリフ制」国家の樹立を宣言した。

ＩＳの戦闘員は天から追い風を受けていると信じていた。彼らは信じがたいほどの勢いで支配領域を拡大し、毎晩のようにニュースで大きく取り上げられるようになり、わたしは二〇〇六年にサナアの研究会でアウラキが話したことを思い出した。ハディースによればジハードはシリアとイラクで復活することになると、アウラキはわたしたちに言った。

二〇一五年の春頃、イエメンにおけるイスラム・スンナ派原理主義の旗手として、ＩＳはＡＱＡＰに公然と挑むようになっていた。首都サナアのフーシ派の施設や集会に何度も自爆テロを仕掛けて、その到着を知らしめた。百五十人もの犠牲者が出たときもあった。ＩＳは、イエメンで戦闘員を訓練するようすを収めたビデオの制作を始めた。

わたしの知り合いの説教師を含む、イエメンのジハード主義者の間で名高い数名の人物がＩＳを承認したことも後押しとなった。イエメンのサラフィー・ジハード主義屈指の宗教学者で、長年ＡＱＡＰの称賛の的だったアブドゥル・マジド・アル＝ライミは、ＩＳと二〇一四年夏のカリフ制樹立への支持を表明した。そのうえ、イエメンの大勢の信奉者たちにも、自分と同じ立場をとるように訴えた。かつてサナアで、彼が運営するマルカズ・ダワーという学校に通っていたことがある。彼との関係は、当初あまり良好とは言えなかった。わたしは彼を、厚かましくも預言者の言葉を解釈する邪悪な革新者とみなし、本人にそう伝えた。後日謝罪したとき、彼は快くにこやかにわたしを許してくれた。彼の講義に出席し、自宅を訪ねるうちに、熱心なサラフィー主義者だったわたしは、その知識と誠実さを高く評価するようになった。

当時四十代半ばだった小柄で朗らかなアル＝ライミは、友人たちには寛大な男だったが、イエメンにとっては危険な男だった。アディル・アル＝アバブのような前途有望で好戦的な者に影響を及ぼしていることが見て取れたし、アンワル・アル＝アウラキと同様のカリスマ性と知識があると感じた。アル＝ライミのコーランとハディースの知識は並外れていた。ダマジの神学校のシャイフ・ムクビルは、自分の娘を彼に嫁がせ、ＡＱＡＰ最高指導者のナシル・アル＝ウハイシでさえ、彼に畏敬の念を抱いていた。

彼が現在どこにいるのかはわからない。だが彼には、イエメンのサラフィー主義者の新世代を動かし、イラクやシリアと同様に不安定で制御不能のイエメンに、ＩＳの足掛かりを築かせるほどの力がある。

ＡＱＡＰ最高指導者ウハイシの死後、別のアル＝ライミ——カシム・アル＝ライミのこと——がその後継者に指命された。アフガニスタンのビン・ラディンの軍事キャンプで訓練を受けたカシム・アル＝ライミは、イエメンのベテラン工作員で、長年ウハイシとともにＡＱＡＰの運営に当たってきた。サウジアラビアの対テロ責任者を狙った〝直腸〟爆弾テロや、デトロイト上空での

〝下着〟爆弾テロ未遂事件を指揮した。アメリカ政府は、彼がアウラキの未亡人アミナと結婚したものと見ている。

CIAは二〇一二年当時、追跡装置を仕込んだコスメボックスをわたしがイエメンでアミナに届け、カシム・アル＝ライミの居所を突き止める計画を立てていた。だが、彼をはじめ、ウハイシやAQAPの天才的爆弾製作者イブラヒム・アル＝アシリの居所を突き止める機会は、CIAが作戦を中止したために失われた。

何年も前にウィーンで会った、神経質なブロンドのクロアチア人女性が、AQAP最高指導者の妻になったかもしれないとは、実に驚きだ。

二〇一五年八月の時点で、アル＝アシリはまだ精力的に活動をしている。彼は常にアメリカ攻撃を最優先事項に掲げていた。イエメンのような破綻した国家では、かなり自由に作戦を実行に移せるだけではなく、その野望を実現するリソースも以前より手に入りやすくなっているかもしれない。

パリの襲撃事件から数ヵ月間、預言者の風刺画は欧米でさらなる攻撃を引き起こすことになった。二〇一五年二月十四日のバレンタインデー、銃を持ち、頭にスカーフを巻いた黒ずくめの男が、コペンハーゲンの文化センターに近づいた。その会場で開かれていた「芸術、冒瀆、そして表現の自由」の討論会には、スウェーデンの画家ラルス・ヴィルクスが出席していた。彼は二〇〇七年に預言者ムハンマドを犬に模して描いた人物で、アウラキは彼に激怒していた。その黒ずくめの男の放ったアサルトライフルの一撃で、会場の外にいたデンマーク人映像制作者が命を落とした。この犯人は会場の入り口に向けて二十七発の銃弾を浴びせ、建物内にいた三人の警官が負傷した。この警官たちのおかげで、会場は犯人の侵入を防げた。

その日、夜が更けてから、犯人はコペンハーゲンの町に再び現れた。そして、シナゴーグの隣の建物で開かれていたバット・ミツバ〔訳注：ユダヤ教女子の成人式〕の警護にあたっていたデンマーク人ユダヤ教徒のダン・ウザンに向けて至近距離で発砲し、命を奪った。犯人はまたもや闇に姿をくらました。だが警察は犯人を追跡し、翌日未明、張り込んでいた家の近くで犯人が発砲してきたとき、射殺した。

犯人は、オマル・エル＝フセインという二十二歳のパレスチナ系デンマーク人だった。わたしと同じように彼もギャングの一員で、通勤電車で傷害事件を起こし有罪判決を受けていた。刑務所内で過激思想に染まり、事件当時は釈放されたばかりだった。パリ襲撃事件に影響を受けたらしい。海外のテロ組織と直接のつながりはなかったが、最初の襲撃の直前にフェイスブックで、ＩＳ指導者のアブ・バクル・アル＝バグダーディーに忠誠の誓いを立てていた。

これは、９・11の同時多発テロ以降初めて、イスラム主義者の襲撃によりデンマークで死者が出た事件となった。わたしたちが懸命に阻止してきたことが、現実となってしまった。だが驚くには当たらない。テロリストの脅威がどれほど増大していたか、わたしには嫌というほどわかっていた。

しかも、その脅威はわたしにも降りかかってきた。その年の後半、わたしはかつての過激派仲間の一人、サイード・マンスールの公判で証言した。彼はデンマークで初めて、テロ扇動罪により有罪となった。釈放後、二〇一四年初めに同じ容疑で再逮捕されたが、このときの標的はわたしだった。「生死を問わず手配中」の見出しつきでマンスールがネットにばらまいたわたしの写真は、ヨーロッパ中で何千回もダウンロードされた。マンスールは法廷で口元を歪めてわたしをじっと見つめ、憎悪を隠そうとしなかった。わたしは彼にほほ笑みかけた。彼には有罪が言い渡されるとわかっていた。

ほかにも脅迫を受けた。二〇一五年一月、コペンハーゲンの過激派がフェイスブックの投稿でわたしを脅迫したとして起訴された。「モーテン・ストームの喉をかっ切れ」などと書き込んだのだ。デンマークをはじめとするヨーロッパ中で、テロ攻撃の脅威はかつてないほど高まっている。自分にできることは何もないと感じ、わたしは不満を募らせた。百人を超えるデンマーク人がシリアやイラクに行き戦闘に参加している。帰国したら、彼らは時限爆弾も同然だ。

コペンハーゲンの襲撃事件後、犯人のエル＝フセインが殺害された現場に大勢のイスラム過激派が押し寄せ、花を捧げた。数百人の過激派が彼の葬儀に参列した。それほどの数が集まるのを見て、彼らは心強く思ったにちがいない。犯人に敬意を表するために現場に来た者の一人に、アドナン・アヴディッチがいた。大義のためにわたしがコカインを売っていると信じ込ませた、あの頭の弱いボスニア出身のデンマーク人過激主義者だ。フランスのテレビ局が、そこに来た理由を彼にインタビューした。

「この男には美しい精神があった……彼は英雄だ」アヴディッチはそう答えた。

攻撃はヨーロッパに留まらない。二〇一五年五月三日の日曜日の晩、米国テキサス州ガーランドでもテロ事件が起きた。アサルトライフルを持ち防弾チョッキを着た二人の男が車から降り立ち、預言者ムハンマドの風刺画イベント会場の駐車場を警備していた警官に発砲したのだ。犯人は前の晩、アリゾナ州のフェニックスを発ち、ガーランドまでやってきた。この物議を醸すイベントを主催したのは「米国の自由と防衛イニシアチブ」という団体で、優勝作品に一万ドルの賞金を用意した。団体の創設者パメラ・ゲラーは、基調講演者にオランダ人極右政治家のヘルト・ウィルダースを招いていた。

発砲直前、犯人の一人エルトン・シンプソンは、texasattackというハッシュタグをつけて、「アッラーが我々をムジャーヒディーンとして迎えてくれますように」とツイートした。彼のツイッターのプロフィール写真は、何とアンワル・アル＝アウラキの写真だった。同じメッセージのなかで、コペンハーゲンのエル＝フセインが襲撃直前に行ったように、犯人の男二人はＩＳ指導者のアブ・バクル・アル＝バグダーディーに忠誠を誓った。

もう一人の犯人は、シンプソンのルームメイトのナディル・スーフィーというパキスタン系アメリカ人で、やはりアウラキに心酔していた。アウラキがＣＩＡの無人機攻撃で殺害されて以来、その教えにますます傾倒するようになったと、彼の母親が後日明かしている。この襲撃にいたるまでの間に、アウラキの説教動画をむさぼるように視聴していたという。

真の英雄の行動がこの悲劇を食い止めた。駐車場の外にいた交通警官が、防弾チョッキを着用した重装備の犯人二人を正確に狙い、拳銃で射殺した。

この事件にアウラキの影響があったことは間違いないが、ＩＳがこの襲撃の犯行声明を出した――ＩＳにとって初のアメリカ本土攻撃となった。

襲撃の数時間前、シンプソンはツイッターのフォロワーに、ＩＳのイギリス人ハッカー、ジュナイド・フセインをフォローするよう呼びかけた。襲撃直後、ＩＳがこのテロの背後にいると、フセインはツイッターで何度も発信した。捜査官によれば、フセインは安全性の高いプライベート・

メッセージで、シンプソンに襲撃を促したという。

その頃、アメリカ捜査当局は国内の過激派の活動取締りに総力をあげてあたるようになり、海外のISに影響を受けた可能性のある過激派数百人の取り調べを開始していた。大西洋の向こうでは、ヨーロッパ治安当局がすでに手一杯の仕事を強いられていた。

流れを変えたのは、二〇一四年九月にISの指導者アブ・モハンマド・アル＝アドナニが出したファトワー（勧告）だった。欧米のムスリムは、ISへの空爆に対して一匹狼型のテロで対抗することが宗教的責務だと勧告したのだ。ISに影響を受けた過激派は、カナダ、オーストラリア、ヨーロッパで攻撃を実行に移し、犠牲者が出た。

テロ対策当局者にとって最大の懸念は、シリアとイラクにいる欧米人のIS戦闘員がソーシャルメディアでさかんに攻撃を呼びかけ、欧米の共感者たちに直接コンタクトを取り、テロを吹き込むようになっていたことだった。

「ツイッターのフォロワーがポケットに入れている携帯には、誘惑の言葉が待ち構えている」とジェームズ・コーミーFBI長官は、テキサス州ガーランドの事件のあとに語った。「まるで、肩の上にいつも悪魔が乗っていて、『殺せ！　殺せ！　殺せ！　殺せ！』と一日中言われているようなものだ」

中近東一帯において、テロの波が見通しを暗くし、その悪影響がヨーロッパにもかつてないほど間近に押し寄せている。ISはシナイ半島の無法地帯に支部を設け、リビア沿岸地帯に存在感を確立した。イタリアを目指す大量の移民を利用して、戦闘員を北方に送り込もうとしているのではないかという不安が、人々の間に生まれている。地中海の砂浜でキリスト教徒を斬首する現場を撮影した恐怖を煽る動画を、ＩＳはすでに公開している。

ＩＳは人質を斬首し、ヤジディ教徒の女性や少女を誘拐して強姦し、支配地域に中世イスラム法の解釈を厳しく当てはめている。そうした無慈悲なことを容赦なく行う点で、ＩＳはアルカイダとはまったく別物だ。彼らの野心には際限がなく、拠点のイラクとシリアからはるか離れた地域にまで支持者と足がかりを獲得している。

危険なのは、ソーシャルメディアを通して、青年やかなりの数の女性まで、西洋社会から孤立させようとする巧妙な働きかけだろう。そうした人たちがどこからともなく現れ、欧米の街頭でローテク銃を使って攻撃を仕掛ける。西側の情報機関にとって、彼らの存在は検知不能で、新たな危険となっている。アルカイダも、広範な地域に殺戮をもたらした点では、やはり同類だと言えるかもしれない。

欧米人はその後も、ＡＱＡＰが呼びかけた一匹狼型のテロ攻撃に応えた。二〇一五年七月、テネシー州チャタヌーガの米軍関連施設で男が銃を乱射し、四人の海兵隊員が死亡した。精神衛生上の問題を抱えたアラブ系アメリカ人のムハンマド・ユセフ・アブドゥラジーズが、アウラキの動画を見ていたことを、捜査官はあとから突き止めた。自分たちがこの事件に影響を与えたと、ＡＱＡＰは後日発表した。

ＩＳはヨーロッパを標的にすると公言している。二〇一五年一月、ベルギー警察は、同国東部の小さな町ベルビエで捜索活動を行った。そのときに容疑者と銃撃戦になり、ＩＳが背後で指揮していたとされる大規模な攻撃計画を阻止した。ＩＳは下部組織をヨーロッパに忍び込ませ、ヨーロッパのムスリムをソーシャルメディアで巧妙に感化し、社会から孤立させる可能性が高いように思われる。ヨーロッパ当局は、二〇一五年五月までに、六千人ものヨーロッパの過激派がジハードを実行に移すためにシリアとイラクに渡ったと見ている。

ＩＳのメンバーと支持者の攻撃対象には、間違いなくヨーロッパ人も含まれる。わたしもその一人だ。前述したように、ＩＳの戦闘員が、わたしを含む六人のデンマーク人の写真を壁に貼り、それに向けて発砲したことがあった――おまえらを狙っているぞ、という警告だ。わたしがアウラキ殺害に関わったからだと、のちに戦闘員の一人が明かした。

わたしは確かにアウラキ暗殺に手を貸したかもしれない。だが、ジハード戦士予備軍や世界中のイスラム過激派の間に、アウラキの影響力はまだ健在だ。欧米政府の意に反し、アルカイダやその支持者、さらにＩＳの大勢の支持者の間で、アウラキは「聖人」の地位を獲得した。

もしアウラキがまだ生きていたら、世界はどれほどの危険にさらされていただろうか。

二〇一五年秋

モーテン・ストーム

主要登場人物リスト

ヴィベケ　ストームが初めて真剣な交際をした恋人。
ウサマ　ストームの息子。
カリーマ（仮名）　ストームの前妻。モロッコ人。
サーレハ　イエメン大統領（一九九〇－二〇一二）
サラ　ストームの娘。
シャーフ　デンマーク情報機関長官（二〇〇七－一二）
スレイマン　ムスリムの友人。一九七七年にデンマークの刑務所で知り会った。
トビー・カウエン　英国海兵隊予備員。ストーム・ブッシュクラフトの経営を一時期手伝った。
ナギブ　ドキュメンタリー制作者。二〇〇六年ストームと一緒にイエメンに渡航。
ナサ・カダー　デンマークの政治家。ムスリム。
ハーディー　イエメン大統領（二〇一二年就任）
ファディア（仮名）　ストームの妻。イエメン人。
リスベト　ストームの母親。
ローゼンヴォルド　デンマークの暴走族バンディドスのリーダー。

イスラム過激派

アウラキ　イエメンの聖職者でテロリスト。アメリカとイエメンの二重国籍を所有。

アドナン・アヴディッチ　デンマークで知り合ったボスニア人の過激派の友人。テロ事件で無罪となる。

アブ・アラブ　レバノンで会ったパレスチナ系デンマーク人の過激派。本名アリ・アル＝ハジディブ。

アブ・タルハ・アル＝スダニ　スーダン出身のアルカイダ上級幹部。東アフリカを中心に活動する。

アブダッラー・アナスン　オーデンセのデンマーク人改宗者。二〇〇六年テロ未遂で有罪となる。

アブデルガニ　デンマークで知り合ったイスラム主義者。ソマリアのイスラム法廷会議でストームに入国許可を与えた。

アブデルガニ・トヒ　アフガニスタン出身のデンマーク居住者。二〇〇七年テロ未遂で有罪となる。

アブドゥッラー・アル＝アシリ　イブラヒム・アル＝アシリの弟。直腸に埋め込んだ爆弾で自爆。

アブドゥッラー・ミスリ　ＡＱＡＰの財務担当者で武器密売人。

アブドッラー・メフダル　イエメンの部族長。アンワル・アル＝アウラキと親しい。

アブドゥル　イエメン人の友人。アルカイダの運び屋。

アブドゥル・ワヒード・マジド　オマル・バクリの信奉者。シリアで自爆テロを起こし、イギリス人初の自爆犯となる。

アブドゥルムタラブ　ナイジェリア人の「下着爆弾犯」。デトロイト上空でノースウェスト機２５３便を爆破させようとした。

アブドゥルラフマン　アウラキの息子。

アミナ　アウラキとの結婚を望んだクロアチア人改宗者。本名イレーナ・ホラク。

アリ　デンマーク人改宗者。サナアで開かれたアウラキの研究会の仲間。
アル＝アバブ　イエメン人聖職者。ＡＱＡＰの宗教指導者。
アル＝ジンダニ　イエメンのムスリム同胞団のトップ。アル＝イマン大学の創立者。
アル＝ソマリ　ソマリアのテロ工作員。デンマーク時代からの知り合い。
アル＝バラウィ　ヨルダン出身の三重スパイ。アフガニスタンのＣＩＡ基地自爆犯。
アンザル・フサイン　イギリス人過激派。二〇一二年ＥＤＬ襲撃未遂で有罪になる。
アンジェム・チョーダリー　アル＝ムハージルーンの創設者オマル・バクリ・ムハンマドの代理人。
イクリマ　ソマリアとケニアでアル＝シャバーブの工作員を務める。ストームとナイロビで知り合った。本名モハメド・アブディカディル・モハメド。
イブラヒム　オーフスのアルジェリア人過激派。
イブラヒム・アル＝アシリ　ＡＱＡＰの爆弾製作責任者。
ウサマ・ビン・ラディン　国際テロ組織アルカイダの創設者で最高指導者（二〇一一年まで）
ウハイシ　ＡＱＡＰの最高指導者。ビン・ラディンの側近だった。
オマル・アル＝アウラキ　アウラキの兄弟。
オマル・バクリ　英過激派組織アル＝ムハージルーンの創設者。シリア出身。
オマル・ハンマミ　アル＝シャバーブのメンバー。アメリカのアラバマ出身。別名アブ・マンスール・アル＝アムリキ。
カシム・アル＝ライミ　ＡＱＡＰのナンバー2。
クリフォード・アレン・ニューマン　アメリカ人改宗者。息子のアブドッラーを連れてダマジの神学校に入学。別名アミン。
ゴダネ　アル＝シャバーブの指導者。別名ムクタル・アル＝ズバイル。

ザカリアス・ムサウィ　ロンドンで知り合ったモロッコ系フランス人。「9・11の二十人目のハイジャック犯」となる。

サッダーム・アル＝ハジディブ　アブ・アラブの兄弟。レバノンのテロ組織ファタハ・アル＝イスラムの幹部。

ザヘル　オーデンセに住むパレスチナ人。二〇〇六年テロ未遂で有罪。

サヘール　前科のあるパキスタン系イギリス人。デンマーク新聞社襲撃を謀った。

サマンサ・ルースウェイト　ロンドン同時爆破事件の犯人の未亡人で、「白い未亡人」と呼ばれる。東アフリカで逃亡中。

サミール・ハーン　ＡＱＡＰのオンラインマガジン「インスパイア」の編集者。アメリカ出身。

サムルスキ　ポーランド系オーストラリア人。サナアのアウラキの研究会仲間。

サリム　パキスタン系イギリス人でアル＝ムハージルーンの支持者。ストームは、サリムの父親が経営するバーミンガムのタクシー会社に運転手として勤めた。

ザルカーウィー　イラクのアルカイダの創設者。ヨルダン出身。

サレハ・アリ・ナブハン　ケニア出身のアルカイダ工作員。一九九八年の東アフリカ米大使館爆破事件の首謀者。

シーラーズ・タリク　オーデンセの過激派仲間。パキスタン出身。

ジミー　過激派のたまり場になっているバーミンガムのボクシング・ジム経営者。

シャイフ・アル＝ハズミ　ＡＱＡＰと関係のある聖職者。ストームと二〇〇一年に知り合った。ムハンマド・アル＝ハズミの甥。

シャイフ・フムド・ビン・ウクラ　サウジアラビアの聖職者。9・11同時多発テロを支持するファトワーを発布した。

シャイフ・ムクビル　サラフィー主義者。ダマジ神学校の創設者。
シャイフ・ヤヒヤ・アル＝ハジュリ　ダマジの神学校の教師。
ジャファル・ウマル・タリブ　ダマジ神学校の同級生。インドネシアのテロ組織ラスカル・ジハードの指導者。
ジュエル・ウッディン　パキスタン系イギリス人の過激派。二〇一二年ＦＤＬ襲撃未遂で有罪となる。
ジェハド・サーワン・モスタファ　アウラキの研究会仲間。アメリカ人。のちにアル＝シャバーブの上級工作員となる。
ソレンセン　二〇〇六年、ストームと一緒にサナアで過ごしたデンマーク人改宗者。
タイーブ　リージェント・パーク・モスクで会ったサウジアラビア人。ストームにダマジへの留学を勧めた。
タイムール　ルートン時代の友人。二〇一〇年ストックホルムで自爆テロを起こした。
ナッセルディーン・メンニ　ルートンの友人。アルジェリア系。ストックホルムの自爆犯タイムールに資金援助した。
ニダル・ハサン　米陸軍少佐。二〇〇九年、フォートフッド基地銃乱射事件の犯人。
ハッサン・タッバフ　シリア人難民。二〇〇七年イギリスでテロ未遂により有罪。
ハマド・クルシド　パキスタン系デンマーク人。二〇〇七年デンマークでテロ未遂により有罪になる。
ハムザ　オーフスのモロッコ系過激派説教師。
ハルタバ　アウラキの運転手。かつてビン・ラディンの警護役も務めた。
ビラル　ダマジの神学校のルームメイト。ガーナ系スウェーデン人。
フセイン・アル＝マスリ　サナアで会った、エジプト人のイスラム過激派工作員。
マイケル・アデボラジョ　二〇一三年に英国兵を殺害した、ナイジェリア系イギリス人過激派。

ムジーブ　イエメンのイスラム主義者。サラフィー主義者とＡＱＡＰの仲介役を務める。
ムスタファ・ダーウィッシュ・ラマダン　デンマークの囚人仲間。ニック・バーグの斬首に参加。
ムハンマド・アル＝ハズミ　サナアのムスリム同胞団の聖職者。
ムフタール　フランス出身のムスリムの友人。ブリクストンでザカリアス・ムサウィのルームメイトだった。
モハメド・ウスマン　二〇〇九年九月のイエメン行きの便で会った、パキスタン系イギリス人。
モハメド・ゲーレ　ソマリア人。二〇一〇年デンマークの風刺画家クルト・ベスタゴーを斧で襲撃し有罪となる。
ユーセフ・アル＝ハジディブ　アブ・アラブの兄弟。二〇〇六年ドイツ鉄道爆破未遂で有罪になる。
ラシード・バルビ　米軍退役者。ストームと一緒にサナアからダマジまで旅した。
リチャード・リード　「シュー・ボマー」。二〇〇一年パリ発マイアミ行きの便を狙った。
ワルサメ　ソマリア人の友人。アル＝シャバーブ上級工作員となる。

情報機関のハンドラー

アレックス　ＣＩＡ高官。「アミナ作戦」の監督責任者。
アマンダ　ＣＩＡ局員。本名エリザベス・ハンソン。ストームをＣＩＡの任務にリクルートした。
アナス　ＰＥＴ分析官。イスラム過激派とテロが専門。
アンディ　ＭＩ５の上級ハンドラー。英警察出身。
イェスパー　二〇一〇年にチームに加わったＰＥＴ職員。以前は金融犯罪捜査を担当していた。

エマ　マットから引き継いでストームを担当したMI6のハンドラー。
クラング　ストームが主に連絡するPETのハンドラー。ストームを諜報員としてリクルートした。当初はマーティン・イェンセンと名乗った。
グレアム　二〇一二年に会ったMI5の工作員。
ケヴィン　MI5のハンドラー。アンディの部下。
サンシャイン　アンディの部下のMI5職員。ストームが主に連絡するMI5の窓口役。
ジェッド　ストームが主に連絡するCIAのハンドラー。
ジョージ　CIAのコペンハーゲン支局長。
ジョシュア　CIA局員。二〇〇七年にアマンダと一緒にストームに面会した。
スティーヴ　モンクトン要塞で会ったMI6の教官。
ソレン　ストームを担当するPETチームのリーダー。
ダニエル　デンマークの武器インストラクター。
トミー・シェフ　PET作戦本部長。
トレーラー　PET職員。農場出身。
ブッダ　PET職員。ストームをリクルートした。
フランク　デンマークの武器インストラクター。
マイケル　アウラキ殺害後、デンマークまでストームに会いに来たCIA局員。
マット　MI6で最初にストームを担当したハンドラー。
ルーク　MI5の心理学者。
ロバート　ロンドン同時爆破事件の前、ルートンの自宅に訪ねてきたMI5の職員。
ロブ　ネス湖近くのリトリートで会ったSASのトレーナー。

ムハンマド・アル＝ハズミ

アル＝アバブ

アル＝ジンダニ

イブラヒム・アル＝アシリ

訳者あとがき

本書を一読して、「何と波瀾万丈な！」という印象を受けた。

著者のストームは、デンマークの下位中産階級に生まれ、横暴な継父のもとで手のつけられない不良に成長し、学校をドロップアウトする。その傍らボクシングに打ち込み、才能を認められるも、腕っぷしの強さをもっぱらケンカに用いて、ギャングの世界に入る。ケンカや酒に明け暮れ、密輸を手伝い、ドラッグに手を出し、前科者になる。その矢先、イスラムの教えに救いと平安を見出しのめり込み、イエメンへの留学を機に、いわゆるサラフィー・ジハード主義に傾倒し、イギリス、イエメン、ソマリアなどの過激派にネットワークを広げていく。

だが、やがて「イスラムの矛盾」に気づき棄教。そんな折、ストームの人脈に目をつけたイギリスとデンマークの情報機関からエージェントの仕事を打診される。デンマークとイギリスでイスラム過激派の取り締まりに協力するうち、アメリカのＣＩＡの任務も受けるようになる。ストームの協力で、アメリカは高名なイスラム主義者アウラキを無人機攻撃で暗殺するにいたった。だが成功報酬が支払われず、裏切られたと感じたストームは、マスコミに自らの諜報活動を暴露し、今度はかつての過激派仲間から命を狙われる身になる……。

まるでハリウッド映画のようだ。

本書の主な舞台は、イエメン、デンマーク、イギリスだ。欧米の若者や移民の二世三世が過激思想に染まる背景や過程が、本書からよくわかる。デンマークは次第に厳しい移民政策を掲げるようになったが、以前は積極的に移民を受け入れていた。少年時代からムスリムの友人が多かったストームの交友関係がそれを裏づけている。また本書には、欧州やアラブ圏のイスラム過激派、テロ組織、ＣＩＡやＭＩ５などの情報機関との生々しいやりとりがちりばめられている。彼らの思想や行動のみならず、各々の人間性が垣間見えるところも、本書の魅力の一つだろう。

ストームと交流があり、二〇一一年に殺害されたアウラキは、イエメンとアメリカの国籍を持つイスラム聖職者で、アラビア半島のアルカイダ（ＡＱＡＰ）とも深い関係があった人物だ。流暢な英語を話し、ネットを通じてアメリカやイスラムの敵への攻撃を呼びかけ、生前、そして死してなお、世界中のイスラム過激派や過激派予備軍に多大な影響を与え続けている。二〇一三年のボストンマラソン爆弾テロ事件や、二〇一五年のシャルリ・エブド襲撃事件などの実行犯は、アウラキやＡＱＡＰの機関誌に影響を受けたとされている。交流のあったストームだからこそ知りえる、アウラキの人となりも本書には描かれている。

最近、テロに関連した諜報活動の書籍をよく見かけるようになった。そうした書籍を読むと、よく言われるように、そして著者のストームも言っているように、「ヒューミント」、つまり人間を介した情報活動が大きな影響力を持つことがわかる。技術がいくら発達しても、現場の情報入手に人間の役割は不可欠であり、その活動にも、関わる人たちのさまざまな思惑が絡み合っている。

つまるところ、人間の行動が、思想が、感情が、生き方が、この世界を築いているのだ。

ブッシュ政権末期からオバマ政権初期にかけてアメリカに滞在していたとき、難民としてアメリカに移住したイラク人青年と知り合った。バグダッドの通りを歩いていると、すぐ近くに爆弾が落下し、命の危険を感じて国を離れることにしたのだという。そのときの爆発で、片耳に後遺症が残った。本人の難民申請は認められたが、両親は認められず、単身移住した。母国に侵攻した国に移り住む気持ちはいかばかりかと聞いていた途中で、同席していた女性が話をさえぎった。「でもイラク侵攻はもう終わった話でしょう。今問題になっているのは○○でしょう」イラクのニュースはもうマスコミで取り上げられていないから、というのだった。

関係ある人の面前でそんな発言が出ることが、その場にいた者たちには信じられなかった。マスコミで取り上げられないからというのも短絡的だと思うが、無知や、共感や想像力の欠如が他人を深く傷つけることがあると、肌で感じた瞬間でもあった。情報が氾濫し時間が加速しているかに思われるこの時代、世界情勢にともなう数々の出来事は、過去を通り越して歴史になっているような感すらある。だが、テロや紛争の犠牲者や家族にとっては、決して歴史の一ページなどにはならない。人生が打ち砕かれ、大切な者を失った人たちは、その傷を抱えて生きていかなくてはならない。

ストームの行動や考え方に必ずしも全面的に賛成はできないが、本書が世界で起きていることの裏側に読者が思いを馳せるきっかけになってくれればと思う。混迷する世界情勢や紛争のニュースを見るにつけ、人間はもう何千年も同じようなことを繰り返しているのではないかと思わされる。人間はもっと精神的に成長すべき時節なのではないかと感じているのは、わたしだけではないはずだ。テロや紛争で苦しむ人のいない世界が実現してほしいと心から願わずにいられない。イスラム過激派にのめりこんでいった若者たち、さらに過激派と戦う西側情報機関の内実を赤裸々に描いた本書が、テロや紛争の原因、背景や現状を理解する一助となれば幸いである。

最後に、本書を訳す機会を与えてくださり、的確なアドバイスを与えてくださった編集者の内藤寛さんに深く感謝する。

二〇一六年五月

庭田よう子

モーテン・ストーム　Morten Storm

元イスラム過激派。デンマークのコアセー出身。アルカイダと深く関わったのち、二重スパイとなり、アメリカ、イギリス、デンマークの情報機関に協力する。

ポール・クルックシャンク　Paul Cruickshank

CNN でテロ問題専門家として活躍。テロリストのネットワークに関する論文などを収集した『アルカイダ』全 5 巻の編集者。

ティム・リスター　Tim Lister

CNN、BBC で長年記者を務める。中東での経験が豊富。

庭田よう子　Yoko Niwata

翻訳家。慶應義塾大学文学部卒業。主な訳書に『ハーバード流企画実現力』(講談社)、『なぜ犬はあなたの言っていることがわかるのか』（講談社）などがある。

亜紀書房翻訳ノンフィクション・シリーズ　II-8

イスラム過激派二重スパイ

著者　モーテン・ストーム　ポール・クルックシャンク　ティム・リスター
訳者　庭田よう子

発行　2016 年 7 月 9 日　第 1 版第 1 刷発行

発行者　株式会社　亜紀書房
東京都千代田区神田神保町 1-32
TEL　03-5280-0261
振替　00100-9-144037
http://www.akishobo.com
装丁　間村俊一
レイアウト・DTP　コトモモ社
印刷・製本　株式会社トライ
http://www.try-sky.com

ISBN978-4-7505-1438-3

亜紀書房翻訳ノンフィクション・シリーズ　好評既刊

人質460日
——なぜ生きることを諦めなかったのか
アマンダ・リンドハウト+サラ・コーベット著
鈴木彩織訳

ハイジャック犯は空の彼方に何を夢見たのか
ブレンダン・I・コーナー著
高月園子訳

13歳のホロコースト
——少女が見たアウシュヴィッツ
エヴァ・スローニム著
那波かおり訳

それでも、私は憎まない
――あるガザの医師が払った平和への代償
イゼルディン・アブエライシュ著
高月園子訳

アフガン、たった一人の生還
（映画「ローン・サバイバー」原作）
マーカス・ラトレル＋パトリック・ロビンソン著
高月園子訳

帰還兵はなぜ自殺するのか
デイヴィッド・フィンケル著
古屋美登里訳